杨焕成近照（摄于 2022 年 8 月 29 日）

1961年2月8日，河南省文化局文物工作队杨焕成（前左）、崔庆明（前右）、
汤文兴（后左）、吕品（后右）合影

1964年4月至7月，在北京北大红楼参加古建筑培训班学习时合影
（左起杨焕成、杨宝顺、井庆升、张家泰、张家顺）

1976 年 8 月，河南省文化局文物工作队部分同志，在河南省博物馆门前合影
（左起郑杰祥、李敬昌、杨焕成、李绍连、尤汉青、张长森、汤文兴）

1959 年 7 月，杨焕成（右三）与刘国钧（右二）王广德（右四）等同学在南阳武侯祠合影

1993 年 7 月，杨焕成（前排右二）陪同河南省省长马忠臣（前排中）在河南省文物考古研究所调研

2001 年杨焕成与罗哲文老师在登封合影

2004年9月，中国文物学会会长、副会长、秘书长合影（前排左起杨焕成、李瑞森、李晓东、彭卿云、杨新、商志䕔；后排左起王炳新、葛全胜、刘炜、张廷皓、安家瑶、张晓雨、孔繁峙）

2009年《河南省文物志》编辑室全体编辑人员合影
（左起王治品、张家泰、杨育彬、杨焕成、任常中、陈进良）

杨焕成在中国文物学会传统建筑园林专委会研讨会上（2006年10月）（讲话者罗哲文先生）

1995年，杨焕成在美国华盛顿唐人街牌坊前留影

2016 年 10 月，杨焕成获中国民族建筑研究会"中国民族建筑事业终身成就奖"

2016 年 10 月 28 日，杨焕成向"罗哲文文物保护基金会"捐款

登封"天地之中"历史建筑群申遗成功，于2012年6月2日，杨焕成接受央视记者采访

2005年7月17日，杨焕成和夫人王玉兰在甘肃麦积山石窟参观考察

2009 年 11 月 6 日，在清华大学参加中国营造学社成立 80 周年学术研讨会留影
（右张家泰、中杨焕成、左潘德华）

1997 年 5 月 30 日，杨焕成参观宁夏博物馆西夏文物

杨焕成古建筑文集

（续集）

杨焕成　著

科学出版社

北京

内 容 简 介

杨焕成先生在我国文物大省河南从事古代建筑保护、研究工作六十余年，积累了大量古建筑勘察第一手资料，撰写专业文章百余篇。他提出的古建筑地方建筑手法与官式建筑手法异同及中原地区明清地方建筑袭古手法的见解，得到业界的重视，被视为填补了此研究领域的空白，在数十年古建筑时代鉴定和文物价值评估中发挥了一定作用。他的部分文章已于 2009 年结集出版《杨焕成古建筑文集》。现将其近十余年来发表的文章，特别是涉及古建筑建筑手法等时代特征的文章及其他作品遴选出版此《续集》。

该书图文并茂，集资料性、学术性、可读性于一体，可供古建筑保护、研究者及相关专业人员阅读参考。

图书在版编目（CIP）数据

杨焕成古建筑文集：续集 / 杨焕成著. —北京：科学出版社，2023.3
ISBN 978-7-03-074945-1

Ⅰ．①杨…　Ⅱ．①杨…　Ⅲ．①古建筑 –中国 –文集　Ⅳ．①TU-092

中国国家版本馆 CIP 数据核字（2023）第 034263 号

责任编辑：吴书雷 / 特约编辑：王广建 / 责任校对：邹慧卿
责任印制：肖　兴 / 封面设计：张　放

科学出版社 出版
北京东黄城根北街 16 号
邮政编码：100717
http://www.sciencep.com
北京汇瑞嘉合文化发展有限公司 印刷
科学出版社发行　各地新华书店经销
*
2023 年 3 月第　一　版　　开本：787×1092　1/16
2023 年 3 月第一次印刷　　印张：28 3/4　插页：6
字数：580 000
定价：338.00 元
（如有印装质量问题，我社负责调换）

序

  杨焕成先生，是河南省文物系统的老领导、老专家。他从事文物工作六十余年，先后在河南省文化局文物工作队、省博物馆（现河南博物院）、省古建筑保护研究所、省文物局工作，既从事过考古调查发掘工作，又长期从事古建筑调查保护和研究工作，还在省文物局担任过局长，主持过河南博物院新院建设并担任首任院长。杨先生在河南省直文物系统几乎所有单位工作过，跑遍了河南所有的市县，对河南文物了如指掌，对河南文物事业贡献卓著。我与杨先生相识交往三十余年，杨先生既是我的老领导，又是忘年之交，我工作后的学习成长深受杨先生的教诲和影响。1998年10月，62岁的杨先生从领导岗位上退休了，随被国家文物局、长江流域规划办公室和中国文物学会抽调到长江三峡库区和淹没区调查评估地面文物保护专家组工作，罗哲文先生任组长，他担任田野考察专家组组长，经过数月圆满完成工作任务。回到河南立即投入省文物局组织的《河南省文物志》编辑室的编辑工作。自此以后，他一直没离开他那间退休后的共用办公室。他和在职工作人员一样按时上下班，甚至早上班晚下班，二十多年如一日，忙碌他退休后全省文物的专业工作和与文物相关的社会活动。由于他家务较少，所以节假日也不休息，甚至说比退休前还忙，发挥余热，继续为文物事业尽绵薄之力。按照杨先生自己说法，他从事文物工作六十三年来，在古建筑专业方面主要做了三件事：一是坚持田野古建筑调查工作，走遍了全省一百多个县（市），积累的调查笔记有六十多本，以及一批勘测图纸和照片。基本摸清了河南古建筑的家底。在他的《河南省古建筑概况与研究》一文中，较详细地将河南古建筑以时代顺序，分门别类地进行论述，阐释其中国古代建筑体系在中原大地上萌芽、成长、发展到基本形成的脉络。为河南古建筑保护和科研工作初步奠定了基础；二是通过三十多年的调查研究，基本厘清了明清时期河南地方建筑手法与同时期官式建筑手法的异同关系，并研究提出河南明代地方建筑手法早、中、晚期和清代地方建筑手法早、中、晚期的分期类型特征等，受到我国著名古建筑专家罗哲文、祁英涛先生的好评，称其填补了此课题研究领域的空白。此课题研究，缘起于1964年，杨先生参加全国古建筑培训班学习，当梁思成、罗哲文、祁英涛等授课老师讲到明清时代建筑时，杨焕成先生提出老师所讲的建筑结构与时代特征，与河南现存的多数明清建筑不一致，梁思成先生等耐心地说

"我们讲的是明、清时期的官式建筑手法，河南大多数同时期建筑是地方建筑手法营建的，所以不一样"。几位老师嘱咐他回河南后下功夫调查研究，解决好尚未被认识的"地方建筑手法"学术问题。他遵师嘱，经三十余年，勘察河南明清木构建筑数百座，调查河南周边邻省明清建筑百余座。运用考古类型学的方法，归纳比较研究，撰写的《河南明清地方建筑与官式建筑异同考》和《试论河南明清建筑斗拱的地方特征》两篇文章，受到业界的关注，获河南省社会科学优秀成果奖。他勘测古建筑，不但付出了脑力和体力劳动，而且曾经几次从古建筑上摔下来受伤。1978年，在林县（今林州市）勘察林县文庙大成殿时，重重摔在水泥地上，当场休克，腰脊椎压缩性骨折，经过较长时间治疗，幸好没有落下大的后遗症。病愈后，他无怨无悔地继续投入古建筑勘察和地方建筑手法研究工作中；三是受罗哲文老师的影响，对古塔保护和研究工作产生浓厚兴趣，见塔就统计，遇塔就记录，并购买大量古塔专著，成了"古塔迷"。他不但调查统计河南现存地面起建古塔606座，较完整的摩崖雕塔219座。还出版《塔林（上、下卷）》《河南古塔建筑文化研究》专著，发表《河南古塔研究》等10余篇塔文化文章。还受邀作了"走进河南'河南古塔全国之冠'"的讲座。

　　杨先生在古建研究方面孜孜以求，硕果累累，在专业研究和文物行政管理工作方面也可谓夙夜在公，堪称楷模。我曾问他在行政管理工作中最大感受是什么，他非常感慨地说"让其终生难忘的是当年文物安全形势严峻和基层文物干部的艰辛。"20世纪80年代初，社会上一部分人受经济利益的驱使，盗窃文物之风愈演愈烈。面对这股妖风，当时文物部门干部人员普遍偏少，甚至有的县仅一名文物干部，既要"人、机、狗"一齐上死看硬守库房文物，又要与公安部门巡查防范田野文物被盗，其辛劳程度可想而知。即使如此，也难免文物被盗，当某县只有一名文物干部，日夜坚守与奔波，因文物被盗要处分时，悲痛心情是常人难以想象的。杨先生说他常为基层文物干部敬业拼搏、无私奉献的精神感动落泪。杨先生举了很多基层文物干部在当年困难条件下坚守一线、保护文物的例子：某县文物干部为保护古城墙躺在轰鸣的推土机下阻止拆文物；有的文物干部与破坏盗窃文物的犯罪分子搏斗被打伤；某县文物保护管理所，因经费严重紧张，电话被停，无钱买锁而用铁丝加固文物库房。一桩桩一件件感人实例，充分证明文物人视文物如生命，宁守清贫，决不改行，奉献文物事业的高尚情操。我认为杨先生就是河南文物人的典型代表。有一件事使他深受感动，某县一处大型古建筑群（木构殿宇、砖石塔林）因自然和人为原因，岌岌可危，多数古建筑濒临倒塌，县文化局局长申请500元经费，一个钱当两个钱用，支支顶顶，硬是抢救了这处古建筑群，使我们既认识到文物工作方针"抢救第一"的极为重要性，又深深体会到基层文物部门工作之艰辛，精神之感人。所以当在全国文物工作会议上向河南省文物局颁发文物安全年证书和10万元奖金时，领奖者是含泪走上领奖台的，这可是全省文物工作者用心血换来的，故文物局一分不留，10万元全部奖励基层文物单位和先进个人。他经常说我们要永远记住为文物事业无私奉献的他们……。杨先生看到今天文物事业、文物保护的发展变化非常欣慰，叮嘱我们不要忘了当年的艰辛，要"不忘初心、牢记使命"，在党和政府的坚强领导下使文物事业走向更为辉煌灿烂的明天。

杨先生笔耕不辍，退休后出版了《中国少林寺·塔林卷》《塔林（上、下卷）》《杨焕成古建筑文集》《中国古建筑时代特征举要》《河南古塔建筑文化研究》后，这次即将出版的新作《杨焕成古建筑文集（续集）》，遴选已发表和未发表的文章40余篇。其中《意大利比萨斜塔拯救性加固纠偏工程始末》一文，他利用两次赴意大利旅游之时，一次是比萨斜塔保护工程之初，一次是维修竣工开放不久，搜集意大利有关斜塔的书、报刊资料。在国内剪辑了大量有关斜塔的新华社罗马电文的报刊材料等，从1173年（相当我国金大定十三年）建塔施工，至到塔建之第三层开始倾斜，一直采取措施，屡组专家组，屡次编制纠偏方案，直至最近一次向世界征求纠偏工程方案。组成第15个专家组。自1990年3月施工，2001年12月15日竣工重新对外开放，他予以完整的记叙，以借"他山之石"供我国文物建筑保护维修之借鉴参考，可见杨先生认真搜集资料之全面，治学态度之严谨。《续集》中几篇有关中岳庙和少林寺等的论文，采用大量数据和建筑结构、建筑手法的实录方式，利用他熟悉的明清官式建筑与地方建筑的法式特征进行比较研究，阐释明清有关建筑的"官式建筑手法"、"地方建筑手法"、"官式手法与地方手法融合"、"袭古建筑手法"的不同时代特征和不同建筑技术及历史、科学、艺术价值等问题。他几十年来通过调查记录了河南古建筑大量资料，几十年来，由于种种原因一部分实物已经销毁不存在，这些资料成了难能可贵的原始记录。还有的建筑发生了一些变化，《续集》中《第二批河南省文物保护单位中的古建筑》一文对照现存实物，进行分析研究，所以此文成了当时文物"现状"的实录，对于文物建筑研究和修复保护有着非常重要的参考价值。按照罗哲文先生的话说，"这样的实录，对文物保护和研究工作都是非常重要的，特别对文物'四有'建档更是难得的实证"。

杨先生谈到该《续集》流露出一些遗憾之处，他认为偏重收录河南境内中原地方手法建筑与同时期官式手法建筑比较研究文章，虽然也涉及到陕西、山西等省部分地方手法建筑内容，但未能将更多河南周边其他省有关此类内容纳入，予以深入研究。老骥伏枥，志在千里，杨先生的遗憾正是他下一个《续集》的目标，也是对河南文物建筑研究后生们的期待和指引。

当今盛世，百业繁兴，河南正在实施文旅文创融合战略，推进"行走河南，读懂中国"品牌体系建设，时代绵延、类型丰富、技术独到的河南古代建筑，承载了中国历史文化的深厚内涵，编撰此书实为顺应时代潮流之举，是奉献给读者研究古建、保护古建、读懂中国的佳作，可喜可贺，盼早日出版，以飨读者。是为序。

河南省文物局局长　田凯

二〇二二年九月十日

目　　录

插 图 目 录

意大利比萨斜塔拯救性加固纠偏工程始末
——兼谈我国古建筑保护维修之例

比萨斜塔，系意大利著名的古代文化遗产，是世界建筑史上的奇迹。它是意大利中部比萨城内比萨大教堂的一座钟楼（图一）。为8层圆柱形建筑。塔高54.5米，塔身底部墙壁厚约4米，顶部厚2米余，自下而上，外围8重拱形券门，底层15根圆柱，中间6层各31根圆柱（图二），顶层12根圆柱，共建成213个拱形券门。全部采用大理石砌筑而成，重达1.42万吨，造型古朴而秀丽，为罗马式建筑的范本。因其数百年来，塔身缓慢地向外倾斜，故称为"斜塔"。也因为"斜而不倾塌"而闻名遐迩（图三）。建筑师争相现场考察，游客纷至沓来，一睹斜塔风采。笔者于1964年，在全国古建筑培训班学习时，梁思成先生等授课老师讲比萨斜塔倾斜之奇和意大利

图一　比萨主教堂与比萨斜塔（《艺术与历史丛书·比萨》第12页）

图二　比萨斜塔中央柱式结构与各层围柱式拱廊　　　　　图三　比萨斜塔全貌
　　（《艺术与历史丛书·比萨》第 42 页）

政府抢救加固斜塔的修缮理念，并向全世界征集纠斜（偏）加固方案等。引起我参观考察比萨斜塔的非常强烈的兴趣，久久未能实现，直至退休后，得以两次赴意大利旅游参观考察比萨斜塔，一次是 1998 年参观斜塔保护施工现场，二是 2011 年维修竣工后的现场参观（图四、图五），感受颇多。现就两次到意大利旅游参观比萨斜塔的笔记和购买的书、报等资料，以及国内媒体诸多有关报道，撰就此文，以借"它山之石"，对我国古建筑，特别是高层建筑的维修保护工程以启借鉴作用。

　　比萨斜塔，有许多传闻趣事，也有许多至今尚不能确定的疑点，仍无法释怀。成为它神秘的极富传奇色彩、引人入胜的历史。但它更多是因为"斜"和"治斜"的营造工程、治斜技术，特别是文化遗产的保护理念和保护工程方案编制的严密性，以及最后"纠偏"成功，更引起世界业界的关注和具有"它山之石，可以攻玉"的借鉴效应。关于它的设计者、创建年代、何时倾斜、如何"治斜"、"治斜"经过、治斜竣工后为何还斜等问题予以简要梳理。据意大利博内记出版社出版的《艺术与历史丛书·比萨》等书刊记载"这座著名的斜塔是谁设计的，至今还有疑问。"通常的说法是博纳诺·比萨诺在因斯布鲁克的古利埃尔莫的协助下设计的。

图四　比萨斜塔纠偏工程竣工后之局部　　　　图五　比萨斜塔纠偏工程竣工后之全貌

但是近代研究肯定此斜塔真正设计者应是刁蒂萨尔维。但不应该排除尼高拉·比萨诺，特别是他之子焦瓦尼参与了施工过程中的技术设计，尤其是有关静力学方面的研究工作。总之，此斜塔的设计者必须具备高深的建筑工程技术方面渊博的知识。关于该斜塔开工奠基时间和何时开始倾斜的问题，《艺术与历史丛书·比萨》等有关资料显示"'比萨斜塔'的第一块基石是1173年8月9日奠定的"（相当于我国南宋乾道九年，金代大定十三年）。但人们估计此项工程实际是从1174年开始的。当工程进行到第十年前后，塔之第三层完工时，因地基下沉开始出现倾斜。地基下沉30～40厘米，倾斜5厘米，被迫停工。

　　在意大利也有一些和中国一样编造出对古代高层建筑的离奇传说。如有说比萨斜塔（比萨钟楼）在设计时就有意要设计建造一座倾斜的庞然大物；还有说此斜塔的设计者驼背，他为了报复上帝将他造成驼背之人，故意将钟楼建成斜塔；甚至说建造者因为没得到合同应约之款，非常生气，愤而离开时，将建成的笔直钟楼带走，从而使钟楼变成一座斜塔。以上说法，只是意大利人，还有法国人编造出来的毫无根据的无稽之谈，真正倾斜的原因，就是因为建筑物地基不均匀沉降造成的。

该建筑工程停工百年后，于1275年，在焦瓦尼·迪·西莫内的主持下复工了。他采用在施工中加长其中三层的正视面的方法，校正钟楼的中轴线。1284年，六层带围柱式拱廊的塔身建成，这时塔之建筑高度已达到48米。实际的倾斜度已达90厘米。在十四世纪初叶，在钟塔的七楼顶层的钟室里悬挂了铜钟，钟室结构几乎是露天的，至今在纵贯各层柱廊的圆柱形大理石塔身中还可看到它（图六）。根据瓦萨里的说法，建于七楼顶上的钟室是由托马索·迪昂德雷阿·比萨诺完成的。他在施工中进一步校正了建筑物的中轴线，尽量减轻建筑物倾斜一面的重量。此时塔体的倾斜幅度已达1.43米。

图六　比萨斜塔上部结构及钟室

该座钟塔的倾斜和由此引起纠斜护塔问题，在其建筑过程中就已经提出来了。1298年，由焦瓦尼·比萨诺、归多·迪·焦瓦尼、奥赛洛组成的第一个专家组。专家组采取的第一个正式的纠偏措施开始实施了。焦瓦尼·比萨诺用一根绳子系一个重铅锤对塔体进行偏幅的测量。1396年，建筑匠师卢波迪·冈特在一篇报告中，对部分石柱的损坏发出了第一个警报。据瓦萨里的记载，1550年钟塔的倾斜幅度已经达到3.79米。1599年，希卡德也提出一些有关数据。自此以后，直至十八世纪提出纠偏护塔的措施，包括1755年拉·贡达米内的措施、1758年苏弗莱的措施、1787年达莫洛纳的措施、1790年拉朗德的措施、1817年英国建筑师爱德华·克莱西和G·L·泰勒编制的有关钟塔倾斜问题的图表，基本上肯定了瓦萨里所完成的测量。通过测定，发现斜塔的偏幅已达到3.84米，即在267年间其偏幅只增加5厘米，此表明承载着钟楼的地层下沉已趋于稳定的状态。1838年，阿雷桑德罗·盖拉尔德斯卡开始进行一项稳定塔体的重大工作，撤除埋在地底下的基底，拆除了一面墙和一个护墙栏杆。以便能够及时清除塔体下大理石槽内的大量积水（为解决此问题，以往采取很多办法均无明显效果）。1859年，法国建筑师乔治·罗奥·德弗勒利对斜塔的偏移幅度又一次进行测量，比克莱西和泰勒所记录数据又增加了20厘米，说明塔身倾斜度大约每年为1厘米。该斜塔还经历了1846年8月14日地震冲击波的考验，证明整体建筑具有一定的弹性强度。到1840年，成立了第二个专家小组，此专家小组的成立时间距离第一个专家小组成立时间约有五个世纪。十九世纪下半叶，斜塔的倾斜问题越发引起人们的关注。特别是1902年7月14日，威尼斯圣马可钟楼倾覆后，意大利政府与公众对比萨斜塔的命运更加担忧了。1925年，为了"治斜"还曾在迎塔之斜面处修建一个巨大的支撑物，以顶住倾斜的塔身，成为全城最大的工程之一。它与盖拉尔德斯卡所采取的向地层中灌注水泥工程一起成为两项较重大的整治措施。

在第二次世界大战中比萨斜塔险遭美军炮击。据1999年8月10日《河南日报》刊载新华社罗马电文称，被意大利媒体誉为比萨斜塔"救命恩人"的美国退伍老兵利昂·维克斯坦的回忆录一书中首次揭秘，1944年8月，美军攻打比萨城时遭遇德军炮火的顽强抵抗，美军怀疑德军利用比萨斜塔作为瞭望指挥塔，决定拔掉德军这个"制高点"。维克斯坦奉命靠近比萨斜塔进行炮轰前的最后侦察。由于他不愿看到这座建于12世纪的世界著名建筑物被毁掉，加之天黑、燥热，始终未能观察清楚塔上情况，故一直没有向美军发回可以开炮的信号。几个小时之后，美军指挥部向他指令，炮轰比萨斜塔的计划因时间耽搁而被取消，使比萨斜塔避免了被毁的灾难。

第二次世界大战结束后，专家们重新投入了紧张工作，又先后成立了九个专家组，提出许许多多修塔方案。连同以往的专家组，为了救治这一闻名天下的斜塔"病症"，数百年间共组织了十五个专家组，各种方案、研究建议从世界各地传来。1990年成立的专家组是由不同国家的专家组成的，其宗旨是从根本上解决比萨斜塔的倾斜问题。根据新华社报道，我国纠偏专家曹时中，应邀赴意大利进行为期20天的考察，并提出了自己对比萨斜塔纠偏的方案。

为使这座世界名塔能够长期保存下去，意大利古建筑保护工程专家和世界许多专家提出很多纠偏加固方案、意见和建议。经过严格筛选、评审，综合多种方案，最终确定了修缮办法。此次拯救斜塔工程始于1990年3月，工程分三个阶段进行：第一阶段主要是在塔身第一层上端安装5道厚度为10~40厘米的不锈钢圈；第二阶段主要是将600吨铅锭挂压在塔基的北侧；第三阶段主要是在它的北侧地下打入10根长50米的钢柱，上端同固定在塔底部的钢环相连接。经过关闭4359天后，长达10余年的拯救性的纠偏加固施工，比萨斜塔被扳"正"43.8厘米（见《中国文物报》2001年12月19日报道），也有说扶正了48厘米（见2008年6月10日《大河报》据新华社2008年6月9日电报道），还有说"斜塔的倾斜幅度"减少了50厘米（见2000年1月13日《郑州晚报》据新华社2000年1月11日电报道）。纠偏后的比萨斜塔还倾斜4.5米，但基本上达到了预期的效果。负责此项纠偏工程监督工作的意大利建筑学家皮耶尔弗朗切斯科·帕齐尼说："拯救斜塔工程，不仅仅是个异常复杂的系统工程，而且简直是个险象环生的'荆棘'工程"。斜塔拯救委员会的科学家一致认为，经过这次整修的比萨斜塔，只要不出现不可抗拒的自然因素，它在300年内不会倒塌，也有说"比萨斜塔可以再安全地度过250年"。此次拯救性的保护工程耗资550亿里拉（意币），约合2500万美元。随着7声清脆洪亮的铜钟声响起，比萨斜塔于2001年12月15日上午11时30分重新正式向游客开放。据新华社报道，2004年5月31日，意大利比萨市地方官员说，他们正在比萨斜塔所在的奇迹广场入口处安装铜质大门，以防恐怖分子对这一著名历史文化遗产发动袭击。2003年圣诞节前夕，比萨市有关部门为加强比萨斜塔的安全保卫工作，在奇迹广场周围安装了金属栅栏和护链。据比萨斜塔安全监督办公室工作人员詹卢卡·费利切说，为了进一步加强安保工作，"现在已开始广场安全改造工作，以3扇铜门取代这些栅栏和护链，改造工程完成后，奇迹广场每晚将关上大门，防止外人进入"。现在的比萨斜塔，不但塔身本体得到了安全有效的保护，精美雕刻也完好无损的得到保护（图七、图八），而且与之有关的其他古建筑也得到及时维修保护，遗产环境原状保护，"周围绝无与遗产无关的高大建筑"（图九）。

图七　比萨斜塔局部雕刻（《艺术　　　　　　图八　比萨斜塔局部雕刻
与历史丛书·比萨》第45页）　　　　　　（《艺术与历史丛书·比萨》第47页）

　　意大利是世界上历史文化遗产非常丰富的国家之一，世界文化遗产众多，保护理念先进，保护措施得力，具有丰富的文保经验。比萨斜塔拯救性纠偏加固保护工程即为其成功之例。通过以上记述，释放出的文保理念、保护机制、工程技术、检测手段、安全措施、工程效益等诸多方面均具有学习参考和借鉴作用。

　　在我国文化遗产保护工作中，特别是古代建筑保护修缮工程，也有类似的成功之例。比如山西应县木塔（图十、图十一），自20世纪30年代梁思成先生等前辈再次发现这座塔高67.31米，平面八角形，建于辽清宁二年（1056年），我国现存体量

图九 比萨斜塔周围环境原状保护

图十 应县木塔全景

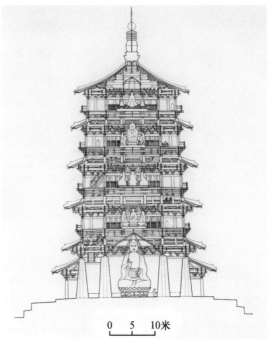

图十一 应县木塔剖面图
（《全国重点文物保护单位》第一卷，第301页）

最大、年代最早的木结构佛塔，并撰文介绍以来，以其悠久的历史、独特的造型、复杂的建筑结构而闻名海内外，随即对木塔的认识和研究工作也逐步展开。其保护问题引起了政府有关部门和业界人士普遍关注。几十年来，对其保护和维修一直进行着不懈的探讨。据文献记载和考察发现"金明昌、元延祐、明正德"及清代进行多次维修，1929年和1935年还进行了较大规模维修，对木塔的保护无疑起到了重要作用（图十二、图十三）。特别是中华人民共和国成立后，在国家百废待兴的困难时期，即于1951年、1952年对木塔进行了维修。改革开放后，随着文物保护意识的进一步提高，以及木塔各方面的病害似乎越来越严重，使人们对木塔的安全问题愈加担忧。特别是1976年唐山大地震的强烈破坏作用，更引起政府和社会各界人士对木塔保护的普遍关注。国家文物局邀请知名建筑师、古建筑专家杨廷宝、刘致平、卢绳、陈明达、莫宗江、于倬云、祁英涛、罗哲文及结构工程专家陶逸仲、方奎光等就木塔的局部倾斜抢修加固问题进行研讨，形成《纪要》，经批准后，实施了规模较大的维修加固工程，对木塔的有效保护起到了重要作用。1989年后，应县木塔保护成为文物保护的重点项目，1991年，国家文物局批准成立了"山西应县木塔修缮工程领导小组"。在此后的十几年中，国家不但加大了资金投入，还由全国数十家科研和设计单位，以及多学科专家参与了木塔的保护修缮研究和设计，完成50多项科研课题和勘察测绘项目，并依据前期工作，提出了落架大修、抬升、现状加固等多个修缮方案。2007年8月，中国文物研究所（现中国文化遗产研究院）成立了"应县木塔保护设计项目组"，并由十几名古建筑保护专家组成专家顾问组。项目组做了大量检测等工作，并完成了三项设计方案。其中《应县木塔保养养护方案》经批准后已经实施。保养维护工程，虽不能解决木塔保护的根本问题，但解决了塔内漏雨、瓦面捉节灰和夹垄灰开裂脱落，瓦垄间积土和长草影响排水等对木结构造成破坏的问题，是一项非常重要的抢救性养护工程，为进一步研讨和编制应县木塔整体保护加固工程方案赢得了时间。到目

图十二　1930年的应县木塔（《中国文物报》2013年8月23日第3版）

前为止，针对应县木塔已提出的落架大修、木塔全支撑、上部抬升等整体保护加固方案（图十四），仍有不同意见，还处于论证、研讨、评审之中，尚未形成最终的保护方案。但通过这几十年不懈的努力探索，将以往各种对木塔保护维修的理念和技术融汇贯通，从中找出最适合木塔现状实际的保护加固修缮办法和方案，相信这一天在不久的将来一定会到来，像意大利加固修缮比萨斜塔一样，将我国之瑰宝应县木塔保护好，使其延年益寿，长久传承。

图十三　1935 年、1960 年、2011 年应县木塔南立面比较图
（《中国文物报》2014 年 9 月 20 日第 3 版）

全支撑　　　　　　　　上部抬升　　　　　　　　落架

图十四　拟修缮应县木塔三个方案示意图
（《中国文物报》2013 年 8 月 28 日第 3 版）

再如登封嵩岳寺塔，位于河南省登封嵩岳寺内，建于北魏正光年间（520～525年），高 37.05 米，系十五层十二角中空呈筒状的密檐式砖塔，造型独特，为我国现存古塔中的孤例，且为全国现存最早的砖塔，称"中华第一塔"。塔建成至今近 1500 年，至 20 世纪 80 年代，对塔体及环境进行全面检测，发现病害较为严重

（图十五），需要进行全面修整。塔体向东南23°25′方向倾斜，倾斜度为1°11′40″；塔身南部壁面及门券上部出现多处裂缝，塔之西南角壁面局部崩裂下沉，塔身南壁内部有较大空洞；塔上部五层塔檐坍塌严重；塔周围近塔而建的民居和七座窖穴等，危及塔基安全；塔后殿宇破损严重，急待修缮；塔坐落的山坡岩体是否滑动，也有待查清。

图十五　嵩岳寺塔修前塔身残损状况

　　根据上述塔身本体及周围环境所存在的病害，河南省古代建筑保护研究所（现河南省文物建筑保护研究院）及有关的协作单位，经过全面认真的科学勘测，完成了现状实测图及塔周地形图；塔身变形观测报告；塔体与周边地区物理勘测报告；塔基勘察报告；塔自重计算报告；塔区工程地质勘察报告；防雷设施考察报告；砌砖粘合剂及裂缝灌浆剂研究报告；塔砖热释光年代测试报告；维修工程几个做法请示报告；塔周地基加固设计方案；总体维修方案等。通过以上勘察研究报告、方案，进一步明确了塔基下泥层与基岩间未有滑床痕迹，否定了塔之西北存在滑坡的说法；根据塔体倾斜、崩裂、空洞、塔檐损坏、环境破坏等整体损坏情况，必须对该塔进行全面整修；通过电测法勘探，发现了塔心室下有地宫结构，需进行清理和维修。

　　嵩岳寺塔整体修缮方案及有关专项维修报告，经反复论证评审，参加评审和论证会的专家有祁英涛、单士元、于倬云、杨烈、付连兴、姜怀英等。1989年4月1日，国家文物局批准总体整修方案，1990年8月15日，国家文物局批准有关专项维修方案。该塔修缮工程的开工时间为1989年4月，至1991年9月竣工。在1989年大修工程开工前，曾自1981年就开始了施工现场清理、居民搬迁、施工用水用电等筹备工作。实际上塔之修缮工作前前后后进行了十年时间。十年中，国家文物局领导和祁英涛等专家经常到施工现场指导修缮工作。特别是祁英涛老师逝世前几天还到现场详细指导施工工程，使我们收益很大，非常感动和感谢。

嵩岳寺塔修缮工程的经费全部由国家文物局拨付，总计达221万元。工程勘察设计单位为河南省古代建筑保护研究所，施工单位为河南省古代建筑保护研究所古建筑工程队。

维修工程的项目有：整体维修塔体的空鼓、裂隙和崩塌下沉部分；维修各层残损的塔檐；对残损严重的塔顶和塔刹及两处天宫进行防渗、加固，清理天宫文物，安藏修塔信息等，使其塔顶和塔刹安全稳固，恢复了原貌（图十六）；安装防雷设施，确保塔体防雷安全；清理地宫文物，修整地宫地面、墙壁、恢复构筑穹窿宫顶（图十七）和甬道，妥善保存唐代壁画和石刻文物；整修塔基、台明及月台；针对塔体倾斜及防止坐落在斜坡基岩上的塔基滑动，在塔之东南方做弧形双排防滑桩处理，此为这次维修工程的重点项目之一；维修塔后嵩岳寺的大雄殿、关帝殿、白衣殿；搬迁占用单位村小学和塔周民居；修建院墙、保护石刻、绿化等；安装修后检测设施。

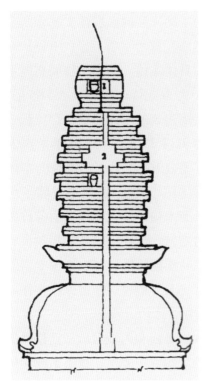

图十六　嵩岳寺塔塔刹与天宫位
置剖面示意图
（《古建筑石刻文集》第290页）

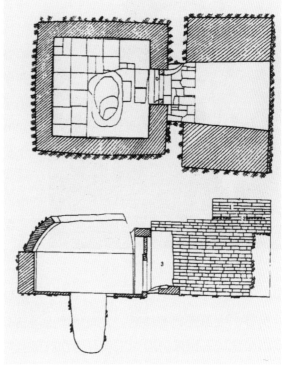

图十七　嵩岳寺塔地宫平、剖面图
（《古建筑石刻文集》第281页）

工程竣工后，国家文物局及时委派故宫博物院原副院长、古建筑专家单士元，中国文物保护技术协会理事长、故宫博物院研究员、古建专家于倬云，中国文物研究所高级工程师姜怀英，故宫博物院高级工程师付连兴等组成修缮工程技术验收组，顺利通过工程技术验收。随后国家文物局又派朱长翎、张建波等进行了行政财务验收。河南省文物局、郑州市和登封市有关领导和专家参与工程筹备、施工检查和竣工验收等。

嵩岳寺塔的修缮理念和修缮原则是正确的，修缮保护的技术措施是科学有效的，工程质量是优良的。

图十八　嵩岳寺塔维修后全貌

修缮后对外开放，受到社会各界的好评（图十八），成为世界文化遗产和嵩山地区重要的文物景点。

我国古建筑修缮工程，除上述一座木塔和一座砖塔的成功经验可供学习借鉴外。特别是"山西南部早期建筑保护工程"，是中华人民共和国成立以来国家首次主动开展的区域性文物建筑全面整体维修保护的专项工程。工程从前期筹备到具体实施。国家文物局高度重视并给予大力支持，先后投入5.95亿元，用于文物建筑的本体修缮保护工程。自2008年开工以来，历时8年，至2016年6月完成105项早期古建筑的本体修缮工程（图十九）。有效地排除了山西南部早期木构建筑多年积累的各种破坏文物的隐患，达到了使其延年益寿、传承后世的预期效果，并取得了丰富的经验，对我国文物建筑修缮保护工作具有指导作用。

另外，太原晋祠圣母殿、大同华严寺等落架大修工程和芮城永乐宫迁移保护工程及洛阳龙门石窟保护加固工程等等均收到良好的文物保护效果，积累了成功保护文物的经验，并经书报刊和媒体报道后，受到业界和社会的好评。

近年来，在国家文物局指导下开展的"全国十佳文物保护工程"（图二十）的评选活动，有力地推动了我国文物保护事业的健康发展。通过评选树立文保工程质

（维修前）

（维修后）

图十九　山西南部早期建筑保护工程——万荣稷王庙正殿

（加固前）

（加固后）

图二十　2013年度全国十佳文物保护和利用工程——敦煌莫高窟崖体加固工程

量的典范和正确保护理念的标杆，并在专家评选中总结经验教训，强化交流合作，以提升文物保护维修工程的整体水平。入选十佳的工程项目无疑是行业内的标杆和样板，其经验是可以复制推广的，是值得业界学习的。

　　以上所述，无论是文保工程的保护理念，还是保护工程的技术措施和修缮质量都是成功的范例和学习的榜样，均有复制和推广价值。但不可否认，我国现有少数文保工程，从修缮理念、方案编制、施工技术、工程质量、检查监督、财务管理、工程验收等还有提升的空间和改进的余地：（1）表现在维修理念方面，不是对文物建筑的最小干预和不改变文物原状，而是为了观感美观和焕然一新，单纯为参观旅游服务等，大肆更换还能继续使用的构件，任意涂抹更新原有建筑彩画，甚至随意改变建筑结构、添加建筑构件。甚至曲解"不改变文物原状"原则等。这种所谓"求新"、"求美"，单纯追求经济效益的错误理念，必将带来打着维修文物建筑的旗号，花着文物建筑保护经费，其本质是破坏文物建筑结构，削弱甚至流失历史信息。保护理念的错误是根本性的错误，它将造成规划设计、维修方案、施工等一系列错误。（2）文保规划中的问题：编制文保规划的目的主要是在文物工作方针的指导下，通过编制文保规划达到明确认定遗产构成，采取有效的保护措施，保存并延续其历史信息及各类价值，制止和预防新的破坏。应做好文物本体和与其共生共存的历史环境的整体保护，展示文物信息，并与促进当地经济社会发展相结合等。确保规划的科学性和可操作性。但现实中有的规划由于编制单位在经济利益的驱使下和业主方不顾客观情况片面要求加快编制期限，以及编制单位专业水平问题等原因，致使编制规划的三个重点部分的"规划深度"严重不足：①首先是对文保规划的第一个重要部分"保护什么"，即"遗产构成"认识模糊，保护对象的认定含糊不清，不能清晰的界定现存传统文物建筑与恢复或现建的仿古建筑，现存古建筑与已毁消失的历史建筑，主体建筑与附属文物，传说建筑与实体建筑，不可移动文物与可移动文物，物质文化遗产与非物质文化遗产，环境保护与保护范围等等混为一谈。不能准确认定"遗产构成"的项目，造成所编制规划的内容混乱，缺乏针对性和可操作性。②编制规划的第二个重要部分"为什么要保护"，即针对保护项目，阐述保护的理由。涉及此部分的内容包括古建筑等文物价值评估和古建筑等现状勘察。只有正确评估其历史、科学、艺术价值和全面准确的勘察文物现状，找准文物残损的病害和病因，才能对症下药规划好保护文物的行之有效的保障措施。而现在有一些文保规划和方案在文物价值评估方面，仅限于就事论事的现状记述和浅层次的表象分析。现状勘察表面化和概念化，笼统提出几条所谓病害"通例"及模糊的"自然原因"、"人为原因"之所谓病因。这样的规划和方案是远远达不到编制规划要求的研究深度。③文保规划的第三个重点是在前两部分"保什么"和"为啥保"的基础上，解决"如何保"的问题，即编制规划中的保障技术措施等。这部分一定要有针对性、实效性、可操作性。而有的规划则多偏重于所谓的"理论阐述"和"通例"的共性措施，甚至笼统提出"更换糟朽构件，恢复佚失部分"等，这种作秀式的规划和方案，既无法落地，更达不到有效保护文物的目的。建议规划和方案的编制者要树立"文物医院"和"文物医生"的观念，认真负责的为文物建筑诊脉治病，使其延年益寿。

关于保护范围和建设控制地带划分不规范问题：各级文物保护单位公布后，根据《中华人民共和国文物保护法》的规定，大多数文物保护单位都划定了保护范围和建设控制地带。但随着社会发展和文物保护单位一些新情况的出现，或原划定的保护范围和建控地带不够准确规范等原因，在编制保护规划时需要根据实际情况调整保护范围和建控地带。有一部分规划在调整保护区划时，随意性较大：①未能阐释调整区划的理由。②有的规划调整的保护区划一味地追求扩大范围，不但严重影响当地社会经济发展，也对文物保护造成困难，缺乏可操作性。③有的调整后的保护区划过小，建筑群仅依后人刻意缩小的围墙为保护范围边界；单体建筑仅以建筑基台外壁为保护范围边界；其建设控制地带也存在类似问题。这样过小的保护区划，连文物建筑本体起码的安全也不能保证，更谈不上文物建筑的完整性了。我们应遵循国家文物主管部门制定的划定文物保护单位保护区划的指导意见，结合每处保护单位的具体情况，划定可操作且能真正有效保护文物的真实性和完整性的保护范围及建设控制地带。

缺乏必要的考古勘探工作：主要指古建筑群中大部分或一部分单体建筑已毁，仅存埋藏地下的基址，且大多数情况下早已无法查知地下遗存真实位置和保存状况。这就需要通过考古勘探，以便查明真实情况。但多数需要做考古勘探的文保单位，在编制保护规划时不做考古勘探工作，仅凭想象地下遗存情况，就盲目地评估文物价值，划定保护范围和建控地带；想当然的提出保护措施和申请保护经费。这种缺乏考古勘探与研究深度的保护规划，既无法操作，更不能有针对性的有效保护文物建筑的完整性，给文保工作带来更大的隐患。

在当前国家经济快速发展，财政收入有较快增长的情况下，文物保护经费也有较大幅度的增长。为文物保护，特别是占建筑修缮保护工作提供了基本的经费保障，使大批残损严重的文物建筑得到了有效保护，为传承中华文明，为我国经济、社会全面发展做出了贡献。但有一部分文物建筑的保护规划、维修方案和施工工程中，有片面虚高申请经费和过度维修文物的情况，虽然只是少数现象，但对"不可再生"和"不可替代"的历史文物是一种致命的破坏，绝不可小视。它导致的直接后果，一是必然改变文物原状，造成大量历史信息的流失；二是造成历史悠久的珍贵文物，经过修缮后，不是"延年益寿"（甚至有的还需要"带病延年"的效果），而是"返老还童"，修成所谓"新文物"，最严重者可能修成"原大模型"。这种过度维修与文物保护的方针和文物建筑修缮原则是相悖的。要坚持文物保护工作方针和文物修缮原则，规范进行有针对性的实事求是的适度维修，坚决防止和杜绝过度维修。

在有的文物保护维修中，往往只重视古建筑残损严重时的大修工程，忽视日常的保养维护工程。文物建筑由于长期处于露天的风雨侵蚀的环境中，受到种种自然营力的破坏，以及鸟类寄居，屋面积土而生长出杂草、树木等。形成屋面少量瓦件松动脱灰，局部漏雨，地面排水不畅等。这些看似小的不起眼的古建筑病害，一般情况下引不起管理部门和专业人员的重视，长期处于"小病"不治的状态。日积月累，小病成大病。造成长期漏雨，使大小木作构件受损糟朽，屋顶灰背严重受损等。对文物本体造成不可挽回的损失。真可谓"千里之堤，溃于蚁穴。"形成严重破坏时才引起重视，进行大修。这样不但需要投入大量维修经费，而且使"不可再生"文物的历史信息大量流失，严重影响文物建筑延年益寿的健康传承。所以我们一定要高度重视文物建筑保养维护的检修工程，建议每年检修一次，至少三年或五年要检修一次。它是投资少，最有效保护文物建筑的办法之一，一定要持之以恒，长期坚持下去。

在文物建筑保护维修施工中，绝大多数施工单位能够遵循文保工程管理规定和技术规范，依照施工设计文件进行施工。但有个别单位由于种种原因，未能严格按照规范要求和维修工程设计文件执行。存在偷工减料现象，对文物本身造成直接的破坏作用。另外还有极少数施工单位在施工中，不能严格执行管理规定，不经设计单位同意和管理部门批准，随意改动设计方案，甚至是重大变更设计，造成"不该变的变了"、"不该换的换了"，后果非常严重。要养成变更设计方案，特别是重大变更设计，一定要施工单位、业主单位、监理单位经过一定协商程序，并征得设计单位同意，报管理部门批准后，按变更的设计文件执行。施工人员还应了解基本的古建筑时代特征，针对施工项目，甚至还应掌握具体的历史建筑的建筑手法。如元代以前砖体砌筑技术为"不岔分"的工艺，设计文件中虽已提出了"不岔分"的要求，但施工人员不熟悉不岔分的做法，不会运用平顺砖、丁头砖、补头砖的搭配砌筑工艺，不能自然的垒砌出早期建筑不岔分的效果，而是刻意不岔分的将砌缝做成上下缝呈垂直状，与古人在"无岔分意识"的情况下砌筑的砖质墙体差别很大，成为四不像的另类墙体，造成保护性的破坏。

通过上述正反两方面的经验和教训，充分说明按照文物建筑保护维修工程管理规定和技术规范要求维修文物建筑，是有效的保护文物，否则将对文物建筑造成不可弥补的破坏作用。要想复制推广成功的维修保护经验，减少乃至杜绝破坏性维修教训，绝非一个部门或一个环节所能解决的问题，而是要文物行政管理部门，文物保护规划和方案的编制设计单位，文保工程的业主单位，文保工程的监理单位和施工单位共同努力，层层把关，把一切不规范的保护维修问题，消灭在萌芽时期，确保文物维修项目的工程质量和法式质量。为保护祖国优秀的文化遗产，传承中华文明做出文物工作者的应有贡献。

参 考 文 献

［1］　朱里亚诺·卡瓦德：《艺术与历史丛书·比萨》，意大利博内记出版社，1994年。

［2］　新华社国际资料编辑组：《比萨斜塔》，《世界名胜词典》，新华出版社，1986年。

［3］　向文：《意大利的比萨斜塔》，《人民日报》1978年7月24日。

［4］　据美联社意大利比萨（1982年）1月2日电：《比萨斜塔的倾斜度去年增加最少》，《参考消息》1982年1月25日。

［5］　陈亦权：《意大利：这样保护古建筑》，《大河文摘报》2017年11月29日。

［6］　据新华社报道：《中国纠偏专家欲正比萨斜塔》，《河南日报》1998年7月30日。

［7］　新华社记者袁锦林：《比萨斜塔重新向游客开放》，《中国文物报》2001年12月19日。

［8］　新华社罗马（2000年）1月11日电（记者阎涛）：《比萨斜塔明年将重新开放》，《郑州晚报》2000年1月13日。

［9］　据新华社罗马（1999年）8月8日电：《在第二次世界大战中比萨斜塔险遭炮击》，《河南日报》1999年8月10日。

［10］　据新华社电：《为防恐怖袭击比萨斜塔装大门》，《郑州晚报》2004年6月2日。

［11］　据新华社（2008年）6月9日电：《意大利比萨斜塔可保300年不倒》，《大河报》2008年6月10日。

［12］　蛟龙：《扶正中国的"比萨斜塔"——太原永祚寺东塔纠偏的前前后后》，《中国文物报》1997年1月26日。

［13］　梁思成等：《意大利政府向全世界征求比萨斜塔纠偏方案》，笔者1964年在全国古建筑培训班学习笔记。

［14］　颜朗娇：《江西永新南塔纠斜维修工程竣工》，《中国文物报》2010年1月29日。

［15］　孟繁兴、张畅耕：《应县木塔维修加固的历史经验》，《古建园林技术》2001年第4期。

［16］　中国文化遗产研究院项目组：《应县木塔结构现状与已有加固措施》，《中国文物报》2014年9月20日。

［17］　中国文化遗产研究院项目组：《应县木塔的抗风和抗雷》，《中国文物报》2013年9月13日。

［18］　中国文化遗产研究院木塔项目组：《应县木塔结构研究探索》，《中国文物报》2013年9月18日。

［19］　《中国文物报》记者郭桂香：《应县木塔二、三层保护加固方案专家评审会在京召开》，《中国文物报》2013年10月2日。

［20］ 中国文化遗产研究院沈阳：《应县木塔的保护历程》，《中国文物报》2008年5月30日。

［21］ 中国文化遗产研究院王林安：《2007年应县木塔稳定性监测》，《中国文物报》2008年5月30日。

［22］ 中国文化遗产研究院沈阳：《应县木塔的保养养护方案谈》，《中国文物报》2008年5月30日。

［23］ 侯卫东：《应县木塔保护的世纪之争（上）》，《中国文物报》2013年8月23日。

［24］ 侯卫东：《应县木塔保护的世纪之争（下）》，《中国文物报》2013年8月28日。

［25］ 《全国重点文物保护单位》编辑委员会：《嵩岳寺塔》，《全国重点文物保护单位》第二卷，文物出版社，2004年。

［26］ 河南省文物局：《嵩岳寺塔》，《河南省文物志（上）》，文物出版社，2009年。

［27］ 河南省文物局：《登封嵩岳寺塔整修工程》，《河南省文物志（下）》，文物出版社，2009年。

［28］ 山西省文物局：《山西省南部早期建筑保护工程》，《中国文物报》2016年9月2日（6、7版）。

［29］ 贺大龙：《抱愧山西——山西古建筑保护的喜与忧》，《中国文物报》2015年2月20日。

［30］ 文冰、阮富贵：《树立行业内的标杆和样板——首届（2013年度）全国十佳文物保护工程终评会综述》，《中国文物报》2014年11月14日。

［31］ 《中国文物报》记者郭桂香、文冰：《改革浪潮中的文物保护工程管理——第六次全国文物保护工程会综述》，《中国文物报》2014年11月28日。

［32］ 《中国文物报》记者冯朝辉：《总结经验、提升质量、树立品牌、引领方向——第三届全国优秀文物维修工程推介活动综述》，《中国文物报》2017年4月21日。

（原载《河南省文物建筑保护研究院建院40周年文集》，
中州古籍出版社，2018年11月）

日本古建筑见闻

1991年7月下旬，应日本国栃木县足利市华雨藏珍之馆馆长山浦启荣先生的邀请，和北京、山东有关单位的领导、专家一起组团，参加了在足利市举行的华雨藏珍之馆落成典礼。该馆的建立，旨在加强中日文化的交流，短短的几天给我们留下了深刻的印象。承山浦先生精心安排，在日不足九天，我们能于典礼前后，参观访问了足利、日光、东京、京都、奈良、大阪等名城，浏览了二十五处名胜古迹与风景区。由于时间短促，笔者只能结合专业有重点地对各地古建筑留心考察，因事先稍有准备，虽系走马观花，却感受益不小，对日本国许多著名的古建筑、古壁画、塑像、神厨、模型等有了直观的认识，但毕竟时间过于紧促，仅就见闻记之。

日本是一个历史悠久、文物古迹丰富、风光秀丽的国家，城乡环境管理良好，特别像京都、奈良这样的古城，城市的规划、市政建设、古迹的保护，做得都相当认真。奈良是奈良县的首府，1950年定为国际文化城市。历史上曾被称为"大和国"，有七代天皇在此建都，称"平城京"，史称"奈良时期"（710~789年）。这里是日本古代文化发祥地之一。奈良的文物古迹非常丰富，有许多金碧辉煌的著名寺院。市内的新建筑在体量、高度、色调及形制等方面，多能与古城风貌相协调，如奈良火车站（日文写"奈良驿"）即以仿古的四角攒尖坡顶为其主厅的外观形式，顶尖又加以宝塔刹轮装饰，使人看到一个突出的古城符号。市内的小街道、旧民居也都保护得很好。关于文物古迹，保护与管理方面更有许多地方值得我们借鉴。

东大寺创建于七世纪中叶，曾历经兵火破坏。现存有南大门、中门、大佛殿、二月堂、法华堂、戒坛院、钟楼、转害门等建筑。南大门的建造时代，相当我国金、元时期，是日本最大的寺门。其门面阔五间，进深两间，中柱造，前中后共用柱十八根，通面阔达21米，重檐歇山顶，斗拱硕大，出檐深远。正脊两端和垂脊端做法相同——只用兽首（日本叫"鬼瓦"），而不用正吻或垂兽。使人注目的是檐柱柱头皆用黄铜饰之，铜饰占全柱高的四分之一。大门内有巨型木雕金刚力士像，高8.48米，是日本国内最大的木雕作品之一（日称"阿形像"与"吽形像"，前者张口发声状，后者为闭口发声之状），被列为日本的国宝。中门是进入大佛殿中心院落的门户，面阔五间，重檐歇山式，左右紧接构成院落的大回廊，其布局很像我国登封中岳庙竣极门以内的回廊布局。

大佛殿是东大寺的主殿，面阔七间（57米），进深五间（50米），高46米，建筑面积2850平方米，是世界上最大的木结构建筑物。该殿重建于1708年，1980年大修竣工（图一）。殿为重檐庑殿顶，正脊很短，约为上层檐宽的四分之一，脊端用一对黄金色金属大鸱尾，其形仿隋唐样式。顶覆灰色筒板瓦，各垂脊脊端用兽首状瓦件收结。下层檐正面中部，作一凸起的轿顶式卷棚加檐，是日本殿式建筑中多见的顶部结构。殿檐下用简洁而又硕大的斗拱结构，承出深4米许的屋檐。出檐虽长，却只用方形的檐椽而不用飞椽，且椽头外加封檐板。下檐斗拱，柱头科外檐前出六跳（合我国明、清斗拱十三踩）。除厢拱外，其它五跳皆为偷心造，耍头作卷云形（图二）。平身科斗拱，是由四组一斗三升斗拱上下叠成，其间横贯枋子。斗䫴很深。仍保持早期建筑特点。柱头仅施大额枋而无平板枋。殿正面三间为板门，边四间为窗。大殿及长廊外檐柱础，皆以自然石为之，不加修整。殿内柱网排列规整，无减柱造，柱础与外檐不同，全雕作覆莲形。大藻井是由一米见方的木制方格条、板组成。殿内本尊为毗卢舍那佛，铜铸而成。大佛为坐姿，右手施无畏印、左手为与愿印，袒胸。头部螺髻，面目端庄。佛像高近15米，其下有3米高的石座，座上刻有"莲花藏世界"图，这些像及台座初建为奈良时代，距今已有一千二百多年的历史了。这是世界上的第二大铜佛，被列为日本的国宝。当然，庇护大佛的大殿也是日本的国宝。另外，寺内的二月堂等建筑也很有特色，如其平座栏杆下的转角斗拱，简洁得只有挑杆加小斗与我国两城山汉画像石刻画上的斗拱式样非常类似，只是少了一跳华拱。这些建筑对研究中日建筑文化交流的历史，是很有价值的实例。

图一　日本奈良东大寺大佛殿正面

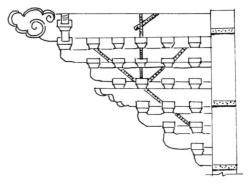

图二　日本奈良东大寺大佛殿外檐斗拱

法隆寺是早已闻名于世的日本最古老、最有研究价值的古建筑之一。寺院创建于公元607年（日本推古天皇十五年，相当于我国隋大业三年），其建筑风格受中国南北朝至隋代建筑影响较多。现寺内主要建筑有：南大门、东大门、中门、金堂、五重塔、经楼、钟楼、讲堂、梦殿、法堂，以及回廊等。有不少建筑手法，与河南现存文物建筑及出土建筑模型（明器）有非常相似之处，中、日建筑史学者，对此均较关注。南大门，面阔三间，进深两间，单檐歇山顶，东大门基本做法与南大门近似，唯屋顶为悬山式，门左右建围墙用筒板瓦墙帽，均低于大门檐柱头，围墙多为石基土壁瓦顶结构。入南大门，经一段通道至中门（图三），面阔四间，重檐歇山顶，柱头斗拱硕大，补间斗拱，中二间用直斗，梢间不施斗拱，上檐各间均不加补间斗拱。门内塑金刚力士像二躯，二像造型生动，充分表现了人物刚健强悍的气概。中门左右为回廊的南廊，自东西两端折向北，再横接讲堂，构成了回廊院落，院内中路东、西两侧分别建有举世闻名的金堂与五重塔。金堂为重檐歇山式建筑，下檐斗拱以下，另加单庇副檐，用檐柱分出面阔九间，进深七间（图四）。上下檐之间用四根盘龙木雕柱。斗拱最富早期特点，如人字拱、卐字勾阑、云形斗、云肘木、坐斗皿板等。虽遭受火灾造成残损，但已按原状予以修复。五重塔（图五）及中门等建筑均为原构，被认为是日本最古老的木构建筑群体。寺内回廊，下用梭柱，上用"人"字大叉手梁架，做工甚佳。讲堂是讲经之所，面阔九间，单檐歇山顶。特别令人注目的五重塔，秀丽的艺术造型和古朴的建筑结构，结合的是那样完好。平齐的昂头，转角及柱头的云肘木与云形斗，铜件的加固与装饰，通排的破子棂窗，浑重的灰色瓦顶和莲纹大瓦当等，均可使我们联想起我国已毁的许多木构名塔。另外，寺内还有一些二层小楼，工艺甚精，造型简洁，如经楼等。保存在法隆寺内又一国宝，是著名的神厨——玉虫厨子，虽为日本推古天皇时所建（相当我国隋唐时），其所表现出的建筑外形特点，确更多承袭了我国六朝时期的做法。它原存金堂内，现置于一个避光的殿堂内，由空心壶门状的台座、仰覆莲须弥座及殿式神厨三大部分组成（图六）。中、下两部分具有突出的艺术成就，上部则具有珍贵而稀有的建筑历史价值。所以它早为我国建筑史界所关注和介绍，神厨是单层九脊顶，正背面作上下两段式手法，这类做法在我国汉代已经出现。正脊做早期式样的瓦条脊与造型美丽的大鸱尾，面阔一间。转角铺作与补间铺作（两朵）各作为特殊形式的斗拱，实为三层曲线云形华拱（日本称"云肘木"），下用皿板承大斗，上出曲椽式构件，角梁与之间。正面做板门，厨内置立姿佛像。参观此宝，我们几乎是边跑边问，入室后正值一组小学生听老师认真的讲解，借着他们的手提电器照明，我们满意地看到了神厨内的佛像及有关细部，尽管时间很有限，我们已感到满足了，仅此一览，亦不虚此次奈良之行。

药师寺是日本飞鸟时代（600～710年）的古刹。现寺内建筑主要有南门、中门、东塔、西塔、金堂、讲堂、大宝藏殿、文殊堂等。其中东塔为飞鸟时代原建筑物，为日本国宝。塔高三层，楼阁式木塔，下层为较矮的塔身，辟板门，大檐下复

图三　法隆寺中门（局部）

图四　法隆寺金堂

图五　法隆寺五重塔

图六　法隆寺玉虫厨子（神厨）

加小檐，皆用斗拱。二、三层双檐之下皆加置平座栏杆，最顶为平头及相轮宝珠，其刹特别高显。此为佛舍利塔。金堂为面阔七间的重层楼阁，檐下多用一斗三升（单拱或重拱形式）及直斗。正脊两端用金属鸱吻，它和讲堂、东院堂等建筑时代较晚，相当我国宋、元时期的重建物。

招提寺创建于759年（日本天平宝字三年，中国唐肃宗乾元二年）。位于奈良市的五条町。现建筑群仍非常宏伟，坐北面南。主要建筑有：南大门，门上悬"唐招提寺"木匾，面阔五间，中开三门，悬山式建筑，使用月梁。檐下用一斗三升与斗子蜀柱，柱形粗壮，柱头与柱础皆作覆盆状。板门上使用中国式的金属门钉。圆形檐椽方形飞椽，叠瓦灰脊。南大门以内是金堂，为初建原物，面间七间，进深四间，单檐四阿顶，灰瓦覆顶，叠瓦脊，正脊端用鸱尾，收山。檐下（外檐）用六铺作斗拱，为双抄单下昂单拱偷心造，补间仅用一斗子蜀柱，拱眼壁全部涂白。斗䫂很深，用齐心斗与替木，唯昂头为日本通常用的方椽形式。柱粗壮，殿身低，柱头、柱础皆作覆盆状。木构件不作彩画，仍保留原木本色，甚至接柱的痕迹亦明显可见。正面辟实榻大门，门钉上下六排，左右五钉。背面除当心间辟门外，其它间置破子棂窗。金堂内置日本奈良时代的国宝卢舍那佛、千手千眼佛和接引佛等。金堂后为讲堂，面阔九间，进深三间，单檐九脊顶，灰瓦覆盖，用叠瓦脊和莲花纹瓦当。正面五间辟门，余各间做破子棂窗。柱子很粗，覆盆柱础，柱子承阑额，不用普拍枋。梁头平齐，斗拱硕大，斗䫂很深，补间用斗子蜀柱，柱侧脚与柱生起不明显。椽、飞皆做方形，檐下加铁网保护斗拱。讲堂前左右侧分别建钟楼与舍利殿。舍利殿面阔三间，进深两间，二层楼阁，面向西立，下面有木栏基座，正面明间开门，次间及侧面为方窗。腰部出平座栏杆，由一斗三升及斗子蜀柱简洁的斗拱承托。上层略同，上檐为九脊灰瓦顶，出檐深远，造型甚佳（图七）。钟楼简陋。舍利殿外是礼堂东室（厢房式）。再东建方木叠作屋壁的典型井干式小殿——宝藏与经藏二殿，其基亦以木架之，顶均做四阿式，覆以灰瓦，叠瓦脊。此外，寺内还有许多精丽的别院与单体建筑，都很有研究价值。总之，这座日本佛教律宗的"总本山"，在日本及我国都是最有影响的名刹之一。

图七　奈良招提寺舍利殿及长廊

京都是日本的又一著名古都，为京都府的首府。保存的文物古迹很多。公元781年，日本国都自奈良迁至京都后，称平安京，有千年古都之称。1950年被宣布为国际文化观光城市，现在市内有1877座寺院及神社，其中属于国宝者达221项，约为日本全国的15%，被定为重要文物的有1646件。古城的规划设计与建筑风格，仿效我国唐代的洛阳城和长安城，所以平安京又简称为"洛"。在参观古建筑之前，我们首先到了山清水秀、风景极佳的岚山，瞻仰了周总理诗碑，代表团全员向诗碑致敬，缅怀总理为中日友好架设的桥梁。由于时间很有限，出租车司机非常友好而主动地，协助我们设计考察路线，并尽其所知为我们讲解，他的成功向导，使我们多看了一些项目。首先我们来到莲花王院的正殿三十三间堂，此堂是日本最长的古建筑，属日本国宝之一。十三世纪中叶遭火焚，日本镰仓时代文永三年（1266年）重建。该建筑面阔三十三间，南北长120米，进深五间，东西17米，堂基础用间柱架起，木柱木板台明。正面全部开门，中部突出单庇式小门庭，由踏道入堂。侧面边间设门，余为破子棂窗。柱顶多为覆盆状，少数平齐。柱间用阑额，不用普拍枋。柱头斗拱为四铺作单抄，补间用斗子蜀柱（直斗），斗䫜明显，用齐心斗而不用耍头。梁作方形，梁架接点用毡笠形驼峰。殿顶为单檐九脊顶，正脊两端不用正吻，而为兽面状脊饰，叠瓦脊，山面悬山尖深远，用大型悬鱼（其下惹草亦做悬鱼样），垂脊端及其它小脊端均以多层瓦当装饰。堂内佛教神像，既多又精，堪称一绝。尤其是千手千眼观音坐像、五百尊各种姿势的金黄色观音立像以及主佛之后、走廊两端的木雕天神、风神、雷神等像，生动逼真，均为珍奇之作。三十三间堂外，是优美的日本式庭园。平安神宫是日本三大神宫中最雄伟壮观的一座，日本明治二十八年（1895年）为纪念桓武天皇奠都平安京一千一百周年而兴建。总面积达三万三千平方米，是日本明治时代园林建筑的代表。大门面阔五间，歇山顶二层门楼，檐下用三踩单翘斗拱，和神宫其它建筑一样，屋顶通用绿色琉璃瓦，朱红色柱枋斗拱，色调对比强烈。大门以内，对面是主殿，面阔十一间，单檐歇山顶，正脊端用金色鸱尾，用叠瓦脊，檐下用简洁的柱头斗拱，补间为重层直斗，拱壁为白色，无彩画之饰。其殿柱头平齐，出檐较深。正殿左右有廊房八间，院内有配楼，对称而立，楼顶多变，四角攒尖顶上复加歇山式二层角楼等，有些繁褥。院落内遍布白色石子，十分洁净。这座在时代上相当于我国清末的晚期木构建筑，却沿用了不少早期的传统建筑手法。这种情形，在日本不少建筑中是比较多见的。金阁寺是日本著名的寺院之一，寺临湖而建，景色非常秀丽。寺之主体建筑是高作三层的金阁，平面方形，四角攒尖顶，上下阁檐为灰瓦覆盖，最上以方形脊座收结，座上立一展翅翘尾的凤鸟，二层仅设平座栏杆，座下无檐，下层基石临水，设栏护卫。此阁的上两层柱子、平座、墙壁、斗拱皆饰之以金箔，光耀夺目，别具特色。日本昭和六十二年（1987年）秋整修告竣，新贴金箔厚于原箔五倍，用了大量黄金。金阁背靠山林，面临镜湖池，大门及寺内夕佳亭等园林化建筑配置得非常清幽而和谐。此寺原为相当我国明代初年的山庄式别墅，为足利三代将军义满所造，后改作鹿苑寺，又名金阁寺。因寺中部分建筑为火焚后的复原性建筑，被定为特别史迹及特别名胜。龙安寺是京都的一座美丽的花园式寺院，属临济宗妙心寺派德大寺之别庄，日本宝德二年（1450年）创寺，明应八年（1499年）再度兴盛，名僧云集。宽政九年（1797年）遭受火灾，继之重建，形成十五个山水庭园。今寺院南部为一湖面，名镜容池，堤岸树木花丛，湖心小岛鸟居，颇为雅静。山门就建在湖之东侧，为单间悬山式建筑，沿湖岸小径进入寺内，寺属各院，依自然地势分散的建在园林之中。如灵光院、大珠院、西源院大小不一建在镜容池北岸，中心部位建库里、方丈、昭堂、佛殿等，其左右又有小型的堂馆庵所等。到龙安寺参观，给我们留下很深印象的是石群，又称石庭，经敕使门，进方丈（歇山大殿）由其廊观看石庭景点，围墙以内不植树木，而墙外却是茂密的长青林带，把围墙之内衬托得十分幽静又不单调。石群以平铺小石子作水平地面，然后犁出凸凹的纹样，远看犹如被风吹起的水面波纹，其上精心设计造型有别的石峰（巨石）突露于石波之上，墙檐之下，周边堆土植草，其周小石子犁作环绕状，更有水波之感。设计者通过石像大小、远近、离散、组合等手法，勾画出耐人寻味的立体画面，这种艺术园林，被称作"枯山水"，是日本许多景区常可见到的。

清水寺：建于奈良时代后期的宝龟十一年（780年），占地面积达十三万平方米。历史上曾遭火焚，现存建筑为1633年重建的。是一处风光秀丽，规模宏大的园林建筑群。正殿依山而建，面阔19米，进深16米。前部是由139根粗大圆柱支承的悬空"舞台"，气势宏伟，站在台上可眺望半个京都。柱下使用覆盆状的石柱础。木柱等构件不施彩绘，显露出木质本色的自然美。寺内十余座建筑分别为国宝级文物和国家重点文物。其建筑特点也十分突出，柱头为小覆盆式，斗拱为偷心造，枋形昂头，使用直斗和齐心斗，斗颤较深，橡飞为方形。一些建筑使用草顶和自然石础。寺内音羽瀑布长流不绝，景色宜人。被列为日本十大名水之首。此外，我们还参观了方广寺，其钟亭内，尚保存一口相当于我国明代末年的铜钟，其重82吨，系日本第一大铜钟。祇园街是京都的一条古街道，相当于中国清代早期（有的建筑更晚些），民房几乎全是二层小楼，全街无一高大建筑，保存了固有外貌。街宽约6.5米。楼多加腰檐栏杆，门口出单庇瓦檐，板墙木栅，植树养花，极富情趣。作为一座举世闻名的古城，京都得到了很好的保护，给人留下极深的印象。

日本栃木县日光市的日光山，山清水秀，景色宜人，参观那天，小雨濛濛，别有情趣。在日本朋友陪同下，除观览了大禅寺湖和龙头瀑布风景点外，重点考察了日本国宝日光东照宫。这里是日本德川幕府第一代将军德川家康的陵墓。该建筑群之布局与中国殿堂配置有许多相似之处。依山就势，建造了一座座雕梁画栋、富丽堂皇的建筑物，许多殿堂的屋脊、角梁、斗拱、门扉、柱枋等处都以精美的铜件包镶，显得金碧辉煌，光耀夺目。宫内主要建筑有五重塔（图八、图九）、武德殿、钟亭、表门、石鸟居、墓塔等。五重塔建于1650年，平面方形，木结构，楼阁式。正面塔身，开一门两窗，额枋窗角均加铜饰，自二层以上塔以外下檐之上，都有斗拱平座栏杆，平座四角加铜包镶。各层塔檐叠出较深，约为塔身宽度的二分之一。斗颐很深，颇类我国隋唐之风。东照宫内有一座雕饰丰富多彩的宫门，面阔三间，进深两间，二层楼阁。下层明间为通道，次间置塑像，柱头之上各做雕狮，前身跃出额枋，阑额中部也做雕饰，平板枋上置九踩斗拱，明间平身科斗拱两攒，次间一攒，拱端要头处又置兽雕饰，并加铜饰。其上为平座栏杆。楼上三间，门枋之饰尤繁。屋顶做歇山式，唯正面檐口改作中部拱起，拱檐下置风字匾。另外，院中还有铜钟方亭及高台小阁（很似我国唐代壁画中的台阁建筑）。这些建筑上都装饰了飞龙、麒麟、狮子、老虎、凤凰、孔雀等神兽珍禽及松竹梅、人物等形象。此建筑群的最后部分是德川家康墓园。墓做塔形，下部建八层石台阶，平面八角形，塔下有八角基座，上置圆形塔身，最上为四角攒尖顶，层层仰莲宝珠作刹收结。塔后为茂密的树林，以石墙木栅区隔，整个环境非常幽静（图十）。东照宫旁建有"东照宫宝物馆"，其内收藏着六件日本国宝及其它重要文物。总的说来，东照宫这座相当于我国清初的建筑群，具有以下特点：①殿阁依山就势而建，不完全讲究中轴对称布局。②木雕面积大，工艺精湛，设计繁褥。③用架空地板，檐下展示平台及栏杆。④斗拱因袭一些早期结构特点，如斗颐深、置替木、覆盆状柱头、大额枋与平板枋呈"丁"字形等。⑤不少建筑采用穿斗式梁架。⑥木构件转角，柱头等处各加铜件包镶。⑦石灯多且美，表现出高超的石雕才能（图十一）。

图八　东照宫木塔　　　　　　　　图九　东照宫木塔细部

图十　东照宫小阁　　　　　　　　　图十一　东照宫院内石灯群

　　足利市的两座建筑给我们留下了深刻的印象——足利市宅迹"大日苑"和足利学校。大日苑是一处环境幽美的古建筑群。门前有一座平梁拱面的风雨桥，木结构，规模不大，结构简洁，桥下鱼群，引得游人止步不前。过桥之后，是一座很引人注目的大门，面阔三间，重檐歇山顶，不加彩绘，保留着木质的自然色泽。柱头作覆盆状，檐下用七踩三翘斗拱，保留着一些早期建筑手法，如使用齐心斗偷心造，正心枋四层均隐刻正心拱，斗頔较深（但斗底较小，此作法与河南清代晚期地方建筑手法之斗拱相似）。还有如下特点值得关注：大额枋与平板枋断面呈"丁"字形；且两枋出头均有近似我国明清时期建筑的雕饰；斗拱间使用垫拱板；其下檐斗拱无耍头，上檐斗拱则用卷云形耍头；屋顶正脊两端用鱼吻，正、垂、戗、岔各脊均为叠瓦脊。其建筑年代相当我国的明清时期。院内大殿，为面阔三间的单檐歇山顶建筑，脊饰同山门。殿顶于前檐正中加饰凸起的卷棚一间（明间），檐口另加小脊和装饰。殿前有3米多高的一对石灯。另外，院内还建有木桩作基的殿堂及亭式建筑等。

　　足利市另一座名胜建筑是以尊孔为显著特征的学校。其内建筑多为近年复建的草顶堂舍。也保留有少量原有建筑遗存。如院内的圣庙，为面阔五间，重檐庑殿式建筑，屋顶用板瓦叠波纹脊，饰鱼形吻。三间开门，两间开窗。是日本宽文八年（1668年）的建筑。正脊特短。其殿仿中国明代孔庙的做法较多。其它建筑有方丈室、库里、书院等。建筑群四围以堤岸形土墙及河渠为边沿，起到了极好的与市区隔离作用，使学校有一个良好的安静环境。

在这次古建考察中，我们还有幸看了两座石城墙。一是在日本首都东京看到了御堀护城河江户城、皇宫城。此城以石块筑砌，城顶植茂密的常青树，形成一条宽厚的林带。护城河碧波粼粼，成群的红鱼嬉游堤下。其城做法，表现出较明显的收分。二是大阪城，大阪是日本著名的古都，第二大城市，保存着丰富的文物古迹。我们重点看了市东区的大阪城。它建于1583年，有护墙河与围墙，据说是用40万块石材筑砌而成，城长12公里，为当时日本最大的城堡，并筑有瓮城。使人叹为观止的是筑城用的巨石，一般都很大，最大的石块长达10米左右，日称"山里丸"。墙体收分亦非常明显。城下为宽阔的护城河面。城内建有天守阁，是现代重建的，平面方形，立面为歇山交错的五层高阁，高56米。造型非常壮观，现为著名的史迹公园。

在旅行途中，我们看到了日本城乡的民居，还有很多保存着传统的外形，但建筑材料则是现代化的。其构成是一处民居由若干房间组成，中间突出主室，周围附以廊房，高低有序，错落有致。主体建筑（多为二层楼房）有传统的歇山式、悬山式、庑殿式等等。不少房顶还沿用传统的叠瓦脊，且正脊较短（收山明显），屋顶瓦件多用兰、绿色调的彩色瓦。民居墙头也要盖瓦。居民把门楼也建得很有特色。门前院中均有常青树木，亦和园林一样，树木都加以修剪整治，形成画面效果。

考察中。我们感到日本人民文物意识很强，社会上很重视文物、园林、街景的保护。在管理上，不但及时修葺残损的古建筑与石刻，而且制订有严格的文物法规，确定有明确的文物等级，划定了文物的安全保护区，古建周围不允许建造影响环境风貌的高大建筑。总之使众多的古建筑及其它文物得到了很好的保护。在文物区或公园内，经常可以看到日本人对树木保护的精细工作。为了加固树干，他们采用棕皮包、铁活扣等办法使树木不再受损伤；对于古寺中树冠很大的枝叶，人们用许多支杆，规整地把树冠架起来。总之，保护管理的水平较高而人为地刻画污损义物及环境的现象则很少见到。诚然，在保护性修缮中，也有其不足之处。这些都值得我们借鉴，以利更好地保护好我国优秀的民族文化遗产，为两个文明建设做出更大的贡献。

（与张家泰先生合作，原载《中原文物》1992年第4期）

参观日本古建筑印象记

　　2007年2月13日至3月15日，借助我子杨文胜在日本京都大学留学的方便条件，我和亲属共7人，赴日本参观旅游月余，走遍了大半个日本，参观考察文物古迹65处（含博物馆），若加上与文物古迹有关系的风景名胜公园等多达72处，其中世界文化遗产和文化与自然遗产19处。除文胜和亚宾（儿媳）作导游翻译外，我的孙女杨韵珂在日本京都自费上小学，时年仅10岁的小孩子，竟能带领我们当小导游，用中文翻译当地讲解员的日语讲解。我们都很惊讶，为孙女杨韵珂在日本学习进步之快而感到非常高兴。

　　在日本参观考察受益良多，既有"它山之石"成功的经验可供借鉴参考，也有日本古建筑保护不足之处，可以作为教训以避免之。因本《续集》的《日本古建筑见闻》已较详细地记述了1991年7月考察日本古建筑的见闻，故此文仅记这次在日本参观考察古建筑的几点感想（印象）。

　　（1）在日本大型寺、庙等古建筑群的周围山体和自然植被均受到较好的保护。山体自然形态完好保护，不但形成自然景色之美，还充分体现了寺庙选址的堪舆学深邃文化内涵，使之"深山藏古寺"的意境得到充分阐释。加之茂密的森林，高大粗壮的擎天巨木，使古建筑群置身于生态良好大环境之中，既利于文物保护，又利于发挥文物建筑群的旅游等文物价值。

　　（2）真实性保护文物本体和与之共生共存的历史环境。在日本参观考察古建筑给我们留下印象最深的是所到之处的古建筑之真实性完整的得以较好的保护，使之文物建筑的历史、科学、艺术价值得以充分阐释。特别是文物建筑本体周围的历史小环境未受到较明显的人为扰动，文物的历史信息真实地予以保护传承，此尤为难得。所见的古建筑前面原来起伏不平的小型地形保持原状，是羊肠小道绝不用宽阔马路代之，是小丘陵地形绝不铲平扩建广场，是潺潺涓流小渠绝不填为平地。总之保持其历史环境的真实、完整的理念得以较好的体现。相比我省某些国保、省保单位的古建筑群前随意改变历史环境的所谓"整治环境"的"保护性破坏"，"它山之石"值得我们借鉴参考。

　　（3）古建筑维修设施和施工质量。在日本所见如奈良和京都的单体木构建筑在维修施工前首先搭建保护棚等，将所修古建筑罩起来，既能有效保护木构建筑，又可保证风雨天安全施工。所见古建维修施工质量是良好的，基本做到依其原形制、原结构、原材料、原工艺设计施工，甚至包括一些施工细节如榫卯的长短与深浅及其严合程度等均做到不改变原状。故在参观的几处施工现场和竣工项目，基本达到了维修保护项目的"保证文物建筑安全的工程质量，又能保证文物建筑真实性的法式质量。"

（4）历史文化名城及历史街区保护。由于历史文化名城的保护范围大，不但要保护名城本身的真实和完整，还要保护与之其共生共存的环境风貌。其保护的难度是非常之大。日本京都名城保护工作相对做得是比较好，所到之处未发现新建的高大建筑。均系一、二层的传统临街商业店铺建筑，"控高"等措施做得较好。历史街区的道路铺装仍保持原石块铺装的原貌，未发现后人扰动现象，街道肌理保护得好，既未扩宽原街道，甚至原小街小巷也保留原尺度。如名曰花间小路的地方参观人很多，其传统街道宽仅6.6米，其左侧一胡同宽两步半，其南边二宁坂（街道名）也仅宽3.3米，清水坂（街名）宽3米多。我们还专门穿过仅能容单人通过的小胡同，其乐融融。这样真实、完整地保护历史文化名城和历史街区，不但保护了历史文化遗产，传承优秀的民族文化，而且吸引了大量游客，使名城保护成果惠及广大民众，从而起到保护成果共享的作用。

（5）消防意识强，措施得力。日本由于种种原因，历史上古建筑，特别是木构建筑遭到自然火灾和人为不当引起的火灾破坏，造成古建被焚毁之例是不少的。故现在消防意识强，高度重视消防工作，制定严格的防火防雷规章制度。到处都有禁烟火的标志，几乎每座重要的单体建筑前均竖立有醒目的消防警示牌。凡是因焚毁的重建建筑，均在说明牌和讲解词中说明遭火灾之原因及损毁程度等，提醒观众重视消防工作。其消防措施涉及方方面面，具体做法略。

（6）保护维修及时，管理得当。京都和奈良为世界著名历史古都，有到处都是历史建筑之感，有规模宏大的法隆寺、东大寺等大型古建筑群，也有小型的历史建筑单体。甚至人小古建筑群紧密相连，形成历史建筑大片区。如规模不大的石峰寺，其寺前两侧就有几个小寺院，虽然寺、庙、神社等文物建筑很多，但管理很好，到处都干干净净、树木繁茂，游人秩序井然。现存古代建筑均能得到及时修缮，特别是注重保养岁修的维护工作，所以很少发现建筑屋顶积土长草现象。这种投入少保护效果尤为突出的文物养护措施，是我们应该向日本同行借鉴学习的。

（7）实事求是地评介建筑时代和文物价值。在日本所参观考察的古建筑，耳闻目睹的讲解词、说明牌和折页等介绍材料给人感觉是科学准确的宣传内容。无刻意将古建筑的创建时代或传说时代作为现存建筑实物的建筑时代传递给观众、读者。这一点看来很容易做到的事，但在一些地方，由于种种原因就是不容易做到。将错误非真实的信息硬塞给观众，贻误他人，造成很坏的社会影响。反过来大家对这样的单位和个人的治学态度和职业道德产生鄙视和不信任的负面影响。

（8）对待专家意见和民众反映的态度。在日本参观考察期间听到一些古文化遗址与基本建设产生矛盾问题，此问题也是既普遍又难解决之事。处理得当将产生"两利"效果，否则将可能使历史文化遗址遭到不可挽回的损失，像这样的现象在世界其他地方也时有发生。在奈良参观平城宫大遗址，得知当地曾要建一条干线路通过该遗址，由于专家和民众提出反对意见，而最后重新设计干线道路绕出大遗址的保护区划范围，这样的例子，在日本还听到一些。我当时就想到20世纪50年代一个炎热的夏天，敬爱的周恩来总理带着专家保护北京团城的建议，亲自登上团城考察后决定扩建的马路绕过团城，完整地保护好团城，周总理这种实事求是的保护祖国文化遗产的严谨作风我们永远铭记在心里（由于特别崇敬周总理，故触景生情，在日本参观时向日本同行介绍团城保护情况，特记此）。

（9）复建已毁古建筑的思考。这次在奈良考察平城京大遗址（世界文化遗产）时，见到在原址恢复了面阔五间重檐歇山的朱雀门，并参观了正在复建的大极殿。原址复建已毁古建筑是个敏感问题，日本在原址复建朱雀门的做法对否?我既有赞同的想法，又有疑惑。回国后为此专门请教罗哲文老师，罗老师说"恢复已毁古建筑，我国文物保护法有明确规定，应保护好已毁的建筑基址，不要重新修建，因特殊需要，必须要有充分复建依据并经报批，方可复建。我的想法是根据文物法规定，在已开放的古建筑群中，因特殊需要在有复建依据的情况下，单独编制复建方案，经专家论证评审，并经报批，可以适当在原址恢复已毁古建筑。这样既可以起到保护设施保护原基址，又可以保护古建筑群的完整性，还有利于参观旅游，要强调必须有依据的恢复，绝不能修建假古董"。罗老师还将他保存日本奈良平城宫复建的朱雀门、韩国复建佛寺等照片（图一～图五）送给我。罗老师一席话，使我解除了疑虑。日本和韩国在原址上恢复的古建筑项目也是有其原因和依据的。我想在原址复原建筑物一定要谨慎，应经调查研究，有充分依据，按照原形制、原结构、原材料、原工艺修复，经得其历史的检验。

（10）门票票价较低。日本古建筑等对外开放单位的参观门票票价比较低，除许多文物开放单位免票参观外，凡收门票的单位，票价普遍较低，多数在300～500日元之间。也有600日元的，奈良法隆寺是我们参观的所有单位票价最高者，也仅为1000日元。对65岁以上的老年人免票或优惠票价。各对外开放的古建筑等文物单位参观人普遍较多，有的还排起很长队的观众。联想到我国古建筑等对外开放的文物单位，就两国消费水平而言，我国门票票价显得太高，动辄上百元，甚至几百元人民币。因为被列入各级政府公布的文物保护单位，特别是古建筑，政府拨付专

日本奈良平城宫朱雀门在原址复原照片正面　　　日本奈良平城宫朱雀门在原址复原照片背面

　　　　　　　　　　　　　　　　　　　　　　　（罗哲文老师的照片注文和签名手迹）

图一　　日本奈良平城宫复原的朱雀门

平城宫朱雀门结构照片正面　　　　　　　平城宫朱雀门结构照片背面

　　　　　　　　　　　　　　　　　（罗哲文老师的照片注文和签名手迹）

图二　　日本奈良平城宫朱雀门复原建筑结构

日本奈良平城宫园林在原址上复原照片正面　　　日本奈良平城宫园林在原址上复原照片背面

　　　　　　　　　　　　　　　　　　　　　　　（罗哲文老师的照片注文和签名手迹）

图三　　日本奈良平城宫复原园林建筑

韩国百济时期在原址上复原之佛寺照片正面

韩国百济时期在原址上复原之佛寺照片背面
（罗哲文老师的照片注文和签名手迹）

图四　韩国复原百济时期佛寺建筑

韩国新罗时期在遗址上复原之雁鸭池临水榭照片正面

韩国新罗时期在遗址上复原之雁鸭池临水榭照片背面
（罗哲文老师的照片注文和签名手迹）

图五　韩国复原雁鸭池临水榭建筑

项维修款，财政支付工作人员工资，还拨付有办公经费，故门票票价不应太高。建议尽量多的文物开放单位免售门票，门票票价高的文物开放单位降低票价，让文物保护成果全民共享。

在日本参观考察古建筑时，也见到我个人认为不足之处。如①在京都东寺院内小水渠用疑似古石柱础作涉水踏脚石，感到很不舒服。通过文胜用日语向管理人员提出请换下石础的建议，日方管理人员非常爽快的接受建议，并一再表示感谢。②奈良东大寺（大华严寺）有在古建筑维修的露明部分用水泥的现象（注：维修古建筑地下基础不露明隐蔽处可以适当用水泥加固），特别刺眼。因古建筑用水泥维修改变了原材料，改变古建筑原貌，传递错误信息。笔者当时联想到罗哲文先生的一席话，罗老讲"我陪联合国教科文组织古建筑考察团参观我国古建筑时，发现几处在维修古建筑的露明部分使用水泥，随向我方提出意见，并称用水泥维修古建筑改变了古建筑原貌，是其'大敌'"。后经了解，日本维修古建筑也不支持使用水泥，用水泥虽是个别现象，但也造成不良影响。③在京都某寺院内，密集的商业摊位，严重影响参观效果，据日方介绍，他们正在解决此问题。

在日本参观的古建筑因同属东方木构建筑体系，所以专业障碍较少，考察自然较顺利。但参观考察者的感受不尽相同。故笔者上述印象记仅系个人的认识，供参考。

加拿大博物馆见闻

　　加拿大幅员辽阔，物产丰富，风光秀丽，是个美丽的国家。一九八六年七月，我参加国家文物局组织的访加代表团访问了这个国家。参观了一些文博单位和大专院校，与同行进行了座谈交流。开阔了眼界，增长了知识。深深感到我国文博事业发展是比较快的，有许多外国所不及的经验和优势。同时也认识到由于种种原因，还有许多不足之处。外国有不少值得我们学习借鉴的地方。在此仅就参观加国博物馆见闻及所想到的一些问题写出来供参考。

一、文物收藏

　　博物馆的产生和发展是从收藏文物开始的，藏品是博物馆业务活动的基础，也是它所拥有的宝贵财富。藏品质量的高低和数量的多少是衡量该博物馆社会地位及其作用的一个主要条件。加拿大的博物馆和美术馆都非常注重藏品的蒐集和保管工作。除国家设立有现代化的文物保护研究所，专门从事各类文物保护研究，使其得到妥善保护外，负责收藏文物陈列展览的各博物馆、美术馆想方设法扩大藏品数量和提高藏品质量。加拿大第二大城市蒙特利尔美术馆除收藏陈列丰富的本国文物艺术品外，还辟出专馆展览外国文物。其中有一个专馆展出中国文物，如甘肃省出土的彩陶，河南省汉墓中出土的方形立柱画像石及商代铜器，汉代陶俑、陶壶、陶奁、陶井等，晋代陶牛车、陶马、骑马俑，唐三彩马、三彩镇墓兽、三彩俑，宋代汝瓷碗、元代钧瓷碗和影青瓷碗等。位于首都渥太华国家博物馆之一的民俗博物馆，收藏世界各地的民俗文物，主要藏品是距今二十年至二百年的生产工具、生活用具及工艺品等。如石磨、纺车、木椅、木桌、织布机、车轮、量斗、竖琴、草编织品、十字架、大连椅、沙发等。甚至连瓷瓶、玻璃瓶及各种瓶盖都收藏。令人吃惊的是近三、五年内食用的面包也作为藏品予以收藏。在这里看到不少我国的民俗物品，如清代晚期的木立柜、墨书"佛山制造"的大鼓等。我们看到的实物仅仅是一小部分，当提出希望多看些中国民俗物品时，该馆负责人陪我们到正在工作的摄影室内，工作人员非常友好热情地介绍利用微机储存馆藏文物资料的情况。按动键钮各类文物逐一在荧光屏上显示出来，特别是中国各类鼓的正、侧面及特写镜头映出时，引起我们很大兴趣。加国朋友谈到收藏文物要有战略眼光，不仅要征集现在看来价值重要、能够反映历史文明、见证历史事件的精美艺术品等文物，而且要重视征集那些现在看来价值不重要，而随着时间的推移逐步获得文化意义的"不显眼"物品。我们觉得加国博物馆这种收藏实物标本的观念值得重视，应该借鉴。我国一些博物馆重视收藏重要文物（这无疑是应该的），而轻视甚至是非常轻视一般文物的收藏。对民俗文物更是如此，有的博物馆工作者大书特书办民俗博物馆的重要性、急迫性，甚至提出抢救民俗文物，而一旦征集点民俗文物，就觉得是一种包袱，久而久之又被损毁。当然库房容量也限止了文物收藏，但主观上的不重视则是影响这些文物收藏的主要原因。建议在物质条件许可的情况下，各类博物馆要根据本馆的性质，在收藏文物的品类和数量上下功夫，尽可能地丰富馆藏。

二、陈 列 设 施

陈列是博物馆的主要活动形式，是博物馆发挥社会效益的主要手段，是向观众进行宣传教育的主要阵地，是衡量博物馆工作质量优劣的重要标志。没有陈列的博物馆，严格讲就不能称为博物馆。所以，陈列是博物馆工作的中心环节。加国博物馆和美术馆非常重视陈列设备和展览效果，他们除在展品本身下功夫做文章外，还运用声、光、电、画等手段烘托展览气氛，发挥陈列效果，现将所看到的不系统材料归纳如下。

（1）所参观的博物馆和美术馆全部采用灯光照明设备。有的使用折光装置，特别是顶光设备多装在井字形的方框内，既使光线集中，又使光线通过折射作用而均匀柔和，减少了有害光线对文物的损伤。更能通过随意调整灯光角度，把所要看的文物部位恰到好处地展现在观众面前，丰富了展览效果。

（2）发挥中轴线主展效果：为了突出展品，达到能使观众从四周和上下六个面围观的效果，有的展室把主展线放在中轴线上。有两种情况，一是根据展品体积和重量设计出倒"凸"字形的木质展台。依照一般观众的视线，台高多为一米许。将展品放置在台面上，罩上特制的玻璃罩，在灯光照射下效果颇佳。二是在地面上放置形状各异的基座，有长方形、正方形和三角形等。基座高约30厘米，根据需要，基座的大小各异。其上放展台，有一座一台和一座多台两种，展品置于展台上。为了充分利用空间展览面积，有的展室在中心主展线上放两排展台。但位置要错开，以利更多观众同时参观。在主展线两边放置辅助展品。墙壁上悬挂板面，或直接裱装大幅照片及绘画品，以烘托展览气氛。由于用光不同，故突出了主展品，起到了衬托的作用。

（3）在悬挂的绘画展品前放置大型铁质浅盘，盘内装有粗沙或小石子，使观众自然地与展品隔开距离，以免手触污损展品。同时使展室内富于变化，增加了艺术效果。这种形式不一定十分完美，但可以避免在展室内设置柱绳栏杆，影响观瞻。

（4）充分利用空间，增加展览效果：加拿大国家博物馆有八个，它们是文明博物馆（原名人类博物馆，即历史博物馆）、自然博物馆、农业博物馆、航空博物馆、科技博物馆、战争博物馆（军事博物馆）、民俗博物馆、美术博物馆。以文明博物馆为例，对展室、走道、前厅均做到了合理使用。展室内主线与辅线调配比较得当，布局很紧凑，没有发现留下大片无用面积的"败笔"现象。展柜间的距离既能使观众顺利通过，方便参观每件展品，又不显得松散、零乱。甚至连墙壁等立体面积也得到合理使用。在一段较宽的拐角走道外，很简单地布置了大景箱，模拟印第安人的宗教活动场面，反复播放他们祈祷、驱鬼、占卜的录像，使观众如亲临其境。该馆前大厅并不算太宽敞，除后部的服务室和两边供观众休息的塑料坐椅外，在厅之中央竖起高约七、八米的印第安人图腾木雕柱，后壁上悬挂长臂木雕人像。使空荡的大厅变成了"第一展室"，烘托了展览气氛，使观众感受到已进入参观博物馆的"角色"，对进入展室参观起到了"预热"的效果。从陈设艺术看，则起到了布置装修的作用。可以说是一举两得，两全其美。

（5）运用电器、录像、幻灯设备弥补陈列之不足：我国除一些大中型博物馆外，一般小馆陈列设计手段比较陈旧。甚至有的停留在五十年代或六十年代的水平。仅满足于将展品能摆出来就可以的过低要求。条件稍好的馆，能用文字、绘画、照片、拓片、模型等辅助展品来烘托、渲染主题，突出主要展品，以弥补其不足，就觉得已经可以了。正由于此，参观历史文物展览的观众一直不多，甚至一些大馆平时观众也寥寥无几（当然也有其它方面的原因）。加国面积居世界第二，人口仅两千多万（首都渥太华不足八十万人），是世界上人口密度最小的国家之一。但我们所到的博物馆观众熙攘，无冷清之感，究其原因，其中重要一条是展览办的活，可以说是雅俗共赏，老少皆宜。把声、光、电、像等现代化手段运用到展览中，综合地、立体地、形象逼真地向观众介绍展览内容。观众进入博物馆，可以租一件微型音响导游录音机，戴上耳机可以依次介绍所参观的展品。为了不影响其它观众参观，还可以租一件观看无声幻灯的录像机，戴上耳机观看介绍展览内容的幻灯片。文明博物馆几座大的展室前都有反复播映同一内容的电影、电视，将展出的文物生动形象地介绍给观众。如在参观印第安人渔猎生活文物展览前，观众可先到电影厅（二十多个座位）看一部不足十分钟的电影片。时间虽短，可影片非常集中地介绍了印第安人迁徙、制造石器、垒堰、捕鱼、储藏食物、凿木取火、做饭进食等过程，给观众留下非常深刻地印象。看过电影后，大家都急于想看看捕鱼的鱼叉、鱼串，取火的凿木工具等实物展品。因此，到展室后都怀着浓厚的兴趣非常认真地一件一件参观展品。不少人看后生怕印象不深，而返回来再看。又如在石器展室内电视机反复放映石器打制、磨制和使用的过程，使观众感受真切，印象非常深刻。对比之下，感到我们国内有的博物馆展品很精，文物价值很高，但缺乏形象生动地介绍。一般观众浏览一遍，看不明白展品在当时历史条件下的作用，更谈不上认识它的价值所在。所以印象非常淡薄，走出展室也就忘得差不多了。因此，单纯埋怨观众水平低是不公允的，应该在陈列设计方面找找原因，以便更好地发挥博物馆"第二课堂"、"社会大学"和"终身教育场所"的职能作用。

（6）考古现场再现在展室内：在博物馆展室内经常听到这样的议论"这些文物展品是怎样发掘出来的？科学发掘与非科学发掘有什么区别？反正把东西挖出来就可以呗。"这个问题在当前我国博物馆的展览中是难以解决的。在加国文明博物馆得到了较好的解决。他们将1971年7月发掘的四座考古探方搬进展室，使用原土复原，连探方间隔梁也原样保留。从土质土色上清楚地分辨出地层关系。探方内骨架、房基、陶器、石器等遗迹遗物原位摆放。还将考古工作者使用的尖头小铁铲、圆头短杷小铁锹、铁簸箕、棕排刷、帆布背包、工作服、工作鞋、带三脚架的照相机、带三脚架的绘图小平板等物品分放在四座探方内。探方旁有耳机，随手拿起即可听到较详细地介绍。为了加深观众印象，还在探方一旁的墙壁上用原土（包括土中夹杂的蚌壳等）堆出探方壁，将出土的典型器物分嵌在各地层内，外面罩上玻璃。在玻璃上用红纸条表现出地层，并有简要说明，形象生动，一目了然。

（7）用特大照片表现大的活动场面：在反映印第安人劳动、生息及宗教活动的展室内，采用整墙一幅大照片的大胆手法，表现印第安人村落中的房屋建筑和图腾柱形制、布局及使用情况。场面大、效果好，给观众留下深刻印象，是其它展览形式所不能替代的。

（8）展室顶部的朴素装饰：为了突出展品，烘托展览效果。展室内的色彩、陈设等都尽量与展品相协调。蒙特利尔市美术馆展室顶部不加修饰，让方格状的水泥顶原色外露；渥太华国家文明博物馆展室用黑色板饰顶。这样处理室顶的效果，既避免了喧宾夺主，又利于发挥灯光的采光效果。

（9）形式多样的陈列柜：加国陈列柜是按照陈列内容和文物展品的形制等设计制作的。有大型的通柜，即大联柜，把成组的展品或表现某一主题的展览置于柜内，整体感强，便于参观。有根据展品的大小形状设计专用柜，展柜的材料，多为铝合金框架玻璃柜。也有用木质陈列柜的，询其原因，不是经费不足所致，而是要取得古朴、庄重与展品相协调的效果。通过对比，木质陈列柜的陈展效果，从某种意义讲并不亚于金属陈列柜。

三、群工宣传

博物馆的教育作用已成为现代社会教育不可缺少的组成部分，被称为"第二课堂"、"终身教育场所"。所以，通过群众工作部的讲解宣传，是其发挥社会教育效果的重要途径。加国博物馆宣教工作是由公共关系部承担的。

讲解工作搞得很活，不但有导游讲解人员直接讲解，而且还有随身携带的录音讲解和固定位置的耳机讲解等。既方便观众，又不影响别人参观。

公共关系部的宣传工作是很出色的，除在博物馆附近张贴设置醒目的宣传画、宣传广告牌外，在馆内出入口处或展室内放置许多印制精美的宣传材料免费赠送观众。为了扩大宣传效果，还在大商店等公共场所布置宣传陈列橱窗。在旅馆登记室或体育馆售票、休息处放置宣传材料，可随意拿取。在大街上、地铁、饭店、商店等处张贴宣传画或在墙壁上绘画陈列内容。据说以上宣传形式均取得了较好的效果。

为了扩大宣传、吸引观众，还设立第一万个或第十万个、第二十万个观众奖。凡购到此票者，摄影留念，发奖品，请吃饭，还登报宣传。

他们对观众服务热情周到。为了能让观众在参观之余得到适当休息，在休息室、前大厅、走廊等处放置塑料椅凳供休息。甚至在展室旁辟有咖啡厅，观众可以喝饮料、食点心。

特别是对残疾观众服务的尤为周到。如蒙特利尔市接展外国展览的文明宫，除设有供一般观众用的电梯外，还有可供残疾人用的升降电梯。工作人员逐个陪送坐在电动轮椅上的观众进入楼上展室参观。在一般观众厕所旁设有专供坐轮椅观众用的残疾人厕所（门上印有残疾人厕所标记）。工作人员说"我们要想到社会上还有这部分行动不便的残疾人，要更周到地为他们服务，使他们参观好展览。"

为了向观众提供一个舒适的参观环境，各博物馆都非常注意美化馆容。展室内外很干净，并在院内空地上置雕塑、种花木，使之园林化。

四、安全保卫

加国博物馆、美术馆均非常重视安全保卫工作。设置有监视系统，观众参观展品皆可在监视屏幕上显示出来。每个展室还有带报话机的保卫人员，可随时通话联系，做好安保工作。

在加国参观访问时间短暂，所见所闻很不全面。特别是由于国情各异，所介绍的情况很可能不适合我国博物馆建设的需要。仅供参考。

（原载《中原文物》1987 年第 2 期）

山西古建筑与中原明清建筑文化圈简论

山西是中华民族重要发祥地之一，是我国文物大省，古建筑的宝库。在历年的考古调查发掘中，发现了丰富的与人类居住、祭祀等有关的建筑遗迹。著名的丁村旧石器时代遗址、许家窑—侯家窑旧石器时代遗址、西侯度旧石器时代遗址、柿子滩旧石器时代遗址等，发现有人类化石和砍砸器、刮削器等石器制品。新石器时代以降的陶寺遗址、侯马晋国遗址、平城遗址、西阴村遗址、曲村—天马遗址、东下冯遗址、晋阳古城遗址、蒲津渡与蒲州故城遗址等所发掘出土的建筑遗址，或与建筑遗迹有关的考古遗存，均为建筑考古的重要发现。特别是陶寺遗址发掘出土的古城址、窑洞式和白灰面居室的房基，以及与天文观测有关的大型构筑基址等，不但对建筑史研究，具有弥足珍贵实物资料价值，更是对我国古代阶级、国家产生的历史研究和夏文化研究具有重要的学术价值。山西发掘诸多北朝及其以后的古墓葬，其墓室结构和建筑雕刻、建筑壁画等，对研究同时期的建筑结构、建筑技术、建筑艺术也是难得的实物资料。山西大同云冈石窟、天龙山石窟等各类石窟和摩崖造像达160处，其数量之多，价值之高，在全国同类文物中占有重要地位，特别是北朝和隋唐时期的洞窟形制、建筑雕刻等，对研究建筑史和诠释同时期的建筑文化具有非常重要的意义。上述早期建筑遗迹和珍稀实物，不但是研究我国建筑文明，乃至中华文明不可或缺的重要史料，更是研究我国山西古建筑宝库，自唐代以降现存非常丰富的木构建筑渊源关系和历史传承之信息渊薮。山西现存地面起建，独立凌空的砖木构建筑实物之丰，价值之高，在我国是无可比拟的，被誉为我国古建筑之宝库。全国地面现存唐代以前的砖石建筑少之又少，可谓凤毛麟角。已知东汉至西晋的整残石阙共有32处，且多为墓阙，庙阙者仅3处（太室阙、少室阙、启母阙）；辽宁等地的巨石建筑，特别是其中的石棚已具有房屋建筑的一些基本结构特点；山东东汉时期的孝堂山石墓祠、朱鲔石墓祠、武梁石墓祠是我国现存最早最完备的地上石房建筑遗存；我国汉晋时期的木塔和砖塔早已荡然无存。现存仅为数极少的南北朝时期砖石塔，其中大中型塔，不完全统计有登封嵩岳寺塔等五座，山西境内就有两座，它们是①五台佛光寺祖师塔，为平面六角形的砖质塔，建于北朝时期。②太原龙山童子寺燃灯塔，塔身平面六角形，建于北齐天宝七年（556年），为我国现存最早的石灯塔。这两座砖石塔时代早，造型、雕刻精湛，在我国古塔史研究中占有异常重要的地位。

我国以木构建筑为主的建筑体系，独具特色，成为世界建筑宝库中一份非常珍贵的遗产。但由于种种原因，隋代及其以前的木构建筑无一存留。现存最早的8座唐代木构建筑，有的在后代修缮时改变了局部或大部原貌，有的仅存少许唐代构件。而其中保护较好，价值颇高的四座唐代单体木构建筑全在山西，它们是五台南禅寺大殿、五台佛光寺东大殿、芮城广仁王庙正殿、平顺天台庵正殿。特别是南禅寺大殿和佛光寺大殿享誉海内外。我国现存五代时期的重要木构建筑仅6座，山西省就有3座，即平遥镇国寺万佛殿、平顺大云院正殿、平顺龙门寺西配殿。五代历史短暂，战争频仍，木构建筑得以保存极为不易，对研究承唐启宋的五代时期建筑历史具有极其重要的科学、历史和艺术价值。宋、辽、金时期是我国建筑发展史的重要阶段，但存留至今的木构建筑，全国仅有100多座。山西太原晋祠圣母殿，应县佛宫寺释迦塔（木塔），高平开化寺大雄宝殿，大同华严寺薄伽教藏殿和大雄宝殿，大同善化寺三圣殿、普贤阁、大雄宝殿，朔县崇福寺弥陀殿，五台佛光寺文殊殿等一批保护好、价值高的宋、辽、金木构建筑，约占全国同期重要木构建筑总数的60.94%，足以说明山西宋、辽、金木构建筑在全国所占据的重要地位。山西省元代木构建筑多达300多处，著名的芮城永乐宫等早为世人所熟知。

山西元代及其以前的木构建筑不仅数量多，而且科学、历史、艺术价值高，且研究成果丰硕，无愧于中国古建筑宝库之称。相对而言，建筑史学界长期以来关注这些早期建筑的研究，出版了大量研究专著，发表了大量学术论文。但对山西境内非常丰富的明清时期的木构建筑研究显得不足。笔者50余年来在调查研究河南明清时期木构建筑地方手法的同时，也调查了河南省周边邻省部分地区的明清木构建筑。发现山西、陕西、河南及河北邯郸地区，还有安徽、山东、苏北一部分地区，甚至甘肃一部分地区（见杨焕成：《甘肃明清木构建筑地方特征举例——兼谈与中原"地方建筑手法"的异同》，载《古建园林技术》2007年第3期）的明清木构建筑的建筑手法与北京地区的同时期官式建筑的建筑手法差异很大，而上述诸省全部或一部分地区明清时期木构建筑的建筑手法相同或相近，形成与同时期官式手法相异的地方建筑手法。地方手法的突出特点是保留古制的"袭古建筑手法"做法，并有自身发展的时代特点，还有少量地方手法建筑局部采用同期官式手法的一些做法。经过长期比较研究，初步勾勒出一个范围较广大的中原明清地方建筑文化圈。试就该建筑文化圈的形成，建筑结构、工艺特点及与官式建筑手法的异同等建筑文化内涵，谈一些探讨性的意见。

明清时期中原"地方木构建筑群"与同时期官式建筑群的总体平面布局基本相同，强调中轴线与左右均衡对称，多为纵深的长方形。而单体建筑柱网配置则与官式建筑手法不相同，明清时期官式手法的单体建筑，柱子的排列和唐宋时期的建筑一样规整，基本上不采用"减柱造"的做法。中原明清时期地方建筑手法的单体木构建筑，保留金元时期柱网配置的做法，凡是使用金柱的建筑，不论形制大小，大多数采用"减柱造"，即减去殿（室）内一部分金柱。中原明清地方建筑手法与同期官式建筑手法在柱高与柱径比例关系上的差别表现在两个方面：一是多数地方手法建筑的柱径与柱高之比超过官式手法建筑。如清代中期地方手法建筑二者之比为1∶11.3左右，超过官式建筑1∶10的规定。二是少部分地方手法建筑因袭古制，柱子粗矮，有的二者之比竟为1∶7.26，远小于同期官式手法建筑的比率。

我国早期建筑的阑额与普拍枋（即明清建筑的大额枋与平板枋）的组合断面呈"Ｔ"形，至角柱不出头，或阑额（大额枋）出头砍制成垂直平截的形状，直到元代阑额出头才出现刻海棠线的雕饰。明代官式手法建筑平板枋的宽度稍宽于或等于大额枋的厚度，大额枋至角柱处的出头雕刻成类似霸王拳的形象。清代官式手法建筑平板枋的宽度反而小于大额枋的厚度，二者组合的断面呈"凸"字形，大额枋出头刻霸王拳。有的清代官式建筑还在大额枋下增加一根小额枋，有的另增加一垫板，合称"大额枋、小额枋、由额垫板、平板枋"的结构特点。中原地区明清木构建筑的地方建筑手法（以下简称中原地方建筑手法）则与同期官式建筑迥然不同，在已调查的明代地方手法建筑中大额枋与平板枋的组合断面均为"Ｔ"字形，大额枋至角柱处的出头不但保留古制采用垂直平截的传统做法，而且出现拱头形和柳叶刀形等地方特征的做法，甚至有的地方手法建筑竟然仅采用大额枋而不用平板枋的因袭唐宋建筑的做法。清代中原地区地方手法建筑的平板枋和大额枋组合断面全为"Ｔ"字形，且多不用小额枋和由额垫板。大额枋和平板枋出头很少刻霸王拳，不但保留垂直平截的古制做法，而且还刻制成诸多的艺术形象，如佛手形、抹角型、拱头形、刀把形、太极图形、梭形、蚂蚱头形等。在用材方面，时代愈晚用材愈单薄。

我国古代建筑斗拱数量的配置是由少到多。元代以前每一间补间铺作（明、清称平身科）一般为一朵或两朵（明清称攒）。明代逐渐增至4~6攒，清代最多者达8攒，排列的非常密集。且明清时期每一座单体建筑的明间、次间等平身科间距是相等的，即为11斗口。而中原地方手法建筑与同期官式建筑手法差异很大。一般五开间建筑，明间平身科两攒（有的仅一攒），次间平身科一攒，梢间平身科一攒（有的则无平身科）。甚至有的五开间或三开间的建筑，仅用柱头科，而完全不用平身科。地方手法的明清建筑攒当距离均不相等，在已调查的明代地方手法建筑中，不但攒当距离不等，而且攒距均大于11斗口，最大者为21.66斗口，最小者为12.5斗口。清代地方手法建筑的攒当距离均不相等，有的同一间的攒当距离相差达14厘米，攒距也远大于11斗口。

斗拱的体量，随着时代的早晚，由大变小。斗拱与檐柱高的比例也是随时代的早晚由大到小。唐代斗拱高与檐柱高之比大约是40%～50%，宋、金时期约为30%，元代约为25%，明代则减为20%，清代北京故宫太和殿斗拱高度为檐柱高的12%。中原明清地方手法建筑完全不受此限，斗拱体量较大，斗拱与檐柱二者高度之比，大者达35%以上，小者也达15%以上，成为地方手法建筑的重要特点之一。

明清官式手法建筑的斗耳、斗腰、斗底三者高度的比例为4：2：4。大多数同期中原地方手法建筑不遵此制，形成有斗耳和斗底，而无斗腰；耳、腰、底三者等高；斗耳高于斗底，或斗底高于斗耳；斗耳和斗底高度相等；斗腰大于斗底，而等于斗耳；斗腰小于斗底，而等于斗耳；斗腰小于斗耳与斗底，而斗耳与斗底相等。不同的地方手法建筑斗之耳、腰、底比例关系的不同变化，也体现了地方手法建筑的地方建筑特征。

官式建筑中，明代和清初还存斗䫎，清代中期斗䫎消失，成为鉴定明清官式建筑的时代特点之一。而中原明清地方手法建筑中，明代建筑均有斗䫎，不是"稍存斗䫎"，而是斗䫎很深，有的斗䫎深达1.5厘米。清代早期和中期的斗䫎还较明显。清代晚期有四种情况：①斗䫎很深，但斗形不规整，与早期斗拱极易区别，在其已调查的总数量中占少数。②有斗䫎但不很深，斗形规整，占少数。③稍存斗䫎，占多数。④无斗䫎，但斗形与同期官式建筑之斗形不同，占次多数。

官式手法建筑，明代初期的耍头已为足材，为蚂蚱头形，其齐心斗逐渐消失。清代蚂蚱头均为足材，完全不用齐心斗。中原地方手法建筑中，明代中叶还有使用单材耍头和齐心斗的。甚至少数清代建筑还使用齐心斗，使耍头呈单材状，但绝大多数清代地方手法建筑蚂蚱头为足材，不使用齐心斗。

拱的砍制形式和拱身长度，明清地方建筑手法和同期官式建筑手法差别很大，官式手法早期斗拱的拱端上留以下部分刻四瓣或五瓣，清代则明确规定"瓜四（瓜拱、正心瓜拱刻四瓣）、万三（万拱、正心万拱刻三瓣）、厢五（厢拱刻五瓣）"。其拱身制作规整，拱身长度为瓜拱与正心瓜拱等长，为62分；厢拱为72分；万拱为92分。三者长度的比例关系为1（厢拱）：0.86（瓜拱与正心瓜拱）：1.277（万拱）。而中原明清地方手法建筑拱端一般上留以下不分瓣，砍制成弯曲弓形、云板形、网坠形、梅花口形、半圆形、三幅云形等。从清代中叶开始拱身透雕或浮雕花卉的现象较为普遍。厢拱、瓜拱、万拱长度之比例关系也与同期官式建筑差异很大，如郏县奎星楼三者比例为1：1.196：1.7，登封少林寺山门为1：1：1.4，温县福智寺中佛殿为1：1.527：2.18。

昂在斗拱中，因时代不同变化较大，是最能表现时代特征的构件之一。明清时期官式手法建筑中昂嘴多为面包形，明代昂嘴薄一些，清代昂嘴厚一些。清代中期以后有的昂嘴上宽下窄，出现"拔鳃"，成为独具特色的拔鳃昂。昂下刻出假华头子，留出平伸的昂下平出。清代中叶以后昂下平出缩小，仅为0.2斗口。中原明清地方手法建筑造昂之制与同期官式手法差别很大。明代早期（含中早期）还有部分建筑使用真昂，昂下垫置真华头子，昂嘴较薄，保留元代昂嘴特点，圭形昂嘴直边高很小，有的几乎无边高，近于三角形。明代中期以后，基本不用真昂，面包形昂嘴减少，大量使用圭形昂嘴。此时期圭形昂嘴的主要特点是底宽大于边高。清代早期仍有面包形昂嘴，但昂嘴中线加高，向肥胖方面发展；这时期的圭形昂嘴边高加大，向粗壮方面发展。清代中期仍有少量面包形昂嘴，但昂嘴中高加大，出现底宽小于中高的现象。有的甚至把边高加得很大，顶部制作成弧形，似清代的圆形碑首。圭形昂嘴底宽小于边高，有的将中高加大，昂嘴上部尖而高。清代晚期面包形昂嘴极少，所有圭形昂嘴均为底宽小于边高，此为鉴定清代中原地区地方手法建筑早、中、晚期特点的重要依据之一。有的清代晚期建筑昂头上皮锋棱很低，形成昂嘴"中高"仅稍大于"边高"的现象，甚至有的昂头上皮的锋棱消失，昂身底边微微上翘，昂嘴呈方形或长方形（"□"形或"▱"形），昂身下均不刻华头子。此为清末地方手法建筑昂之突出特点。昂的下平出，最大者为2.5~3.5斗口，一般为1~2斗口，最小者为0.5斗口，均超过同期官式手法建筑规定的0.2斗口，有的甚至超过十几倍。

中原明清地方手法建筑中，沟槽昂嘴的做法可谓其突出的特例，虽然数量不多，但在昂嘴正面阴刻三角形或蜂腰形的沟槽，在同期官式建筑中是从无见到的。在中原地区的河南、陕西等省至少有8座明代和清代地方手法建筑中使用做法基本相同的沟槽昂。

我国古代建筑之梁枋用材，依其时代早晚由瘦向肥胖发展。唐代梁之断面高与宽的比例多为2:1，宋代规定为3:2，清代为10:8或12:10，并出现了包镶法。且明清官式建筑不论有无天花板，梁枋表面刨制规整精美，全是明栿造。而中原地区明代地方手法建筑梁之断面多为圆形，部分梁栿为抹角方形或抹角长方形。较大型的建筑，不论是否彻上明造，梁枋构件均刨制的非常规整，这是与同期官式建筑相同的地方。不同的是形体较小的面阔与进深各三间的方形殿宇多保留金元时期的建筑特点，梁栿多用自然弯曲之材，表面加工粗糙，采用草栿造的制梁方法。也有少数清代地方手法建筑模仿官式建筑的做法，将梁之出头砍制成桃尖梁头，直接压置在柱头科上，梁断面也多为圆形，表面加工也较规整。与同期官式建筑不同的是不少建筑的梁头原大，不加雕饰，直接压置在外檐柱头科上露于檐下。另外有的地方手法建筑大栌的外露梁头雕刻成卷云状；有的梁头只抵置于正心桁内不外露；有的梁枋用材过大，出现梁之断面宽大于高的现象，如一座清代地方手法殿宇建筑的大栿高65厘米、宽74厘米。有些清代地方手法建筑除大栿出头雕刻成卷云状等图形外，二栿等其它梁头亦雕刻成卷云或龙头状等。还有少数建筑的外露大栿头部附有木雕虎头。体现了异于同期官式建筑的地方手法特点。

明清官式建筑梁架结点几乎全用瓜柱，很少使用驼峰，彻上明造的殿式建筑也有使用隔架科的。中原地区明代地方手法建筑使用瓜柱和斗拱，有的瓜柱下还分别施鹰嘴、毡笠、掐瓣驼峰。清代地方手法建筑瓜柱下有用合楷的，也有瓜柱直接置于梁上的，还有极少数使用驼峰的。这时期的合楷有素面的，也有浮雕图案的。清代晚期出现了荷叶墩或荷叶墩形的合楷，甚至用很薄的卷云板插入瓜柱的柱根，成为象征性的合楷。

明清以前的瓜柱有圆形、八角形和小八角形三种。明清官式手法建筑的瓜柱多为圆形。中原明清地方手法建筑的瓜柱则沿袭古制，有圆形、八角形和小八角形。

叉手和托脚均系斜撑承重构件，元代及其以前使用比较普遍，明清官式手法建筑基本不用。而中原明清地方手法建筑绝大多数仍然使用叉手，有的还使用托脚。明代地方手法建筑的叉手和托脚用材较大，不加雕饰，起到了传承荷载的功能作用。清代中叶地方手法建筑的叉手，用材逐渐变小，少部分叉手还雕刻龙头、串珠、锯齿、行龙、缠枝卷草等，主要为装饰作用，承重能力很小。有的地方手法建筑还采用跨步大叉手。

元代以前的雀替多用于内额。明清官式手法建筑的外檐普遍使用雀替，当梢间或尽间距离太小时，两个相邻的雀替首部交连在一起，称为"骑马雀替"。明代还使用蝉肚绰幕（蝉肚雀替）。清代建筑的雀替卷瓣圆和，清代中晚期雀替的外端斜垂，有的还采用花牙子雀替。明清官式手法建筑雀替有的施彩画，有的雕刻卷草云纹等。中原明代地方手法建筑全为蝉肚雀替，未发现雀替上雕刻图案或使用"花牙子雀替"的，清代中期始有在雀替上浮雕龙头、鱼首、卷草、卷云、缠枝花卉及行龙云气等，并出现殿式建筑使用花牙子和骑马雀替及倒挂楣等。还有部分建筑仍使用蝉肚雀替。仅有少数建筑采用官式建筑的雀替形制。也有一部分雀替下使用三幅云和小拱头。清代晚期地方手法建筑最突出的特点是雀替上的雕刻更为华丽，除浮雕外，还运用透雕技法，不但雕刻云龙、花卉，而且还雕刻人物、山水、亭台楼阁、桥梁等。有的殿式建筑也使用骑马雀替和倒挂楣、花牙子等纯属装饰性构件。值得注意的是明至清末的地方手法建筑中，蝉肚雀替的使用从未间断，而且大部分仅施彩绘，不加雕饰，犹存古制，异于同期官式手法建筑。

椽是整体梁架结构的组成部分。宋代规定飞椽作三瓣卷杀，若殿内为彻上明造，椽子采用"斜搭掌"的铺钉方法。若室内有平棊，则采用"乱搭头"的铺钉方法。元代建筑的椽头基本不卷杀。明清官式手法建筑的飞椽不卷杀。清代官式建筑之椽有方、圆两种，殿式与大式建筑一般多用圆椽，小式建筑多采用方椽，按1.5斗口定圆椽径，以柱径十分之三定方椽边高，一椽一档。清代椽距比宋代椽距稍密一些。中原明清地方手法建筑造椽之制则异于同期官式建筑，一般椽头稍有卷杀，特别是飞椽头均有卷杀，且年代愈晚卷杀的幅度愈大。飞椽卷杀约占椽身最大处边高的十分之一，清代晚期有的飞椽头卷杀竟达到飞椽身最大处边高的一半。圆椽与方椽的使用亦异于官式建筑的规定，殿式与大式建筑有用方椽的，而小式建筑也有用圆椽的。无论是否彻上明造，多数建筑采用"乱搭头"的做法。椽飞用材不按斗口比例制作。

殿顶和瓦件的形制与做法也有其地方手法的自身特点。例如少数明清建筑仍采用袭古之制的叠瓦脊和重唇板瓦，瓦件形制和尺度，吻兽和走兽的形制和配置方法等也异于同期官式手法建筑。

中原明清地方手法建筑的彩画，与同期官式建筑彩画和南方的苏式建筑彩画也不尽相同，形成中原地方建筑彩画风格。在斗拱、梁桁、额枋等主体框架部位，刷一层灰底色等，用白、黑两色双勾法绘出不同图案，额枋多绘连续卷云纹；大斗的耳、腰部分绘卷云纹，斗底绘仰莲花瓣；梁栿两侧面绘行龙云气，底面绘单鳞状纹饰；檐柱与金柱油漆朱红色。另有部分明清地方手法建筑使用红、蓝和少量刷金（或贴金），绘出行龙和近似官式建筑彩画的箍头和藻头中的图像，但也与同期官式建筑彩画有明显不同，这部分彩画较前部分地方彩画可以说是等级较高者。笔者从20世纪60年代以来，只侧重地方手法建筑时代特点和结构特征等方面的调查研究，在调查研究的过程中，仅发现地方手法建筑的彩画，与同期官式建筑彩画不同。近年邀请古建筑彩画专家现场考察也认为这些地方建筑彩画确与同期官式建筑彩画和苏式彩画有明显不同。但由于目前尚未进行深入的调查和研究，故连起码的断代问题也未解决。非常可惜的是当年调查明清地方手法建筑时数量众多的地方彩画建筑，有的由于自然和人为的原因已经倒塌或被拆除，早已不存了，有的被后人用不伦不类的现代仿古彩画或官式建筑彩画所覆盖，失去庐山真面目。现存明清地方手法建筑中原真的地方手法彩画所剩较少，为之凤毛麟角，以河南省为例，全省仅存约数十处。所以极需抢救，除采取措施加强保护外，吁请有识之士能够尽快行动起来进行深入地调查与研究，抢救这份珍贵的民族文化遗产。

中原诸省明清时期木构建筑地方特征的形成不是偶然的，与中原地区政治地位、经济基础、文化思想和自然地理等方面有直接关系，也可以说是以上诸多因素影响合力的产物和结果。故形成中原地区明清时代少量"敕建"官式手法建筑，次少量地方手法与官式手法相结合的建筑，大量为地方手法建筑。成为与同期官式手法建筑与苏式手法建筑等不同的，建筑文化内涵丰富、独具特色的中原明清建筑文化圈。限于篇幅，本文仅将中原明清建筑三种文化现象及地方建筑手法与同期官式建筑手法进行比较研究，以厘清二者建筑手法的异同和独特的文化内涵；与苏式建筑手法等其它地域建筑手法的比较研究未展开讨论。故以下就其与中原明清建筑文化圈成因有关的几个问题予以简析。

中原地区是我国古代诸多王朝建都之地，长期处于全国政治、经济、文化的中心，是中华民族的重要发祥地，在我国史前及进入文明社会发展进程中，中原文化起到了中心作用和导向作用，而成为华夏文明的核心区。其建筑文化的发展也是依此脉络发展、传承、传播。

中原地区地处黄河中下游，远古时期这里气候温和、雨量充沛、森林繁茂、土层丰厚，非常适宜人类生存。新石器时代的裴李岗、仰韶、龙山文化等遗址中发掘出土大量房屋基址，不但有半地穴式房基，而且还有地面起建的建筑基址，甚至还有干阑式建筑遗迹。夏商周以降考古发掘出土的丰富建筑遗迹及地面现存的珍贵的建筑文化遗产，都充分地展示出中国古代建筑在中原大地上萌芽、成长、发展到形成独特建筑体系的脉络。奠定了中原建筑文化的历史地位。

由于中原古代建筑文化在中华建筑文明中的巨大作用和重要的历史地位，加之古代营造匠师技术的传承方式多依其师徒相继、身教口授，使其古代建筑的基本结构和空间布局等一脉相承而无遽变。营造匠师乐于继承前辈的技术和建筑手法，形成因袭古制的"袭古"做法。

清代朝廷颁布的《工程做法则例》，对清代建筑设计、施工等发挥了规范和指导作用，对建筑史研究具有重要意义，是我国古代营造科学的重要专著之一。但也存在其严重缺陷。正如我国著名建筑学家梁思成先生在《清式营造则例》一书中所说的"《工程做法则例》是一部名实不符的书，因为它既非做法，又非则例，只是27种建筑物的各部尺寸单，和瓦石油漆作的算料算工算账法"。且该书制为皇室官府营造的标准，术语又专偏。故对于师徒相传进行营造活动的建筑工匠，既困于文字之难，又非强制执行《则例》，所以中原地区匠师自然就陌生"官式手法"，而乐于遵从熟知的"地方建筑手法"进行营造活动。这也是中原明清建筑文化圈"地方建筑手法"异于"官式建筑手法"的重要原因之一。

中原地区现存清代木构建筑中，除"敕建"的武陟嘉应观等较纯正的官式手法的建筑外。还有少数建筑的建筑手法，受到同期官式建筑的影响，其局部建筑结构具有《工程做法则例》规定的营造特点，但主体结构仍为中原地方建筑手法，有的受影响大一些，有些受影响小一些。究其原因，是和官式建筑文化的交流传播有一定的关系。中原诸省距明清朝京城较近，官方文化包括建筑文化的辐射和传播也是自然的。特别是北京等官式建筑手法流行地区的重大建筑工程，曾征调中原建筑匠师参与营造活动；中原地区"敕建"的官式建筑工程也有当地工匠参与，这就起到了营造技术和建筑手法交流作用。最明显之例为以中原地方建筑手法为主的登封少林寺，其中千佛殿面阔七间，进深三间，是少林寺现存古建筑中规模最大的殿宇，是河南省境内清代地方手法建筑受官式建筑手法影响较大的大型木构建筑，而少林寺现存的其它古建筑则为较纯正的中原地方建筑手法营建的。

中原明清建筑文化圈及三种建筑文化现象的研究，不仅为古建筑文物保护和古建筑断代提供直接依据，还能为建筑历史与理论研究提供重要的实物资料，也能为中原文明，乃至中华文明研究提供重要的参考资料。并可为旅游业注入更丰富的文化内涵。所以我们应在现有的基础上进一步加大研究力度，加强省际和地区间协调配合与交流，加快研究成果的应用，使其为社会主义文化建设做出更大的贡献。

（原载《2010 年三晋文化研讨会论文集》，三晋文化研究会，2010 年）

登封"天地之中"历史建筑群的建筑历史价值

郑州登封"天地之中"历史建筑群历史悠久，类型多样。以具有全球突出普遍价值和真实性、完整性的形态，达到《保护世界文化和自然遗产公约》关于列入世界文化遗产名录的标准，于2010年8月1日，在联合国教科文组织世界遗产委员会第34届大会上通过审议，成功列入世界文化遗产名录，实现了我们多年的夙愿，喜悦之情难以言表。

我国古人以登封嵩山地区为"天地之中"的宇宙观理念，使嵩山成为圣山、神山，形成"地之中"、"国之中"的"中文化"；孕育了辉煌的历史，创造了灿烂的文化，遗存其丰富珍贵的历史文化遗产，成为中华文明的核心地区。考古发掘证实"禹都阳城"的王城岗大型古城址，系国家"夏商周断代工程"和"中华文明探源工程"的重要项目，更是建筑考古学研究弥足珍贵的实物资料。王城岗大型古城址及嵩山地区史前以降聚落遗址和古城遗址中不同类型、功能各异、工艺精湛、技术高超、文化内涵深邃的建筑遗物和遗迹，充分展示着中国古代建筑体系在中原大地上萌芽、成长，直至基本形成的脉络，为中华建筑文明的成熟高峰期奠定了坚实的基础，更是"天地之中"历史建筑群发展辉煌的渊源和祖述。

笔者作为古建筑保护与研究的专业人员参与了此次申遗的全过程。现就"天地之中"历史建筑群在历史建筑领域的突出普遍价值，即在世界和全国的建筑历史地位和价值予以探讨。此次列入世界文化遗产名录的历史建筑群包括少林寺（常住院、塔林、初祖庵）、观星台（含周公测景台）、中岳庙（含太室阙）、少室阙、启母阙、会善寺（含唐代净藏禅师塔与其他古塔）、嵩阳书院、嵩岳寺塔等8处11项。除此之外，登封现存重要的历史建筑还有法王寺及唐至清代的6座砖塔、永泰寺及唐至明代的3座砖塔、清凉寺、城隍庙、二祖庵、南岳庙、龙泉寺、崇福宫、安阳宫、玉溪宫、老君洞等。历史上登封嵩山地区更是寺观等古建筑林立，有嵩山"上有七十二峰，下有七十二寺"之说。清代尚有"名刹百数"。历史上中国十大古寺，仅登封就占其二（法王寺、闲居寺〔今嵩岳寺〕），加上中国名寺少林寺等，登封现存古建筑数量之多，汉至清时代之全，延续时间之长，文物价值之高，在全国乃至全球也是少见的，在建筑史研究等方面占有独特的地位，被誉为"古建筑之乡"。

"汉三阙" 为列入世遗名录的8处11项历史建筑群中的东汉时期建造的三处石

阙（太室阙、少室阙、启母阙），是我国现存地面起建的最早建筑之一，且每处阙的双阙皆存，保存基本完好，并有准确的建筑年代。全国现有汉晋时期的石阙32处，且多为墓阙，极少庙阙。此登封三阙是我国32处石阙中仅有的能够确定为东汉时期建造的庙阙，其它为墓阙。是弥足珍贵的礼制建筑，对研究汉代建筑法式，庙阙规制，雕刻与书法艺术，社会生活习俗皆有特别重要的实物资料价值。是我国各种版本《建筑史》必录之内容。是早已消失的庙阙功能营造文化的载体和悠久历史的见证。

嵩岳寺塔 建于北魏正光年间（520～525年），高37.05米，为15层12角中空呈筒状密檐式大型砖塔。不仅是我国现存最早的砖塔，是密檐式佛塔的鼻祖，而且塔形更是我国现存万座古塔中的孤例；该塔居寺院中心位置的建筑布局是我国现存寺院中唯一可寻唐宋以前佛教寺院塔居中的平面布局实物例证，具有非常重要的建筑史研究价值；塔之形制和装饰特点是受天竺（印度）窣堵波（佛塔）影响最明显的一座中国密檐式塔；塔下地宫和塔上两座天宫发现的诸多文物，是研究塔之历史及佛教文化极为重要的实物资料；塔建成至今已逾1400年，所使用的塔砖，多数不酥不碱，保存完好。砖与砖间所使用的粘合剂，既不是白灰，更不是水泥，而是黄泥浆，现在仍有较高的粘合强度，使塔巍然屹立，可见当时建筑材料之优良，建筑技术之高超。不愧为75年前我国著名建筑学家、建筑教育家刘敦桢先生称道的此塔为"异军突起"之作。

观星台与周公测景台 观星台位于周公庙内，是一座砖石结构覆斗状高台建筑。台体北面甃筑高0.56～0.62米、长31.196米的石圭（量天尺）。建于元代初年，为距今700多年的天文台。是当时全国设立的27个天文台和观测站之一，且系观测中心。其他元代天文台已毁，唯此天文台完好保存至今。为我国现存最早的天文台，也是世界上现存最早的天文台之一，具有弥足珍贵的科学和历史价值。观星台南20余米处现存唐代天文官南宫说仿周公土圭之制，刻立的八尺石表"周公测景台"纪念建筑一座。近年在观星台量天尺以北20余米处考古发掘出元代木构建筑基址等，为进一步认识观星台天文建筑群的原貌和单体建筑功能提供了实物证据。特别是在同一处古建筑群，前有唐代"周公测景台"石表，后有元初观星台的天文观测建筑实物，又有元代天文建筑组群的木构建筑基址，在全国现存的古代天文建筑中堪称一绝。

少林寺常住院、塔林、初祖庵 是世界文化遗产"天地之中"历史建筑群8处11项中的3项。

1. 常住院

始建于北魏太和二十年（496年），历经重修、重建和扩建。是我国著名的佛教寺院，被誉为"天下第一名寺"。现存塔院内两座宋代佛塔和寺院中轴线及两侧的山门、千佛殿、立雪亭、方丈室、白衣殿、地藏殿等明清时期建筑；近年依其原平面布局、原形制、原材料、原体量重建1928年被烧毁的大雄宝殿、天王殿、藏经阁、钟楼、鼓楼等木构建筑，使其恢复了昔日少林寺的辉煌。少林寺常住院系佛教禅宗的祖庭和少林武术的发源地。在建筑历史方面具有弥足重要的文物价值：①寺内众多碑刻和明清壁画，除反映少林寺历史和佛教文化外，也是当时少林寺辉煌建筑的真实写照，具有不可替代的建筑历史和科学价值。②寺之塔院内两座宋塔，一为"下生弥勒佛塔"，建于宋元祐二年（1087年），平面方形，塔中空呈筒状等，均为因袭唐代建筑法式，具有袭古手法的重要研究价值。另一塔为"释迦塔"，也建于宋元祐二年（1087年），此塔平面呈长方形，且塔铭中称此塔为"殿"，这种长方形"殿塔"建筑，河南仅有，全国少见，在建筑史研究中具有重要价值。③少林寺山门、方丈室、立雪亭、白衣殿、地藏殿等现存的明清建筑，采用中原地方建筑手法营建。特别是山门，其大木作、小木作、石作、瓦作等，既保留了中原古建筑因袭前代的袭古建筑手法，又有同期木构建筑的地方特征，洵为典型的中原地区清代木构建筑"地方手法"建筑的范例，可谓研究清代"官式建筑手法"与"地方建筑手法"异同的标本。少林寺千佛殿，面阔七间，是常住院现存古建筑中规模最大的殿宇。奇特的是该殿之斗拱、梁架等部分构件采用清代少量"官式建筑手法"的做法，但主体结构为中原地区"地方建筑手法"特有的做法。故此殿应为受清代"官式建筑手法"影响较大的中原地区清代"地方手法"建筑，它是中原地区少见的既具有官式建筑特征，又有地方建筑特征的大型木构建筑，具有非常重要的科学与历史价值。

2. 塔林

位于少林寺常住院西南280米处的山坡上，南临少溪河，北邻五乳峰，依山傍水，风景独好。这里座座古塔昂然耸立，千姿百态，形象各异，形如参天巨木，势如茂密森林，故有塔林之称。塔林内有唐、宋、金、元、明、清时期砖石塔228座，塔林周围还有唐、五代、宋、元等时期砖石塔十余座。是我国现存诸多塔林中最重要的塔林：①为我国现存最大的塔林，它占地面积19906平方米，古塔总数比我国第二大塔林山东长清县灵岩寺塔林（现存古塔167座）多60多座，若加上少林寺周围现存的古塔就更多了。②为全国现存唐代以降古塔建筑时代最全的塔林，现存唐代塔6座（塔林内2座，塔林周围4座〔以下简称塔林外〕），五代塔1座（塔林外），宋代塔5座（塔林内3座，塔林外2座），金代塔17座（塔林内16座，塔林外1座），元代塔52座（塔林内51座，塔林外1座），明代塔148座（塔林内146座，塔林外

2座），清代塔14座（塔林内10座，塔林外4座）。③为全国现存早期塔最多的塔林，全国现存塔林元代以前的早期塔较少，明清时期塔较多，甚至有的塔林全部为清代塔。而此塔林（含周围古塔）元代及元代以前的塔达81座，占这里古塔总数的三分之一，为全国之最。④塔之类型全，有楼阁式塔、密檐式塔、亭阁式塔、喇嘛塔、窣堵波、幢式塔、钟式塔、碑式塔、方柱体塔、长方形异体塔等。⑤塔刹、塔身、塔座之砖石雕刻精湛（线雕、浅浮雕、高浮雕、透雕等），不但有佛教文化研究价值，而且有重要的建筑雕刻艺术价值。⑥塔林内近300品塔额、塔铭等铭记，不但有重要的书法艺术价值，而且为研究少林寺不同时期的寺址、建筑规模、建筑形制、维修与重（扩）建等提供了真实的历史信息。还为研究佛教文化提供了重要资料，甚至有填补空白的史料。⑦塔林中有规律的布塔格局，塔之高低大小及塔形差异等为研究少林寺祖茔葬制及少林寺"子孙堂"制度等提供了不可替代的实物资料。

3. 初祖庵

位于少林寺常住院西北2公里五乳峰下，现存山门、大殿、千佛阁、圣公圣母亭、面壁亭等。其中大殿面阔进深各三间，为单檐歇山绿琉璃瓦剪边式建筑，建于宋代宣和七年（1125年）。为河南省现存最早的两座木构建筑之一，也是我国重要的宋代木构建筑之一。该殿建筑体量不算太大，为什么在全国北宋木构建筑中具有重要地位，各种版本的《中国建筑史》皆以标志性建筑予以收录。重要原因是它与《营造法式》的关系。《营造法式》是北宋官订建筑设计、施工的专书，是中国现存时代最早内容最丰富的建筑学专著，被誉为业界的文法课本，也是当时世界上最完备的建筑学著作之一。由于我国现存的北宋时期的木构建筑因地域等原因，其结构特征和建筑手法与《营造法式》均有一定差异，而初祖庵大殿的建筑年代比《营造法式》的成书时间仅晚25年；在地理位置上，初祖庵距北宋都城东京仅百余公里，故初祖庵大殿的木作和石作诸多特点与《营造法式》的规定相同或相近，洵为研究《营造法式》最好的实物例证。该大殿石柱、裙肩石、神台须弥座等精美的宋代石雕，是宋代石雕艺术的精品，具有很高的建筑艺术价值。大殿台明前的石踏道分东西双阶，中间置素面陛石，踏道两侧面砌出石质"象眼"，此垂带踏道制作规范，保存完好，系现存宋代石阶垂带踏道的珍贵实物，河南仅有，全国少见。综上所述，初祖庵大殿具有非常重要的建筑历史、科学和艺术价值。

会善寺 位于嵩山南麓积翠峰下，现存山门、大雄殿、古塔林和戒坛遗址等。大雄殿系该寺院的主体建筑，面阔五间，进深三间，单檐九脊殿式建筑。建于元代，明清重修时更换较多构件，使其元代建筑结构纯度受到影响，但仍不失为一座大型元代木构建筑，且为河南省现存元代木构建筑中体量最大者。特别是保留古制和早期建筑风格，具有重要的建筑史研究价值。寺西山坡上原有唐代名僧一行禅师建造的琉璃戒坛，毁于五代时期，现尚存唐代戒坛残石柱2根，柱面高浮雕天王像，柱础雕刻鬼怪神兽，非常精美，已成为"会善寺戒坛遗址"的重要遗存。此戒坛遗址，不但标示有准确的戒坛位置，而且有原戒坛的石雕柱，河南仅此一处，具有重要的戒坛建筑研究价值。结合唐代《会善寺戒坛记》碑刻等文物，为研究唐代著名天文学家张遂（僧一行）在嵩山地区的佛事活动提供了珍贵的实物资料。会善寺现存古塔5座，其中唐代建筑净藏禅师塔，是一座八角形单层重檐仿木构的亭阁式砖塔，为中国著名的唐代塔之一，且为全国现存最早的八角形塔。塔身仿木结构建筑的斗拱、门窗等形象逼真，甚至仿木结构构件的比例和尺寸与我国现存最早的木构建筑唐代南禅寺大殿基本相同，但它的建筑年代比山西五台山南禅寺大殿早30多年，具有非常重要的建筑史研究价值。

中岳庙 位于太室山南麓黄盖峰下，始建于秦代，现存明清建筑400余间。南北长650米，东西宽180余米，占地面积117000平方米。是五岳中现存规模最大，保存最完整的岳庙建筑群。庙内建筑基本上为明清时代的官式手法建筑，此为现存中岳庙最大的建筑特点。它是明清京畿以外现存最大的官式建筑群。是河南省现存单体建筑最多的大型古建筑群。位于庙内中央的峻极殿，即中岳大殿，面阔九间，进深五间，为重檐庑殿式建筑，黄琉璃瓦覆盖殿顶，占地面积达1200平方米，非常壮观，充分体现九五之尊，以中为尊，以黄琉璃瓦覆顶的重檐庑殿式建筑为最高级别的礼制建筑的等级观念，且为河南现存规格最高、体量最大保存最好的古代单体木构建筑。中岳大殿后的寝宫，面阔七间，进深三间，单檐歇山式建筑，黄琉璃瓦覆盖殿顶，此殿系中岳庙内唯一的明代官式手法建筑，也是河南仅存的明代大型官式木构建筑。庙内除诸多颇具重要建筑历史价值的木构和砖构建筑外，尚存两尊汉代石翁仲、四尊宋代"守库铁人"、北魏以降的重要碑刻、古柏等珍贵文物和附属文物，是中岳庙的有机组成部分，具有重要的历史、科学、艺术价值，见证中岳庙悠久的历史和深邃的文化内涵。

嵩阳书院 位于太室山南麓峻极峰下，始建于北魏，原为寺观。五代改为书院，北宋景祐二年赐名嵩阳书院，现存清代建筑大门、先圣殿、讲堂、道统祠、藏书楼、书舍、学斋等。是我国最早的书院之一，是宋代著名的四大书院之首，是程朱理学的策源地和传播中心。现存书院保持了清代完整的建筑格局，为研究书院的建筑布局、建筑功能、建筑形式等提供了弥足珍贵的实物资料。特别是书院内单檐建筑和楼阁建筑均采用中国北方中原地区传统的"地方手法"的建筑风格，不张扬、不奢华，使其端庄朴实，更具亲和力，更显乡土情，充分发挥了教育建筑的人本功能。这种端庄朴实的建筑特征，也为研究清代"中原地方建筑手法"的建筑结构和工艺技术等提供了真实完整的实物资料。

在登封"天地之中"历史建筑群申遗成功一周年之际，分析研究此处作为世界文化遗产载体的历史建筑群的建筑历史价值，共享申遗成功的喜悦，共担保护世界文化遗产光荣而义不容辞的责任和义务，是颇有意义的。

（原载《古都郑州》2011 年第 3 期）

登封中岳庙官式手法建筑研究

　　中岳庙位于河南省登封市嵩山太室山南麓黄盖峰下，是祭祀岳神的祠庙，中岳庙前身太室祠历史悠久，据有关学者研究，始建于春秋时期[①]。也有太室祠始建于秦之说。2000多年来，祠庙屡经增扩修缮，而庙址大体位置至今未有大范围的变化。现存之中岳庙，坐北面南，中轴线上自名山第一坊至御书楼共11进院落。庙院南北长650米，东西宽166米，占地近11万平方米。现存殿、宫、楼、阁、廊庑、亭、坊等古建筑达400余间。是五岳中时代最早，现存规模最大，保存较好的古建筑群。除汉代太室阙、石翁仲、宋代铁人、汉柏和早期碑刻等现存文物和附属文物外，现有的木构建筑均为明清时期营造的。在河南境内数以万计的单体与群体明清木构建筑中，绝大多数为中原地方手法建筑，仅发现南阳方城县文庙大成殿等少量单体木构建筑为受同期官式建筑手法影响的地方手法建筑。只有登封中岳庙和武陟嘉应观两处为明清时期官式手法建筑，另安阳袁坟木构建筑虽建于民国时期，但系按照清代晚期官式建筑手法修建的。所以河南境内现存明清官式手法建筑是少之又少的，可谓凤毛麟角。虽有专家、学者对中岳庙、嘉应观和安阳袁坟建筑进行调查后出版专著、发表文章，进行庙（观）史研究，但对现存建筑多限于历史沿革、建筑形式、建筑功能等论述，尚无对庙（观）官式建筑结构与营造手法进行法式研究。中国社会科学院世界宗教研究所和中岳庙管委会组织召开的"首届嵩山道教论坛"，约我写一篇有关中岳庙建筑的文章，我与河南省文物建筑保护研究院专业人员近日对中岳庙天中阁、峻极门、峻极殿、寝殿进行了简单的勘测，可知其明清时期官式建筑手法特点突出，现仅就中岳庙现存建筑之官式建筑特征及有关问题予以简析。

一、主体建筑结构与建筑手法概述

（一）天　中　阁

　　天中阁位于遥参亭北，又名黄中楼，系中岳庙的正门，为中岳庙中轴线上第三

---

　① 中岳庙志编委会：《中岳庙志》，中州古籍出版社，2016年版。

座建筑。下为高约7米、面积约298平方米的砖甃高台，台之正面辟三孔三伏三券的半圆拱券门洞，各门洞内安装实榻门两扇，每扇门的门钉为纵九横七，比清代官式建筑规定的最高等级纵横均为九路低一等级。高台之上营建重檐歇山式门楼，顶覆绿色琉璃瓦。该歇山式建筑的山花处使用木板封闭的山花板，符合清代官式建筑的通用做法。该门楼面阔五间周以回廊，明间面阔3.798米，东次间3.795米，西次间3.798米，东梢间2.864米，西梢间2.900米，东廊1.495米，西廊1.434米。侧檐当心间进深3.865米，前回廊1.440米，后回廊1.426米。依清代官式建筑之规定，换算面阔与进深各间与攒距份额之比出入较大。阁之檐柱高3.259米，柱径34.0厘米，柱径与柱高之比1∶9.59，接近清代官式建筑柱径与柱高的比例关系。柱头正面最顶部抹成斜面，柱础为清代官式建筑常用的鼓镜式石础。柱子排列整齐，即无减柱造或移柱造的柱网布置。墙体采用岔分的垒砌技术，阁内地面铺装边长36厘米的方砖。

　　檐下大额枋与平板枋之断面呈"凸"字形。其中大额枋高37.6厘米，折合为5.37斗口，与清官式建筑规定的6.6斗口有差别，大额枋宽27.0厘米，与清官式建筑规定的5.4斗口，也有出入。平板枋高14.8厘米，为2.11斗口，宽20.0厘米，为2.857斗口，比较接近官式建筑的规定。大额枋至角柱处出头刻霸王拳。上檐斗拱为五踩重昂重拱计心造，明间和次间平身科各4攒，梢间平身科3攒。下檐斗拱为三踩单昂计心造，明间和次间平身科各4攒，梢间平身科3攒，廊间（尽间）平身科1攒。山面明间平身科4攒，廊间平身科1攒。该阁之斗口为7.0厘米，斗拱间距分别为74.5、76.2、74.8、78.0、80.0、74.0、75.8、75.0、82.6、76.0厘米，上述各间斗拱之间距（攒当）换算成斗口，应分别为10.64斗口、10.89斗口、10.66斗口、11.14斗口、11.42斗口、10.58斗口、10.83斗口、10.71斗口、11.80斗口、10.86斗口。通过上述攒当（斗拱中距）的换算，最小者为10.58斗口，最大者11.80斗口，清代官式建筑规定攒当中距一律为11个斗口，而此阁斗拱攒当在10.58~11.80斗口间，基本符合攒当11斗口的规定（大体量木构建筑，这样的攒距应该说在手工操作的工程中也算是符合要求的），而与中原地区同时期地方建筑手法木构建筑斗拱攒当相比差距则是非常明显的。笔者在已调查的中原地区400多座明清时期地方手法的殿式木构建筑中，明代最大的斗拱中到中的攒当距离为21.66斗口，最小者12.52斗口；清代建筑地方手法中攒当最大者21.94斗口，最小者为12斗口，没发现一座明清地方手法建筑的攒距等于或小于11斗口。而清代工部《工程做法则例》规定的殿座攒当11斗口，城楼攒当为12斗口。上述的地方手法明清建筑的攒当差距很大，显然不符合官式手法建筑规定，而天中阁的斗拱攒当是符合清代官式建筑规定。该阁下层斗拱高48.5厘米，与檐柱高的比例为15%，和该庙峻极殿斗拱高与檐柱高的百分比完全相等，也是该阁基本属于清代官式手法建筑的证据之一。斗拱中若干构件细部做法：坐斗上宽21.0厘米，下宽15.6厘米，耳高5.5厘米，腰高2.8厘米，底高5.0厘米，耳、腰、底高之比为3.9289：2：3.5714，基本符合清代官式建筑规定的4：2：4之比；三才升耳高3.2厘米，腰高1.5厘米，底高2.1米，三者高之比为4.2666：2：2.8000；十八斗耳高2.5厘米，腰高0.80厘米，底高2.6厘米，三者高之比为6.2900：2：6.5000。三才升和十八斗耳、腰、底高之比与清代官式建筑规定的4：2：4有一定出入。但升、斗的斗底均无斗颤，符合清代官式建筑的规定。该阁下层斗拱瓜拱长44.2厘米，万拱长61.4厘米，厢拱长51.8厘米，与清代官式建筑规定的三者在100份额中所占比极为接近，而与少林寺山门等同时代、同地区、同类型的中原地方手法建筑则差别很大。拱端上留以下的分瓣不太明显，经实测可识别，瓜拱刻为二瓣，厢拱为三瓣，万拱为三瓣，虽与官式建筑规定有一定出入，但与中原地区地方手法建筑拱端做法差异较大。就此也说明天中阁为官式建筑的理由之一。昂头底宽6.7厘米，边高3.5厘米，中高5.9厘米，昂下平出很小，多数昂下无下平出，也符合该建筑为官式建筑的时代特征。要头为足材蚂蚱头形，且蚂蚱头正面无内颤。斗拱与斗拱之间置木质垫拱板，垫拱板插入坐斗、槽升子及正心拱两侧的刻槽内，符合同时期官式建筑的做法，不同于地方手法建筑的做法。该建筑斗拱整体造型属于较典型的清代官式建筑斗拱形制。

因阁内天花板遮蔽，无法详测梁架，仅从檐部测得矩形抱头梁高40厘米，宽31厘米，高宽之比为10：7.75，穿插枋高24.5厘米，宽19厘米，高宽之比为10：792，符合清代官式建筑规定，而与中原地方手法建筑差别较大。该阁檐椽与飞椽之椽头均无卷杀，也是异于同时期地方手法建筑做法，而与官式手法建筑相同。

综上所述，天中阁虽有部分建筑手法不完全符合清工部《工程做法则例》的规定，但其主体建筑结构和建筑手法是与清代官式建筑相同或相近的，而与登封少林寺、法王寺、会善寺、南岳庙、嵩阳书院、清凉寺、龙泉寺等诸多同一地区明清时期的地方手法木构建筑差异非常之大。正如刘敦桢先生1936年调查河南省古代建筑撰文称"惟有天中阁巍然耸立高台上，规模宏壮，拟于宫阙，殆以故宫天安门为蓝本而建造者"[①]。所以，天中阁是中岳庙官式建筑群中一座比较典型的清代官式手法单体木构建筑。

（二）峻 极 门

峻极门位于崇圣门后，为中轴线上第七座建筑。前后檐面阔五间（明间面阔

---

① 刘敦桢：《河南省北部古建筑调查记》，《中国营造学社汇刊》第六卷第四期，1937年版。

4.83米，次间4.34米，梢间3.495米），侧檐进深两间（后侧檐进深4.220米，前侧檐进深4.165米）。为单檐歇山式建筑，绿色琉璃瓦覆盖殿顶。建筑面积171.89平方米。山墙厚0.81米，裙肩（下肩）砖长46厘米，宽22厘米，厚10.5厘米。裙肩之上墙砖长30厘米，宽15厘米，厚7厘米，灰缝宽0.9~1厘米。采用岔分的垒砌技术，殿内用边长35厘米的方砖铺装地面。檐柱高4.895米，柱径46厘米，柱径与柱高之比为1∶10.64，与清代官式建筑1∶10的规定相符。柱头顶部有很小的斜杀面。柱础为清代官式建筑常用的鼓镜式石础。门内柱子排列整齐。

檐下大额枋与平板枋的断面呈"凸"字形，其中平板枋高15.4厘米，宽22.8厘米，大额枋高45.0厘米，宽37.6厘米，大额枋出头刻霸王拳，均符合清代官式建筑的做法。前后檐斗拱为五踩重昂里转五踩重翘计心造。明间平身科4攒，次间平身科4攒，梢间平身科3攒。侧檐平身科每间各3攒。斗拱高54.9厘米，为檐柱高的11.22%，表现出官式建筑斗拱个体变小，甚至比北京故宫太和殿斗拱高是檐柱高12%的比例还小。河南等中原地区同期地方手法建筑斗拱高与柱高比例均超过12%，最大为30%~33%，最小者也达16%。此为该门系清代官式手法建筑的证据之一。攒当距离为83.5、85.5、87.5、90.2、95.0、95.5、95.2、96.0、99.0厘米。该门斗拱之斗口为8.0厘米，清工部《工程做法则例》规定殿座攒当为11斗口，城楼攒当为12斗口。峻极门上述诸攒当距离换算成斗口，应分别为10.43斗口，10.68斗口、10.94斗口、11.27斗口、11.87斗口、11.93斗口、11.90斗口、12斗口、12.37斗口，符合《工程做法则例》攒当11~12斗口的规定。斗拱细部做法：斗拱之坐斗，上宽24.2厘米，下宽18.5厘米。耳高6.8厘米、腰高2.2厘米、底高5.4厘米，耳、腰、底三者高之比为6.2∶2∶5，不符合4∶2∶4的比例关系。三才升上宽11.2厘米，下宽8.1厘米，耳高3.1厘米，腰高1.5厘米，底高3.1厘米，耳、腰、底三者高之比基本符合4∶2∶4的规定。十八斗上宽14.4厘米，下宽12.0厘米。耳高3.2厘米，腰高1.4厘米，底高3.4厘米，三者高之比为4.4∶2∶4.8，接近4∶2∶4的规定。平身科头昂无下平出，二昂下平出6厘米，换算为0.75斗口，大于0.2斗口的规定。斗拱之瓜拱长55.7厘米，万拱长80.5厘米，厢拱长69.7厘米，与清代官式建筑规定的瓜拱最短，厢拱次之，万拱最长相符，但与100份额中瓜拱占62份，厢拱72份，万拱92份的规定有一定出入。拱端上留以下的分瓣不太明显。昂嘴底宽6.4厘米，边高4.0厘米，中高6.2厘米，底宽与中高基本相等，符合该建筑的时代特征。斗拱之间的木质垫拱板厚约2.1厘米，嵌入正心拱和相关斗的两侧刻槽内，符合清代官式建筑的做法，不同于地方手法建筑的做法。要头为规范的蚂蚱头，且要头正面无内颤，系清代官式斗拱之要头做法。

峻极门梁架形制基本符合清代官式建筑规定。三架梁呈矩形，高44厘米，宽

35厘米，高、宽之比为10：7.955，五架梁也为矩形，高45厘米，宽40厘米，高、宽之比为10：8.889。梁断面高与宽之比，几乎和清代官式建筑规定的1：8或12：10是完全相同的。其他梁断面高、宽之比也均相同，且所有梁皆为直梁。脊瓜柱和金瓜柱均为圆形，除脊瓜柱下施角背外，其他瓜柱下无角背或驼峰构件。该歇山建筑的三角形山花向内稍收进一定距离，用规整的木板封闭，封山的木板外面雕刻绶带纹饰。以上皆符合清代官式建筑的规范做法。檐椽与飞椽椽头均无卷杀，也符合清代官式建筑做法。

峻极门的建筑形制、建筑手法和构件细部做法，虽有一些与清代官式建筑不甚吻合，但在中岳庙官式建筑群中它之总体结构特征还是与清代工部《工程做法则例》基本相符合的。究其出现这种现象原因，初步推测可能与《紫禁城建筑研究与保护》一书所记载北京故宫官式手法建筑中出现的有关现象相同或相近，故判定峻极门为较典型的清代官式手法建筑是恰当的。清乾隆年间对中岳庙大规模维修，更是敕建官修这座官式手法建筑的佐证，1964～1965年对峻极门进行挑顶落架大修时，为了保持其清代官式建筑时代特征无误传承，省、县文物部门派专业人员主持维修工程，还聘请中国文物保护技术研究所，具有维修北京等地明清官式建筑实践经验丰富的专家井庆升先生现场指导该门的修缮工作，严格按照清代《工程做法则例》规定进行施工，凡是不存构件的恢复，皆依清《则例》规定和相关现存清官式建筑实物进行补配，既保证了工程质量，又保证了法式质量，可谓维修清代官式手法建筑成功之例。

（三）峻 极 殿

峻极殿，又名中岳大殿，为中岳庙的正殿，位于拜台之北，为中轴上第九座建筑。面阔九间，进深五间，为重檐庑殿式建筑，上、下檐皆覆盖黄色琉璃瓦。下层通面阔38.290米，其中明间面阔4.920米，东一西一次间各面阔4.900米，东二西二次间各面阔4.825米，东、西梢间各面阔3.450米，东、西尽间各面阔3.510米。下层通进深17.465米，明间进深3.470米，次间进深3.470米，南梢间进深3.480米，北梢间进深3.575米，建筑面积668.735平方米。第一层墙体厚95厘米，向上略有收分，采用灰缝岔分的整筑方法。殿内用青石板错缝铺地。下层前檐柱通高595.9厘米（柱础高8.4厘米），柱径63厘米，柱径与柱高之比为1：9.46。檐柱制作规整，均为直柱造，柱头平齐状，最上部围一道铁箍。柱础为较低的覆盆状，础面浅浮雕龙与花卉。前檐明、次、梢间各施四扇格扇门，尽间施格扇窗，格眼为三交六椀毬纹图形，皆为六抹格扇。大额枋与平板枋断面呈"凸"字形，大额枋至角柱外出头雕刻霸王拳。前檐斗拱，上檐为七踩单翘重昂计心造。平身科，明间、次间、梢间各4攒，尽间1攒，侧檐明间、次间各2攒，梢间1攒。下檐斗拱皆为五踩单翘单昂里转五踩重翘重拱计心造。明、次、梢间平身科各4攒，两尽间各1攒。侧檐各间平身科皆2攒。该殿木构建筑的模数制基本单位斗口为10.2厘米。斗拱通高88.8厘米，是柱高595.9厘米的15%。攒当距离不完全相等，有98厘米、97厘米，有115厘米、119厘米、116厘米，还有96厘米、95.5厘米。最小者折合9.36斗口，次者9.41斗口、9.56斗口、9.60斗口，最大者11.27斗口、11.37斗口、11.66斗口。其中有稍大于清官式规定的11斗口，故反映此殿应为清代早期建筑的做法。前檐明间面阔492厘米是11斗口112.2厘米的4.385倍，其他间面阔与斗口比从略。斗拱构件细部做法：坐斗上宽30.5厘米，下宽22.8厘米，通高18厘米，耳高7.3厘米，腰高3.3厘米，底高7.4厘米，其三者高度之比为4.42：2：4.48，接近清官式的4：2：4之规定。三才升上宽13.5厘米，下宽9.5厘米，通高8.3厘米，其中耳高3.6厘米，腰高1.3厘米，底高3.4厘米，三者高之比为5.4：2：5.2。十八斗上宽18.3厘米，下宽14.7厘米，通高8.9厘米，其中耳高3.7厘米，腰高1.5厘米，底高3.7厘米，耳、腰、底高之比为4.9：2：4.9。三才升和十八斗的耳、腰、底三者高度之比，虽与清代官式建筑规定的4：2：4有出入，但一是出入不大，二是耳高与底高相等，腰高与耳高、底高基本协调，而与中原地方手法建筑的做法和比例关系则差异较大，故此殿斗之做法和高比关系基本符合清代官式建筑规定。经测量几个数据，前檐正心万拱长78.6厘米，外拽万拱长78.6厘米，正心瓜拱长51.0厘米，外拽瓜拱长51.0厘米，厢拱长61.8厘米（与规定100份额中正心瓜拱与外拽瓜拱等长为62分，万拱为72分，厢拱为92分相近，与同期地方手法建筑差别很大）[①]。拱端分瓣基本符合瓜拱为四瓣，万拱为三瓣，厢拱为五瓣的清代官式手法建筑拱端分瓣的规定。斗拱采用面包形昂嘴，昂嘴底宽8厘米，中高8.5厘米，明显表现中高大于底宽。柱头科昂之下平出长达24厘米，折合2斗口多，有的昂下平出19.0厘米，也近2斗口。斗拱间采用木质垫拱板的做法，垫拱板插入坐斗和正心拱侧面刻挖的衔接垫拱板的沟槽内，沟槽宽2厘米，此为清代官式建筑特有的做法。清代地方手法建筑的垫拱板只是紧贴在坐斗和正心拱的外皮，不刻沟槽。斗拱之耍头为足材蚂蚱头，正面无内颐。下檐柱头科昂嘴宽23.4厘米，平身科昂嘴宽8.0厘米，与清代官式建筑做法一致，而不同于同时期中原地方手法建筑绝大多数柱头科与平身科昂头宽度相等的做法。屋架所采用的圆形檐椽和方形飞椽的椽头原大外露，均无卷杀，符合清代官式建筑的做法，而同期地方手法建筑所有飞椽全部都有明显的卷杀，且有的清代中叶

---

① 杨焕成：《试论河南明清建筑斗拱的地方特征》，《杨焕成古建筑文集》，文物出版社，2009年版。

地方手法建筑之飞椽椽头卷杀幅度竟达椽身最大处的50%。殿内施天花和造型精美的盘龙藻井。其大木作斗拱和梁架等均饰有清代高等级的和玺彩画。因天花和藻井遮挡，大桁以上梁架未及测量，仅测量大桁高57厘米，宽50.5厘米，高、宽之比为10：8.8，与清代官式建筑10：8的规定基本一致。

（四）寝　　殿

寝殿位于峻极殿北49.9米处，为中轴线上第十座建筑，单檐歇山式建筑，黄琉璃瓦覆盖殿顶。前后檐面阔七间（26.28米），进深三间（9.076米），其中明间面阔4.860米，东次间面阔3.870米，东梢间面阔3.620米，东尽间面阔3.290米，西次间面阔3.830米，西梢间面阔3.600米，西尽间面阔3.210米。侧檐明间进深3.266米，两次间进深2.880、2.930米。建筑面积238.52平方米。墙体厚0.820米，墙砖长30厘米，宽15厘米，厚6.5厘米，墙裙肩砖长44厘米，宽22厘米，厚11厘米，灰缝厚1.2厘米。采用灰缝岔分的砌筑技术。殿内用方砖铺装地面。檐柱通高507厘米（柱础高74厘米），柱径64厘米，柱径与柱高之比为1：7.9，柱径较粗。柱头正面最上部抹成舌状的小斜面，符合明代中晚期官式建筑的做法。柱础较低为覆盆状，础面浅浮雕龙与花卉，可能为明代以前的遗物。殿内采用减柱造的柱网配置方法，即减去前金柱六根，保留早期建筑"减柱造"的做法。前檐明、次间各施六抹格扇门四扇，梢间各施格扇窗四扇。平板枋高19.2厘米，大额枋厚与平板枋宽大致相等，经实测大额枋宽仅大于平板枋宽度约3厘米。侧檐用肉眼观察，大额枋宽与平板枋的宽度基本相等。大额枋至角柱外出头雕刻霸王拳。前檐斗拱为五踩重昂重拱计心造，明间平身科4攒，次间平身科3攒，梢间与尽间平身科各2攒。侧檐平身科，明间2攒，次间2攒。该殿模数基本单位之斗口为9.0厘米。斗拱通高84.0厘米，斗拱高是檐柱高507.0厘米的17%。攒距不等，计有119.2、96.0、98.0、97.0厘米，约折合为13.2、10.7、10.8、10.7斗口，基本接近11斗口。斗拱若干构件形式：斗拱之坐斗，上宽29.4厘米，下宽22.3厘米，斗耳高8.6厘米，斗腰高3.4厘米，斗底高6.3厘米，耳、腰、底三者高度之比为5.0：2：3.7，与清代官式建筑规定的4：2：4悬殊较大。说明异于清官式建筑规定，有可能为明代建筑之坐斗。三才升上宽14.0厘米，下宽10.5厘米，斗耳高3.5厘米，斗腰高2.0厘米，斗底高3.0厘米，耳、腰、底三者高度之比为3.5：2：3.0，同样不符合4：2：4的清式规定。平身科正心瓜拱长71.2厘米，正心万拱长98.0厘米，外拽万拱长97.9厘米，外拽瓜拱长71.0厘米，厢拱长88.0厘米；柱头科正心瓜拱长78.0厘米，正心万拱长97.0厘米，外拽瓜拱长69.4厘米，外拽万拱长97.7厘米，厢拱长88.7厘米，无论是平身科还是柱头科与清代官式建筑规定的比例关系差别较大，说明此殿可能要早于峻极殿。拱端上留以下的弯曲部分皆有分瓣，瓜拱和万拱为三瓣，厢拱四瓣，异于清官式"瓜四、万三、厢五"的分瓣规定。斗拱均采用面包形昂嘴，发现少数昂嘴的底宽大于中高，如西尽间东攒斗拱头昂昂嘴底宽8.5厘米，中高8.0厘米，二昂昂嘴底宽9.0厘米，中高8.5厘米，具有明代昂的风格。也有部分昂嘴底宽与中高相等。昂的下平出不一致，如平身科头昂下平出3厘米，二昂下平出8厘米，柱头科头昂下平出很小，几乎可谓无下平出，二昂下平出8厘米，与斗口相比较分别为0.33斗口，0.88斗口，0.88斗口，均大于清代官式建筑昂下平出的规定，也表现出该殿斗拱细部做法的特点。仅发现外檐斗拱中有一枚三才升稍存斗顫，明显与其他升、斗不相同，有可能为明代遗存之斗。殿内内槽斗拱高为柱高的17.6%，大于峻极殿斗拱高为檐柱高的15%的比例关系，恰与该殿外檐斗拱高与檐柱高的比例相同。殿内斗拱平身科坐斗上宽29.3厘米，下宽22.0厘米，斗耳高8.3厘米，腰高3.0厘米，底高7.7厘米，三者高之比为5.52：2：5.12，与传统的三者高之4：2：4比例不一致。三才升耳高3.7厘米、腰高1.7厘米，底高4.1厘米，三者高之比为4.34：2：4.82，接近4：2：4的比例。有一枚三才升有很浅的斗顫。正心瓜拱长57.5厘米，正心万拱长81.5厘米，外拽瓜拱长57.5厘米，外拽万拱长81.5厘米，厢拱长72厘米，恰合厢拱长度为72分，符合官式建筑规定的份额。瓜拱与正心瓜拱等长，万拱与正心万拱等长，也符合官式手法建筑规定。但瓜拱（含正心瓜拱）和万拱（含正心万拱）所占100份额中的份额与规定有出入。拱端上留以下有刻瓣，但刻瓣不甚明显，经多处仔细勘察，瓜拱和万拱刻三瓣，厢拱刻四瓣，与清代官式建筑手法拱端刻瓣规定的"瓜四、万三、厢五"有所不同，与河南等中原地区明清地方建筑手法拱端做法更是差异很大。所以该斗拱中拱的做法总体形制应属于明清官式建筑手法。大额枋出头刻霸王拳，平板枋出平齐状。柱头均保留有斜杀面。因殿内置有天花板，故梁架未测量。

寝殿出檐157厘米，檐柱高507厘米，出檐为柱高的30.97%，与"柱高一丈，出檐三尺"的规定相符。殿顶正脊两端龙吻双目正视向前等特点，稍有明代晚期官式建筑之正吻做法。该歇山建筑的山面空透，异于清代官式歇山建筑三角形山花部分是用制作规整的木质山花板封闭，并在山花板之外面雕刻绶带纹饰的做法，而是因袭早期歇山建筑山面透空的做法。博风板仅施悬鱼，无惹草。不但檐椽的椽头不卷杀，所有飞椽椽头也无卷杀，符合官式建筑做法，异于地方手法建筑飞椽头均有卷杀的做法。

（五）其他建筑

中岳庙宏大的建筑群中，除上述的天中阁、峻极门、峻极殿、寝殿外，中轴线及两侧的其他殿堂建筑，其建筑结构和建筑手法之特点也多符合清代官式建筑的规定，但也由于多次重修等原因，使之有不符合规定的，总体而言这些建筑仍属于清代官式手法建筑。特别是多数建筑的雀替最外端内"凹"的弧度加大，外端直线斜垂，系典型的清代官式手法建筑的做法。庙内嵩高峻极坊等木构建筑的平板枋与大额枋断面不但呈"凸"字形，而且增加一根小额枋，并在大额枋与小额枋之间置一垫板，名曰"由额垫板"，形成清代官式手法建筑常用的"平板枋、大额枋、由额垫板、小额枋"四构件。这种四构件的做法在河南等中原地区地方手法的建筑中是很难见到的，即使个别地方手法建筑使用四构件，但平板枋与大额枋的断面也是"丁"字形，而非"凸"字形，此也为中岳庙建筑属于官式手法建筑的例证。

中岳庙院内的神州宫、小楼宫、祖师宫等别院建筑情况较为复杂，有的为清代建筑，有的为民国时期建筑，有的为20世纪80年代以后在原址恢复的建筑，甚至还有钢筋混凝土结构的仿古建筑。在清代建筑和恢复建筑中，有一部分为清代官式手法建筑，也有采用地方建筑手法的，还有兼用两种建筑手法的，也有新的建筑不依官式或地方手法营建，而形成不伦不类的建筑。与中轴线建筑风格不协调。

除上述中岳庙院内建筑外，庙周围还有黄盖亭、九龙宫、土德观、玉皇殿等清代及其以后的木构建筑，限于篇幅不予记述。

二、官式建筑手法及相关问题探讨

此次所勘测的天中阁、峻极门、峻极殿、寝殿，其建筑等级和建筑规模符合中国宗教和礼制建筑的规制。其中峻极殿前后檐面阔九间、两侧进深五间（九五之尊），重檐庑殿式，黄琉璃瓦覆盖殿顶等。这些均表现此殿为最高等级的建筑，显示其帝王宫殿的级别。如北京故宫太和殿，为紫禁城前朝三大殿的正殿，建筑规格最高，殿身九开间，周围廊，重檐庑殿式建筑，黄琉璃瓦覆顶。只是峻极殿的建筑体量和尺度小于太和殿，殿身周围无回廊。太和殿四角戗脊走兽为龙、凤、狮、马等九件，称为"走九"，属于最高一级，而峻极殿走兽为七件，属于"走七"级别。太和殿，虽为明末被焚毁后，于清代康熙三十四年（1695年）在明代被焚毁的皇极殿旧址重建的，距清代雍正十二年（1734年）刊行的工部《工程做法则例》仅早39年，但《则例》规定的开间方法为自明间向左右间开间尺度依次递减的做法，太

和殿则不符合此规定，而是明间开间最大，左右八间，间距均等；《则例》规定各
攒斗拱间的攒当（即斗拱间距）为11斗口，而太和殿各间斗拱的攒当都大于11斗
口的规定。太和殿建筑结构和建筑手法多与《则例》一致，但不一致之处还能列举
诸例。中岳庙峻极殿的开间则异于太和殿，而和《则例》规定相符，即明间开间尺
度最大，自明间向左右各间面阔的尺度依次递减。峻极殿斗拱之间攒当尺度不完全
相等，有稍大于11斗口的，也有稍小于11斗口的，不完全遵从《则例》规定。究
其原因，也和太和殿不完全符合《则例》之由一样，太和殿是"康熙朝两修故宫太
和殿，即就明皇极殿旧基翻修"[①]。峻极殿则于"明崇祯十四年（1641年）三月，中
岳庙失火，峻极殿被焚毁。清顺治十年（1653年）重建。清乾隆元年、十五年、
二十五年、四十八年、五十一年又重修"[②]。但故宫太和殿和中岳庙峻极殿建筑结构、
建筑手法之特征，总体而言是与《则例》吻合的。而与同时期地方手法建筑则差别
是相当大的。所以故宫太和殿和中岳庙峻极殿无疑是清代官式手法建筑。

中岳庙寝殿的建筑结构和建筑手法等表现的时代特征，在本文记述寝殿建筑
结构时，已简要的予以分析，说明该殿的建筑特征多与明清官式建筑相吻合，并
保留有明代官式建筑的建筑风格，特别是少部分建筑构件的形制和做法近同于明
代官式建筑手法，疑为明代遗物。而《中岳庙志》考证大量文献和碑刻资料，证明
"寝殿明崇祯十四年（1641年）三月被焚毁，清顺治八年（1651年）至十年（1653
年）王贡等募资重建"。还将寝殿的建筑时代判定为"其形制是清代官式建筑的代
表作"。到底是明代官式建筑，还是清代官式建筑？此涉及如下几个问题：①以往
业界认为中岳庙是一处清代官式建筑群，且是一处清代官式建筑结构纯度高的建
筑群。还有说可能是乾隆皇帝巡祭中岳庙，敕令大规模重修中岳庙时，调遣北京
官式建筑匠师参与修建工程。所以在登封，乃至黄河以南河南众多佛、道教建筑
中，中岳庙成为唯一的一处清代官式建筑群。故清乾隆时期对寝殿的修缮系北京匠
师按《则例》官式建筑手法进行重修的，或者依其存留有少许明代建筑风格的原状
修缮的。②明、清官式建筑有其不同的时代特点，如明代官式手法建筑的大额枋与
平板枋的断面形制，既不同于同时期地方手法建筑的"丁"形，又不同于清代官式
建筑的"凸"字形，而是平板枋宽度还稍宽于或等于大额枋的厚度等诸多明代官式
建筑与清代官式建筑不同的时代特征。但明代与清代官式建筑年代相近的建筑，不
可能有截然不同的制作方法，而其建筑结构和建筑手法应是相同或相近的。如北京
故宫"明代晚期建筑中某些构件，如斗拱、霸王拳、雀替等与清初官式做法极其相

---

① 王璞子：《清工部颁布的〈工程做法〉》，《紫禁城建筑研究与保护》，紫禁城出版社，1995年版。

② 中岳庙志编委会：《中岳庙志》，中州古籍出版社，2016年版。

似，因而给明末清初的法式鉴定带来很大困难。尤其清初文献对紫禁城建筑中的修缮与重建的记载用词不够准确。清代晚期把东西六宫中的装修做了大量修改，因而有的著作把故宫的许多明代建筑误定为清代建筑"①。北京故宫是明、清两代的皇宫，是中国明、清官式建筑规模最大、品类最全、等级最高、文献记载最全、法式规范的特大型官式建筑群，在鉴别明、清官式建筑时尚出现误判建筑时代的情况，更何况京畿以外的官式建筑不会出现将明代官式建筑误定为清代官式建筑的。这对鉴定寝殿的建筑时代有启示作用。③有关明末火烧中岳庙问题，《中岳庙志》等文献和有关的碑刻资料所记载"明崇祯十四年（1641年）三月，中岳庙失火。庙院内的峻极殿、寝殿、东廊房、西廊房、穿廊、御香亭、峻极门、东太尉门、西太尉门……十七座建筑被焚毁。庙院外土德观建筑亦全部被焚毁"，"被焚毁建筑的具体位置就是从峻极门开始到寝殿这一段，寝殿为被焚的最后一座建筑"。不但记述的详细具体，还列举了明末清初的登封人士所撰《募重建中岳庙圣殿序》的"非常明确的记载"，并言此《序》撰文人"是中岳庙被大火所焚的亲历者"。以上记载可谓真实可信。但由于种种原因，历史记载也可能有用词不准确或内容有误之处。还以北京故宫为例，有与中岳庙相似的火灾焚毁皇宫有关殿宇的记载也有错误之处。我国已故古建筑专家于倬云先生在《紫禁城始建经略与明代建筑考》一文中言"三大殿中的中和殿、保和殿的建筑年代，也有文献把它定为清代建筑。《明代宫苑沿革考》，即根据《流寇传》，认为它曾被李自成焚毁。但经实际考察，中和殿的童柱上有'中极殿桐柱'的墨迹，保和殿童柱上有'建极殿桐柱'墨迹。从三大殿的名称来看，嘉靖四十一年（1562年）以前称奉天殿、华盖殿、谨身殿，嘉靖四十一年四月三殿重建后改奉天殿为皇极殿，华盖殿为中极殿，谨身殿为建极殿。清顺治元年到今天，三大殿称太和殿、中和殿、保和殿。由此看来'中极殿'、'建极殿'墨迹应为嘉靖四十一年至崇祯十七年间所留……（笔者注：文中详细的法式考证略）经详细鉴别考证，证明保和殿为明万历二十五年的遗物，中和殿为明天启五年动工，天启七年竣工的建筑"。还有记载"外朝三殿自明天启七年重建以来，太和殿又被火重修，仍旧原有地盘而起，基本沿袭明代规模。中和、保和二殿，则明代原状未变，中和殿梁柱犹保留'天启七年'墨书题字。保和殿也有明代题字"②。

通过以上中岳庙明末被火焚殿宇建筑的记载和北京故宫在明末被焚毁外朝三大殿的记载，二者有诸多相似之处和不同之处。相似之处为中岳庙和故宫三大殿的

① 　于倬云：《紫禁城始建经略与明代建筑考》，《故宫博物院院刊》，1990年第3期。

② 　王璞子：《清初太和殿重建工程——故宫建筑历史资料整理之一》，《科技史论文集》第二辑，上海科技出版社，1988年版。

被焚时间均为明末，且均为清初重建（修）。还均有文献记载被焚被建的具体情况，而且二者共同存在某些殿宇的时代鉴定中的困惑问题。所不同之处，就是北京故宫以往被认定已被火焚毁的明代建筑清初重建的错误记载，经过专家详细的法式考证和现存实物墨书题记印证，否定了文献记载的错误，指出文献记载某些用词不准确和火烧范围不妥之处，肯定了所谓已被焚毁后，清初重建的某些单体木构建筑仍为明代原物而非清初重建之物。中岳庙因为种种原因，只留下方志和碑刻等文字记载，未能进行详细的法式考证，对文献记载准确与否未经过现存实物的建筑结构、建筑手法等所表现的建筑时代特征与清代建筑官书工部《工程做法法则》及明清时期地方建筑手法、袭古建筑手法进行比较研究，未与早于明代建筑的早期古建筑进行法式对比分析。这样未对文献记载进行实物法式鉴别验证是不完善的。通过上述分析，意在对寝殿的建筑时代特征进行探讨。

① 寝殿现存的具有明代官式建筑风格和少部分可能为明代官式建筑的构件应作为鉴定建筑时代特征的重要依据，即借鉴北京故宫对外朝三大殿的法式鉴定经验，建议继续对寝殿的建筑结构和建筑手法等进行更深入细致的勘察研究，必要时可拆卸几块天花板对大木作梁架结构进行法式鉴定。通过大量的建筑数据、相关的比例关系、构件的细部做法等，结合文献记载以确定其正确的建筑时代。依其常规，文献记载为重要参考依据，实物法式鉴定则为确定建筑时代最重要的鉴别依据。

② 关于中岳庙寝殿被明末焚毁问题，虽有文献记载"寝殿为被焚的最后一座建筑"，但此次调查中发现现存建筑一些疑为明代官式建筑手法的线索。笔者初步推测，一是和北京故宫三大殿一样，当时仅烧毁太和殿，而中和殿和保和殿未经焚烧，较完好地保存下来。故有可能中岳庙明末火灾未焚毁寝殿，使其得以幸存。二是文献中所记载的寝殿为"被焚的最后一座建筑"，可能由于种种原因最后一座建筑未被全部焚毁，殿之一部分或大部分得以保留。三是根据文献记载"明崇祯十四年（1641年）三月，寝殿被火焚，清顺治十年（1653年）依原制重建"，顺治十年距崇祯十四年仅相差12年，建筑制式差别不大。若真是"原制重建"，估计承袭明代建筑手法进行重建也是有可能的。以上推测的三种情况，根据北京故宫三大殿类似情况分析，寝殿有可能是明代官式建筑遗物。但在清代历次重修时更换建筑构件较多，局部改变了原有建筑结构，失去了部分原有的时代特点，故寝殿的建筑时代，初步推定为具有明代官式建筑风格和保留少许明代官式建筑构件的明代建筑结构纯度不太高的单体木构建筑。且为河南省唯一的具有明代官式建筑特点的木构建筑，具有非常重要的研究价值。因此次调查时间太短，且因殿内有天花板未能勘察梁架，故对寝殿的认识只能是皮毛粗浅的，有待以后详加勘测，以便更准确地判定其建筑时代和文物价值。

此次调查的另外两座建筑天中阁和峻极门，通过简单的法式鉴定，可以认定为清代官式手法建筑，具有重要的历史、科学和艺术价值。

为了撰写此文，专程到中岳庙进行实地调查，但因调查时间太短，且主要精力用在测量建筑数据，未能全面地进行勘察，甚至连基本的文字记录也少有顾及，更谈不上绘图了。因此这篇中岳庙官式建筑探讨性的文章，是不完善的，是需要大量补充材料的，所以只是抛砖引玉，希望有更多的业界同仁能够进一步全面细致的对其进行建筑法式鉴定，使其取得更大的研究成果。

（原载《嵩山论道——首届嵩山道教文化论坛论文集》，
中州古籍出版社，2017 年 9 月）

武陟妙乐寺佛塔浅谈

妙乐寺塔又名妙乐寺真身舍利塔，位于河南省武陟县城西南7.5公里阳城乡东张村西北隅。寺内木构殿宇早毁，惟塔独存。这座距今逾千年的五代后周时期大型佛塔①，其建筑结构、建筑工艺和深邃的文化内涵等均具有重要的建筑史、宗教史、科技史研究价值，是我国现存的名塔之一。

一、妙乐寺塔建筑结构与建筑手法简记

妙乐寺塔，为方形十三级叠涩密檐式砖塔，高34.19米，内部中空呈筒状。塔身自下而上诸层高度均匀递减，面阔逐层收敛，使塔体外轮廓略呈抛物线形，富于优美秀丽之感（图一）。

塔身第一层高6.91米（地面以上高4.5米），边长8.37米。南面辟门，塔门高2.28米、宽1.80米，系两券无伏的半圆拱券门，门内为方形塔心室。塔檐下用两层平卧顺砖砌筑拔檐砖层，拔檐砖之上由16层叠涩砖和13层反叠涩砖组成塔檐；塔身第二层面阔7.37米，南面辟高0.44米、宽0.41米、深0.38米壁龛。该层每面砖砌山花蕉叶装饰，四角饰山花蕉叶插角。塔身之上由16层叠涩砖层和8层反叠涩砖层组成塔檐；塔身第三层，面阔7.04米，南北壁辟佛龛，龛高0.45米，宽0.48米，深0.38米。由叠涩砖15层和反叠涩砖8层构成塔檐，出檐深0.84米，檐颇明显；塔身第四层，面阔6.78米，南面辟佛龛，高0.57米，宽0.46米，深0.38米，塔身壁体高0.73米，出檐深0.83米。拔檐砖层之上由14层叠涩砖和

图一　妙乐寺塔全景

8层反叠涩砖组成塔檐，檐颤明显；塔身第五层，面阔6.47米，南面辟佛龛，塔身壁体高0.66米，出檐深0.81米，由叠涩砖13层和反叠涩砖7层构成塔檐；塔身第六层，面阔6.31米，塔身壁体高0.60米，南面辟佛龛，高0.50米，宽0.42米，深0.35米，檐颤明显，出檐深度0.81米，由叠涩砖12层和反叠涩砖7层构成塔檐；塔身第七层，面阔6.08米，塔身壁体高0.58米，南面辟半圆形佛龛，高0.45米，宽0.41米、进深0.38米。出檐深度0.78米，由叠涩砖11层和反叠涩砖6层构成塔檐；塔身第八层，面阔5.90米，塔身壁体高0.48米，南面辟半圆形佛龛，高0.43米，宽0.40米，进深0.38米。出檐深度0.74米，由11层叠涩砖和5层反叠涩砖构成塔檐；塔身第九层，面阔5.58米，塔身壁体高0.37米，南面辟门，高0.47米，宽0.38米，进深0.35米。门东侧嵌置清代圆首石碑，记述献佛一尊，碑高0.32米，宽0.32米，厚0.07米。塔身四隅有陶质力士八尊，可能为清物。出檐深0.66米，檐颤明显。塔身壁体之上由9层叠涩砖和5层反叠涩砖构成塔檐；塔身第十层，面阔5.44米，塔身壁体高0.30米，南面辟龛，高0.35米，宽0.36米，进深0.35米。北面亦辟龛，高0.29米，宽0.30米，进深0.34米。出檐深0.61米，檐颤明显。塔檐由7层叠涩砖和5层反叠涩砖组成；塔身第十一层，面阔5.44米，塔身壁体高0.295米，南、东、西三面辟龛，南龛高0.42米、宽0.37米、进深0.36米，东龛高0.40米、宽0.39米、进深0.34米，西龛高0.40米、宽0.39米、进深0.34米。由5层叠涩砖和5层反叠涩砖组成塔檐。檐颤不明显，形成较生硬的直线状檐伸线（可能为后修改变原状）；塔身第十二层，面阔5.19米，塔身壁体高0.325米。南、东、西三面各辟一龛，分别为高0.34米、宽0.36米、进深0.34米，高0.49米、宽0.35米、进深0.35米，高0.52米、宽0.36米、进深0.35米。塔檐由5层叠涩砖和5层反叠涩砖组成，出檐深0.34米，檐之叠出砖层较生硬，基本无颤，可能系后修所致；塔身第十三层，面阔4.48米，塔身壁体高0.35米，四面均辟佛龛，南龛高0.47米、宽0.36米、进深0.32米，北龛高0.45米、宽0.34米、进深0.34米，东龛高0.37米、宽0.36米、进深0.32米，西龛高0.44米、宽0.34米、进深0.35米。塔身壁体之上南北两面在拔檐砖层上施仰莲瓣砖四层，东西两面在拔檐砖层上砌筑菱角牙子砖三层，其上砌筑反叠涩砖16层，构成塔檐。出檐深0.46米。

该塔内部方形中空呈筒状，塔心室面阔3.79米，四壁直通塔内第十二层。壁体大致可分为四段：第一段下部系直壁，直壁以上逐渐收分。通高15.30米。在标高1.75米处，砖筑突出内壁面的阶级层。其内壁收分，形成抛物线形，最小处室壁边长收缩至1.89米。第二段通高近4米，内壁边长1.87米。第三段高5.23米，南面下部边长1.06米，此段有四梁插入塔体内。下部木梁，南北向，长1.74米，高0.17米，宽0.16米。在其上0.80米处为南北向的第二层梁，长1.56米，宽0.16米，高

0.16米。再上2.19米处置东西向的第三层梁，长1.56米，宽0.12米，高0.11米。该木梁之上1.34米处置南北向的第四层木梁，长1.57米，高0.16米，宽0.14米。各梁均插入塔体内，已糟朽。塔内原木结构的架构组合情况已不可知。第四段平面长方形，面宽1.92米，进深1.34米，上部有南北向的木梁两根，长1.34米，宽、高均为0.26米，承托直径1.80米、厚0.17米的圆形石板，板之中央凿有圆孔，孔径0.18米，木刹柱插入孔中。石板之上叠筑砖梁四道，木刹柱通过砖梁直通塔顶。

妙乐寺塔塔顶置鎏金铜刹，高达6.74米，由诸多构件组合而成。下部为铜质须弥座，高0.61米，平面正方形，由上枭、下枭、束腰及山花蕉叶组成。下枭底边宽0.90米，上边宽0.64米，高0.12米。束腰高0.12米，宽0.64米。上枭之上置八朵山花蕉叶装饰，且座之表面饰有镂空的火焰宝珠形装饰。木刹柱穿过刹座承托刹身与刹顶。木质刹柱为圆形，直径0.40米，下粗上细。柱外套有铁管，管壁厚0.7厘米，管头结合处呈斜坡状，以利衔接和防御雨水灌入。每节管口外铸有牵拉件，以固定圆锥体状的七重相轮，下层相轮直径151.7厘米，最上层相轮直径为76.5厘米。相轮之上为八角形华盖，直径158.4厘米，高32.3厘米，面饰精美的镂空花纹。华盖之上为置于刹柱四周的内饰连续状的缠枝花纹，外沿饰火焰纹的水烟。其上为高15.5厘米、直径26.1厘米的宝珠。再上为置于四正向的四件月牙构件组合的仰月。仰月中央坐置高31厘米、直径40厘米的宝珠。此宝珠之上34.2厘米处置高25厘米、直径34.5厘米的第二重宝珠。二重宝珠之上33厘米处置高19厘米、直径25.5厘米的第三重宝珠。三重宝珠之上为竖长鼓状的刹顶，高47厘米，下部直径11.7厘米，分为两节，下节铸铭文12行，计169字，其中有"显德二年岁次乙卯二月庚子朔二十一日庚申建"字样。刹顶中央安置一高9厘米、直径0.7厘米的针形铁杆。为了稳固塔刹，在华盖下四面安装铁环，伸出铁钩，挂拉四根铁链，铁链贯穿于塔顶四角四个铜质鎏金蹲狮背部的圆孔中。

此塔刹造型优美独特，铸造技艺高超，佛文化内涵丰富，实属古代佛教建筑之珍品，河南仅有，全国罕见（图二）。

该塔塔身诸层的翼角下，有木质角梁，梁头悬挂铁质风铎，微风拂摇，叮当

图二　妙乐寺塔上部塔檐与塔刹

作响，数里可闻，悦耳动听。塔身各层的壁龛内安置有不同时代的佛像。塔体砌砖型号不一，用量较多的砖长30.5～32厘米，宽14.5～15.5厘米，厚6～7厘米。灰缝宽多为0.4～0.6厘米。塔体内部砖与砖间用黄泥浆粘合剂，壁面砖用白灰浆粘合剂。壁面砖以平卧顺砖为主，兼有少量丁头砖，采用不岔分的甃筑技术。

二、妙乐寺塔的建筑时代

关于妙乐寺塔的创建时代，现存塔的建筑时代，颇有争议。我国自佛教传入后，见于正史记载建塔的有《后汉书·陶谦传》关于东汉末年徐州牧陶谦属下笮融建塔的记载；《魏书·释老志》记载："自洛中构白马寺，盛饰浮图，画迹甚妙，为四方式，凡宫、塔制度，犹依天竺旧状而重构之。"可作为我国最早建塔的文献依据。而现代有关书刊中关于妙乐寺塔创建于东汉末年和由新密超化寺塔地宫中出土北齐石碑（残），证明至少北齐以前超化寺塔就已存在，继而推测在拆除妙乐寺塔后修的石壁[②]（图三）中发现有"北齐天保七年十一月二十七日"字样残石刻，证明"妙乐寺塔同样在北齐以前就已经存在了"。这样的推测不够严谨，因为晚期墓葬殉葬早期器物，晚期塔地宫瘗藏早期物品，特别是埋藏"三武一宗"灭法残损的碑刻佛像等已有不少例证。甚至在河南省西部和北部一些地方近现代建筑墙壁上还垒砌有汉代花纹条砖，也是同一个道理。所以不宜把北齐残石与塔的建筑时代相联系，以证明塔创建于北齐或北齐以前。至于把塔创建时代定为东汉晚期的推测，就更不足为凭了。但根据其他有关旁证材料分析，该佛塔的创建时代也有可能为北朝晚期，妥否暂存疑，有待物证的发现和研究的进一步深入，才能最后定夺。《河南通志》、《武陟县志》和有关碑刻记载"塔建于唐时，后周显德二年修"是较为可信的。但鉴定古建筑的建筑时代，文献记载只能当作重要的依据之一，不能作为唯一证据。因其建筑实物往往要经历创建、毁而重建、残而重修等，造成当时存在的实物与文献记载的建筑时代相去甚远。因此在鉴定古建筑时更要依其现存建筑的建筑结构、建筑材料、建筑工艺等建筑物本体时代特点进行综合分析，结合文献记载，确定其现存建筑实物的建筑时代。现存妙乐寺塔的平面

图三　1959年修前塔身第一层残损状况

方形，塔内中空呈筒状，多数塔檐出檐较深，且出檐砖形成的檐颏明显，使用山花蕉叶和棱角牙子砖的装饰，塔门（龛）集中于塔身各层的同一面方位，使用黄泥浆和白灰浆粘合剂，不叠分的垒砌技术，刹柱而非塔心柱的使用，鎏金铜刹与铭刻，以及塔砖的形制和尺度、地宫及其形制、塔身的整体造型、塔门的砌筑方法、塔居寺院的位置等。以上所述的建筑结构和建筑手法有的是唐塔所仅有，有的是唐、五代塔所通用，有的是宋代早期塔的特点，有的是该塔袭古的建筑手法。再者，从显德二年重修妙乐寺塔的碑文中"塔砖溃坏，荆棘成林"，"风摧雨击古往今来全隳窣堵之，形微有定基之址……"的记载，可以看出显德二年重修前该塔毁坏非常严重，甚至在碑文中使用"全隳窣堵之"的记述。以及该寺高僧释自悟大师为修葺该塔化缘力度之大，施财主之多，也可作为此次系大修工程的佐证；考察现存塔檐和塔身重修痕迹非常明显。说明现存之塔，非《法苑珠林》所记的"五级白浮屠"石塔，而是经大规模重修或基本上是重建的佛塔。这次大修（重建）不但更换了高大的金属塔刹，而且修建了"全隳窣堵波"（塔），所以较有把握地说现存之塔"建于唐时，后周显德二年修"是可信的。鉴于后周重修"全隳"之塔所体现的工程浩大程度，特别是该塔所具有的既有唐，又有宋，还有自身独有的建筑结构与建筑手法分析，正是五代佛塔承上启下，演变嬗递的五代建筑时代特征。所以刹铭"显德二年岁次乙卯……建（塔）"，应作为该佛塔的建筑年代。再者，五代历史短暂，战争频仍，故不但现存的五代文物甚少，而且五代塔更是凤毛麟角。据笔者不完全统计，全国现存五代大型砖石塔仅十余座，其中还有数座为五代余波时期之塔。而唐、宋时代的塔多达数百座。且国务院核准公布全国重点文物保护单位妙乐寺塔的建筑时代为五代。所以现存妙乐寺塔的建筑时代，应定为五代。这样判定此塔的建筑时代也符合鉴定古建筑的通常做法[③]。

三、妙乐寺塔佛学研究二例浅见

妙乐寺塔在佛学研究和佛教建筑中具有重要地位。现存的妙乐寺塔在五代后周显德年间进行了工程浩大的重修（重建）。而后周世宗柴荣于显德二年（955年），诏令严禁私度僧尼，废除所有无"敕额"的寺院。经过这次整顿，"所存寺院凡2694所，废30336所"[④]。在当时对佛教的限制整顿的情况下，妙乐寺塔不但未被毁，反而进行大修或者重建，可见其妙乐寺是获"敕额"的重要寺院。在河南省浚县大伾山天宁寺天王殿前竖立的后周显德六年（959年）《黎阳大伾山寺准敕不停废记》碑，碑文明确记载"颁行天命条贯，僧居有敕额者存，无敕额者废"[⑤]。为妙乐寺获"敕额""不停废"提供了佐证。

　　《法苑珠林》和方志、碑刻中记载古印度阿育王（约相当于我国战国晚期）将佛祖的真身舍利分为8万4千份，造八万四千塔，我国有19座（有记17座或21座的），妙乐寺塔序列第15位（亦云第16位）。我国现存有阿育王寺，如位于浙江省宁波市鄞县的阿育王寺，寺内有木雕舍利小塔。据顾延培主编的《中国古塔鉴赏》记载"晋太康三年（282年），刘萨诃于此得塔一座。高约0.46厘米，宽0.23厘米。内悬宝磬，中缀舍利。此物传为阿育王所造八万四千塔之一，内藏舍利传是释迦牟尼的遗骨，为中外佛教徒所崇敬。据说目前全世界仅存18座舍利（佛骨）塔，我国拥有两座，一座在北京西山；另一座就在阿育王寺塔中。"罗哲文先生《中国古塔》记述"阿育王寺木雕舍利小塔，高仅几十厘米，但相传历史悠久，是佛教中闻名的一件宝物，在佛教经典传记中都有它的记载，塔内有悬钟，里面藏有舍利，并说这个塔是阿育王所造的八万四千塔之一，里面藏的是释迦牟尼的舍利"（图四）。类似这座阿育王寺木雕小塔的文物在其他古塔地宫中也有发现，如1988年发掘的河南邓州市宋代福胜寺塔地宫中出土两座方形小铁塔，高25厘米，塔顶中央置七级相轮，四隅饰山花蕉叶插角[6]。该地宫的发掘报告，其结论部分言"这次地宫内出土的两件铁塔，其形状与浙江宁波阿育王寺木雕舍利小塔和安徽省博物馆藏的金涂塔（图五），以及福建泉州开元寺殿前阿育王塔（图六、图七）的形制相同"。

　　从建筑形制考察，现存妙乐寺塔与通常所说的阿育王塔造型是有很大差异的，且传阿育王所造的八万四千塔为体形很小的舍利塔。根据林向先生所著《四川名塔》一书考证"阿育王传播佛教曾至叙利亚、埃及、希腊、马其顿等地，但都没有

图四　阿育王寺木雕舍利小塔

图五　安徽青阳阿育王塔
（金涂塔）

图六　泉州开元寺阿育王塔

说阿育王传教到过中国"。但为什么中国有阿育王塔之说？《佛学大辞典·阿育王塔》是这样记载的："……据善见律毗婆沙一，谓阿育王统领之国，其数有八万四千，故王敕诸国建八万四千大寺，八万四千宝塔云。……又杂譬喻经上，谓阿育王希疾病平愈，造一千二百宝塔。其塔数虽不知孰确，而王由兴教爱法之至情，多建寺塔则非子虚也。今诸塔殆已无存，……又古来有传说此阿育王塔我国也有之者，如广弘明集十五，举鄞县（今宁波鄞县）塔已下凡十七塔，法苑珠林三十八列鄞县塔以下凡二十一塔，谓皆为阿育王所造。案阿育王之领土，不及於我国，塔何从来，殆附会之说也。考佛祖统纪四十三，谓吴越王钱

图七　福建仙游阿育王塔

俶，慕阿育王造塔事，以金银精钢造八万四千塔，中藏宝箧印心咒经，布散部内，凡十年而功竣。其附会即由此欤"[⑦]。据上述记载，阿育王所造八万四千塔，传至中国十九座、十七座、二十一座等之说，只是传说而已。但通过此传说，却道出这样的事实：①佛祖舍利曾传到中国；②中国佛塔是随着佛教由印度传入中国而传入的外来的建筑形式，它的故乡原本在古印度境内；③凡是传有阿育王塔的寺院多是历史悠久的名寺。所以妙乐寺在中国佛教史上具有重要的地位，妙乐寺塔更是非常重要的佛塔。至于这座真身舍利塔是否藏有佛祖舍利，现在仍是个谜，留给人们的是更多的期待。期待着妙乐寺塔地宫、天宫中有惊世文物的发现，早日揭开这个历史之谜。

四、妙乐寺塔的抗震性能

妙乐寺塔逾千年，据笔者不完全统计，自北宋至清末，武陟经历27次地震，有的震中在武陟，有的是域外地震波及武陟。有的震级高、裂度大，形成破坏区，有的震级低、裂度小，形成波及震感区。这些地震对当地建筑物的破坏是不言而喻的。但该塔却依然屹立，塔身完好，塔刹擎天。其奥秘之处在于它具有良好的抗震性能。

（一）塔基基础

由于河水淤淹，塔基深藏地下，形制不可知。但通过近年对塔周的发掘和对基础的考察，可以看出该塔建在地形开阔平坦、土质密实之地，地基面积较大，基础

稳固。这一切不但增强了基础的整体性能，而且也使其承载力比较一致，避免了不均匀沉降等弊端，使之基础部分的抗震性能大为提高。

（二）塔身与塔刹结构

① 该塔塔身方形，塔形比较简洁规整，没有凸起或凹进等突变部分，使之结构连续对称，有较好的整体稳固性。这是古建筑抵御地震水平运动和垂直运动破坏力的重要条件。

② 塔身每层塔檐下皆叠筑有突出壁面的拔檐砖层，起到了近现代建筑中的"圈梁"作用，增强了塔身壁体的整体性能，提高了抗震能力。

③ 塔身诸层高度自下而上均匀递减，其面阔逐层收敛，外轮廓略呈抛物线形。这不但使塔身造型优美，富于秀丽之感，而且相应地使每层自重力均匀递减，塔体的重心力下降，有利于地震时塔体的稳固。

④ 塔体四壁门龛设置，除第一层为半圆拱券真门外，其他层位有的为实壁无实门龛，有的仅设龛不设通透的门窗，避免由于门窗集中于同一方位而削弱塔体的强度和整体性，造成通体裂缝的弊端。增强了抗震强度。

⑤ 塔身诸层四隅皆有木质角梁（部分木角梁头糟朽后更换为陶质梁头），这种木角梁，起到了"木骨"的作用，增强牵拉能力。

⑥ 塔刹是一座古塔最容易遭到损坏的部分，所以形成国内许多古塔有顶无刹。而该塔的金属刹，由于铸工技艺高超，一次浇铸成型，不见焊接缝，并使用铁管套接的木刹柱和铁杆、铁链牵拉的构件。还运用鎏金铜狮镇压塔顶四隅，使整个塔刹，既自重较轻，又高大绚丽，异常稳固。故千余年来，刹体完好，屹立塔顶，有力地抗御了地震营力的破坏。

（三）建材与施工

① 塔身砌砖大部分具有泥质细、密实度高、火候高、品质良优的特点，且砌筑方法运用得当。使之塔体稳固，整体性强，有利于抗御地震、洪水等自然营力的破坏。

② 在维修此塔时察知，壁体砖与砖间粘合剂饱满，砖体与粘合剂粘结牢固，灰缝均匀，壁体平整，结点扣合紧密等，做到了精心施工，增强了抗震性能。

通过上述粗浅分析，可知妙乐寺塔具有较强的抗震性能，为古建筑抗震研究和现代建筑防震抗震科研工作提供了可资借鉴的实物资料。

五、古塔嬗递关系的重要实证

妙乐寺塔在其外部造型、内部结构、建筑材料、甃筑工艺、壁体装饰、塔刹形制诸多方面均有重要特点。是研究中国古代建筑史非常重要的实物资料。

该塔系1963年河南省人民委员会公布的河南省第一批文物保护单位，是国务院于2001年核准公布的全国重点文物保护单位，是河南省仅存两座五代塔之一（另一座为建于五代后唐同光四年高5米许的少林寺行钧禅师墓塔），且为形体最高大的五代佛塔。全国现存仅有10余座五代时期的大型砖石塔，且有的塔系宋朝已经建立，但诸如吴越国尚未被宋统一之时，也即有的学者称之为"五代余波时期之塔"。另外还有的五代塔系小型的墓塔和殿塔（殿内供奉之塔）。所以这座文化内涵丰富、建筑结构独特、建筑工艺精湛、建筑形象优美的大型五代佛塔，为现存五代塔的佼佼者。在河南现存的六百多座古塔，乃至全国数以万计的古塔中也可谓重要的大型叠涩密檐式佛塔。特别是在研究唐、宋塔过渡演变的嬗递关系方面，具有非常重要的价值。中国古塔和其他门类的古建筑一样，随着时代变迁，建筑结构、建筑材料、建筑工艺等发生着不同的变化，即通常所说的不同时代，有不同的建筑时代特征。五代虽历史短暂，但其正是中国古代建筑唐代与宋代两个发展高潮的过渡时期，系承上启下的嬗递关系期，所以现存稀少的五代建筑文物，极具研究价值。故妙乐寺塔可谓此时期佛塔建筑演变过渡手法的典型代表之一。

①该塔沿袭唐塔平面正方形和出檐较深，保持檐颐的特点，但出现叠涩檐出檐深度不如唐塔深，且靠近檐口部分的叠涩砖层露明部分较唐塔小，檐颐柔和度逊于唐塔建筑，表现出上承唐下启宋的明显特征。

②砖构古建筑的建筑材料砖的形制、尺度、密实度、砖面纹饰及砖与砖间的粘合剂成分等，随着时代的不同，也不尽相同。该塔塔砖多为长30厘米、30.5厘米、31.5厘米、32厘米，宽14.5厘米、15厘米、15.5厘米，厚6厘米、6.5厘米、7厘米（均依原砖为据，后代重修砖除外）。砖背面是否印有绳纹，因调查时未见到陡板砖故不详。与笔者已调查的唐代砖塔的塔砖相比较，可以看出砖形与尺度稍有差异。特别是砖与砖之间的粘合材料与唐、宋塔相比有异有同。该塔塔体内部用黄泥浆粘合剂，塔壁砖用白灰浆粘合剂。这种做法，符合唐、宋塔演变过渡期的建筑特征。笔者通过对数十座唐、五代、宋塔的粘合剂比较研究，发现唐代砖塔的粘合剂全为泥浆，经化验，为增加粘合强度，泥浆中掺有有机物糯米汁等成分。宋代砖塔绝大部分粘合剂为白灰，发现少数宋代砖塔壁体内粘合剂用黄泥浆，壁面砖用白灰浆[⑧]。故该塔塔砖和粘合剂反映出的特征，可谓唐塔与宋塔嬗递关系的重要实物证据。

③ 妙乐寺塔的整体造型属于中国两大主体塔形之一的叠涩密檐式塔。它的外轮廓酷似被誉为"中国唐代三大密檐式塔"的西安荐福寺小雁塔、登封法王寺佛塔、云南大理崇圣寺塔的塔形⑨。塔内中空呈筒状的建筑结构也是唐代大型砖塔通用的构制。但该塔不论是塔身外形的细部做法或塔身内部筒形体的分段及砌筑手法又和宋代建筑中的大型佛塔有诸多相同或相似之处。如宋代早期建筑河南滑县明福寺大型砖塔，不但内部砖与砖间用黄泥浆粘合，部分砖面有绳纹遗迹，而且塔内中空呈筒状，保留唐代遗制⑩。但明福寺塔在塔身筒状内壁叠涩内收的做法及采用壁体内折上穿壁外攀绕平座，拾级而上，逐层登攀的结构手法则与唐塔明显不同；再如登封少林寺塔院内建于宋元祐二年（1087年）的"下生弥勒佛塔"，"系叠涩密檐式九层塔。其平面为正方形，塔身直接入地，地面上无施基台与基座，塔内中空方形呈筒状，且逐渐向上收分直达塔顶。以上皆为因袭唐代砖塔的建筑手法，只是塔内不铺设楼板而已。"⑪通过这两座宋塔建筑结构的浅析，更证明妙乐寺塔在唐宋塔嬗递关系研究中的重要价值。

④ 唐代和宋代佛塔门窗的设置，也有其不同的时代特点。"唐时多为半圆拱门，门侧无窗。唐塔每面中央辟门，致空虚部位集中一垂线。宋塔中始有逐层转移门窗之方位者，如刘敦桢先生所言'不但外观参差错落，富于变化，且令壁体重量之分布较为平均'"⑫。妙乐寺塔塔身正面除第一层辟半圆拱券门外，各层均设有壁龛，形成空虚部位集中于垂直线。并在北壁三层、十层、十三层设置壁龛等，故在塔之门、窗、龛的方位设置方面，该塔既有唐代佛塔的建筑风格，又有宋塔的部分建筑特点，为唐宋塔过渡演变的实物例证。

⑤ 塔刹与刹柱：古代佛塔中的楼阁式塔，据现存南北朝石窟浮雕之塔均为砖石刹，未见金属塔刹。而文献记载北魏时期洛阳永宁寺木塔已使用金属塔刹⑬。唐代塔刹概为砖石制作，以石塔刹为多。"宋代砖塔上才开始见到金属的刹"⑫，如江苏吴县罗汉院双塔。古代密檐式塔，自南北朝至唐末，均为砖石塔刹，以后方有金属塔刹。而妙乐寺塔鎏金铜刹不但体形高大，铸造技术高超，艺术价值极高，而且在全国现存的古塔中，除早期塔后配的金属塔刹外，可能该塔为叠涩密檐式砖塔中最早的金属塔刹，且为下启宋代金属塔刹的重要实物标本，亦为唐宋砖塔嬗递关系的实物证据。塔体内部的塔心柱，据北魏《洛阳伽蓝记》所载洛阳永宁寺塔的塔心木柱，其下入地，当为木塔建筑的主要骨干⑭。且该塔基经过发掘，证实为多柱组成的土木混合结构的塔心柱迹，可以说是刹柱下部的延续⑮。其实例也见于日本奈良法隆寺五重塔以巨木自第一层塔底直达塔颠⑯。但我国宋代以降，刹柱之延长，仅以最上两层为限。妙乐寺塔的刹柱恰坐在第十二层铺设的石板中，与宋塔刹柱延长至最上两层为限完全符合。既说明该塔可能为因袭唐制

的建筑手法，又佐证其五代塔下启宋代塔之刹柱延至塔的最上两层的最早做法。江苏苏州市虎丘塔（又名云岩寺塔）始建于五代后周显德六年（959年），落成于北宋建隆二年（961年）（图八）。其塔之刹柱也是向下延至最上两层的横梁上[⑰]。这是五代塔之刹柱承上启下过渡演变的又一例证。而虎丘塔比妙乐寺塔仅稍晚数年。

图八　苏州五代虎丘塔

⑥菱角牙子砖和山花蕉叶砖装饰。唐代砖塔中有将叠涩砖砌成菱角牙子者，如西安唐代小雁塔就在檐部叠涩砖中砌出菱角牙子砖两重。妙乐寺塔不仅在塔身最上层檐部砌出菱角牙子砖层，还砌出莲花瓣砖层。而莲花瓣砖层曾见宋代砖塔檐部的装饰做法，如河南永城市建于北宋绍圣元年（1094年）的崇法寺塔，各层塔檐用莲花瓣砖和叠涩砖砌成[⑱]。妙乐寺塔所使用菱角牙子砖和莲花瓣砖甃筑塔檐的做法，也显示出唐代塔建筑手法向宋代砖构建筑发展演变的轨迹。我国现存不少唐塔用砖砌或石雕山花蕉叶状的装饰，成为唐塔的装饰特点之一。这种装饰在宋金建筑中仍在使用。妙乐寺塔在塔身第一层塔檐之上部砖筑一周大型山花蕉叶状的装饰，东、西、北三面各七朵，南面因辟有塔门，故仅为六朵，四隅为山花蕉叶插角各一朵。该塔山花蕉叶的形制，保留唐代风格，不仅为鉴定建塔时代提供了依据，也为唐宋塔嬗递关系提供了佐证。

六、妙乐寺塔的保护与利用

妙乐寺塔深邃的佛教文化内涵，高耸的塔身，优美的塔形，优越的地理位置，独特的营造手法，唐宋塔的嬗递关系，抗震防震的高强性能，美轮美奂的鎏金铜刹，神秘动人的种种传说故事等等。不仅为佛教文化研究提供了珍贵资料，为建筑史、科技史研究提供了实证，为抗震防震提供了可资借鉴的重要参考实物资料，为古今造型艺术和铸造艺术提供丰富营养与实物标本。还为历史文化遗产的展示利用提供了重要资源，使其成为热爱家乡，热爱祖国的教育基地，成为休闲健身的好去处，成为文物保护参观游览的考古文化公园。特别是在发挥文物旅游作用方面，妙乐寺塔有其不可替代的优势，它既有自身直观的观赏性，又有现存五代大型塔较少的稀有性，还有塔文化包含的种种神秘性。正如建筑大师梁思成先生所说"作为一种建筑上的遗迹，就反映和突出中国风景特征而言，没有任何建筑的外观比塔更为出色了"[19]。所以在保护好文物的前提下，要发挥该塔的文物旅游价值和作用，吸引境内外游客，发展好人文景观的旅游产业，为增强文化软实力，为当地的社会进步和经济发展做出更大的贡献。

我们要倍加珍爱这处具有重要历史、科学和艺术价值的民族文化遗产，做好保护规划，建立健全保护机构，制定文物安全的规章制度，完善监测设施，落实保护经费，加强培训提高保护管理人员素质，及时做好保养维护工作，消除安全隐患等，使其惠及当代泽被后人的文物保护事业代代相传。让妙乐寺塔这颗斑斓璀璨的历史文化明珠在中州大地上永续焕发出五彩缤纷的光华，为华夏文明传承创新建设，为文化大发展大繁荣发挥更大的作用。

注　释

① 不同版本的《怀庆府志》和《武陟县志》记载 "（妙乐寺塔）建于唐时，后周显德二年修。"；后周显德二年《妙乐寺重修真身舍利塔碑并序》记载 "风摧雨击古往今来全隳□堵之，形微有定基之址，荆棘生焉，狐兔践焉。……砖石溃坏，……□□虽在，基址□□……各舍净财共崇胜事，自大周广顺三年癸丑岁兴工至显德元年甲寅岁毕功。"

② 据20世纪50年代和1965年的《文物调查登记表》记载，明朝末年，用青石块加固第一层塔身。虽然河水屡泛，青石固基可御洪水破坏，但因包砌的青石壁侧脚太大，改变了塔身第一层的外形，且经数百年后明代石□壁破坏严重，有坍塌危险。故1959年，河南省文化局拨款，重新用青石块修葺包砌第一层塔身。

③ 建筑大师梁思成先生在1944年编著的《中国建筑史》指出 "我国各代素无客观鉴赏前人建筑的习惯。在隋唐建设之际，没有对秦汉旧物加以重视和保护。北宋之对唐建，明清之对宋元遗构，也并未知爱惜。重修古建，均以本时代手法，擅易其形式内容，不以古物原来的面目着想。寺观均在名义上，保留其创建时代，其中殿宇实物，则多任意改观。"鉴于此，我国现存古建筑往往在一座建筑实物上，存在不同时代的建筑材料、建筑手法等不同的时代特征。在确定此类古建筑的建筑时代时，除参考文献和碑刻记载外，通常以该建筑文物现存建筑材料和建筑手法等保留最多（60%以上）的时代特征为依据，判定其建筑时代。

④ 牟钟鉴、张践：《中国宗教通史》（修订本）上，第494页，社会科学文献出版社，2003年。

⑤ 《黎阳大□山寺准□不停废记》碑，毁于20世纪60年代 "文革"时期，现碑为1981年复制的。

⑥ 河南省古代建筑保护研究所、河南省文物研究所：《河南邓州市福胜寺塔地宫》，《文物》1991年第6期。

⑦ 丁福保：《佛学大辞典》，文物出版社，1984年影印版。

⑧ 杨焕成：《河南古塔研究》，《中原文物考古研究》，大象出版社，2003年；唐、五代与宋代砖石建筑的粘合材料演变嬗递关系是鉴定此时期建筑的重要依据之一，更是研究五代建筑承上启下建筑

手法的稀缺实物资料。以河南省为例，全省现存唐、五代、宋代砖石塔83座。凡唐代砖塔皆采用黄泥浆粘合剂，现存的两座五代砖塔之一登封行钧禅师塔，建于五代后唐同光四年（926年），"砖与砖间用黄泥浆粘合"（见杨焕成：《塔林》，第52～53页）。另一座五代砖塔即妙乐寺塔，塔体内部用黄泥浆粘合剂，壁面砖为白灰加泥浆粘合剂（见本文5页）。宋代砖塔绝大部分塔体内外均用白灰粘合剂，但也有上承五代始创的塔体壁面用白灰浆粘合，壁体内部仍用黄泥浆粘合的嬗递实例。如滑县明福寺塔，北宋大型砖塔"（塔体）内部砖与砖间用黄泥浆粘合"（见杜启明主编《中原文化大典·文物典·建筑》，第123～124页）；尉氏兴国寺塔，北宋大型砖塔，"内外壁以黄泥浆和白灰浆为粘合材料。"（见《中原文化大典·文物典·建筑》，第120～122页）；西平宝严寺塔，北宋大型砖塔，"此塔使用37种不同型号的砖砌成塔身，外壁用白灰勾缝，内壁用黄泥垒砌。"（见《中原文化大典·文物典·建筑》，第140～141页）；汝南悟颖塔，北宋大型砖塔，"整个塔身壁面砖用白灰浆粘合垒砌，塔内用黄泥浆粘合垒砌。"（见《中原文化大典·文物典·建筑》，第142～143页）。上述诸例的嬗递关系非常清晰。

⑨ 徐伯安：《中国塔林漫步》，中国展望出版社，1989年。

⑩ 杜启明主编：《中原文化大典·文物典·建筑》，中原出版传媒集团中州古籍出版社，2008年。

⑪ 杨焕成：《少林寺塔林概论》，《杨焕成古建筑文集》，文物出版社，2009年。

⑫ 鲍鼎：《唐宋塔之初步分析》，《中国营造学社汇刊》第六卷 第四期，1937年。

⑬ 洛阳市地方史志编纂委员会：《洛阳市志》第十四卷《文物志》，第37～39页，中州古籍出版社，1995年。

⑭ 范祥雍：《洛阳伽蓝记校注》，上海古籍出版社，1982年。

⑮ 杨鸿勋：《杨鸿勋建筑考古学论文集》（增订版），清华大学出版社，2008年。

⑯ 鲍鼎：《唐宋塔之初步分析》，第23页，《中国营造学社汇刊》第六卷第四期，1937年。

⑰ 傅熹年主编：《中国古代建筑史》第二卷，第662页，中国建筑工业出版社，2001年。

⑱ 杨焕成：《河南宋代建筑浅谈》，《中原文物》1990年第4期。

⑲ 梁思成：《中国建筑历史图录》中的"佛塔"专章（英文版），杜启明译，载《中州建筑》1992年第4期。

（原载《黄河文化与妙乐寺论坛论文集》，中国文史出版社，2015年1月）

法王寺古建筑时代特征与建筑结构研究

　　法王寺位于河南省登封市城北5公里嵩山南麓玉柱峰下。据明代傅梅《嵩书》和《登封县志》"大法王寺在县北十里，嵩山之南麓。备考志传，乃汉明帝永平十四年创建"的记载，可知其寺建于东汉明帝永平十四年（公元71年），虽无由案证明确否，然被认为该寺是我国最早的佛教寺院之一是无疑的。因佛教尊释迦牟尼为法王，故称大法王寺。三国魏明帝青龙二年（234年），改称护国寺。西晋惠帝永康元年（300年），于寺左建法华寺。据有关文献和寺内碑刻记载，隋仁寿二年（602年）增建舍利塔，因名舍利寺。唐代改称功德寺、御容寺、广德法王寺。五代后唐析为护国、法华、舍利、功德、御容五院。宋仁宗时赐名"东都大法王寺"。元以后仍称"法王寺"。

　　法王寺历史悠久，佛教文化内涵丰富，不但是我国最早的佛寺之一，还是我国历史上流传的十大古寺之一[①]，被称为"嵩山第一胜地"。法王寺早期历史上寺院规模宏大，僧众甚多。因自然和人为的原因，寺院几经兴衰。至1936年，我国著名建筑学家刘敦桢、陈明达实地考察时，法王寺常住院尚存建筑有：稍有宋代建筑特征的明代建筑山门三间；山门东、西两侧的清代建筑钟楼和鼓楼；清代建筑东西配殿各两座；位于中轴线上的面阔五间、进深三间、单檐硬山式清代建筑大雄宝殿；东、西朵殿各一座；大殿后有面阔七间、单檐硬山式清代建筑地藏殿。地藏殿西檐墙下嵌砌《大唐闲居寺故大德珪禅师塔记》一方。东朵殿前有石舍利函一具，其铭记"大唐中岳闲居寺故大德寺主景晖舍利函，开元二十年岁次壬申七月辛丑朔十五日乙卯弟子比丘琰卿等记。"在当时已倒塌的金刚殿处存有元代元贞二年（1296年）及元代延祐元年（1314年）、三年（1316年）石碑各一通。寺内还有明清时代的碑刻文物；寺后有唐代及其以后的砖塔，寺之东山谷有时代不详的和尚墓塔[②]。1936年至今已逾八十年，寺内外的木构建筑、砖石建筑及碑刻文物等历经沧桑，发生了很

---

① 张驭寰、罗哲文：《中国古塔精萃》，第134页，科学出版社，1988年；张驭寰：《中国名塔》，中国旅游出版社，1984年。十大古寺：洛阳白马寺、金陵长干寺、鄞县阿育王寺、嵩山闲居寺、登封法王寺、天台国清寺、洪洞广胜寺、西安慈恩寺、洛阳永宁寺、西安荐福寺。

② 刘敦桢：《河南省北部古建筑调查记》，《中国营造学社汇刊》第六卷第四期，1937年版。

大变化，有的仍存在，只是经过重修，原貌有一定改变；有的已经倒塌，重建后已经失去原貌；有的被拆除后，原址难寻；有的石刻文物下落不明，已不知去向。短短82年，历史一瞬间，法王寺却发生了巨大变化，过去自然倒塌，人为拆除的古建筑，丢失的碑刻文物，被破坏的塑像和壁画等将一去不复返，既不能再生，也不能替代，造成无法弥补的损失，只能作为教训，留下遗憾。改革开放四十年，历史文化遗产受到重视，得到保护，法王寺内占用单位和住户被迁出，文物建筑经过维修后，得到了较好的保护，并已对外开放。今后法王寺的文物保护、佛事活动，开放旅游等必将会更加健康的发展。

笔者从20世纪60年代初始到法王寺调查古建筑，至今已50多年，对法王寺文物被破坏感到痛心，对法王寺的新生感到欣慰。现就法王寺现存的木构建筑和砖石建筑一些有争议的建筑时代和建筑法式、结构特点，及在建筑史学研究中的地位和价值等问题谈一点粗浅的认识。

一、常住院古代木构建筑

法王寺内现存的天王殿、大雄殿、地藏殿及东西配殿为古代遗留下来的木构建筑。山门、钟鼓楼、西方圣人殿、藏经阁（卧佛殿）等为20世纪90年代复建或新建的。现有法王寺的论著多为记述古建筑的布局、建筑形式、建筑功能、建筑时代等，均未涉及建筑手法。笔者近期专就大雄殿和地藏殿的建筑手法进行了简略的考察，发现与同时期官式建筑的建筑手法差异很大，现就有关建筑手法的差异予以浅析，供商榷。

大雄殿：面阔五间，进深三间，单檐硬山造，灰筒板瓦覆盖殿顶（图一）。柱头科和平身科斗拱皆为五踩单翘单下昂里转五踩双翘计心造（图二、图三），外檐耍头雕刻成龙头状。每间平身科均为二攒。殿内梁架为抬梁式五架梁前后对双步梁立四柱（图四）。

 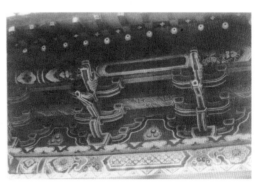

图一　法王寺大雄殿　　　　　　　　图二　法王寺大雄殿前檐平身科

图三　法王寺大雄殿内檐柱头科　　　　　　图四　法王寺大雄殿梁架（局部）

　　建筑手法简析。官式建筑外檐斗拱的布置，主要是平身科斗拱数量的变化，如宋元建筑每间补间铺作（即明、清式建筑的平身科）一朵（即明、清建筑一攒），最多明间补间铺作二朵。而明代平身科的数量逐渐增多至4攒，有的甚至6攒，清代官式建筑最多达8攒。而法王寺大殿（以下简称"该大殿"）每间平身科斗拱仅为2攒，与同时期官式建筑差别很大，不仅反映了建筑手法的不同，而且也是该大殿因袭古制的证据；斗拱个体的大小，除目测外，主要是通过斗拱正立面高度与檐柱高的比例来测定的，宋金时期斗拱高约为檐柱高的30%，元代约为25%，明代减为20%，清代官式建筑北京故宫太和殿斗拱高仅为檐柱高的12%，由此可以看出随着时代早晚的不同，斗拱个体是由大变小的。而该大殿檐柱高408厘米，斗拱高68厘米，斗拱高是檐柱高的16.7%，斗拱高度小于明代官式建筑，而大于清代官式建筑。按照清代官式建筑的规定，一座建筑各间斗拱与斗拱之间的距离（即攒当中距）均为11个斗口，即所谓攒当距离相等。而该大殿不但不遵攒距11斗口的规定，而且同一间的攒距也不相等，如该大殿斗拱的斗口为9厘米，西次间平身科与平身科的距离为127厘米，平身科与柱头科的间距分别为117厘米和128.8厘米，均超过11斗口（11斗口应为99厘米），且同一间攒距也不相等，相差10～11厘米。清代官式建筑规定同一攒斗拱中斗的耳、腰、底三者高度之比为4（斗耳高）：2（斗腰高）：4（斗底高），而该大殿的坐斗通高17.5厘米，其中斗耳高8厘米，斗腰高2.3厘米，斗底高7.5厘米，三才升通高8.5厘米，其中斗耳高3厘米，斗腰高2.3厘米，斗底高2.5厘米，远远超出官式建筑的规定。官式建筑规定清代中叶以后昂的下平出为0.2斗口，而该大殿昂的下平出为18厘米，是斗口9厘米的二倍，即昂的下平出达到2斗口，是清代官式建筑昂的下平出的10倍。清代官式建筑斗拱中拱的上留以下部分均有刻瓣，规定为瓜拱和正心瓜拱的拱端刻四瓣，万拱刻三瓣，厢拱刻五瓣，即专业术语简称的"瓜四、万三、厢五"。而该大殿的拱端刻瓣不明显，可以说基本不分瓣。斗拱中的拱身长度也不相同，清代官式建筑瓜拱和正心瓜拱等长，为62分，厢拱为72分，万拱为92分，若将各拱长度的分数换算成比式，即为1（厢拱长）：0.86（瓜拱和正心瓜拱长）：1.277（万拱长）。该大殿的厢拱长64.8厘米，瓜拱长67.8厘米，万拱长97.8厘米，三者的比例关系为1：1.05：1.51，与官式建筑的规定差别较大，而且拱形也与官式建筑有差异。斗拱中昂嘴的做法既与官式建筑手法有差异，也表现出自身的时代特征。实测两个昂嘴的数据，一昂嘴正面底宽7厘米，边高4.8厘米，中高8厘米。另一昂嘴正面底宽8厘米，边高6.5厘米，中高8.5厘米，呈现出中高＞底宽＞边高的关系，与清代官式手法建筑明显不同。清代官式建筑的平板枋和大额枋的断面呈"凸"字形，即大额枋的宽度要大于平板枋的宽度，而该大殿大额枋的宽度反而小于平板枋的宽度，二者的断面呈"T"形，恰与官式建筑"凸"字形相反。不但说明二者的差异，也体现了后者的袭古手法。柱高与柱径之比例大小，既反映出一座殿宇建筑殿身的高低和柱子的粗细，也是鉴定古建筑时代早晚的依据之一。唐宋时期，柱径与柱高的比例为1：8~1：9，元明时期多为1：9（或稍多），清代官式建筑规定为1：10。该大殿檐柱高408厘米，柱径37.26厘米，二者之比为1：9.2，表现出檐柱较粗，大于清代官式手法建筑规定。唐代至元代凡是露明柱础多为"覆盆式"，明清官式手法建筑的柱础为"鼓镜式"，特别是清代官式手法建筑几乎全是鼓镜柱础。而该大殿的柱础仍为"覆盆式"，且造型古朴。清代官式建筑柱头多为平齐状，明代柱头多在柱头正面斜杀，即将柱头正面抹刻斜面，而该大殿柱头正面仍保留抹刻成斜面的做法。

该大殿梁架制作稍显草栿造，梁之断面基本上呈圆形或不规则的方形，甚至有的梁断面显示宽度稍大于高度。与清代官式手法建筑梁枋制作规整，梁高、宽之比为10：8~12：10不相同；清代官式手法建筑，梁架之结点均采用瓜柱连接，且瓜柱断面几乎全为圆形，早期建筑的八角形与小八角形瓜柱基本不用，瓜柱下的角背，已起不到驼峰分散结点荷载的作用，而仅起到扶持瓜柱的作用，多不用叉手和托脚，也基本不用隔架科，而使用定制的"檩"、"垫"、"枋"三大件。而该大殿与清代官式手法建筑的做法有较大的差别，如该大殿不使用圆形瓜柱，而使用小八角形瓜柱，瓜柱下皆用角背。梁檩下均有随梁枋和随檩枋，并使用两攒隔架科。脊檩下使用未加雕饰的叉手，但用材已减小。梁头平齐不加雕饰。以上所述与官式手法的差异，均表现出中原地区地方建筑手法的特点。

该大殿墙体较厚，用砖较大。多数条砖长34厘米、宽17厘米、厚7厘米，用白灰浆粘合剂，灰缝宽约5毫米，采用灰缝岔分的整砌方法。殿顶椽子的排列方法，采用乱搭头的做法，非同期官式建筑手法常用的斜搭掌做法。官式建筑的飞椽头不卷杀，而该大殿飞椽头卷杀明显，飞椽椽身断面最大处为7.8厘米，椽头仅为6.3厘米，卷杀幅度达21%，与官式建筑的建筑手法有明显差别。

地藏殿：位于大雄殿后，面阔七间，进深三间，单檐硬山式建筑，灰色筒板瓦覆盖殿顶（图五）。檐下斗拱为一斗二升出下昂（图六）或刻卷云头。梁架结构为抬梁式五架梁前后对单步梁立四柱。

图五　法王寺地藏殿　　　　　　　　　图六　法王寺地藏殿外檐斗拱

该殿用材较小，如斗口仅为6.5厘米。每间平身科皆为二攒，东尽间和东梢间的攒当距离分别为128厘米和113厘米，远远大于清代官式建筑攒距为11斗口的规定。坐斗的耳高为6.2厘米，腰高2厘米，底高8厘米，其三者的高度比例也不遵官式建筑4：2：4的规定。该殿昂嘴的底宽5.3厘米，边高3.5厘米，中高5厘米，单纯从三者高度比例关系看，似为明代或清初的中原地方建筑手法的昂嘴形制做法。但综观昂身的制作特点，拱身拱眼的刻挖做法，诸斗的形制等，无一不是清末中原地方手法建筑的习作。梁架结点所有瓜柱均为小八角形，瓜柱下使用塔形角背。脊桁下使用叉手，不用托脚。上金桁、下金桁等均有金枋，金桁与金枋间置荷叶墩（墩体较薄，清代晚期特征）。大额枋与平板枋的组合断面沿袭"T"字形的传统形制。柱体包于墙内，柱础呈覆盆状。斗拱间砌筑拱眼壁。仅使用圆形檐椽，而无飞椽。条砖长30厘米、宽14.5厘米、厚6.5厘米，白灰浆粘合剂，灰缝宽约1厘米，采用灰缝岔分的整砌方法。

大雄殿和地藏殿的建筑手法与同期官式手法建筑比较分析，可以清楚的表现出二者差别很大。而这两座殿宇的建筑手法与清代中原地区地方建筑手法完全吻合，故这两座建筑既不是官式手法建筑，也不是受官式建筑手法影响的地方手法建筑，而是纯正的清代中原地方手法建筑。通过这两座殿宇地方建筑手法特征分析鉴定，大雄殿为稍有明代地方建筑风格的清代早期木构建筑；地藏殿为纯正的清代晚期中原地方手法建筑。这两座殿宇为研究法王寺的建筑历史和中原地方手法建筑特征提供了实物资料[①]，具有较重要的建筑史研究价值。

二、法王寺古塔

法王寺历史上有诸多古塔，由于自然和人为的原因，一些古塔早被破坏现已不存，有的仅从方志文献中略知其塔况，有的连资料线索也难寻觅，成为已泯灭消失的文化遗产，造成不可挽回的损失。庆幸的是至今仍保存着6座唐至清代的砖塔；另外5座被拆古塔，当地健在的老人还能回忆其被拆的片段。在幸存的6座古塔中四座唐代砖塔的建筑时代尚存争议和需要进一步研究的问题。

（一）法王寺佛塔

位于法王寺常住院西北约200米的山坡处。为平面方形十五级叠涩密檐式砖塔（图七），坐北面南，通高35.16米，塔下无基座。第一层塔身每边长7.1米，周长28.4米。塔身外形呈抛物线状，富有优美秀丽之感。第一层塔身正面辟半圆拱券门，采用二伏二券的錾砌方法，门高3.345米，宽2.07米。塔壁厚2.135米。自第二层以上塔身四面中央皆辟有佛龛。塔身壁面残留有厚约0.3～0.5厘米的白灰墙皮，并有浅黄色刷饰。一层门洞内残存的墙皮材料为黄泥掺麦糠，泥皮外刷饰白灰层，墙皮厚约1.5～2厘米。诸层塔檐均用叠涩砖层和反叠涩砖层砌筑而成，出檐深，檐颥明显，犹如振翅欲飞的鸟翼，舒展绚丽。角隅处残留有高18厘米、宽14厘米的木质角梁头。多数塔砖长35～36厘米，厚6.5～6.6厘米，宽17厘米，砖面有绳纹。采用三顺一丁灰缝不岔分的垒砌方法，砖与砖间用黄泥浆粘合，灰缝宽约1～1.4厘米。不但用平顺砖和丁头砖，而且兼用少量补头砖錾砌塔身壁面。第一层塔身上部壁面留有砍凿痕迹，并有三层方形和长方形架梁的卯口（图八）。与之对应的是塔身四周残存有副阶遗迹，通过现仍存原位的四个副阶柱础（图八）分析，副阶通面阔约11.73米，其中明间面阔3.97米，东西次间面阔3.88米，进深约2.30米。副阶石柱础残甚，从残迹分析，可能为覆盆柱础，础径约56～66厘米。副阶内的铺地方砖长、宽33厘米，厚5.5厘米。塔顶残存有方形束腰塔刹刹座，座之每面中央饰一山花蕉叶，四角隅为山花蕉叶插角，露盘已残，刹座之上的刹身与刹顶早已不存。塔内中空呈方形竖井状，通高31.48米，每层皆有向内叠出的三层叠涩砖层，东西

---

① 杨焕成：《河南明清地方建筑与官式建筑的异同》，《华夏考古》1987年第2期；杨焕成：《试论河南明清建筑斗拱的地方特征》，《中原文物》1983年第2、4期。

图七　法王寺佛塔

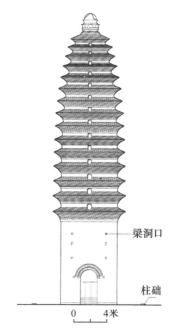

梁洞口

柱础

0　　4米

图八　法王寺佛塔副阶周匝梁孔与柱础

内壁靠近南端每层均有等距离的方孔，用作安插方木，尚存9根方木，可能为棚架楼板之用。经国家文物局批准，并拨付专款，于2003年2月至2006年9月对该佛塔和另外三座唐代墓塔进行维修，使其得到有效保护，现为全国重点文物保护单位。

　　此塔为法王寺现存古塔中形体最大，造型最美，文物价值最高的大型砖塔。目前它的名称叫法不一，有笼统称谓"法王寺塔"的，或称"法王寺舍利塔"的，有称作"法王寺1号塔"或"法王寺1号唐塔"，也有称"法王寺大塔"等等。由于塔的称谓不一，给保护、管理、科研和旅游参观等带来诸多不便，也对塔的真实性造成影响，故给该塔以规范的名称很有必要。笔者通过现场考察并根据塔的位置、塔的形制、文献记载、佛教建塔规制，并参考其它寺院的寺、塔关系等综合分析，该塔所在的位置可能是地处法王寺西北隅的法王寺"塔院"。"塔院"塔的功能是尊奉佛祖的礼佛场所，所以该塔应为寺院的佛塔，其规范名称应为"法王寺佛塔"。该塔的建筑时代，截至目前说法不一，有建于隋代或隋仁寿二年说，有唐初或唐代早期之说，有盛唐或唐代中叶说等等，莫衷一是。如明代傅梅《嵩书》载"隋文帝仁寿二年，创建舍利塔"；顾延培、吴熙棠主编《中国古塔鉴赏》载"登封法王寺隋塔，位于河南省登封县西北太室山玉柱峰下法王寺后山坡上，塔建于隋仁寿二年（602年）"[①]；法王寺内有关碑刻记载，塔建于隋代；我国著名建筑学家梁思成、刘

①　顾延培、吴熙棠主编：《中国古塔鉴赏》，同济大学出版社，1996年。

敦桢合著《塔概说》一书载"嵩山法王寺塔……除了平面用正方形外，可以说完全保存北魏嵩岳寺塔的典型"；我国著名古代建筑专家罗哲文在《中华名塔大观》一书中称"法王寺大塔，……继承了我国北魏时期密檐式砖塔的建筑技法，为唐代早期密檐式塔的精品"[①]；张驭寰、罗哲文合著《中国古塔精萃》载"法王寺后山坡上有法王寺大塔……这座塔是初唐建筑（620年左右）"[②]；中国营造学社鲍鼎先生1937年撰文《唐宋塔之初步分析》称"在砖建筑方面，唐代初期有不少砖塔，如法王寺塔……在整个的权衡与细部处理上，均不失为砖建筑中最佳之例"[③]；我国著名建筑学家刘敦桢先生1936年实地调查后著文称"（法王寺塔）塔身内外虽未留下年代铭刻，然其形制，可决为盛唐无疑"[④]；李保栽《中国古塔大观》云"法王寺塔，……根据塔的形制、风格、建筑手法，当是盛唐建造"[⑤]。笔者近期再次对该塔和三座唐代墓塔进行考察，并与嵩山地区现存的其他10余座唐代和五代的砖石塔进行比较研究，结合上述有关该塔建造时代的记载等分析，此塔的平面布置及立面造型，叠涩与反叠涩塔檐的砌筑形制，特别是叠涩砖层的叠出排列方法及檐颡的深度，塔体的砌筑方法和粘合剂成分，塔砖的形制与尺寸，中空呈筒状和塔内建筑结构，塔门及壁龛的形制，窗龛及盲龛的位置，塔身的整体造型，塔之底部与上部的建筑手法，塔的附着物成分，副阶的残留形制，副阶柱的比例关系，佛塔、墓塔与常住院的位置关系等等，表现出的建筑特征，可证塔之建筑时代无疑为唐代初期。至于隋塔之说，可否这样理解，一是此处曾于隋代或隋仁寿二年创建舍利塔，但现存之塔是否是隋代创建的舍利塔，就目前所掌握的资料，尚不能予以肯定，说句模棱两可的话，原隋塔已毁，现存塔为唐代早期另建之塔，也有可能现存之塔即为隋代所建的舍利塔；二是隋代历史短暂，仅30多年，在建筑历史上与唐代可为同一建筑历史时期，即隋唐时期。现有论著多将此塔建筑时代定为初唐或唐代早期，甚至定为"初唐建筑（620年左右）"。这样初唐与隋代最多仅相差30多年，此短时期内的建筑结构和建筑手法是不会有太大差别的。所以初唐之塔和隋塔，虽是两个不同朝代塔的概念，但很可能在建筑结构和建筑形制、建筑材料、建筑手法上是无大差别的。加之梁思成、刘敦桢先生在《塔概说》一书中论述的"法王寺塔，除了平面正方形以外，可以说完全保存北魏嵩岳寺塔的典型。"罗哲文先生在《中华名塔大观》所

① 罗哲文、柴福善：《中国名塔大观》，机械工业出版社，2009年。

② 张驭寰、罗哲文：《中国古塔精萃》，科学出版社，1988年。

③ 鲍鼎：《唐宋塔之初步分析》，《中国营造学社汇刊》第六卷第四期，1937年出版。

④ 刘敦桢：《河南省北部古建筑调查记》，《中国营造学社汇刊》第六卷第四期，1937年。

⑤ 李保栽、赵涛：《中国古塔大观》，河南科学技术出版社，1987年。

述"法王寺大塔，继承了我国北魏时期密檐式砖塔的建筑技法。"以上三位著名专家关于法王寺佛塔与北魏密檐式砖塔继承关系的论述，也为研究法王寺佛塔的建筑时代提供了重要论据。再者张驭寰先生所著的《中国佛塔史》言"隋文帝杨坚在首都大兴城决定在全国各地建舍利塔，他要求绘制统一图样，同时在全国80个州开工建塔。舍利塔共分三次建造，计113座。时至今日，没有一座塔保存下来。据分析，这些塔全部是木塔。隋所建的这113座舍利塔，塔体比较小，……既然用木结构做塔，必然要做三层（笔者注：也有塔著云'三层或五层'）。"张驭寰先生还根据各种有关记载，并到舍利塔所在地考察遗址。还结合舍利塔碑刻进行综合分析，力求准确推测出塔的原状。他从平面、立柱、梁架、塔顶、塔刹、塔的外观等方面进行研究隋代统一建造舍利塔的原状，并绘出复原塔的木架图、外观图和全塔透视图。依张驭寰先生对隋代统一图纸同时开工兴建舍利塔研究的文、图看，法王寺佛塔显然不是那次统一建造的舍利塔。张先生还列表记述隋仁寿元年、仁寿二年前后两次（隋仁寿四年第三次建造的30座塔，因缺史料，未能列表）建塔的地址、寺名、塔况等内容，仅河南境内就有相州大慈寺塔、郑州空觉寺塔、怀州长寿寺塔、许州辩行寺塔、邓州塔（无记寺名）、汴州慧福寺塔、汜州塔（无记寺名），并记有嵩州闲居寺塔。若《中国佛塔史》①的记述符合隋代建造舍利塔的真实情况，①显然现存法王寺佛塔非隋代统一建造的舍利塔。②既然在嵩州闲居寺（今嵩岳寺）建造了舍利塔，隋廷不太可能在闲居寺近邻的法王寺又建舍利塔。这样现存的法王寺佛塔就有可能是隋代法王寺依北朝佛教寺院砖塔风格单独建造的大型砖塔，或者是初唐建造的大型砖塔。推测在大型隋塔存在的情况下，初唐又建大型砖塔的可能性较小，故也有可能现存的佛塔就是有关文献中记载的隋塔，或隋塔毁后初唐又建大型砖塔。因隋代国祚甚短，全国现存的隋代文物稀少，业界公认的现存隋塔为位于山东省济南市历城区南山村的四门塔，建于隋大业七年（611年），为单层亭阁式石塔，因塔形与材质等与法王寺佛塔不一样，故与法王寺佛塔的可比处较少，仅在叠涩檐和塔刹基座处略有相似的地方。陕西省周至县仙游寺法王塔，在《中国古塔鉴赏》和《中华名塔大观》二书中均称其"为我国现存唯一的隋代砖塔"。在该塔地宫中出土有石碑、石函、鎏金铜棺、舍利子等文物。著名古建筑专家单士元、罗哲文、郑孝燮鉴定仙游寺法王塔为隋代砖塔，三老并针对此塔分别赋诗曰："……隋塔今犹在，……。"，"……最是寺中隋塔好……。"，"……隋塔云浮皆过眼……。"据记载该塔建于隋仁寿元年（601年），由高僧奉敕令送舍利安置修建的。为方形七级密檐式砖塔，高35米，塔身边长8.7米。由13层叠涩砖和反叠涩砖叠筑塔檐，塔身正

---

①　张驭寰：《中国佛塔史》，科学出版社，2006年。

面各层辟半圆拱券门，塔刹已毁。通过仙游寺法王塔的图版照片和文字介绍，与嵩山法王寺佛塔比较，也有一些相似之处，如在各层同一方位设置半圆拱券门（龛），塔身的收分幅度，塔檐叠涩砖层的叠出方法，平面方形，密檐式砖塔的外观形象等。通过以上现场考察，实物对比，文献记载，当代专家学者的鉴定和评述等综合分析，笔者初步结论意见，嵩山法王寺佛塔的建筑时代，为隋代或唐朝初期。该塔建筑时代早，塔形优美壮观，文化内涵丰富，文物价值重要。被誉为"我国现存唐代三大密檐式砖塔之一"[1]，遴选为"中国名塔"。

（二）法王寺墓塔

法王寺佛塔附近现存5座和尚墓塔，除元代"月庵海公圆净之塔"和清代"弥壑澧公和尚之塔"外，另有3座唐代法王寺和尚墓塔，因3座塔的塔铭早已不存，故既无留下建塔年代，又不知道塔名。为了叙述方便，将其分别编号为1号无名墓塔、2号无名墓塔、3号无名墓塔（图九）。

1. 1号无名墓塔

位于法王寺佛塔东北约38米处山坡上，坐北面南，为方形单层单檐亭阁式砖塔（图十），通高14.05米，塔身边长4.35米，周长17.4米。塔身下部为方形基座，高0.5米，边长4.91米。塔身稍有收分。塔砖长36厘米，宽17.5厘米，厚7.5厘米，砖与砖间用黄泥浆粘合，灰缝1厘米左右，采用不岔分的整砌方法，部分塔砖背面留有绳纹痕迹。塔身正面辟半圆拱券门，采用两伏两券的砌法，塔壁厚1.35米，门内

图九　法王寺三座唐代墓塔　　　　　　图十　法王寺1号唐代无名墓塔

---

① 徐伯安：《塔林漫步》，中国展望出版社，1989年。

为方形塔心室。塔身背面残留有高67厘米、宽87厘米的塔铭遗失后的洞痕，可知原塔铭的大小尺寸。塔檐下存留有两层插入梁头的卯口，并有与法王寺佛塔相同的砍凿砖面的痕迹，推测原有副阶，但地面的副阶周匝柱础已不存，故副阶的面阔和进深已不可知。由于有副阶，故塔身壁面砖既未经水磨，灰缝也较宽，稍有粗糙之感，但这正是塔身处于副阶之内的佐证。塔身壁体之上砌出由两层平卧顺砖组成的拔檐砖层，其上之塔檐由20层叠涩砖层和14层反叠涩砖层叠筑而成，叠涩出檐较深，檐颛较大，但叠涩檐最外边的1~3层叠涩砖伸出的露明部分比法王寺佛塔明显小一些（按塔型比例关系计算），是此塔稍晚于法王寺佛塔的例证之一。塔身之上置塔刹，刹高5.31米，刹座系用砖砌的覆钵体，四角石雕山花蕉叶插角，四正面各置一半圆形的石雕山花蕉叶装饰。刹座之上石雕八个莲瓣，承托石雕精美的相轮三重，顶冠石宝珠。塔刹雕刻非常精美，保存完好，且未经后人扰动，具有重要的造型和雕刻艺术价值。

2000年，河南省文物考古研究所对该塔地宫进行抢救性考古发掘，出土一批唐代珍贵文物。地宫由宫道、宫门、甬道、宫室四部分组成，宫室结构为直壁四角攒尖顶，通高2.55米，方形宫室的边长2.45米，地面用长、宽各36厘米，厚6厘米的方砖铺装。四壁涂一层黄泥墙皮，厚1~2厘米。墙体用青砖垒砌，砖与砖间用黄泥浆粘合，砖缝宽1厘米，砖面印有绳纹和划纹，砖的形制和大小与塔体用砖相同。在地宫北部的须弥座上，有一尊泥塑跌坐高僧真身化像，上身残损严重，但仍可见彩绘袈裟。地宫文物未经扰动，出土有陶砚1件，砚之中部置一未经使用的墨块，墨心印有"天宝二年绛县上光墨"，字迹尚清晰。还有白釉瓷盒，白釉双系罐、白釉瓷盏、白釉浅腹盘、黑釉瓷壶、鎏金镂孔铜熏炉、铜净瓶、铜箸、铜钱（均为"开元通宝"）、迦陵频伽舍利盒（玉石质）等[①]。

该塔地面上塔体形制、建筑手法、塔刹雕刻、塔砖和粘合剂等与地面下地宫形制、叠砌手法、出土文物等证明此塔为唐代建筑。当代有关塔的论著也把此塔的建筑时代定为唐代，并对塔刹予以高度评价，认为是唐代雕刻艺术的珍品（图十一），特别是罗哲文先生指出"尤其是（法王寺佛塔）东南侧那座唐代墓塔造型精美，为全国所罕见。……此塔的可贵之处在于塔刹。塔刹的高度和体量都十分突出，装饰也很富丽。刹座为一低平的须弥座，上置巨大的半圆覆钵式塔肚。须弥座四隅置巨大的蕉叶形插角，上刻旋花。塔肚上平出巨大的莲瓣8片。其上又斜出8瓣宝装莲花，承托巨形石制相轮3重，至顶冠以巨大宝珠。整个塔刹就是一个雕刻富丽的窣

---

① 　河南省文物考古研究所：《河南登封市法王寺二号塔地宫发掘简报》（笔者注：本文编号为1号无名墓塔），《华夏考古》2003年第2期。

图十一　法王寺1号唐代无名墓塔塔刹

堵波。最为可贵的是这些都是唐代的原状，未经后代修改过。"

2005年，对塔体进行保护维修，对不影响结构安全的残损部分只予以加固处理，未进行复原性修葺，尽量保留历史信息。

2.2号无名墓塔

位于1号无名墓塔以北17米处，坐北面南，为方形单层单檐亭阁式砖塔（图十二），通高8.76米。塔之下部砖筑方形基台和基座，边长4.2米。用长34.3厘米、宽16厘米、厚5.5厘米的青灰条砖甃砌而成，砖与砖间用黄泥浆粘合，采用灰缝不岔分的砌筑技术，为壁面砖未经水磨的清水墙。基座之上的塔身也为方形，也采用青砖黄泥不岔分的砌筑技术，但通体壁面砖经过水磨后，使塔身壁面平整光洁，灰缝很细，甚至灰缝最细处肉眼难辨其缝。塔身南面辟半圆单券假门，门高1.19米。塔身下部甃砌高40厘米的束腰须弥座，须弥座四周之束腰处砖雕壸门装饰。塔身壁体之上为拔檐砖层，其上由16层叠涩砖和11层反叠涩砖层组成塔檐，浑厚秀美，犹如振翅欲飞的鸟翼，舒展绚丽，体现了早期塔檐的时代特点。塔身后壁嵌砌的塔铭早年遗失。塔檐之上置砖石雕造的塔刹，刹高2.7米，用磨制的特型青砖甃筑刹座，座周砖砌仰莲瓣。刹座之上为石雕宝装覆莲的覆钵和宝装仰莲的露盘，露盘中央置石宝珠。此塔刹造型优美，雕刻精湛，保存基本完好（图十三），与1号无名墓塔相比，虽稍有逊色，但仍不失为古代造型艺术和雕刻艺术的精品之作。

该塔的建筑时代也有争议，有唐代说，有五代或宋代说，甚至有宋金之说。通过实地考察，并与全国现存同时期砖石塔相比较，特别与少林寺塔林内外近30座

图十二　法王寺2号唐代无名墓塔　　　图十三　法王寺2号唐代无名墓塔塔刹

唐、五代、宋、金时期砖石佛塔和墓塔相比较，首先可以排除宋金之说，因为此塔形制和建筑手法与宋金塔差别实在太大，如宋、金时期塔的粘合剂全为白灰浆，而此塔的粘合剂为唐代砖塔通用的黄泥浆等等。我国著名建筑学家中国营造学社文献部主任刘敦桢先生1936年实地考察后著文称："……其一（指法王寺佛塔）为盛唐无疑。南侧者（指1号无名墓塔）……以少林寺法玩禅师塔推之，极似初唐遗物。其余二塔（指此塔和3号无名墓塔）……疑皆建于唐中叶以后。"刘先生将该塔的建筑时代定为"唐中叶以后"是妥当的。最近笔者现场考察发现塔之外观形象、叠砌工艺、塔砖形制与大小、粘合剂成份、叠涩檐做法、檐颏弧度、塔刹造型与雕刻技法等，与唐代中晚期塔的特点相吻合，故其建筑时代可定为唐代中晚期。这座唐代墓塔具有重要的历史、科学和艺术价值，是研究唐代亭阁式砖塔的珍贵实物资料。2005年，对塔体进行保护维修，使其得到妥善保护。

3. 3号无名墓塔

位于2号无名墓塔东6米许处，坐北面南。系方形单层单檐亭阁式砖塔（图十四），通高7.87米。塔之下部砖筑基台和基座，基座边长3.28米。塔砖多为长34.2厘米、宽17厘米、厚5.7厘米的青灰条砖，砖背面印有绳纹。砖与砖间用黄泥浆粘合，采用灰缝不岔分的叠砌技术。基台与基座的壁面砖均未经水磨，灰缝较粗。基座之上的塔身也采用青砖黄泥不岔分的建筑材料和砌筑技术，但塔身壁面磨砖对缝，平整光洁，灰缝很细。塔身正面辟半圆单券拱形假门，门高0.96米。塔身背面的塔铭早年遗失。塔身下部砖筑高46厘米的须弥座，须弥座的束腰四周砖雕壸门装饰。塔身壁体之上为拔檐砖层，其上塔檐的叠涩砖层和反叠涩砖层破坏严重，现已难辨其形。塔檐虽遭到严重破坏，但塔檐之上的塔刹幸免于难，保存完好。刹高2.41米，用磨制的条砖鏊筑方形刹座，其上为砖砌覆钵，再上为精美的石雕。石雕部分依次为表面高浮雕旋花的相轮，相轮之上为高浮雕露盘和绶花，绶花中央置尖顶宝珠。经与嵩山地区唐代石雕塔刹比较分析，该塔刹为唐代作品无疑（图十五）。结合塔的塔体形制、建筑材料、建筑手法等综合研究，该塔的建筑时代可能为唐代中晚期。对研究法王寺的历史和唐代砖构建筑、雕刻艺术等具有重要的参考价值。

图十四　法王寺3号唐代无名墓塔　　　　图十五　法王寺3号唐代无名墓塔刹

　　该塔之檐部等处破坏严重，经2005年保护维修后，危及塔体安全的部分得到了加固，散乱塔砖归位粘结，未进行复原性修葺，最大限度的减少历史信息的流失，为保护和科研留下原结构的实物资料，也为旅游参观者提供一座真实的唐代和尚墓塔。

　　4. 月庵海公圆净之塔

　　位于法王寺佛塔西南300米灵台山顶的丛林中。坐北面南，通高11.83米，为六角形七级密檐式砖塔（图十六）。建于元代延祐三年（1316年），由基台、基座、塔身、塔刹四部分组成。通体用长34.2厘米、宽13.5厘米、厚5.4厘米的青灰条砖甃筑而成，壁面平整光洁，灰缝很细，甚至肉眼难辨其缝。塔下为平顺砖和立丁砖砌筑的基台，基台承托束腰须弥座，束腰每面砖雕缠枝牡丹等花卉图案（图十七）。塔身第一层南面砖雕精美的四抹格扇门两扇，格心砖雕龟背锦文图案，保存完好。一层塔檐下置砖雕五铺作双抄偷心造无令拱斗拱，每面补间铺作皆两朵，斗颇较深，制作规范，保存完好。用叠涩砖和反叠涩砖甃筑塔檐，檐之翼角处置砖雕挑角龙头。塔身第二层正面嵌砌石质塔额。塔刹高71厘米，石雕覆莲刹座，其上为石雕露盘，露盘之上为刹顶宝珠，塔刹的座、身、顶间用石雕刹柱连贯，柱面刻佛龛等。该塔现存基本完好，四抹格扇门形制规范、雕刻精湛，仿木构的砖制斗拱形象逼真、制作规范，须弥座束腰砖雕艺术价值较高，塔刹完好雕刻尚精，并有具体的建塔年代。故该塔在河南现存的95座元代砖石塔中占有重要地位，具有较高的历史、科学和艺术价值。

图十六　法王寺月庵海公圆净之塔

图十七　法王寺月庵海公圆净塔基座

5. 弥壑澧公和尚之塔

位于法王寺佛塔南约110米处，坐北面南，系六角形七级密檐式砖塔（图十八），高11.7米。建于清代康熙二十四年（1685年）。由长31厘米、宽15厘米、厚5.5厘米的条砖和白灰浆甃筑而成，灰缝宽1厘米。基座为双重叠涩束腰须弥座，束腰六隅立角柱，上束腰每面各辟四壶门，壶门间用楳柱分隔，下束腰每面辟五壶门，壶门间也用楝柱分隔。塔身第一层较高，正面嵌砌石质塔额，楷书"临济三十二世弥壑澧公和尚之塔"。塔身背面嵌砌石塔铭，书"嵩岳玉柱峰弥壑和尚塔记……康熙二十四年四月立"。第一层塔檐下置砖砌斗拱，六隅置角科斗拱，每面施平身科一攒，均为三踩单昂重拱造，卷云耍头。塔檐由叠涩砖层和反叠涩砖层构筑而成。塔刹高1.19米，石雕尚好，保存完整。

图十八　法王寺弥壑澧公和尚之塔

清代经历260多年，由于种种原因，古塔建筑渐趋衰落，数量相对减少，发展也不平衡，形体显得单调生硬，式样和构造方面也无大的创新。而法王寺这座清代和尚墓塔，使用双重叠涩束腰须弥座；一层檐下砖砌规范的斗拱，且大坐斗有斗㭼；运用水磨砖的甃砌方法；叠涩塔檐的叠涩砖层层数较多，显得出檐较深，并稍有檐㭼；塔刹、基座、斗拱等处的砖石雕刻较精，且保存完好。故此塔在清代砖石塔中系为数不多的因袭古制的"袭古手法"之塔，有较高的历史、艺术和科学价值，是研究清代砖塔的重要实物资料。

（三）被拆除的古塔

有关志书及1936年刘敦桢先生调查法王寺的文章中均记载有在寺南存留有古塔，虽然所记塔数不一，但根据文中记载可知这些古塔建筑时代可能晚于唐宋时期。到底法王寺南有多少古塔，毁于何时？没有确切的答案，现有资料多言毁于20世纪60年代"文革"时期。在此次现场调查时，走访了当地几位年逾七旬的老先生，他们回忆在法王寺南偏东约1公里处原有5座古塔，也不知道建于何时。几位老先生清楚记得这5座塔高低不一，"高者十来米，低者只有几米的样子。"老人所住的村庄，因有这五座古塔，故村名为"五座塔村"，此村名始于何时不详，但至今仍沿用此名。当问及五座塔毁于何时，几位老人均言"两座塔毁于解放前，是国民党军队驻扎在五座塔村时，扒塔砖垒床铺用了。另外三座塔是在1958年'大刮五风'时拆除修猪圈了。"

　　法王寺现存古建筑，具有重要的历史、科学和艺术价值。然有关法王寺的论著中均未涉及木构殿宇的建筑手法；现存的四座唐代佛塔和墓塔的建筑时代等也颇存争议。笔者就五十余年来对该寺屡次考察情况，结合文献记载和专家学者的研究成果，谨就法王寺现存古建筑的建筑手法特征、建筑时代的比较研究、建筑结构和建筑材料的嬗递差异等问题，进行上述初步分析研究，提出浮浅的认识。可能有不准确，甚至有错误的地方，请方家读者批评指正。

（原载《文物建筑》第 11 辑，2018 年 12 月版）

武陟千佛阁建筑结构与时代特征研究

　　千佛阁位于河南省武陟县城内东大街西端。因地方志等文献资料有关此阁的记载甚少，加之至今尚未发现有关此阁的古代碑刻文物，故千佛阁确凿的创建时代无据可查，只能根据现存千佛阁和中佛殿内的题记，初步判定最早建于明代嘉靖三十六年（1557年），重修于清代咸丰六年（1856年）。据千佛阁和中佛殿周围遗存的殿宇建筑基址及柱础等建筑构件的散存情况，可知原建筑群规模较大，单体建筑较多，惜历经沧桑，多数殿宇早已不存，现仅存千佛阁和中佛殿两座古代单体建筑。近年在原址上复建了山门等多座单体建筑，重新形成建筑组群。由于仅存的两座古建筑残损严重（图一、图二），特别是千佛阁二层檐全部被拆除。故于1988年，按照"不改变文物原状"的文物建筑维修原则，修复了千佛阁的残损部分，补配了殿顶缺失的脊、瓦构件，恢复了被拆的二层阁檐（图三）。1996年，维修了中佛殿残损部分，恢复了殿顶脊、瓦饰件（图四）。使这两座古建筑得到了妥善保护，并成立了专门保护管理机构，划定了保护范围，完善了档案资料，改善了周围环境，已对外开放，提升了保护管理和文物利用工作水平。

图一　千佛阁维修前残损原貌　　　　　图二　中佛殿维修前残损原貌

　　1986年11月，河南省人民政府公布千佛阁为第二批省级文物保护单位；2006年5月，国务院公布千佛阁为第六批全国重点文物保护单位。

图三　千佛阁维修后全景　　　　　　　图四　中佛殿维修后全景

一

全国重点文物保护单位千佛阁，现存古建筑两座。山门等多座单体建筑，为近年复建的殿宇。现仅就古建筑千佛阁和中佛殿现存的建筑布局、建筑结构等予以简述。

千佛阁：坐北面南，三重檐歇山回廊楼阁式建筑，绿琉璃瓦覆盖殿顶。中、下层面阔五间，进深五间。上层面阔三间，进深三间。下层通面阔14.75米，其中明间面阔3.75米，两次间面阔均3.28米，梢间面阔各2.22米。下层通进深11.53米，其中明间进深2.33米，两次间进深各2.41米，两梢间进深各2.19米。第一层墙体厚1.40米，向上略有收分，至墙顶部为1.27米。墙砖长31.20～31.52厘米，宽14.0～14.3厘米，厚7.0～7.2厘米，灰缝宽约0.5厘米，采用灰缝岔分的甃筑方法。墙上嵌砌砖浮雕人物故事图案。殿内用青砖铺地。下层四周墙内置老檐柱12根，柱通高9.7米。阁内无施通柱，形成减柱造的柱网配置形制。底层前檐檐柱高4.42米（柱础高0.95米），柱径42厘米，径与高之比为1∶10.5。前檐柱制作规整，均为直柱造，柱头为较规范的小覆盆状，柱础为中原地方手法高鼓镜覆莲瓣式石础。西侧檐檐柱多采用柱身稍弯曲的自然材形，柱头形制和柱础同前檐柱。据有关测量数据，可知金柱之柱侧脚2厘米，角柱之柱生起仅为1厘米。门窗装修为近年配置的，故从略。大额枋与平板枋呈"丁"字形，平板枋至角柱出头呈平齐状，大额枋至角柱出头雕刻成双卷瓣卷云形（图五）。前檐明间大额枋正面有三组木雕图案（图六），左为龙凤牡丹，右为狮子滚绣球，中部可能为尧舜禅让故事，雕刻尚精，显系清代作品。额枋下的花牙子雀替，更是清代晚期或后配之作。下层前檐斗拱为五踩重昂重拱计心造。明间平身科2攒，次间平身科一攒，梢间平身科一攒。角科之昂皆为五角状的圭形昂嘴，耍头雕刻成卷云状，二斜昂之上置平盘斗，其上为一镂空透雕的祥云张口龙首，形象生动，工艺精湛（图七）。东梢间平身科头昂、二昂皆雕象鼻形昂头，雕刻卷云形耍头。柱头科耍头为内颤蚂蚱头，头昂为五角圭形昂嘴，二昂昂嘴为三幅云。东次间平身科耍头雕刻卷云纹。整攒斗拱出斜拱斜昂（图八），昂身下的平出较长，有的昂嘴雕刻成三幅云，有的为五角圭形昂嘴。明间柱头科的昂皆为三幅云昂嘴，昂身下皮平直，下平出较长，耍头雕刻卷云纹。西次间和西梢间的斗拱与东次、梢间斗拱相同。下层侧檐明、次、梢间平身科各1攒，皆为琴面昂，五角圭形昂嘴。角科（斜昂）之上置平盘斗，其上亦为祥云龙首。

图五　千佛阁角科七踩三昂斗拱与
　　　大额枋出头雕刻

图六　千佛阁一层斗拱与大额枋正面雕刻

图七　千佛阁木雕龙首

图八　千佛阁斜昂斗拱

前檐整攒斗拱高68厘米，为檐柱高的15.38%。斗拱间的攒距不相等，明间攒当距离分别为124.6厘米、122.5厘米、124.7厘米；次间攒距为168.5厘米、161厘米；梢间攒距为110厘米、78.5厘米。不但各间之攒距不等，即是同一间的攒当距离也不相等。斗拱的厢拱长65.6厘米，瓜拱长56.7厘米，万拱长81.3厘米，正心瓜拱长

65.8厘米，正心万拱长88.8厘米。由于厢拱两端正面斜杀，故厢拱两端的三才升呈菱形（其他三才升为方形）。方形大斗通高15.8厘米，其中耳高7厘米，腰高3.1厘米，底高5.7厘米。方形三才升通高8.5厘米，其中耳高3.2厘米、腰高2.5厘米，底高2.8厘米，与同期官式手法斗拱中斗耳、腰、底三者高度比例为4：2：4的比例关系悬殊很大。头昂圭形昂嘴中高11厘米，边高8.6厘米，底宽6.2厘米。二昂圭形昂嘴的中高为10.5厘米，边高8.1厘米，底宽6.4厘米。头昂下平出长13.5厘米，二昂下平出长达17.5厘米。斗拱与斗拱之间不用拱眼壁，而是采用垫拱板的做法，且垫拱板只是抵靠大斗、正心拱、槽升子的外侧面，而非衔入其中。

二层阁檐于20世纪50年代，被占用单位拆除，1988年重修千佛阁，基本按照一、三层阁檐形制恢复二层阁檐，但将该檐次间的平身科由一层的一攒增至两攒，将一层的斜拱斜昂改为五踩重昂重拱计心造，其工艺（建筑手法）也有差异，故从略。

阁之第三层，面阔三间，进深三间。平板枋与大额枋断面呈"丁"字形，其出头形制与一层相同。柱头卷杀，呈小覆盆状。斗拱为七踩三昂里转七踩三翘重拱计心造。角科之角昂之上亦置平盘斗，其上置祥云龙头。柱头科与平身科的形制相同。前后檐的明、次间平身科皆为两攒。侧檐各间平身科皆一攒，前后檐斗拱后尾置垂莲柱（图九），侧檐斗拱后尾无垂莲柱。抬梁式七架梁结构（图十），梁头直接压在前后檐斗拱上。梁枋制作较规整，为明栿造。梁身基本上呈圆形，瓜柱为小八角形，瓜柱下置雕刻卷云状的角背，三架梁上的瓜柱直顶脊桁，施用材较小的叉手，叉手有雕刻。桁与随桁枋间施隔架科。两山施二顺扒梁，四角各施一抹角梁。脊桁之随桁枋下皮朱书"大明嘉靖叁拾陆年岁次丁巳中秋吉旦郑府谨书，上梁之后吉祥如意"。后檐上金桁之随桁枋下墨书"咸丰六年岁次丙辰三月初三日己时重修，永保阖镇平安吉祥"题记。阁顶望砖露明面用天干地支阴阳五行组成八卦太极图，在佛教建筑上融入道教文化内涵。

图九　千佛阁内檐斗拱与垂莲柱

图十　千佛阁第三层梁架

千佛阁每层各翼角皆悬挂一铁质风铎，微风拂摇，叮当作响，数里可闻，悦耳动听。阁顶屋面脊与吻兽构件及山面博风板等，皆为1988年重修时恢复或更换之物，非阁之原构件，故不赘述。

中佛殿：坐北面南，位于山门后中轴线上，单檐悬山式建筑。绿色琉璃瓦覆盖殿顶。面阔三间，进深二间。通面阔10.30米，其中明间面阔3.90米，东西次间各3.20米；通进深7.10米。墙体较厚，稍有收分。墙之上部嵌砌人物雕砖（图十一、图十二）。墙砖长31.5~32.0厘米，宽14.2~14.5厘米，厚7.0~7.26厘米，采用灰缝岔分的砌筑技术，灰缝宽0.5~0.6厘米。殿内地坪用青灰方砖铺装。施檐柱10根，前檐柱高3.08米，柱径0.41米，柱径与柱高之比为1：7.51。檐柱为直柱形，制作较规整，柱头略有卷杀，柱础为中原地方建筑习用的带凿痕的高鼓镜形石础。门窗装修为近年重修时配置的，从略。前檐斗拱为五踩重昂里转五踩重翘重拱计心造。明间平身科二攒，次间平身科一攒。后檐斗拱为三踩单昂里转三踩单翘重拱计心造，明间平身科二攒，次间平身科各一攒。前檐次间平身科出45°斜昂。斗口为7.4厘米，斗拱高59.5厘米。除少数耍头雕刻成卷云形外，多数耍头为足材蚂蚱头，蚂蚱头形的耍头正面略显内颤。四翼角雕刻有精美的龙首（图十三）。厢拱两端斜杀，使拱端三才升呈菱形。现存大斗和三才升均无斗颤。大斗通高14.9厘米，其耳高7.1厘米，腰高2厘米，底高5.8厘米。三才升通高3.1厘米，耳高0.7厘米，腰高1.1厘米，底高1.3厘米。大斗和三才升之耳、腰、底三者高度之比例关系较同期官式手法建筑差异明显。外檐斗拱的厢拱长65.2厘米，瓜拱长55.7厘米，万拱长74.6厘米，正心瓜拱长58.8厘米，正心万拱长79.6厘米。各攒斗拱间的攒当距离皆不相等，明间攒距分别为127.5厘米、131.5厘米、125厘米；东次间攒距为160厘米、159厘米；西次间攒距为159厘米、161厘米。前檐五角圭形昂嘴中高8.6厘米，边高4.5厘米，底宽7厘米；后檐斗拱五角圭形昂嘴中高11.4厘米，边高5.57厘米，底宽7厘米。前檐头昂下平出15.4厘米，二昂下平出19.5厘米。前后檐的平板枋与大额枋断面呈"T"字形。平板枋至角柱出头呈平齐状，大额枋至角柱出头刻成双瓣卷云形。殿内东西缝梁架为抬梁式七架梁构架（图十四）。三架梁和五架梁呈不规则方形体，梁高略大于梁宽，梁头呈矩形状，无雕刻。七架梁断面也为不规则方形状，高48.5厘米，宽47厘米，长约7.8米，外露的梁头底部平直，上部刻卷云状。瓜柱为小八角形，直接坐于梁上，瓜柱之上施一斗二升或一斗二升交蚂蚱头斗拱。脊瓜柱与脊桁两侧置用材较小的叉手，叉手无雕刻，无施托脚。两山面用穿斗式梁架。明间圆桁与随桁枋之间置两攒一斗二升交蚂蚱头隔架科，两次间各用一攒一斗二升交蚂蚱头隔架科。在脊枋下皮墨书"皇清咸丰八年岁次戊午年三月初二日重修"题记。殿顶采用乱搭头的排椽方法，花架椽和檐椽均为圆形，飞椽为方形。飞

图十一　中佛殿砖雕人物图像（东墙）

图十二　中佛殿砖雕人物图像（西墙）

图十三　中佛殿木雕龙首

图十四　中佛殿东缝梁架

椽的露明部分长29.7厘米，椽身最大处边高7厘米，椽头卷杀最小处边高5.5厘米，故飞椽椽头卷杀幅度较大。其出檐深度为1.58米。中佛殿两山的博风板及殿顶脊、吻兽、瓦件为1996年维修时更换或补配的，故从略。

此建筑群内，除千佛阁和中佛殿两座古建筑外，现存的其他建筑为近年恢复或添建的，限于篇幅暂不记述。

二

通过上述对千佛阁和中佛殿建筑结构、建筑材料、建筑手法、雕刻工艺等的简单介绍，并列举了有关测量数据。对分析研究这两座古建筑的建筑结构、时代特征、建筑手法提供了重要的第一手材料。现就以上问题作如下简析。

（一）千　佛　阁

1. 平面布局与柱网、柱形

中国古代木构建筑的单体平面，由于功能、时代及其位置的不同而有所不同。历代木构建筑平面均以柱子组成的空间为计算单位，即通常所称为面阔几间，进深几间。平面柱网的变化主要是内柱排列的变化，唐、宋及辽代初期的较大型木构建筑平面，柱子排列都是纵横成行，排列规整（但有的小型建筑只用檐柱，不用内柱）。辽代中期以后出现减柱的做法，平面中减去前金柱或后金柱，建筑学上称为"减柱造"。到金、元时期，"减柱造"的做法更为普遍，成为这一时期建筑的主要特征之一。明、清时期大型或较大型官式手法建筑的平面，柱子的排列又和唐、宋时期建筑一样规整。但河南等中原地区大型或较大型的明、清时期地方手法建筑平面内柱的排列不遵循官式手法建筑的规定，而较多的采用"减柱造"的做法。千佛阁可谓大型古代木构建筑，但采用典型的"减柱造"的做法，与同期官式建筑明显不同，实属中原地方手法建筑柱网组合的特点。

千佛阁采用木质直柱，柱头式样为规范的小覆盆式。这种做法系中原地区明清地方手法建筑的袭古手法。因为明、清时期官式建筑基本上不用覆盆柱头，而地方手法建筑，特别是明代地方手法建筑还有这种做法，结合该阁"大明嘉靖叁拾陆年……上梁……"题记，疑覆盆柱头的檐柱可能为明代遗物，或为因袭明制之柱。此为该阁保留少许明代建筑特征最明显的实物例证。柱础采用地方手法建筑中的覆莲式柱础，但非早期的宝装莲花式覆盆柱础。柱径与柱高之比、略显柱侧脚与柱生起、侧檐柱使用自然弯曲材等皆与明清时期中原地区地方建筑的建筑手法相同或相近。

2. 斗拱形制

斗拱是中国古代建筑的悬挑构件，也是中国古建筑独创的，并最能体现建筑结构和时代特征的部分。它的"官式建筑手法"和"地方建筑手法"的差别尤为突出。首先表现在斗拱的配置和形体大小方面。"官式手法"建筑的补间铺作（明清称为平身科）是由少向多发展的，元代以前每一间的补间铺作一般为一朵或两朵，明代逐渐增至4~6朵，清代最多者达到8朵（明清称为攒）。但河南等中原地区明清"地方手法"建筑不受此限。一般五开间的殿式建筑，明间平身科二攒（有的一攒）、次间平身科一攒、梢间平身科一攒（有的则无平身科），甚至有的五开间或三开间建筑，仅用柱头科，而全无平身科。到了清代晚期，由于整攒斗拱的个体进一步减小，所以有的建筑物平身科稍有增多。但总的说来，明代至清末中原地区"地方手法"建筑每间平身科一般不超过三攒。千佛阁平身科的配置与同期"官式手法"建筑差异很大，而与同期中原地区"地方手法"建筑完全一致。

斗拱的发展，总的趋势是由早期到晚期，其个体是由大变小的。衡量斗拱个体大小的标准是斗拱的高度（自大斗底皮至挑檐桁下皮的垂直高度）与檐柱高的比例。二者之比，唐代建筑斗拱高为檐柱高的40%~50%，宋、金时期约为30%，元代约为25%，明代则减为20%，清代北京故宫太和殿仅为12%。中原地区"地方手法"建筑，明代和清代早期斗拱高约为檐柱高的20%~27%，清代中叶以后二者之比较为复杂，经实测，最大者超过35%，最小者为16%。千佛阁斗拱高为檐柱高的15.38%，可谓目前所知"地方手法"建筑中二者之比最小者。

明清时期中原地区"地方手法"建筑的攒当距离均不相等，有的相差很多，甚至绝大多数同一座建筑的同一间攒距也不相等。所以同期官式建筑与"地方手法"建筑是有很大差别的。特别是清代官式手法建筑"攒当中距一律为十一斗口"的规定，对"地方手法"建筑就更不适用了，因地方手法建筑攒当中距最大者为21.94斗口，最小者为12斗口，全部超过11斗口的规定。千佛阁下檐斗拱的攒当距离分别为21.88斗口、20.9斗口、16.18斗口、16.2斗口、15.9斗口、14.28斗口，均大大超过同期官式手法建筑规定的11斗口。而与同期"地方手法"建筑基本相符。

斗拱中的细部构件也有较大差别。我国古代建筑斗拱中每个斗、升均分为耳、平、欹（明清称为耳、腰、底）三部分，三者高度的比例为4：2：4。官式建筑多遵此制，唯辽、金建筑斗欹稍高一些。元代以前的斗欹皆有顱度，明代稍存斗顱，清代斗底（欹）无斗顱。中原地区"地方手法"的明清时期建筑约80%不遵4：2：4之制，有耳、腰、底三者高度相等的，有斗耳高于斗底的，有斗底之高大于斗耳的，总之随着地域、建筑等级和建筑功能的不同而存在不同的差异。地方手法的明代建筑不是"稍存斗顱"，而是斗顱很深，制作手法古朴。清代早、中期的斗顱仍较明显，且无发现无顱的斗拱。清代晚期有的斗顱很深，有的斗顱较浅，有的稍存斗顱，也有无斗顱的斗栱。千佛阁斗栱的斗顱不明显，可以说仅是大斗"稍存斗顱"，且斗形与斗顱刻制手法与早期古建筑的斗顱差异较大。千佛阁斗栱的大斗耳高7厘米，腰高3.1厘米，底高5.7厘米；三才升耳高3.2厘米，腰高2.5厘米，底高2.8厘米。大斗和三才升耳高、腰高和底高三者之比与官式建筑规定的4：2：4的比例关系悬殊很大，且该阁斗拱的大斗仅稍存斗顱。与同期地方手法建筑基本相同。

千佛阁厢拱两端的菱形三才升也与地方建筑手法的同类三才升做法相同。

我国古代建筑斗拱中的拱，随着建筑时代和建筑手法的不同而形成不同建筑特征。官式建筑的拱身长度，宋代和清代的规定都是一样的，即瓜拱与正心瓜拱等长，均为62分，厢拱为72分，万拱为92分。三拱长度换算成的比例关系为1（厢拱）：0.86（瓜拱）：1.277（万拱）。千佛阁斗拱虽然也是瓜拱最短，厢拱次之，万拱最长，但三拱之长的比例关系与官式手法建筑不符，且外拽瓜拱小于正心瓜拱，外拽万拱小于正心万拱的长度。与地方手法建筑三拱的比例和外拽拱与正心拱的长度关系相近。官式手法建筑的拱端上留以下部分不但分瓣，甚至分瓣还有内颤。"地方手法"建筑的斗拱除因袭古制保留栱端分瓣，极少数还有分瓣内颤外，绝大多数拱端上留以下的弯曲部分不分瓣或分瓣不易察觉。千佛阁斗拱之拱端不分瓣，且拱端上留的界限不明显。这些特点和大多数"地方手法"建筑是相同的。

昂在整攒斗拱中属于变化较大，为最能表现时代特征的构件之一。元代以前使用真昂，元代开始出现假昂，依照官式建筑的规定，清代完全使用假昂。元代以前昂嘴多扁瘦，明代昂嘴已渐增厚。清代中叶以后，还出现拔鳃昂，昂之下平出缩小至0.2斗口。中原地方手法建筑造昂之制与官式建筑差异很大，地方手法建筑中明代还有用真昂的，并保留昂嘴扁瘦的特点，圭首形昂嘴的底宽大于边高，昂身底边多为直线，不向上翘。清代早、中期仍有面包形昂嘴，但昂嘴中高加大，向肥而高发展，特别是清代中期昂首雕刻龙头、象鼻之例增多。清代中晚期昂之下平出远大于0.2斗口。昂嘴底宽小于边高。千佛阁除部分昂嘴雕刻成象鼻状和三幅云外，其他为五角形圭首昂嘴，圭首形昂嘴的底宽皆小于边高。该阁之下层檐斗拱头昂下平出13.5厘米，二昂下平出17.5厘米，分别换算为1.753斗口和2.273斗口，超过官式建筑规定的8倍之多和11倍之多。而与河南省境内诸多同期"地方手法"建筑相同或相近。

斗拱中的要头也是不同时期变化较大，时代特点比较突出的斗拱构件。明清时期官式建筑的要头一般为足材"蚂蚱头"形。而同时期中原地区"地方建筑手法"的要头，既有足材蚂蚱头要头，也有足材卷云头状的要头、足材龙头形要头、足材象鼻状要头，且有的蚂蚱头要头的正面呈内颤状。与"官式手法"建筑的最大不同是要头的雕刻增多，且有的蚂蚱头形要头正面砍制有颤度，一般颤度深达1厘米，尚存金代建筑的遗制，只是金代内颤要头为单材，明清地方手法建筑内颤要头为足材。千佛阁斗拱的要头，既有足材雕刻卷云纹的要头，也有足材蚂蚱头，蚂蚱头正面锋棱均内颤。这种特点不同于"官式手法"建筑，而是同期"地方手法"建筑习用的建筑手法。

我国时代较早的古建筑斗拱与斗拱之间，用土坯或条砖砌砌成拱眼壁。清代官式建筑将拱眼壁改为木质的垫拱板。由于安装垫拱板，所以将与垫拱板相接触的正心拱、大斗、槽升子的侧面刻挖出顺身口，以便将垫拱板衔入其内。明代"地方手法"建筑，其斗拱间多用土坯垒砌拱眼壁，少数用砖砌拱眼壁，明末个别建筑开始用木质垫拱板。清代早期，土坯垒砌的拱眼壁仍为多数，兼有砖砌拱眼壁。至清代中晚期，土坯砌拱眼壁较少，砖砌拱眼壁较多，且约有五分之一的建筑使用木质垫拱板。但"地方手法"建筑与"官式手法"建筑的垫拱板最大不同之处是地方手法建筑的垫拱板只是紧紧抵靠于正心拱和大斗、槽升子的侧边，不刻挖顺身口，故垫拱板未衔入其内。千佛阁斗拱与斗拱之间，不用拱眼壁，而是使用木质垫拱板，且垫拱板的使用方法与清代"地方手法"建筑相同。

千佛阁平身科斜拱斜昂的形式和制作工艺，角科斗拱的组合形制和雕刻手法均与同期"地方手法"建筑相同。

3. 梁架结构

梁架是古代木构建筑最主要的骨架之一，是重要的承重构件。明清官式建筑不论有无天花板，梁枋表面加工的都很规范细致，全为明栿造。梁枋用材，一般是依其时代早晚，由瘦向肥胖发展，唐代梁之断面高与宽比例为2∶1，宋代规定为3∶2，清代规定为10∶8或12∶10。中原明清时期"地方手法"建筑梁之断面基本呈圆形，也有抹角矩形或方形的。有的建筑无论是否彻上明造，梁枋构件表面加工规整；有的彻上明造梁架，也采用草栿造，梁栿多用自然弯曲材，梁栿表面加工不够细致。梁之断面高略大于宽，甚至有少数梁宽大于梁高。千佛阁虽为大型殿式建筑，并为彻上明造，但梁栿用材较小，使用自然弯曲之材，其断面梁高略大于梁宽。这些特点均与同期"地方手法"建筑梁栿的特点相符。

梁枋结点，我国元代及其以前梁架结点所使用的瓜柱有圆形，八角形和小八角形。明清时期官式建筑的瓜柱全为圆形。很少使用驼峰，彻上明造的殿式建筑常用隔架科。明代"地方手法"建筑梁架结点使用瓜柱或斗拱，瓜柱下使用驼峰，明代晚期开始，在瓜柱下使用雕刻卷云和三幅云的角背，也有瓜柱下不用驼峰和角背的。清代地方手法建筑瓜柱下有用角背的，也有不用角背的，还有极少数建筑瓜柱下仍使用驼峰。这时期的角背有素面的，也有浮雕图案的。千佛阁的瓜柱为小八角形，瓜柱下置雕刻卷云状的角背。与同时期的官式建筑相异，与同期地方手法建筑相同。

大额枋与平板枋随着建筑时代和建筑手法的不同，表现出的时代特点是比较明显的。我国早期木构建筑的大额枋与平板枋（元代以前称大额枋为阑额，称平板枋为普拍枋）断面呈"T"形，至角柱处出头垂直截去。金元时大额枋出头雕刻简单曲线或海棠线。明代官式建筑平板枋的宽度稍宽于或等于大额枋的厚度，与元代以前的建筑变化较大。清代官式建筑大额枋与平板枋的断面形式呈"凸"字形，与早期建筑的"T"字形断面形式形成倒置的组合，并增置小额枋和由额垫板，大额枋出头刻霸王拳，变化尤为突出。明清"地方手法"建筑的大额枋和平板枋，与同期官式建筑相比，差别非常大。首先是地方手法建筑二者断面呈"T"字形，基本无"凸"字形的做法，甚至有的建筑仅用大额枋，不用平板枋。个别大额枋至角柱处不出头，有的出头采用垂直截去的形式。其次是大额枋出头雕刻丰富，还有在大额枋枋身正面施加雕刻等特点。除有的大额枋和平板枋用材较小和雕刻华丽外，"地方手法"建筑大额枋和平板枋袭古手法的地方特征表现非常突出。千佛阁大额枋和平板枋断面呈"T"字形，大额枋正面雕刻人物故事等图案，大额枋至角柱出头刻卷云形，均符合清代"地方手法"建筑常见的做法。

梁架结构的叉手用材和制作形式，也表现出不同的时代特征和不同的建筑手法。我国古代建筑所使用的叉手，在元代以前用材较大，宋《营造法式》专门规定了"造叉手之制"。元代叉手断面明显变小，明清官式建筑多不用叉手。明清"地方手法"建筑绝大多数使用叉手，有的建筑还使用托脚。但此时期地方手法建筑的叉手用材较小。清代中叶的叉手不但用材小，而且部分叉手还施有雕刻，承脊桁的荷载能力很小，其装饰作用明显。千佛阁使用叉手，但无托脚，叉手用材小，显得很单薄，且叉手施有雕刻，与清代中叶"地方手法"建筑所使用的叉手相似。

千佛阁的角梁、顺扒梁、抹角梁、垂莲柱、山面梁架、椽飞、桁枋隔架科、花牙子雀替、砖木雕刻等皆与清代"地方手法"建筑之同类建筑结构和建筑手法相同或相近。

通过上述"官式手法"建筑、"地方手法"建筑与千佛阁建筑结构的比较研究，结合殿内现存建筑题记分析，千佛阁为现存有明代个别建筑构件或少许明代建筑风格的比较纯正的清代"地方手法"建筑。

（二）中 佛 殿

1. 平面布局与柱网、柱形

中佛殿平面呈横长方形，仅施檐柱，殿内柱子全减，与中原"地方手法"明清时期的中小型殿宇建筑平面布局相同。该殿檐柱之柱径与柱高之比为1:7.51，与官式明清建筑柱径与柱高之比悬殊很大，而与豫北的沁阳、温县等地明清地方手法建筑柱径与柱高的比例比较接近，反映了地域建筑文化因袭古制的特点。柱头稍有卷杀，略显覆盆柱头的遗制，与清代平齐柱头有差异，也是该殿稍显明代晚期或清代早期建筑风格的例证，但无柱侧脚与柱生起。

2. 斗拱形制

该殿柱头科与平身科形制一致，且均为假昂。明间平身科二攒、次间平身科一攒，与同期官式建筑斗拱配置不同，而与绝大多数明清地方手法建筑明、次间的平身科数量相等。前檐檐柱高308厘米，斗拱高59.5厘米，斗拱高为檐柱高的19.32%，远大于北京故宫太和殿斗拱高为檐柱高12%的比例，而与河南登封少林寺山门、鹿邑县太清宫大殿、许昌县西泰山庙大殿等清代地方手法建筑斗拱高与檐柱高的比例相同。经实测中佛殿明、次间平身科的攒当距离完全不相等，与清代官式手法建筑各攒斗拱的攒当距离一律为十一斗口的严格规定不符，而与"地方手法"建筑做法相同。这是区别官式手法建筑与地方手法建筑很重要的证据。清代官式手法建筑昂的下平出缩小，仅为0.2斗口，而中佛殿的斗口为7.4厘米，头昂下平出15.4厘米，二昂下平出19.5厘米，经换算头昂、二昂下平出分别为2.1斗口、2.64斗口，超过官式手法建筑昂下平出0.2斗口的十多倍，而与河南省永城市文庙大成殿、汝州市妙水寺大殿、郏县魁星楼、武陟县祖师庙白衣殿、济源市阳台宫玉皇阁（二、三层）等清代地方手法建筑昂下平出相同或相近。本文前述，该殿大斗和三才升之耳、腰、底，三者高度之比完全不遵循官式建筑规定的4：2：4的比例，甚至三才升之腰高远大于耳高，这种做法在地方手法建筑中是常见的。中佛殿所有斗拱均无斗䫆，这种无斗䫆的建筑手法，既与清代官式建筑斗拱无斗䫆的规定相符，又与中原地区清代中晚期一部分地方建筑手法的做法相同，这是地方手法建筑受官式建筑影响的常见实例，也是中佛殿主体建筑结构可能为清代的重要证据之一。该殿昂身底边为直线，不向上翘。圭首形昂嘴的底宽和中高均远大于4厘米的边高，使昂尖正面呈"◠"形，略显明末清初地方手法建筑昂嘴形制，此为该殿斗拱具有少许明代建筑风格的重要证据。中佛殿斗拱的内䫆蚂蚱头及其斜昂形制、拱形与各种拱长比例、垫拱板做法、木雕工艺等与千佛阁基本相同，故不再分述。

3. 梁架结构

中佛殿七架梁长7.8米，高48.5厘米，宽47厘米。梁高与宽之比不足10：11，虽不符合同期官式建筑的规定，但与明清建筑梁高与梁宽的比例缩小的趋势是一致的。特别是和同期地方手法建筑之梁高与梁宽的比例是相符合的。虽然在抗弯强度力学方面不合理，但体现了清代建筑的时代特征。梁架结点使用小八角形瓜柱，瓜柱直接置于梁之上皮，不施驼峰和角背，此为晚期建筑较常见的做法。金瓜柱上承托一斗二升隔架科，脊瓜柱上承托一斗二升交麻叶头斗拱，并使用斜撑的叉手，但叉手明显用材较小。桁、枋间不用官式建筑"桁、垫、枋"，而是用一斗二升交蚂蚱头的隔架科。故此殿梁架结点的做法，为同期建筑的地方建筑手法。该殿大额枋与平板枋、飞椽与檐椽也为属于中原"地方手法"建筑习见的形式和做法。

通过上述简略地分析，结合殿内建筑题记，初步认定中佛殿为保留有少许明代建筑风格的清代"地方手法"建筑。千佛阁和中佛殿墙体的錾砌技术、砖形与尺度、粘合剂材质与灰缝宽度、墙厚与填充物等与同时期"地方手法"建筑基本相同，故不单列论述。

三

千佛阁和中佛殿应为一处宗教建筑群中的两座单体木构建筑，以"千佛阁"命名这处建筑群显然不准确。但此建筑群应为何名，因原有碑刻早已不存，查《武陟县志》也无查到准确的图、文，故原建筑群的名称现仍不可知。所以本文暂以公布省级文物保护单位和公布全国重点文物保护单位时的名称"千佛阁"命名进行研究，待以后查询到准确的寺庙名称，再予修正。

千佛阁和中佛殿等组成的这处古代木构建筑群，虽然现存只有两座木构殿式建筑，但这两座单体建筑具有重要的科学、历史和艺术价值。

（1）这处古建筑群，据现存古建筑及近年原址复建的山门和其他已毁建筑的基址遗迹，可知这处寺庙原为一处大型的宗教建筑群，其殿宇的布局和建筑空间的组织等，为研究古代建筑群的平面布局和群体建筑的组合艺术提供了重要的实物资料，特别是为研究地方宗教建筑群的堪舆规划和平面布局提供了重要的实物参考资料。

（2）千佛阁和中佛殿两座古建筑，均为保留少许明代建筑风格的较纯正的清代"地方手法"建筑，为研究中原"地方手法"建筑的发展历史、建筑结构、时代特征、与官式建筑的异同等，提供了重要的实物资料。

（3）千佛阁高大雄伟，为三重檐歇山回廊楼阁式大型木构建筑，为河南现存为数不多的重要楼阁建筑之一。特别是阁内采用减柱造，减去四根直通阁顶的通柱，不但扩大了室内空间，而且具有重要的力学研究价值。

（4）千佛阁和中佛殿精湛的木雕和砖雕，特别是精美绚丽的木雕祥云龙首等，为其他佛教建筑所少见，可谓清代木雕艺术的上乘之作，具有重要的艺术价值。

（5）千佛阁不但具有重要的文物研究价值，而且具有重要的观赏价值。且位于武陟县城内，具有区位优势，为文物旅游和利用提供了重要资源。

在此顺便提点建议，在近年维修千佛阁时，在没有充分根据的情况下补配的"清末"风格的构件，请在以后维修时按规范予以更正。

（原载《文物建筑》第 10 辑，2017 年版）

中国典型倒塔

——天宁寺塔建筑时代与抗震性能研究

我国现存最典型的伞状倒塔天宁寺塔（图一），位于河南省安阳市老城西北隅天宁寺内。系全国重点文物保护单位，安阳市地标性历史建筑。系八角形五级楼阁式砖木结构之塔，高38.65米，塔基周长40米。由于塔形奇特，受到社会各界的广泛关注。1963年，由河南省人民委员会核准公布为河南省第一批文物保护单位，公布的文物时代为"五代"；2001年，此塔被公布为全国重点文物保护单位，公布的文物时代为"五代至清"。我国现有古代建筑史和有关古塔论著，无不将此塔作为中国名塔予以评介，但对塔之建筑时代有争议，有五代说、宋金说、宋元说、金元说、元代说、明代说等，众说纷纭，莫衷一是。给该塔的保护、研究与利用工作带来很大困惑；近年维修该塔时发现塔之选址、建筑结构、施工技术诸方面具有较强的抗震性能。有关同仁建议笔者就该塔的建筑时代与抗震性能问题发表看法。故冒昧撰此小文，请方家读者斧正。

图一　天宁寺塔

一、现存天宁寺塔建筑时代特征简析

天宁寺塔因其造型独特，加上频繁维修，故现存塔遗留下来的建筑材料、建筑结构、建筑手法等比较复杂，以一般鉴定古建筑的常规方法，难于准确判定该塔的综合建筑特征属于某个具体时代，只能将其分解为塔之某部分可能为哪个时代，或似有某时代的建筑风格，或依其最晚的建筑时代特征推测塔之建筑时代。如《中国营造学社汇刊》五卷四期167页"本社记事"栏言"（一）调查河南安阳天宁寺：本年五月（民国廿四年）社员梁思成赴河南安阳调查发现城内天宁寺大殿系金代建筑，又有砖塔一座，年代稍晚，拟再度详细调查后在本刊发表。"遗憾的是梁先生此后未能再调查此塔。梁思成先生1944年编著的《中国建筑史》，将此塔归入元代建筑（见百花文艺出版社，1999年版）；罗哲文《中国古塔》（中国青年出版社，1985年版）言"五代后周广顺二年（952年）就曾建有塔，现存之塔是明代建筑。"；张驭寰《中国名塔》（中国旅游出版社，1984年版）："此塔可能建于金元时期，至于塔身的砖雕画像、图案、门窗装饰等又可能是明代增施的。"；罗哲文、刘文渊、刘春英《中国名塔》（百花文艺出版社，2000年版）："此塔初建于五代，现塔是明代所建的，塔身塑饰佛、菩萨及佛传故事，均为明代风格。"；全国重点文物保护单位编委会《全国重点文物保护单位》（第一批至第五批）（文物出版社，2004年版）："塔始建于五代后周广顺二年（952年），宋、元、明、清历代均有修葺。塔身八根龙柱浮雕腾龙和卷云，八面门窗之上高浮雕……具有晚唐遗风。"；左满常《河南古建筑》（建筑工业出版社，2015年版）："此塔初建于五代后周广顺二年（952年），后经历代重修，现塔之结构保存了宋元时期风格。"；杜启明主编《中原文化大典·文物典·建筑》（中州古籍出版社，2008年版）："此塔始建于五代后周广顺二年（952年），现塔雕塑、铺作等部位有后维修特征"；河南省文物局《河南文物名胜史迹》（河南农民出版社，1994年版）："此塔建于五代后周广顺二年（952年），后经元、明、清及现代几番重修，下身辽式，上身藏式。"；甄学军《河南安阳天宁寺塔保护研究》（学苑出版社，2019年版）："（塔）始建于五代后周广顺二年（952年），北宋治平二年（1065年）重修，元代延祐二年（1315年）重修，明嘉靖三十九年（1560年），清乾隆三十六年至三十七年（1771～1772年）重修。"；国家文物事业管理局主编《中国名胜词典》（上海辞书出版社，1983年版）："根据塔身造型，内部结构和檐下斗拱特点分析，此塔可能建于金、元时期，其砖雕画像图案及门窗等可能为明代增建"；河南省文物局《河南省文物志》上卷（文物出版社，2009年版）："此塔初创于五代后周广顺二年（952年），后经历代重修，现塔之结构保存了宋、元时期的建筑风格。"；杨宝顺《中国现存最典型的倒塔——安阳天宁寺塔》（《中原文物》2003年第3期）："天宁寺内原在五代后周广顺二年（952年）就建有塔。其时代应为创建于五代，现存之塔为金元时期重修的。"另有《中国古塔鉴赏》、《中国古塔精萃》等有关中国古塔或古建史、文物名胜辞典多记塔创建于五代后周广顺年间，未记现存塔的建筑时（年）代。可见现存塔由于重修（甚至重建）等原因，难以按古建筑建筑时代一般特征鉴定的常规，准确认定为某一个时代的塔，更不可能确定是某个年代之塔。所以才形成上述有关记述此塔的论著中只记始建时代，而对现存之塔或回避建筑时代，或笼统记为具有金、元，或宋金时代的建筑风格。到目前为止未能形成有充分论据的建筑时代结论。笔者近年借出差安阳之机，到现场对塔之外部形象和建筑结构进行简单的考察，因为时间关系，未能深入勘测研究。仅就此次考察所获得的部分时代特征资料作如下探索性分析。

（一）建筑形制

此塔逆于我国古塔下大上小，形成外轮廓呈抛物线形，或下大上小形成锥体状的常规塔形，或呈现喇嘛塔、幢式塔、碑体塔等常见的传统塔形。而是下小上大成为伞状的倒置形的独特塔形。此型塔在塔之发源地印度至今尚无发现与此相同的塔，窣堵波自汉代传入中国，与我国传统木构建筑相结合，创造出中国本土化佛教塔类建筑也均无此型塔。且根据古印度佛教几条传播路线传至世界各地的佛教建筑也无与此相同之塔。由中国传至朝鲜半岛和日本等地的佛教建筑也无此类塔形。我国虽个别地方有下部稍小上部略大一点的古塔，但上下倒置不明显。唯有此塔呈下小上大伞状倒置形非常明显（图二），可谓已知最典型的"倒塔"。且不但塔身呈伞状的倒置型，而且最上层不是建攒尖形的塔顶，而是在第五层塔檐之上建起可容百人的大平台，平台周边采取安全措施，建造矮墙，既可礼佛，又可凭眺观光。更为殊妙的是在平台中央建起一座喇嘛塔（图三），成为整个塔体构造顶端直插云霄的塔刹，真可谓远观是塔刹，近看"塔上塔"，被誉为我国古塔建筑之奇葩。

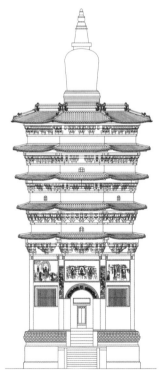

图二　天宁寺塔正立面图　　　　　图三　天宁寺塔塔顶平台与喇嘛塔

（二）因袭宋、辽塔的特色及其建筑时代的推测

宋、辽相邻的交界地区，由于营造匠师多为汉人等原因，所以辽代建筑，特别是佛塔多受宋代建筑影响，具有宋代建筑特征。宋代建筑也受辽代建筑少部分建筑手法的影响。如河北定州开元寺塔（又名料敌塔）（图四）、河北武安市妙觉寺塔（图五），是两座高分别为83.7米和42.3米大型砖构楼阁式宋塔，与豫北地区安阳县、滑县、内黄县、延津县等地现存的北宋时期大型砖塔的建筑形制是相同的，其建筑结构与建筑手法与宋《营造法式》的规定也相吻合。但与北京、内蒙古及东北地区的辽代塔的差异很大（图六）。安阳天宁寺塔，虽然建筑时代有争议，但塔身精美的高浮雕图像，业界多认为是明代增补的，甚至还有"晚唐遗风"之说。这些雕塑明显异于河南现存古塔的做法，有关著作认为是"辽式"做法。我国北方现存不少大型辽代砖塔，其造型是基台上建造须弥座，上置斗拱和平座，其上以莲瓣承托高大的塔身，表面再加装饰性的屋檐、门窗及枋、柱等，塔檐相距小而密，塔体雕塑较多的为佛教故事的内容。这些建筑构造与特点，显然与时代相对应的宋代砖塔是不同的，特别是塔身满布雕塑佛传故事，河南境内现存古塔是不存在的。虽然河南等中原地区与之相对应的宋代大型砖塔塔身镶嵌有方形等佛像雕砖，但是这些佛像雕砖是单独一块一块嵌砌在一起，而北方辽代大型砖塔的雕塑是整体连续的反映某一佛传故事或建筑形象，二者之不同是显而易见，具有不同的特点。安阳天宁寺塔，在高达10.5米的塔身第一层的八面壁体上，除辟门窗外，均雕塑有佛传故事，正南面为三世佛像（图七），中为法身毗卢遮那佛，右为报身卢舍那佛像，左为应身释迦牟尼佛。西南面为释迦佛说法像，其两侧为侍立的弟子阿难、迦叶，其下为金刚力士像。正西面为悉达多太子诞生像，右为王后出行仪仗，左上角为二龙吐水浴太子像。西北面为释迦雪山苦行修定像，左右为野鹿衔花、猴子送果供养像。正北面为观音菩萨与善财龙女像，两边为护法神像。东北面为天人说法佛像。正东面为释迦佛涅槃像，其周围为诸大弟子像。东南面为波斯国王与王后侍佛闻法像，左右为侍臣送供像。这些雕塑时代其上限不早于元代，其下限不晚于明代，其理由除雕塑内容和雕塑手法外，还有一条重要的依据是雕塑图案中的格扇门为五抹格扇门（图八）。中国古建筑门窗的发展，宋代是一个重要时期，因为一改以往只有板门、栅门的传统做法，从宋代早期出现了格扇门，故宋《营造法式》中对格扇门有图、文并述，并对格扇门的组成构件和雕刻内容等均有较详细的规定。这时的格扇门为四个抹头的"四抹格扇门"，由抹头、格心、腰华板、障水板四部分组成，且雕刻花纹比较朴实。经辽金后，至元代出现"五抹格扇门"。明代除仍使用五抹

图四　河北定州开元寺塔（料敌塔）　　　图五　河北武安市妙觉寺塔

图六　辽宁辽阳白塔　　　　　图七　天宁寺塔塔身南面三世佛雕刻

格扇门外，开始使用"六抹格扇门"，如安徽徽州现存的明嘉靖年间的民居六抹格扇门和河南郏县明代王韩墓出土的陶宅院中的多座单体建筑的六抹格扇门等。已知清代建筑使用六抹格扇门。由以上所述可知，即从此塔的五抹格扇门推测塔身雕塑上限为元代，下限为明代。再从此塔格扇门的格心、腰华板、障水板的团龙、凤凰、牡丹等繁复雕刻看，推断这些雕塑应为明代之作。

　　该塔身第一层檐下的大额枋出头雕刻与明代建筑大额枋出头所雕刻的"类似

霸王拳的做法"基本相同（图九），也佐证了塔身第一层砖雕图案的时代。此塔五铺作斗拱中竟使用批竹昂形的耍头（图十），从昂形，特别是昂嘴薄而扁平的做法，与宋代建筑山西高平南赵庄二仙庙大殿批竹昂的形制特点相似（见《文物》2019年第11期），并与某些辽代中晚期建筑的批竹昂形制相近。故此塔批竹昂之形制具有宋、辽中晚期批竹昂的特点。斗拱中使用斜拱的做法（图十一），也应引起关注，因为辽代建筑中斗拱发生变化的最大特点为之开始使用斜拱，不但出现45°斜拱，稍后又出现了60°斜拱（此时尚无斜昂）。宋代在与辽相邻地区也有少数建筑采用斜拱做法（图十二）。此塔使用斜拱和批竹昂，说明塔建成后修缮次数较多，遗留不同时代的建筑构件和建筑手法也各不相同。造成不能以常规的古建筑鉴定特征判定此塔建筑时代的困难。根据塔身现存建筑材料，特别是塔砖的形制和尺寸分析。一部分较长、较薄的青砖可能为元代或元代以前的塔砖，塔身上部长仅为30厘米的小砖和塔身残破处修补的小型号砖，可能为清代补砌之砖。塔体砖砌技术，也表现出不同的时代特征（图十三），即大部分采用不岔分砌筑方法，系原塔体的主流砌法，部分岔分的做法，系后期补砌的做法。

图八　塔身雕塑"五抹格扇门"　　　　　图九　大额枋出头雕刻

通过以上对该塔建筑结构和构件形制及建筑手法的简要分析（不含不露明隐蔽部分）可知现存之塔见不到五代后周初建时期的遗迹。也见不到清代重修时的主体遗存。清代，特别是清代乾隆三十六年至三十七年对天宁寺进行了较大规模的修建，据乾隆三十七年八月《重建古天宁寺图》碑（图十四）及其注释记载，共用银

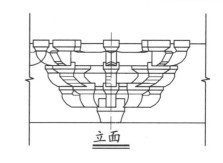

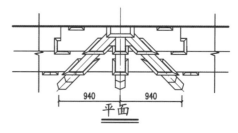

图十　斗拱之批竹昂形耍头

图十一　一层补间铺作斜拱图

图十二　河北临城宋代普利寺塔斜拱

图十三　塔体砌筑方法

二万有奇，用时十九个月，其修建各种建筑物近五十座。并罗列修建殿、堂、楼、阁、亭等重建和重修具体情况。在记述天宁寺塔（又名文峰塔）时，仅记为"鼓楼之北为文峰塔，重为修饰"。未用记述其他殿宇时使用的"创建"、"重修"之词，而是用"修饰"一词，可见这次大规模修建，重则扩大寺院占地规模，"创建"、"重建"和"重修"木构殿宇，建造围墙等，而对此塔，仅是维护性的小修小补的"修饰"，故塔之露明部分尚无见到明显的清代"大修"痕迹，更无发现五代后周广顺二年创建时的建造结构和建筑时代特征。因此可排除现存之塔建于五代后周和清代的可能性。加之塔顶平台上所建的元代砖构喇嘛塔，以及碑刻文献所记天宁寺始建于隋仁寿初，后周广顺、显德间重修；宋治平二年造浮图宝塔，元代延祐二年重修，明代重修（塔）后立于巨碑记之。结合现存塔的建筑结构、建筑材料、建筑手法等，综合研判，塔之建筑时代基本可定为宋元时期砖木结构楼阁式佛塔，明代大修增补壁体雕塑和更换部分构件，形成现存的塔型。

二、建筑特色探微

（1）独特的塔形：本文前述，该塔逆于中外古塔的传统塔形，不但塔体下小上大形成伞状形的"倒塔"，并且塔顶修建一座完整的砖构喇嘛塔，形成"塔上塔"的独特塔形，成为塔类建筑的孤例。为古塔建筑研究提供了珍贵的实物例证。

（2）河南境内，现存的宋、金、元、明时期砖石塔，均使用传统的砖、石建筑材料，仅部分砖石塔使用木角梁，木刹柱（杆），及部分木（竹）筋等木质材料。此塔除使用木角梁等外，檐部使用圆形木质檐椽和方形木质飞椽，且椽头均无卷杀（图十五）。河南全省现存地面起建独立凌空的600多座古塔中，使用木质檐椽和飞椽的砖石塔，仅此一例，洵为研究河南古塔非常重要的实物资料。

（3）斜拱和批竹昂的使用：我国辽代建筑和接近辽地区的北宋建筑中出现了"斜拱"（图十六）。此为斗拱结构的重大变革，一直影响着以后斗拱结构的发展变化。在河南境内现存的北宋木构

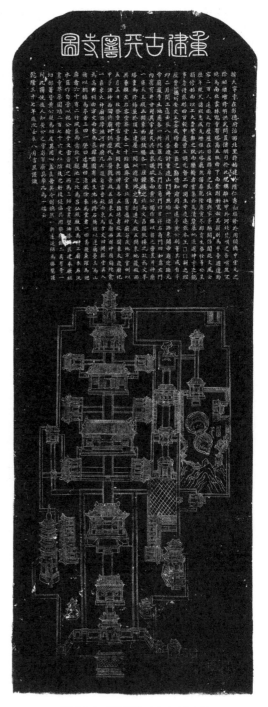

图十四　清乾隆三十七年八月
《重建古天宁寺图》碑拓片

建筑和砖石结构建筑，除此之外，均无使用"斜拱"之例。因安阳市在历史上与辽地较近，受其建筑影响，故使用"斜拱"。且与河北省临城县普利寺北宋塔双抄五

图十五　圆形檐椽、方形飞椽（椽头均无卷杀）　　　　图十六　河北正定隆兴寺宋代摩尼殿斜拱

铺作斗拱的斜拱相似（见《文物春秋》2004年第5期75页）。此不但是该塔的建筑特点之一，更是研究该时期砖塔斗拱结构的重要实物例证。

该塔斗拱所使用的批竹昂耍头的形制特点也具有早期建筑的建筑风格，故也为此塔的建筑特征之一，为研究宋、辽塔相互影响的关系提供了重要的实物资料。

（4）塔身一层檐下五铺作斜拱拱头上的单材耍头所置齐心斗；斗拱中斗之耳、平、欹三者高度之比基本符合宋《营造法式》规定的4：2：4的比例关系；斗欹之顯度较深，制作规范等。均与早期斗拱制作手法相吻合。

（5）该塔现存的建筑结构、建筑工艺等，虽表现出多时代的特点，但总体上均为中原地域建筑手法，此为该塔非常突出的建筑特色。

（6）本文前述，该塔优美的造型；塔身满布雕塑图案，其雕塑技艺高超，雕刻手法娴熟，布局匀当，人物生动栩栩如生，犹如艺术殿堂。对研究佛教文化、造型艺术和雕塑艺术等具有重要的参考价值。

三、抗震防震性能初探

自然灾害中的地震，对古建筑造成不同程度的破坏，轻者建筑物局部损伤，重则全部坍塌夷为平地。该塔建成至今数百年来，粗略统计，安阳市（县）发生地震三十余次。特别是清代道光十年闰四月二十二日（公元1830年6月12日），河北省磁县彭城一带发生7.5级大地震，震中烈度达十度，安阳市（县）距震中最近处仅十余公里，其影响烈度达九度（部分地方影响烈度八度）。据地震后的碑碣（图十七、图十八）记载寺庙等古建筑"庙貌神像一时倾圮，即基址亦不周全"，"地震如雷，倏忽之间，庙宇倾圮""地震如雷，转眼间，居宅墙垣一并为之尽倾，而庙貌神像悉等于沙泥""地震成灾，凡寺所有尽皆倾圮""道光庚申年（地震），

图十七　安阳地震碑拓片　　　　　　图十八　安阳地震碑拓片

地裂山亦崩，倾倒房无数。"足见此次破坏性大地震对安阳古建筑造成的严重破坏。而天宁寺塔仍巍峨挺拔，屹立于安阳大地。究其原因，经勘查可知，该塔具有良好的抗御地震破坏力的性能。

（一）选址与基础

该塔建在地形开阔平坦，土质干燥密实之地，且塔之基础较深，地基面积也较大。据近年编制的《天宁寺塔地质勘察报告》可知"不存在对工程安全有影响的活动断层、滑坡、崩塌、采空区、地面沉降、地裂缝、泥石流等不良地质现象，也未发现河道、沟浜、墓穴、防空洞、孤石等对工程不利的埋藏物。""也未发现震陷等影响场地地质稳定的不良现象，故场地稳定适宜工程建设。……根据《建筑抗震设计规范》'本场地可划分为建筑抗震一般地段。'"这样的选址和塔之基础处理，其地基承载力能够满足防御地震的要求，不啻增强了塔体的整体性能，而且也使承载力比较一致，避免了不均匀沉降等弊端，使之基础部分的抗震能力得到了提高。

（二）塔体结构

图十九　变换塔门方位

① 经测算该塔在自重工况下，最大拉应力为1.451MPa，最大压应力为0.185MPa；在自重和风荷载工况下，最大拉应力为1.456MPa，最大压应力为0.186MPa，均未超过砌体的抗压强度标准值和弯曲抗拉强度标准值。从而可以看出，塔之整体结构在以上两种工况下是稳定的。利于抗御地震力的破坏。

② 塔体之体形整体较为简约规整，没有特别凸出或凹进等突变部分，使之结构连续对称，有较好的整体性能，是其抗御地震水平运动和垂直运动破坏力的重要条件之一。

③ 该塔塔门设置位置合理，即逐层变换门洞之方位（图十九），避免一些古塔由于各层门位集中设置在上下层同一方位，而削弱塔体的强度和整体性，造成通体或局部垂直裂缝的弊端。从而增强了抗震强度。

④ 塔檐下砌筑严实的额枋，起到了近现代建筑"圈梁"的作用，增强了塔身壁体的强度和整体性，提高了抗震能力。

⑤ 该塔的檐下使用用材较大的木质圆形檐椽和方形飞椽、角翼使用木质角梁等，因木材质富于弹性，并起到了"木骨"的作用。这种木质的弹性结构有良好的抗震性能。

⑥ 塔身壁体的抗震作用，此塔壁厚达3.7～4.8米，且壁体高度一致，还设置有塔心木刹柱和隔断墙。提高了整体性能，增大了稳定强度，减少了地震时各部分运动的不协调。

（三）建筑材料与施工

建筑材料的选择和使用，对于增强古塔的抗震性能也是非常重要的。此塔虽为砖木混合结构之塔，但主要建筑材料为青砖，多数塔砖具有泥质细，火候高，品质优的特点，且砌筑方法运用得当，有利于抗御地震力的破坏。塔檐的木质椽飞原为柏木，此材质强度等级高，且耐腐蚀，具有塔体稳定抗震性能强的特点。

精心施工。工程施工质量优良是文物建筑抗御地震破坏力的重要条件之一。在相同的地震震级和地震烈度、震源深度的情况下，由于施工质量优劣的差异，建筑物受到震害的程度悬殊很大。通过对该塔详细考察，发现施工质量总体是良好的，塔之壁体砌筑平直，无论是几顺几丁的砌筑方法，也不论是采用灰缝岔分与不岔分的建筑技术，塔体上下层砖与砖之间均留有不规律（不岔分）或规律（岔分）的适度错开灰缝，且灰缝厚度误差小，比较均匀，这样不宜造成塔壁裂缝，使之具有良好的整体性；粘合剂选配得当，多数粘合剂粘结度强。砖体壁面干净，砖与砖间灰浆饱满，未发现带刀灰现象（即只在塔砖的砖体边、角处涂抹灰浆，形成砖体四边有灰浆，中间则成空洞的现象）。有的砌砖明显表现出经过水磨现象，不啻墙体美观，更使墙体稳固。特别是该塔壁体的转角处（此为砖塔建筑结构的薄弱部位）砌筑有砖与砖互相咬衔牢固的角柱，有利于抗御地震的性能。

根据有关专业单位的检测，该塔在抗震方面也存在不足之处，如在地震荷载作用下的剪应力不能满足现行建筑抗震规范要求，应引起文物保护部门的高度重视，以便采取相应的保护措施。

四、今日天宁寺塔

历史文物，不但有研究历史，传承中华文明，进行爱国主义教育和建设文化强国的巨大推动作用，还有其无可比拟的观赏性。特别是古代建筑中犹如"擎天巨柱，玉笋嵌空"的座座古塔，体现着"一塔嵯峨窄堵坡，凌云倒影壮山河。能于亭台楼阁外，点缀神州胜景多"的壮观绚丽的景观作用。我国著名建筑大师梁思成先生曾在他的著作中指出"作为一种建筑上的遗迹，就反映和突出中国风景特征而言，没有任何建筑的外观比塔更为出色了"。通过上述对古塔的风景特征的评介，充分说明巍峨挺拔、绚丽多姿的古塔建筑在鉴赏古塔建筑艺术和发挥观光旅游作用之弥足珍贵的资源载体价值和非凡的魅力。而天宁寺塔除具备一般古塔共有的上述鉴赏和旅游价值及作用外，它独特的伞状倒塔的造型艺术之美和下为楼阁之塔上为喇嘛塔的"塔上塔"的奇观，以及精美的塑雕佛像和佛传故事，更是惟妙惟肖、婀娜多姿、栩栩如生。其画面布局匀适，线条柔和，雕刻精湛，形象生动，是古代塑雕艺术的珍品。甚至全国重点文物保护单位编委会《全国重点文物保护单位》（第一批至第五批）一书，认为这些塑雕"形象生动、古朴、端庄、丰满，具有晚唐遗风"。诸多涉及此塔造型和塑雕的论著均对其科学与艺术价值予以很高的评价。1977年9月，时任全国政协副主席、著名佛学家赵朴初先生来豫考察工作时，专程参观考察此塔，并赋诗赞曰"层伞高擎窣堵波，洹河塔影胜恒河。更惊雕像多殊妙，不负平生一瞬过"。

此塔经过维修后，得到妥善保护，并成立了专门保护管理机构，常年对外开放，国内外游客络绎不绝。达到了文旅融合，保护与利用的良性循环。起到了弘扬传承我国优秀传统文化、增强民族自尊心和自信心，促进文化强国建设的重要作用。

（原载《文物建筑》第 15 辑，2022 年版）

留住根 传承魂 记住乡愁
——谈古民居和传统村落保护与利用

古民居和传统村落是中华文明重要的物质载体之一。正所谓"人因宅而立，宅因人得存，人宅相扶，感通天地"，来源于史前穴居、半穴居的先民之"舍"，是人们赖以生活的刚需，其重要性和弥足珍贵的历史价值不言而喻。

所谓古民居，是指古时遗存的相对"官式做法"而言的民间居住建筑，一般采用较经济的手段，用廉价的材料，以及较简单的建筑结构，因地制宜、因材致用地满足生活和生产上的需要。其功能、形式、结构、用材相互适应，巧妙结合，达到经济、适用，兼顾美观的效果。所谓传统村落，指民国以前建村，保留了明晰的历史沿革，建筑环境、建筑风貌、村落选址等未有较大变动，具有独特的民风民俗，至今仍为当地居民所居住的村落。

这些古民居和传统村落传承着中华民族的历史记忆、生产生活智慧、文化艺术结晶和民族地域特色，维系着中华文明之根，寄托着中华各族儿女的乡愁。古民居建筑集中的传统村落更是数千年农耕文化的活化石，是研究农耕文明不可替代的实物资料。所以保护、传承、发展好传统村落，是人们共同的心愿、共同的责任。但由于传统村落保护对象的规模大、门类多，不但要保护物质文化遗产，还要保护非物质文化遗产，不但要保护传统村落的民居建筑和相关设施，还要保护与之共存的历史风貌，不但要保护传统村落文化遗产，还要注重民生，改善原居民生活居住条件，发展传统特色产业和旅游业，让村民富起来，所以保护难度非常大。加之前些年拆迁合并村庄，大量拆除老住房，或弃之不用任其坍塌等等，造成大量古民居被毁，部分传统村落消失，损失无法挽回。

面对这种严峻的形势，中央领导和有关职能部门高度重视，采取措施，加以制止。习近平总书记明确指示，建设美丽乡村"不能大拆大建，特别是古村落要保护好"。住房和城乡建设部、文化部、国家文物局、财政部四部局联合出台《关于切实加强中国传统村落保护的指导意见》，指出目前的主要任务是"保护文化遗产。保护村落的传统选址、格局、风貌以及自然和田园景观等整体空间形态和环境。全面保护文物古迹、历史建筑、传统民居等传统建筑，重点修复传统建筑集中连片区""改善基础设施和公共环境""合理利用文化遗产。挖掘社会、情感价值、延续和拓展使用功能。挖掘历史科学艺术价值，开展研究和教育实践活动。挖掘经济价值，发展传统特色产业和旅游"等，要求"注重经济发展的延续性，提高村民收入，让村民享受现代文明成果，实现安居乐业"等。

在落实总书记指示精神及四部局《指导意见》时，一部分古民居得到了真实性、完整性、延续性的保护，当地发展特色产业和旅游，改善民生，居民增收致富，实现了双赢。但有的地方由于认识偏颇、片面追求经济效益等，导致"建设性破坏"的后果。例如，大拆大建、拆旧建新，改变古民居建筑的建筑形制、建筑结构、建筑材料、建筑工艺，改变历史建筑的原貌；在传统村落内增修大广场，新建大舞台，大量栽植城市公园类的非本土化的景观植物；随意改变传统村落的历史环境，平岗引渠，修筑宽尺度的柏油路或水泥路；无限制地扩大传统村落的规模；新建严重与古民居建筑不协调的建筑物；迁走传统村落的原居民，改变古民居的使用功能，形成"见物不见人"的怪现象；等等。这就使古民居和传统村落失去了在不同地域、不同阶层、不同建筑手法、不同使用功能、不同择居需求等方面的研究价值。

现就古民居与传统村落的保护、传承和合理利用诸事宜，从笔者六十余年的考察体验谈谈个人意见。一是为古民居和传统村落立法，依法保护、依法利用古民居和传统村落，依法保障原居民权益。我国虽有《中华人民共和国文物保护法》，但需要有针对性更强的专门法规。因为传统村落和古民居是"活态保护"，不仅要加强保护，还要注重民生，使原居民安居乐业，所以既要保护，又要发展，这就不同于一般文物的保护。二是鉴于古民居和传统村落保护工作起步较晚，有关保护理念、保护与发展的关系、保护法则认识及"活态保护"的特殊性等有待进一步研究，故建议召开学术研讨会和举办培训班。三是加强宣传。宣传古民居和传统村落的悠久历史；宣传其作为中国农耕文明的社会历史载体的重要作用；宣传其传承优秀民族文化，记录乡愁的作用；宣传其为乡村振兴，乃至实现中华民族伟大复兴的中国梦所做的贡献；等等。四是加强对保护、利用古民居和传统村落以及改善民生的思考。

如，古民居和传统村落是古建筑的重要组成部分，其保护维修的技艺虽不如宫殿建筑复杂，但同样需要遵守《中华人民共和国文物保护法》规定的"不改变文物原状的原则"。维修时要坚持原形制、原结构、原材料、原工艺的"四原"规范，保证其工程质量和法式质量。

注重民生，改善原居民的生活居住条件。在不改变古民居建筑的建筑形制和建筑结构的前提下，可以在居室内设置卫生间和洗浴设施，使原居民享受到现代生活的便利。

"活态保护"古民居和传统村落。留住原居民，留住"老乡贤"，并要引进"新乡贤"，共同发展有特色的传统产业。开展乡村游，设民宿，售农货，展示体验传统农耕活动，等等。

古民居和传统村落保存较好的地方，大多数是位置偏僻，交通闭塞，经济欠发达，基础设施落后，进而形成文物建筑破损、原居民流失的恶性循环。所以基础设施建设项目和资金投入要向传统村落倾斜，补上短板，促进当地文物建筑的保护和居民生活改善及地方经济的发展。

挖掘保护和传承非物质文化遗产。传统村落建村时间长，文化底蕴深厚，形成了独具特色的民情民俗、地方风物、文艺体育活动及集市、庙会等。有选择地将优秀非物质文化遗产保护好、传承好，不但可以丰富村民的文化生活，有的还可以转化为旅游产品和商品，增加村民收入，并吸引游客观赏参与，丰富乡村游内容。

适当控制传统村落的规模和人口，传统村落不但是人类活动的最基本的物质载体，反映着人类文明发展的历史，而且有着与其共生共存的独特的地形地貌和历史环境。为了保护传统村落的真实性、完整性和独特的村落风貌。不宜无限制地扩村建房、增加人口。否则将失去传统村落的特色，失去其乡愁载体的价值。

保护附属的农耕村落遗物，我们不仅要保护传统民居和历史环境的村落主体，还要保护活态的传统村落的相关内容，即传统的生活文化生态内容，如水井、水车、石碾、石磨、石碛及古树名木等。这不仅是需要保护的完整传统村落的内容，也是乡村旅游有吸引力的看点。

空置房的利用。由于种种原因，有的民居建筑闲置，有的只剩残垣断壁，对村落完整形象造成不良影响。建议将这些空房、残屋修复后辟为村史陈列室、游客服务中心、旅游商品销售部，或作为传统村落管理用房。这样既解决了村落有碍观瞻的问题，又能解决配套设施用房问题，同时完善了村落的完整性。

打谷场的用场。数千年的农耕文化，与农民生产生活息息相关的农村最大空间是打谷场。有的地方将其作为新农村建设中改造的对象，殊不知打谷场也是完整保护传统村落的组成部分。建议保护打谷场，配上原配套设施，还可以将其作为游客集散场地和参观点，这样就避免了破坏村貌，另建新广场的弊端，有效地保护了传统村落原貌。

保持不同地域民居的建筑特征。我国地域辽阔，不同地区、不同时代有着不同的建筑风貌和建筑手法，在民居建筑领域表现尤为突出。以明清时期中原地区为例，其地方建筑特征与北京、承德等北方地区的官式建筑特征不同，也与江南苏式建筑和徽派建筑的建筑特征不同，而是采用独特、纯正的中原地方建筑手法。在保护维修古建筑时稍有不慎，就可能改变文物原状，从而传递错误的信息，出现"千村一面"的笑话，造成不可挽回的损失。

古民居和传统村落承载着我国数千年农耕文明的历史演进，寄托着中华各族儿女的乡愁情怀。祖先留下来的这份弥足珍贵的历史文化遗产，是不可再生和不可替代的。我们只有保护好、传承好的责任，绝没有损害破坏它的权力。我们不但要防止自然破坏和人为的故意破坏，还要克服和避免在保护和利用工作中不当干预和不当维修造成保护与建设性破坏，使"乡愁"变成"乡痛"。让我们携起手来，共同努力，把古民居和传统村落真实、完整、健康、可持续地传给子孙后代。

（原载《中华瑰宝》2021 年 6 月号）

郑州古建筑概况与研究

郑州历史悠久、文化积淀厚重，是国务院公布的国家历史文化名城。第三次全国文物普查，经国家认定河南省共普查不可移动文物65519处，按照类别划分，古建筑23921处。其中郑州共普查不可移动文物8651处，古建筑类文物2192处。可见郑州不可移动文物之丰富，古建筑占有非常重要的地位，奠定了郑州文物大市的资源优势。

《古都郑州》杂志编辑部盛约我写一篇《郑州古建筑概况与研究》文章，经梳理，从建筑考古、砖石建筑遗存、木构建筑遗存三部分予以论述。

一、建筑考古

郑州地区古城址、古聚落遗址、古代陵墓、古作坊遗址丰富，考古调查发掘材料较多。特别是近年来建筑考古的发掘资料颇丰，为建筑考古研究提供了难得的实物资料。现仅择其部分遗址的发掘成果从建筑考古角度予以记述。

（一）古　城　址

1. 西山古城址

位于郑州市北郊的西山，为仰韶文化晚期城址（图一）。碳十四测定距今5300～4800年，为我国已知年代最早的一处版筑夯土城址。平面近似圆形，面积34500平方米。现存城垣残长265米，宽3～5米，高1.75～2.5米。构筑方法为先挖掘倒梯形的基槽，由基槽向上分段分层夯筑城墙，墙体采用方块版筑法（图二）。夯窝多呈"品"字形，当为二根一组的集束棍方。墙体逐层内收，形成阶梯状的收分。在城墙外侧有厚30～100厘米的堆积层，斜压墙体。城外有环绕的壕沟，城壕在西门处断开，不能连通，外壕东、西边各有半圆形的生土台，分析此处架设有板桥。西城门北侧的城墙上保留有南北向两排和东西向三排的基槽，槽内密布柱洞，将城墙分隔成数间封闭式建筑，可能为望楼之类的防御性设施，较为少见。北门，现存宽约为10米，平面呈"八"字形，门外侧横筑一道东西向的护门墙，夯筑十

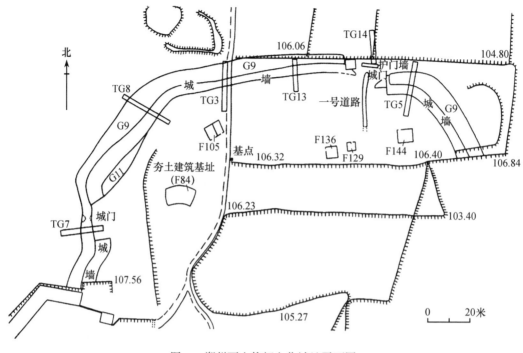

图一　郑州西山仰韶文化城址平面图

分坚硬，显系为加强城门的防御功能，类似后代的"瓮城"作用，是其重要的建筑考古新发现。西门内东侧有大型建筑基址，周围还有数座房基环绕，其北侧为面积达数百平方米的广场，应为公用建筑和公共活动场所。大型袋状灰坑多分布在城址西北部，说明储物窖穴集中在城内高亢部位。通过以上简述，可知此城址在当时可为筑城技术先进、防御功能完备、基础设施较齐全的典型之城。对研究古代筑城技术、城市发展和文明起源具有非常重要的意义。

2. 王城岗古城址

位于郑州登封市告成镇王城岗上（注：以下仅记郑州所辖的市县名称）。是一处以龙山文化晚期为主，兼有裴李岗文化、二里头文化和商周文化的遗址。1975年起，进行了较大规模的考古发掘（图三）。在遗址东北部发现了龙山文化晚期的城堡遗址，面积约2万平方米。城堡有东、西并列两座保存长度不等的残墙基，还有似城门的缺口。城内残留有与城墙同期的夯土、奠基坑、窖穴和灰坑等。在配合"中华文明探源工程"项目的考古发掘中，又发现一座面积30多万平方米的龙山文化晚期城址，将原来发现的龙山文化晚期城堡环围其中，城内还有重要的建筑考古新发现。此城址有可能是夏初阳城。王城岗古城址的发掘对探索夏文化，确立夏代早期都城均有重要研究价值。

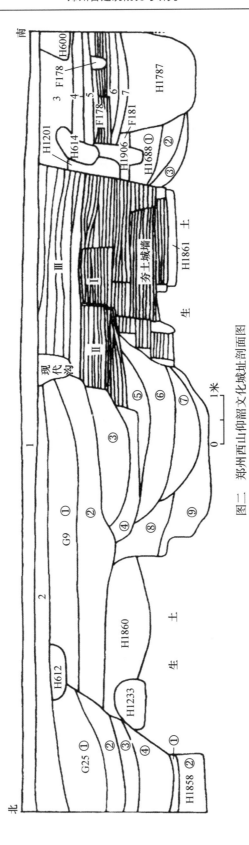

图二 郑州西山仰韶文化城址剖面图

图三　登封王城岗龙山文化城址发掘现场

3. 古城寨城址

位于新密市城东南古城寨村周围。城址面积17.6万平方米，至今还较好的保存着南、东、北三面城墙和南北相对两个城门缺口，还有深达4.5米的护城河遗迹。城址内外新石器时代遗址面积达27.6万平方米。此为一处重要的龙山文化中期以后始建的城址（图四），在二里头文化、二里岗文化、殷商文化时期一直使用。特别是在此城址内和与之不太远的登封王城岗古城内发掘出土的大型夯土建筑基址（图五），可能为宫室性质的建筑，应引起关注，作进一步研究。该城址对研究中华文明起源、中国古代筑城史及早期夏文化等均具有重要意义。

图四　新密古城寨城址遥感照片

图五　新密古城寨城址大型房基

4. 新砦古城址

位于新密市城东23公里新砦村西部。主要遗存为河南龙山文化晚期与二里头文化早期，经多次发掘，取得了"新砦期文化"确认的学术成果。城址平面基本为方形，现存有东、北、西三面城墙及贴近城墙下部的护城河。整个城址均掩埋在地表以下。城址中央偏北处坐落一座东西长92.6米、南北宽14.5米的大型建筑基址，清理出土有部分夯筑墙体、柱洞、红烧土与活动面等重要遗迹。此城址发现的"三叠层"（下为龙山文化层、中为新砦期文化层、上为二里头早期文化层），证明龙山文化与二里头文化之间确实存在"新砦期"，填补了此期缺环的空白。对研究探索早期夏文化，对判定古城寨城址和二里头遗址的年代与性质，对研究夏代都城建设及中华文明起源都具有重要的实物资料价值。

5. 双槐树遗址

据最近报刊报道，郑州市文物考古研究院在巩义市发掘的双槐树遗址，其性质为5300年前古国时代的一处都邑遗址，是填补了中华文明起源关键时期、关键地区的关键材料，可称其"河洛古国"。该遗址距今约5300～5000年，发现三个大环壕和集中成四排的建筑基址，还有类似"瓮城"的两处建筑遗迹，以及墓葬里的祭台等。有专家认为"甚至不排除是黄帝时期的都邑所在，至少是早期中国的酝酿阶段。"故对研究中华五千年文明史提供了新的物证。

6. 大师姑城址

位于荥阳市广武镇大师姑村。经发掘，发现埋于地下的城垣和护城河。残存城垣长2450米，复原长度为2900米，总面积约51万平方米。城垣现存顶部宽7米，底部宽约16米，残高3.75米。夯土城墙经多次续建和修补。营造方法为平地起建、倾斜堆筑、水平夯打，夯层厚度不一，约为0.1～0.4米。城壕位于城墙外约6米处，现存深度为2～2.8米间，现存宽约5～9米间，形状为斜壁平底或圜底。该城始建于二里头文化二、三期之交，约在二里头文化四期偏晚阶段废弃。城址内二里头文化遗存非常丰富，文化层厚2～2.5米左右。已发掘出土有夯土房址，特别是在城址中部发掘出土有成片倒塌的夯土墙体和大量的陶排水管道，显示在城址内建有规格较高的大型建筑物。该城址有可能是夏王朝的东方军事重镇或方国都邑。为研究夏代城市发展、社会结构乃至中华文明起源提供了珍贵的实物资料。

7. 东赵古城址

位于郑州市须水镇东赵村。为夏商周时期的城址，出土三重城池遗迹，小城与中城为兴建于新砦期、二里头文化时期的夏代城址，还发掘出土重要的建筑基址，为建筑考古增添了弥足珍贵的实物资料。

8. 郑州商代城址

郑州商城位于郑州市老市区偏东南部，系国务院公布的第一批全国重点文物保护单位。商代夯筑的城垣近似纵长方形，周长近7公里，城内面积3.43平方公里。城墙多依地形随高就低营建，有的地段挖有基槽，墙基平均宽20米左右，转角处宽32米许（图六）。地面残存城墙最高处6米。东城墙和南城墙大部分保存较好，部分城墙缺口，可能为商代城门。城内东北部为宫殿区，其余大部分为平民居住区。城外北侧、南侧、西侧发现有铸铜、制骨、制陶等手工业作坊遗址。宫殿区内发掘出土夯土台基数十处，有排列整齐的柱洞和柱基槽，柱洞下多有柱础石（图七）。特别是2000年，在宫殿区发现距今3500年的较规范的灰陶板瓦（图八），保存较好的一块长42厘米、宽24厘米、厚2厘米，为我国已知制作较规范的最早的建筑瓦件。宫殿区内还发现有大型蓄水池和供排水设施。近年在商城外围发现规模更大的外郭城，残存的城墙约5公里，对内城形成环抱状。1989年，在郑州西北20多公里的小双桥发现与郑州商城后期同时的夯土建筑基址、窖穴、祭祀坑、壕沟等，还有青铜建筑饰件（图九）。郑州商城的发现和发掘，填补了安阳殷墟之前的一段商代历史的空白，为研究商代都城建筑史和"夏商周断代工程"提供了弥足珍贵的实物资料。

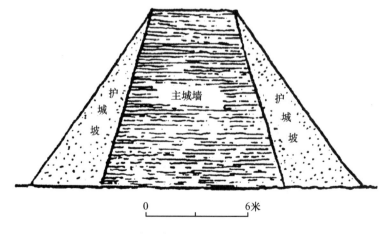

护城坡　主城墙　护城坡

0　　　　6米

图六　郑州商城夯土城墙截面示意图

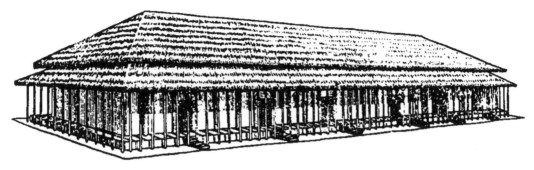

图七　郑州商城宫殿建筑 C8G15 复原图

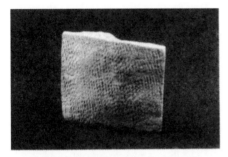

板瓦正面（97ZSC8ⅡT153H30：93）

板瓦背面（97ZSC8ⅡT153H30：93）

图八　郑州商城宫殿区出土陶瓦正、背面纹饰

《文物》2012年第9期《河南新郑望京楼二里岗文化城址东一门发掘简报》称，东一门呈"凹"字形，且门前有附属建筑设施，有专家认为与"瓮城"有关。此"瓮城"遗迹与山西垣曲商城的"瓮城"遗迹虽曲向不一致，但仍然具有曲城的特征，只是内外"瓮城"之别。

9. 祭伯城城址

位于郑州市祭城镇祭城村西，为西周

图九　郑州小双桥商代遗址出土铜建筑构件

时周公第五子祭伯的封地。后并入郑，该城延续使用时间较长。西周时期的城址呈长方形，长约800米，宽约700米，面积约56万平方米。城墙外有宽约25米的护城壕沟。西周至战国时期地下城墙的上部有厚约4米的堆积层，应与黄河泛滥有关。此城址的考古发掘研究工作，在商周考古中占有相当重要的地位，对研究商周时期都城分封与设立及其城市发展均有重要意义。

10. 郑韩故城

位于双洎河与黄水河交汇处的今新郑市的市区一带，为春秋战国时期郑国和韩国的都城。城垣周长19公里，中间有隔墙分为东城和西城。地面现存的城墙巍然耸立，连绵起伏，雄伟壮观（图十）。城墙有20处缺口，有不少缺口应是城门的位置。郑国宫城主要分布于西城区，除发现不少春秋夯土建筑基址（含大型夯土建筑基台）外，还发现有埋入地下陶排水管道等设施。韩国的宫殿区亦在郑韩故城的西城中北部，面积较郑国宫殿区扩大，夯土建筑基址比比皆是。有的打破郑国宫殿基址，还发现有"地下冷藏"遗址。宫墙外侧发现有壕沟，宽15米，深5~8米。故城内外有铸铜、铸铁、铸币、制骨、制陶、制玉、缫丝作坊遗址。1923年，在此发现李家楼郑公大墓。至今调查、发掘古墓葬数千座，发现的大中型车马坑就多达20多座。部分墓冢上还有享堂建筑遗迹。郑韩两国先后在此建都长达535年之久，跨越我国奴隶社会和封建社会，是我国春秋战国时期重要的都城之一。遗留下大量宫殿、城垣、手工业作坊等建（构）筑物遗迹，为我国建筑考古研究提供了珍贵的实物资料。

图十　新郑郑韩故城城墙

11. 阳城城址

位于登封市告成镇东北部。阳城是春秋时郑国和战国时韩国的西南军事重镇之一。故城呈北高南低的长方形，长约2000米，宽约700米，面积约为1.4平方公里。

北城墙保存较好，现存地面上的城墙高约8米，底宽约20～30米，全为夯筑，底部为春秋时夯筑，上部为战国时夯筑（图十一）。城内外遍布有东周时期的陶片和砖瓦碎片，在部分战国时陶器上印有"阳城""阳城仓器"戳记，证明此处为东周时期的阳城故城。城内中部偏北处有大型建筑基址。地面上还残留有成片的铺地砖，其上堆积很多砖、瓦等残片。在建筑基址西侧发现地下埋设的套接陶水管道，系阳城内贮水供水设施。采用直通管、三通管、四通管铺设长长的输水管道，引城外水入城内，与开凿在红色石层中的贮水池相连，池底铺砌河卵石，以沉积水中泥砂，并有涵洞和阀门坑。此为我国目前所知比较完整的一套东周战国时期的供水设施，实属少见。

图十一　登封阳城城墙

郑州地区的华阳故城（图十二）、京城城址、康北故城址、苑陵故城、成皋故城、汉霸二王城、古荥阳城等一批古代著名古城址。至今还不同程度的保存有地上或地下的城垣遗存、不同的城墙结构和营造技法、防御设施、城内外诸多建筑基址等等。所反映的古代城市规划、城市结构、城市布局、防御功能、建筑法式及城市发展历史等涉及建筑考古的内容非常丰富，为研究中国古代建筑史提供了弥足珍贵的不同例证。限于篇幅，仅点到为止。

（二）古聚落遗址

1. 织机洞遗址

位于荥阳市崔庙镇王宗店村北大路山北端，为旧石器时代原始洞穴遗址。距今约10万年。洞穴呈石厦状（图十三），洞口宽13～15米，高4.8米，原进深达40米，现进深22米，洞内面积约300平方米。地层堆积达24米以上，发现有数以万计的打

图十二　新郑华阳故城　　　　　　　　图十三　织机洞遗址

制石器、动物骨骼化石和17处用火遗迹等丰富的古人类活动遗存。织机洞洞穴遗址的发现与发掘，不仅为旧石器考古提供了珍贵的实物资料，更为河南地区人类学研究提供了难得的原始洞穴居住遗存实物例证。

郑州地区近年来，考古部门调查发现诸多旧石器时代遗址（包括新密李家沟遗址，是由距今1万年左右由旧石器时代向新石器时代过渡时期的旧石器文化遗址）。发现非常丰富的旧石器时期的遗物和遗迹。对研究我国旧石器文化遗存和古人类演化及现代人类起源具有重要的学术价值。

郑州地区调查和发掘的旧石器文化遗址中，仅在织机洞遗址等几处发现原始人类居住生活的洞穴，尚未发现人类栖止之所最初出现的巢居——橧巢遗迹，也未发现就地而窝的窝棚遗迹。而旧石器时代除原始人类居住生活的天然岩洞外，而"构木为巢"和"聚柴薪造成巢形住处"的橧巢和窝棚，由于历史久远和建筑材质易毁等原因，寻觅痕迹的概率是非常之低。故也非常期待在郑州地区旧石器文化遗址的发掘中能够寻得橧巢与窝棚的蛛丝马迹，那将是建筑考古学中填补空白的惊人大发现，将为旧石器时期人类居住建筑考古做出非凡大贡献。

2. 裴李岗遗址

位于新郑市裴李岗村西，为新石器时代早期遗址。距今8000年左右。发现有陶窑，由窑室、烟道孔、火道等组成。发掘灰坑22个，为圆形和椭圆形，坑口大于坑底，斜直壁，底近平，包含物有烧土块、木炭屑、动物遗骨、陶石器等。还发现几处残破的穴居房基，还有包含草秸及植物秆痕迹的应为房屋墙壁遗存的烧土块等。证明已形成人类聚居的村落。这处早于仰韶文化1000多年，独具一格地填补了我国仰韶文化以前新石器时代早期的空白，在我国考古学上具有非常重要的地位。被考古学界命名为"裴李岗文化"。残破穴居房基和残墙红烧土块的发现，为新石器时代早期人类居住建筑研究提供了非常重要的实物资料；为中国建筑来源于史前穴居、半穴居的先民之"舍"和"人因宅而立，宅因人得存，人宅共扶，感通天地"的文献记载提供了物证。

3.莪沟北岗遗址

位于新密市莪沟村北岗，为裴李岗文化时期的聚落遗址。经考古发掘，出土房基6座、灰坑44个、墓葬68座。房基为半地穴式，有圆形和方形两种。圆形房基直径2.28~3.8米，残壁高5~40厘米，有斜坡状和阶梯状门道；底部中间有黄泥或草拌泥筑就的灶圈。方形房基南北长2.4米，东西残宽1.32米，壁残高35~40厘米，地面铺垫一层黄灰色土，北部有直径1.2米圆形火烧硬面。该遗址对研究裴李岗文化时期的居住建筑考古，乃至研究此时期社会经济发展均具有重要意义。

4.唐户遗址

位于新郑市唐户村南，遗址涵盖裴李岗、仰韶、龙山、商周等文化遗存。唐户村南偏西侧是裴李岗文化堆积，文化层厚达2米，到仰韶文化时期将部分裴李岗时期遗址叠压覆盖。该聚落遗址共发掘可认定的裴李岗文化时期的房基20座，小者10平方米左右，大者达五六十平方米。这些房屋基址浅者距裴李岗文化层最高处20~30厘米，深的有50~60厘米。平面呈椭圆形、不规则形和圆角长方形。以单间式为主，共17间；多间式3座，均为双间，中间有通道。居住地面和墙壁均经过处理。此处裴李岗文化时期的"房子"都是半地穴式的小窝棚，门道以斜坡式为多。据发掘人员介绍此遗址出土的裴李岗时期的"窝棚"建筑可能是已知最早的房子。具有弥足珍贵的研究价值。

5.大河村遗址

位于郑州市大河村西南的土岗上。遗址东西长7000多米，南北宽约6000米，面积40余万平方米。遗址中部窖穴密集，房址重叠，是仰韶文化时期先民的居住区。发掘出土房基47座，灰坑297个。遗存仰韶文化时期房基多为方形或长方形地面建筑，其中F1-4经^{14}C测定5040±100年，保存较好，开始出现套房，除两间为单间房外，还有两间相连和四间相连的（图十四、图十五）。其房屋建造工序是先挖基槽，在基槽内栽木柱、缚横木、加芦苇束，再涂草拌泥构成墙壁，然后烧烤，形成"木骨整塑"房。这里遗存的套间房建筑基址，对研究家庭起源提供了宝贵的实物资料，对研究史前建筑考古，乃至中国古代建筑史研究均具有非常重要的价值。

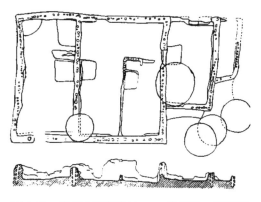

图十四　郑州大河村遗址 F1-4 房基平、剖面图　　　图十五　郑州大河村仰韶文化遗址房基

郑州地区仰韶文化时期的荥阳市青台遗址出土房基30余座；荥阳秦王寨遗址发现的房基墙壁内留存有清晰的立柱、横木和芦苇等建筑材料遗存；荥阳点军台遗址发现的四座长方形房基，东西排列，保存较好，房内中部有边长约1.1米的方形火塘。四角有较大的柱洞，东西有挡风墙。墙壁内外均经火烧成红色，非常坚硬。房基内木炭测定距今5370±130年。荥阳楚湾遗址、郑州尚岗杨遗址等也发现有房基等建筑遗存。

郑州地区龙山文化时期的荥阳娘娘寨遗址、新郑人和寨遗址、郑州马庄遗址、郑州站马屯遗址等诸多聚落遗址，发现丰富的建筑考古的遗物遗迹，为此时期建筑史研究提供了珍贵的实物资料。

夏商周时期，巩义花地嘴遗址发现新砦期文化的4条环壕、3个祭祀坑、10余座房址。新郑望京楼遗址、郑州市区东赵遗址、登封南洼遗址、荥阳西司马遗址、新密曲梁遗址等，也发现有重要的同时代的建（构）筑物遗存，具有很重要的建筑考古研究价值。

（三）陵墓建筑

北宋皇陵：位于巩义市境内，陵区范围30余平方公里。宋代是我国历史上首次集中设置帝王陵区的朝代，对以后各代帝王陵的建制产生重要影响。宋室九帝，除徽、钦二陵外，其余七帝和赵匡胤之父赵宏殷均葬于此，称"七帝八陵"。陵区陪葬皇后陵22座，皇室宗亲墓144座，名将勋臣墓8座。各陵园的建筑布局基本相同，均坐北面南，周围有行宫、寺院、庙宇。陵园由上宫、地宫、下宫组成。上宫为陵台所在区域，陵四周筑有围墙，称神墙，四角各有角楼。神墙四面各设有神门。东、西、北三神门外各置雄狮一对。南神门外有神道，神道两侧对称排列着雄伟壮观的石刻仪仗。帝陵还有乳台，两边还有鹊台，台上有楼阁。陵台下为规模宏大的地宫。下宫自成一区，据有关英宗永厚陵记载，下宫有正殿，置龙輴，后置御座。影殿置御容。东幄置神帛，后置御衣数事。斋殿旁皆守陵宫人所居。宋陵虽地面建筑已不存，但尚存文献记载和部分建筑基址，故可依其建筑规模、建筑布局、建筑形制、建筑材料、建筑手法等，研究宋代陵寝建筑制度、宋代建筑法式等，洵为宋代建筑史研究的重要内容之一，特别是为研究宋代建筑经典著作《营造法式》提供重要的资料。

郑州地区陵墓建筑内容丰富，除宋陵外，尚存后周皇陵、郑庄公墓、郑昭公墓、梁惠王墓、魏京兆王墓、明藩王陵、明原武温穆王陵等。还有纪信墓、杜甫墓、刘禹锡墓、李商隐墓、高拱墓等诸多名人墓。这些墓园建筑及墓室建筑结构等为建筑史研究提供了实物资料。

（四）古作坊遗址

限于篇幅略。

郑州历史悠久，文化灿烂，是华夏文明的核心区。古聚落遗址、古城址、古作坊遗址、古陵墓星罗棋布，非常丰富。古城址、古聚落遗址等是古代建筑物和构筑物最为集中的地方，是研究早期古建筑的宝库。虽然汉代以前的建筑物，由于自然和战争等人为原因，均遭到破坏，但可贵的是遗留下丰富的建筑基址和构筑物残体。这正是建筑考古学研究的对象。因为建筑考古学的核心是复原研究，复原与当时历史社会的关系，科学复原建筑的选址、功能、形制、结构、材料、技术、艺术等。所以建筑考古学是建筑史学的坚实基础。故郑州丰富的早期建筑考古资源为研究中国建筑考古学提供了弥足珍贵的实物资料。

二、砖石建筑遗存

郑州地区现存古代砖石建筑数量多，文物价值高，文化内涵丰富。在我国古代建筑史研究中名列前茅。现择要予以论述。

（一）汉代石阙

中国阙类建筑历史悠久，最早可追溯到原始社会。即为建在建筑群前的大门，因门形特殊，两阙中间是空缺的，所以称阙。但也有左右两阙相连形成罘罳形象。由于自然和人为的破坏，绝大多数已不复存在，幸存者如凤毛麟角。现全国仅存东汉和晋时期整、残石阙32处。河南现存东汉时期石阙4处，其中郑州现存东汉时期较完好的石阙3处，均在登封境内：①太室阙，是汉代太室山庙前的神道阙，是河南现存四处汉阙中保存最好者（图十六、图十七），不但左右双阙保存较完好，而且主、子阙均未经后人扰动。阙高3.92米，东西两阙相距6.75米。阙身用长方形块石垒砌而成，其上为石雕四阿顶。西阙南面阙身篆书题额"中岳太室阳城□□□"。阙铭明确记有"元初五年四月……造作此石阙"，可知该石阙建于公元118年。阙身保存较好的画像尚存五十余幅，画像内容有楼阁建筑、骑马出行、常青树、马技、舞剑、斗鸡、朱雀、玄武等。②少室阙，是汉代少室山庙的神道阙，东西两阙结构基本相同（图十八）。东阙高3.37米，西阙高3.75米，两阙相距7.6米。阙顶为石块刻制成的四阿顶。主阙顶比子阙顶高1.04米，阙身上部雕刻有斗拱。阙身画面剥蚀严重，残留有车骑出行、鹳鸟哺雏、交龙穿壁、驯象、马戏、宴饮、蹴鞠、击剑、常青树等。③启母阙，为启母庙的神道阙（图十九），其结构、形制等与太室阙相同。阙铭两方皆刻于西阙北面，一方为赞颂夏禹治水的功绩，特别是三过家门而不入的忘我精神。另一方记述东汉熹平四年（175年），中郎将堂谿典来嵩山祈雨事。铭文字体遒劲俊逸，是汉代书法之精品，为金石学家所称道。阙身画像尚存六十余幅，主要内容有夏禹化熊、郭巨埋儿、蹴鞠、车马出行、舞乐百戏、宴饮、驯象、斗鸡等。

图十六　登封太室阙历史照片

　　登封太室、少室、启母三处石阙，通称中岳汉三阙，均为重要的庙阙，且双阙皆存、实属不易。此三阙仿木构建筑形象逼真，均为四阿顶建筑，有的还刻制有汉代斗拱等，对研究早已不存的汉代木构建筑的建筑法式和建筑结构、雕刻艺术等提供了弥足珍贵的实物资料；阙身雕刻内容丰富，对研究汉代社会生活习俗等具有特别重要意义。画面所雕刻的蹴鞠图，还能为足球起源中国起到物证作用。此三阙均由国务院公布为第一批全国重点文物保护单位。

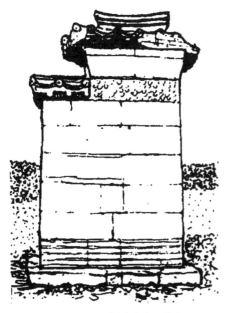

图十七 登封太室阙西阙

图十八 登封少室阙东阙历史照片

（二）古 塔

河南古塔建筑居全国之冠，郑州古塔多达
273座，占全省古塔总量的45%，为河南现存
古塔最多的地区。不但是全国省会城市和地级
市中古塔最多者，而且古塔数量甚至比我国某
些省（区、市）现存古塔还多。可见郑州现存
古塔在全省，乃至全国塔文化研究中占居着弥
足重要的地位。现将郑州古塔之特色综述如下。

① 被列为"中国名塔"的古塔多：在《中
国名塔》《中国名塔大观》等专著中，列入其
中的郑州古塔有建于北魏正光年间（520～525
年）的嵩岳寺塔，系十二角十五级密檐式砖塔。
不但为我国现存最早的大型佛塔，称为"中华
第一塔"，而且十二角之塔形，也为全国古塔之
孤例（图二十、图二十一）；净藏禅师塔，建于

图十九 登封启母阙西阙

唐代天宝五年（746年），为八角形单层重檐亭阁式砖塔，不但为我国现存最早的八
角形唐塔，也是我国现存仿唐代木构建筑最为逼真的古塔；法王寺塔，位于我国十

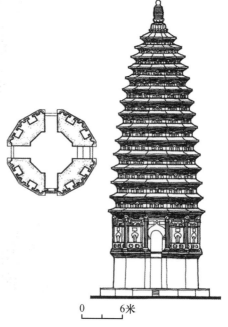

0　　6米

图二十　登封嵩岳寺塔　　　　图二十一　登封嵩岳寺塔平面、立面图

大古寺之一的法王寺，现存唐塔四座，其中法王寺佛塔，高36米许，为十五级方形叠涩密檐式砖塔，建于唐代初年，为我国著名的唐代三大密檐式砖塔之一。另有三座唐代墓塔，其塔刹高大，石雕精湛，艺术价值颇高；还有唐代永泰寺塔等全国著名古塔。《中国古塔精萃》《中国古塔鉴赏》《中国佛塔史》《中国古塔》《中国塔林漫步》等塔文化专著中也列入郑州古塔近20处（含少林寺塔林、新郑凤台寺宋塔、荥阳宋代千尺塔、中牟宋代双塔等）。

②建塔时代全、跨越时间长：郑州古塔有我国现存最早的北魏嵩岳寺塔，有唐、五代、宋、金、元、明、清时期各类砖石塔，其建塔时间不断代，不缺环。不但有佛教寺院的佛塔和墓塔，还有补风水振文风的文峰塔等。由于建塔时代全，必然形成连续建塔的跨越时间长之特点。

郑州现存最早的北魏嵩岳寺塔至现存建塔时间最晚的建于清代光绪二十三年的会善寺"梅公塔"，其建塔的跨越时间长达1370多年，为全国之最。

③现存早期塔数量多：古代建筑，由于自然和人为的破坏，元代以前早期建筑遗存数量相对明清时期建筑要少，古塔建筑也是如此。但郑州现存元代以前古塔相对较多，是其重要的特点之一。据笔者统计，郑州现存古塔273座，其中北魏塔1座、唐代塔15座、五代塔1座、宋代塔12座、金代塔18座、元代塔53座、明代塔152座、清代塔21座。元代及其以前的古塔多达100座，占郑州地区现存古塔总量的36.63%，不但在河南，乃至在全国同类城市中也是现存早期砖石塔最多者。

④ 全国现存最大的塔林：全国现存塔林约100多处，河南现存塔林24处。一般塔林中现存古塔数量多者100多座，少者仅数座。而郑州登封少林寺塔林，塔林内现有古塔多达228座，加上塔林周围属于少林寺的佛塔和墓塔15座，合计243座。其中现存唐塔6座、五代塔1座、宋代塔5座、金代塔17座、元代塔52座、明代塔148座、清代塔14座。塔之造型可分为楼阁式塔、密檐式塔、亭阁式塔、喇嘛塔、窣堵波形塔、幢式塔、碑式塔、方柱体塔、长方形异体塔等。其中平面方形塔多达171座，是其该塔林的一大特点。另有圆形塔17座、长方形塔3座、六角形塔51座、小八角塔1座。由于该塔林元代及其以前的佛塔与墓塔多达81座，占少林寺塔林总塔数的三分之一，故也是其特点之一。

少林寺塔林为全国重点文物保护单位、世界文化遗产；是我国现存塔林中古塔数量最多，早期塔最多，规模最大的塔林（图二十二）；是鉴定和鉴赏古塔的标本室，被誉为"露天的古塔博物馆"。具有极为重要的历史、科学和艺术价值。也是国内外游客参观考察旅游的胜地。

图二十二　登封少林寺塔林

⑤ 抗震性能强：郑州地区古塔数量多、类型全、建筑材料丰富，对古建筑，特别是对古代砖石建筑抗震性能研究，提供了重要的实物资料，现予以简析。经考察和考古发掘，发现多数塔选址避开地质活动断层或断层近区，或饱含水分的松沙和软弱的淤泥地带，或人工填土的松软之处。而是选址于稳定的岩石地带，或地形开阔平坦、土质干燥密实的地方等。这样的选址，使塔基坐于稳固之地，利于抗震；郑州古塔的基础结构方法，一为地表之下建地宫，一为砖石砌块砌筑或碎砖、瓦、

石掺土夯打坚实的实体基础，且经过人工处理的基础较深，面积较大。增强了基础的整体性能，使其承载一致，避免不均匀沉降等缺陷，抗震性能得到提高；塔之形体简洁规整，结构均匀对称，少有凸起和凹进等突变部分，拔檐砖层的圈梁作用，壁体厚而坚实，同层塔壁高度一致，塔门塔窗变换方位，层高递减降低重心位置，木（竹）骨的使用、刹柱的应用等，均有利于抗御地震力的破坏。

材料与施工：建筑材料与施工质量的优劣，直接关系到古塔的抗震性能。郑州古塔的石材多为优质石灰岩青石；砖塔选料更为讲究，嵩岳寺塔的塔砖，泥质纯细，火候高等，使其最大抗压强度达414kg/cm²，坚实如初；粘合剂选料精良。并能做到精心施工，使其壁面平直，适度砌缝，且勾抹严实，未发现"带刀灰"等现象。增强了抗御地震的能力。

郑州现存古塔，还为古代建筑史研究提供了丰富的实物资料，补充了佛教历史和艺术史研究内容，限于篇幅略。

（三）牌　坊

郑州古代牌坊较多，仅据志书记载就有三百多座，由于自然和人为破坏，多已不存。笔者于1962年在新郑城内所调查的明代石牌坊少保宗伯坊、少师大学士坊、少傅冢宰坊、高尚贤高捷高拱进士坊、柱国太师文襄高拱祠坊、无名石坊、无名残石坊和清代敕旨节孝坊、恩荣节孝坊、敕建节孝坊、节孝坊等11座高大雄伟，雕刻精美的石牌坊，全部毁于"文革"时期。

郑州地区现存整、残的木牌楼、石牌坊有登封中岳庙配天作镇坊（图二十三）、嵩高峻极坊、天中街东西二残石坊，少林寺双石坊及达摩洞石坊、大金店崔氏先茔石坊；巩义蔡庄文魁坊、魏氏节孝坊、郑氏节孝坊、孟氏节孝坊、康氏节孝坊、王氏节孝坊（图二十四）、赵春亭墓坊；荥阳阴氏节孝坊等。郑州为河南省现存木牌

图二十三　登封中岳庙配天作镇坊（摄影／王羿）

图二十四　巩义王氏石坊（摄影／王羿）

楼、石牌坊最多的地区之一，为明清时代木、石构建筑特征及雕刻艺术研究提供了重要的实物资料。

（四）石 窟 寺

郑州巩义石窟，是河南现存的第二大石窟，也是全国重要的石窟之一。始凿于北魏，经历西魏、北齐、唐、宋等时代凿窟造像，形成巍峨壮观的石窟造像群（图二十五）。现存洞窟5个，千佛龛1个，摩崖大佛3尊，摩崖造像龛255个，碑刻题记254方，佛造像7743尊。除第5窟外，其他4窟均有中心方柱，柱四面均凿龛，龛内雕刻佛像。特别是该石窟内"帝后礼佛图"浮雕，保存之好，雕刻之精美，为国内现存石窟中所少见。

郑州另有新密香峪寺石窟（东魏）、荥阳王宗店石窟（北齐）、荥阳邢河石窟（北齐）、登封王家门石窟（唐）等小型石窟（龛），也有一定文物价值。

图二十五　巩县石窟局部

（五）无梁殿与石室

无梁殿，为砖石砌筑的拱券式建筑，因不用梁柱，故称无梁殿。郑州巩义佛兴寺大殿，面阔三间（11.2米），进深8.2米。前后檐下砖雕椽头和斗拱，殿内砖券拱顶。建于明崇祯十年（1637年）；巩义平顶寺大殿，为面阔三间单檐硬山式无梁殿建筑，建于清代；巩义慈云寺也有砖券无梁殿建筑。为研究河南明清时期无梁殿建筑提供了实物资料。

新郑市具茨山轩辕庙石室建筑（图二十六），相传时代久远，经鉴定为明代建筑，具有重要文物价值。

（六）桥 梁

郑州地区明清时期的桥梁较多。就目前所知，新郑轩辕桥的历史、科学价值较高（图二十七）。该桥位于轩辕祠南约40米，系敞肩圆弧砖拱桥。全长4.45米，宽

图二十六　新郑轩辕庙石室

图二十七　新郑轩辕桥

3.70米，桥孔净跨3米，矢高1.9米。通体用长30厘米、宽12厘米、厚7厘米的青砖砌筑，用白灰浆黏结。在东侧券洞中央最高处的矩形砖上刻有阳文竖排篆书"轩辕桥"三字。桥之西侧券洞最高处矩形砖上刻有阳文竖排楷书"隆庆四年许州造砖户王仲"11字。笔者陪同著名古建专家罗哲文先生考察此桥时，罗老说："此桥不但有'轩辕桥'桥名，而且有确凿的'隆庆四年'的建桥时间。所以说不但对黄帝文化研究有重要意义，而且就目前所知此类砖质桥，最早也就出现在明代，所以此桥对古代桥梁史研究也是具有重要价值。"

郑州市区熊耳河桥，始建年代无考。原为单孔石桥，清代增石券一孔，形成双孔石桥。桥长34米，宽6.86米，拱券净跨4.72米，矢高2.4米。有吸水兽头等雕刻。清代增建的拱券未有雕刻，做工也较前者为次。据《河南古代桥梁》一书介绍，其中早期一孔的建造技术和雕刻艺术风格有少许宋元时期特点，具有一定研究价值。

位于大运河郑州段的惠济桥，为三孔石桥，建于明代初年，据方志记载桥头还营建有实体建筑，具有重要的历史研究价值。

郑州现存明清时期的桥梁还有巩义市赵公桥、干沟桥、奉仙桥，新密市广济桥、惠政桥、通脊桥、罗家桥，荥阳市天桥，郑州市区德济桥等。也有一定文物价值。

（七）测景台与观星台

登封市周公庙内的测景台和观星台，是古代天文观测的专用建筑。测景台系上下两部分用规整的石块垒砌而成，上小下大，顶部刻成歇山式屋顶（图二十八）。上部阴刻"周公测景台"五个大字。石表和石圭高皆为1.965米。此处相传是周公测定"地中"的地方。现存的这座石构测景台是唐代开元十一年（723年）太史监南宫说建造的。由于石圭和石表的高、斜度的比例关系，恰是夏至太阳斜角和日影的最小长度，所以夏至的中午测景台地面无太阳照射的阴影，故有无影台之称。

观星台位于测景台北面，为砖石混合结构，平面方形，呈上小下大的覆斗状（图二十九），高9.46米（连同台上明代增建的小室通高为12.62米）。台底边长16米，台顶边长8米。台北壁设有左右登台的梯道，北壁中央砌出上下贯通的凹形直槽，即为"景表"，与台下由36块方石铺砌的长31.19米的石圭，构成一组测量日影的圭表装置。此台建于元代至元年间，为我国现存最早的天文台，也是世界上现存最早的观测天象建筑之一。测景台和观星台具有弥足珍贵的历史价值和科学价值，系1961年国务院公布的第一批全国重点文物保护单位。

图二十八　登封周公测景台（摄影／王羿）

图二十九　登封观星台（摄影／王羿）

（八）石　经　幢

我国现存经幢有佛教经幢和道教经幢，是古代建筑小品之一。郑州现存有整、残的唐、宋、金代石经幢9座：①郑州《佛顶尊胜陀罗尼经幢》，原存郑州市区开元寺，现存郑州博物馆。雕造于唐中和五年（885年），幢高3.5米，幢身八角形。雕刻有佛像和陀罗尼经文，还刻有五代后唐天成三年（928年）移幢于开元寺的题记；②郑州市区《太上洞玄灵宝无量度人上品妙经》幢，因刻有道教经典，可知为现存数量较少的道教经幢之一。幢身八角形，刻立于唐代会昌六年（846年），原幢始立于何处不详，后立于郑州开元寺，现存郑州博物馆；③新郑市《佛顶尊胜陀罗尼经幢》刻立于唐永淳二年（683年）。据《新郑县志》记载该幢原立于新郑卧佛寺，现存新郑博物馆；④新郑市《妙法莲华经石幢》，未有刻立经幢的文字纪年，经鉴定为唐代经幢。原立于新郑卧佛寺山门东侧，现存新郑博物馆；⑤新郑市千佛石幢，八角形柱体幢身，因雕刻佛像较多，故俗称"千佛幢"。经鉴定为唐代经幢。原立于新郑西关卧佛寺，现藏郑州博物馆；⑥荥阳市桃花峪经幢，刻立于唐代贞元八年（792年）。原立于荥阳广武镇桃花峪村东，现存荥阳市文物保护管理中心；⑦荥阳市佛顶尊胜陀罗尼真言幢，唐咸通六年（865年）刻立。位于广武镇广武小学内（原立于金山寺）；⑧荥阳市石柱岗经幢，位于荥阳市石柱岗村。幢身八棱柱体形。有宋大观三年（1109年）刻立的题记；⑨荥阳市佛顶尊胜陀罗尼经幢，位于荥阳市豫龙镇扁担王村。高7.4米，金代泰和三年（1203年）刻立，刻有隶书"佛顶尊胜陀罗尼经"，保存完好。

这些石经幢，补充了佛、道教史和石幢文物研究的实物资料。

另外，郑州地区现存时代较晚的砖石构寨墙等，也为文物建筑的组成部分，具有古建筑研究的参考价值。

三、木构建筑遗存

郑州现存古代木构建筑数量多，历史、科学、艺术价值高，且观赏性强。在古建筑保护、研究和利用中发挥着重要作用。其中有的还被列入世界文化遗产名录和我国各级文物保护单位，受到业界的高度重视。现依其建筑时代和建筑特征等予以简述。

（一）宋 代 建 筑

河南现存宋代木构建筑两座，一座为宋代早期建筑济源市济渎庙寝宫；一座为宋代晚期建筑登封少林寺初祖庵大殿。

初祖庵大殿：位于少林寺常住院北1公里许的小阜上。据建筑特征和殿内石柱铭刻"弟子刘善恭仅施此柱一条……大宋宣和七年佛成道日焚香书"，可知大殿建于宋代宣和七年（1125年）。

大殿面阔三间，进深三间，单檐歇山顶，平面近方形（图三十）。檐柱与金柱均为青石质八角形，柱头覆盆状，有明显的柱生起。仅施用材宽大的阑额，未施普拍枋。外檐斗拱为五铺作单抄单昂，斗拱后尾偷心用真昂。前后檐当心间施补间铺作二朵，次间施补间铺作各一朵。令拱位置略低于第一跳慢拱。单材要头为蚂蚱头状，其上置齐心斗。散斗、交互斗、齐心斗的斗颐较深。柱头铺作与转角铺作均为圆栌斗，补间铺作用讹角栌斗。斗拱间垒砌拱眼壁。梁架为抬梁式，四椽栿前对乳栿劄牵立四柱。部分梁栿构件经后人重修时更换。前后当心间入口处各置板门两扇，正立面次间各辟一直棂窗。前金柱位置与山柱一致，后金柱位置因佛台关系向后推一步架。殿顶坡度较平缓。殿身石檐柱表面浅浮雕精美的卷草、莲荷、人物、飞禽、伎乐等。殿内石金柱上鼓浮雕握杵执鞭的武士、游龙、舞凤、飞天、盘龙等。殿之东、西、北三面墙裙肩内外石雕人物、卷草、麒麟、狮子等。

此殿外檐斗拱尤为重要，多为宋代原构（图三十一）。著名建筑学家刘敦桢先生1936年现场考察后著文称"此殿的外檐斗拱……凡是留心中国建筑的，几乎尽人皆知。"该殿的建筑年代，比我国宋代建筑专著《营造法式》的成书时间仅晚25年。在地理位置上，登封距北宋京都开封（《营造法式》颁布地）仅百余公里。所以，该殿所用材栔比例等与《营造法式》的规定相近。特别是柱头铺作与转角铺作用圆栌斗；补间铺作用讹角栌斗；令拱位置比第一跳慢拱稍低等特点，与《营造法式》规定也基本相符合。全国现存宋代建筑没有一座建筑结构与《营造法式》完全相同的，此大殿虽也有不少地方不合于《营造法式》，但多数建筑结构形式和雕刻手法等符合《营造法式》规定。故建筑史学界把该大殿视为研究《营造法式》的最好的例证。国家文物局数次派专家考察研究，并帮助河南编制维修方案，由专家反复论证评审，经批准于20世纪80年代，经过三年复原性修葺，更换了后人明显的不当维修部分，并修复了叠瓦脊，恢复了剪边瓦顶。为慎重保留原结构，未大动梁架。这次维修，在个别柱头处理方面也存在不当维修的缺点。但总体上，通过此次维修，做到了基本上"不改变文物原状"的原则，重现了这座宋代木构建筑的历史面貌。

图三十　登封少林寺初祖庵大殿

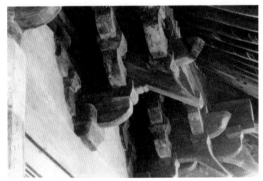
图三十一　登封少林寺初祖庵大殿斗拱

（二）金代建筑

河南虽为金代晚期建都之地（开封），但因时间短暂且连年战争，故存留文物不多，特别是木构建筑更少。经鉴定现存原建筑结构纯度高与纯度不高的金代木构建筑共有五座，郑州市登封清凉寺大殿是其一也。

清凉寺位于登封市城西10公里少室山南麓的清凉峰下，寺因清凉峰得名。创建年代不详，金代贞祐四年（1216年）重修，寺内大部分建筑已毁。现存有大殿、山门等古建筑15间，占地面积17000平方米。大殿面阔、进深各三间，平面近方形，单檐歇山造，绿色琉璃瓦覆盖殿顶。阑额与普拍枋的组合断面呈"T"字形，且阑额与普拍枋至角柱处的出头呈平齐状，普拍枋接头采用勾头搭掌的做法。檐下斗拱为四铺作单昂，前后檐当心间补间铺作二朵，侧檐当心间补间铺作一朵，皆用真昂（图三十二），耍头系足材蚂蚱头状，令拱两端斜杀，交互斗呈五角形，正心拱为实拍足材，材高15厘米，材宽10厘米。土坯垒砌拱眼壁。虽然昂嘴加高，但底宽仍大于边高。殿内采用减柱造，减去前金柱，后金柱使用通柱，柱与大栿相交处使用合㭼。为抬梁式梁架，四椽栿后对乳栿剳牵立三柱。梁栿粗糙，彻上明造。采用无雕饰的素面叉手。蜀柱为小八角形，其下为倒置替木状的合㭼（脊蜀柱下置鹰嘴驼峰状的合㭼）。槫、枋间用襻间铺作。屏壁上残存有金代彩色壁画，多已漫漶不清。通过以上建筑结构等特点分析，结合寺内碑文记载，可知此大殿为金代建筑，后经大修时更换了部分构件，现存金代建筑结构纯度不太高，但因属于早期木构建筑，故仍有重要的文物价值。该大殿和寺内其他文物已得到较好保护。

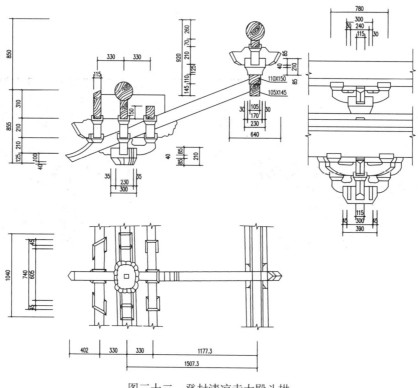

图三十二　登封清凉寺大殿斗拱

（三）元 代 建 筑

元代建筑虽继承了宋金建筑传统，但由于受外来因素的影响，在其建筑结构、建筑材料、建筑手法、建筑装饰等方面又有其自身的特点。河南现存元代建筑结构纯度高与纯度不高（保留部分元代构件，保留一定元代建筑特征）的单体木构建筑29座。郑州现存元代木构建筑2座，即登封会善寺大殿和巩义蔡庄三官庙大殿。

会善寺位于登封市市区北6公里嵩山南麓积翠峰下。大殿面阔五间，进深六架椽，单檐歇山造（图三十三）。阑额与普拍枋组合断面呈"Ｔ"字形，至角柱处出头呈平齐状。除外檐中央三间使用木柱外，其他檐柱和金柱皆为明代八角形石柱（殿内金柱有明代题记）。柱下磶磴为明清物。檐下斗拱为五铺作双下昂重拱计心造，内转五铺作重抄，内一跳偷心，内二跳计心，用方形栌斗。昂下刻出假华头子。材高21厘米，栔高7厘米，材、栔雄巨。栌斗、交互斗、散斗之耳、平、欹三者高度的比例关系不合4∶2∶4之比，瓜子拱、慢拱、令拱等均采用两端斜杀的形式，故相应的散斗均呈菱形。交互斗呈五角状的圭形。要头为足材蚂蚱头，其正面微显内颥。该殿正面当心间、次间与背面当心间不用补间铺作，其他各间均为补间铺作一朵。前檐栌斗的斗颥明显较大，应为元物。其他无斗颥的栌斗多为清代更换之物。殿内明间施后金柱，次间施前金柱，故此殿梁架均未超过四椽以上。这座大殿的建筑时代特征，有争议。已故著名建筑学家、中国营造学社文献部主任刘敦桢先生1936年考察会善寺后著文称"大殿的建筑年代，因庙内碑碣已大部毁灭，未曾寻出确实的凭据。但在结构上，其上部梁架与石柱底下的圆形础石，显系清代所抽

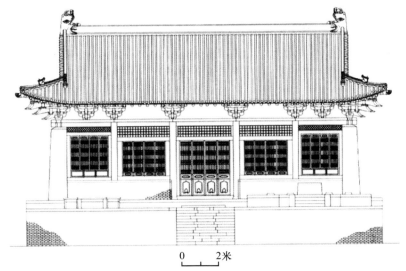

0   2米

图三十三　登封会善寺大雄宝殿正立面图

换，而斗拱的式样，则以元代制作的可能性占据多数。"1978年6月，笔者陪同已故著名古建筑专家祁英涛先生考察时，祁先生言"有说它是元代建筑，主要是指梁栿有用自然弯曲材的，梁下用通合楂，是早期手法。木檐柱是清代的，斗拱有元代成分，但多是明清时期的，东山面五踩重翘，全是后配的。"通过老专家点评和笔者数次现场考察，可知此大殿现存元代建筑结构纯度不高，仅存一部分元构。但鉴于此大殿为河南省现存元代木构建筑中建筑体量最大者，且保留有较早的建筑古制和部分元代遗构，因此为我省现存重要的元代木构建筑之一，具有重要的研究价值。

近日，在巩义蔡庄三官庙内发现一座面阔三间单檐悬山式木构建筑，为元代晚期建筑。明清时期重修。采用少许因袭古制的袭古建筑手法。

（四）明清时期建筑

明清两朝历经500多年，是国家长期统一、生产不断发展、各族文化大交流的重要时期。此时期的营造业，在唐、宋、元时期发展成熟的基础上进一步得到了巩固和提高，取得了很大成绩，形成了官方和民间建筑活动都很活跃的局面，出现了中国古代建筑发展史上最后一个高潮。

由于明清时期地方建筑有了较大的发展，形成中国建筑的地方特色从明代起更加显著。所以北京、承德等地严格按照明清朝廷颁布的技术规范进行营建，习称为"官式建筑"。而其他各地区除皇帝诏书敕建的少数"官式建筑"外，绝大多数衙署、宗教建筑、住宅、公用建筑等不遵守朝廷颁布的营造技术规范，而是根据营造匠师自己的传统经验，师徒相传，身教口授进行营造活动。这种不是依法令强制执行，而是营造匠师们自愿遵守的营造技术做法所建造的建筑物，习称为"地方建筑"，其建筑手法称为"地方建筑手法"。

郑州地区现存明清木构建筑，不但数量很多，而且既有"官式手法建筑"，还有大量"地方手法建筑"，还兼有受"官式建筑手法"影响的地方手法建筑，即同一座单体木构建筑主要运用"地方建筑手法"而又少量运用同时代"官式建筑手法"营建，是其郑州明清时期建筑的重要特点之一。

1. 明代建筑

郑州现存明代木构建筑，除登封中岳庙寝宫为"官式手法建筑"外，其他均为中原地方手法建筑。现择其数例予以简述。

（1）登封南岳庙大殿

位于登封市大金店镇大金店村南岳庙内。庙内原有殿宇多已毁坏，现存建筑经屡次重修后有的已失原貌。但府君殿，即该庙主体建筑大殿保护较好，且具有重要的研究价值。大殿居中轴线中部，面阔三间，进深三间，平面近方形，单檐歇山灰筒板瓦覆顶（图三十四）。檐下斗拱为五踩重昂重拱计心造，明间平身科二攒，次间平身科一攒。明间斗拱为溜金斗拱。昂嘴做法表现为明代中期地方建筑手法特征。柱头科为五踩重昂计心造形制，为假昂斗拱。平身科与柱头科的要头为足材蚂蚱头，其正面稍存内顱。有的拱身斜杀。做法虽不完全一样，但其昂嘴底宽均大于边高，这是鉴定斗拱的时代特征之一。斗拱之攒距不等（次间攒距为129厘米）。

该殿的平板枋与大额枋组合断面呈"丁"字形，至角柱处出头呈平齐状，是中原地方建筑手法的袭古做法。檐柱柱头正面小斜杀的做法，也体现了明代建筑特点，但侧檐和后檐一部分柱头平齐的细檐柱，应是清代重修时更换之物。梁架为抬梁式，五架梁后对双步梁立三柱，梁身显弯曲状，部分梁有小抹角。用叉手，不施托脚，叉手用材较小，起不到承重作用。脊瓜柱小八角形，柱下施角背。殿墙用长28厘米、宽14厘米、厚7厘米的青砖垒砌，采用灰缝岔分甃砌方法。据传此殿建于金代，笔者现场考察未发现金代建筑特征，综观斗拱、梁架等建筑结构和建筑手法，此殿应为明代中叶河南地方手法建筑，少部分构件为清代重修时更换的。故对研究明代河南地方手法建筑具有重要价值。

（2）登封城隍庙大殿

城隍庙位于登封市城内西大街，坐北面南，现存文物建筑有仪门、东西廊房、拜殿、大殿等。大殿前的拜殿为面阔五间的清代建筑。大殿为明代初年建筑，面阔五间，进深三间，单檐歇山式，灰色筒板瓦覆顶（图三十五）。檐下斗拱为五踩双下昂重拱计心造，明间平身科一攒，次间和梢间平身科各一攒，攒距不等。大额枋与平板枋组合断面呈"丁"字形，抬梁式梁架，保留有地方建筑特色的彩画。

图三十四　登封南岳庙大殿　　　　图三十五　登封城隍庙大殿与拜殿（摄影/王羿）

此大殿是河南现存重要的明代地方手法建筑之一，斗拱、梁架大木作明代建筑结构纯度高，且保留有地方建筑手法的彩画。具有重要的研究价值。近年，经国家文物局批准，拨款维修后得到了妥善保护。

（3）登封中岳庙寝殿

中岳庙位于登封市区东3公里太室山南麓黄盖峰下。始建于秦代，北魏时改今名。现存古建筑400余间，占地面积达10万平方米，是河南现存三处明清官式手法建筑群中规模最大者，也是全省现存最大的古建筑群。该庙寝殿是河南3处官式建筑群中唯一的具有明代官式建筑手法特点的大型殿式建筑。寝殿为中岳庙中轴线

上第十座建筑，系单檐歇山造，黄琉璃瓦覆盖殿顶（图三十六）。面阔七间，进深三间，建筑面积238.52平方米。檐柱通高507厘米（柱础高74厘米）。柱径64厘米，柱径与柱高之比为1：7.9。柱头最上部正面斜杀，即抹成舌状的小斜面，符合明代中晚期官式建筑的建筑特征。特别是大额枋与平板枋的组合几乎是平板枋的宽度与大额枋厚度基本相等，更体现了明

图三十六　登封中岳庙寝殿（摄影/王羿）

代官式手法建筑的时代特点。檐下采用五踩重昂重拱计心造斗拱。综合分析，该殿保留有明代官式建筑的建筑风格，部分建筑构件的形制和做法近同于明代官式建筑手法。故此殿的建筑时代可能为明代。虽有关志书记载，明末中岳庙寝宫等大部建筑被焚毁，但据该殿现存建筑结构等分析，很可能在那次火灾中寝殿未被焚毁或轻微受损，而保留下来了。

郑州地区的古代建筑群中，还存留少量具有明代建筑特征的单体木构建筑，均具有一定的研究价值。

2.清代建筑

郑州现存的清代木构建筑，可分为三类，一为清代官式手法建筑，二为清代河南地方手法建筑，三为以清代地方建筑手法为主兼有少量官式手法的建筑。现择其三者数例予以论述。

（1）中岳庙大殿

位于登封中岳庙内，为中岳庙的正殿。面阔九间，进深五间，重檐庑殿式建筑，黄色琉璃瓦覆盖殿顶，建筑面积达668.735平方米（图三十七）。大额枋与平板枋组合断面呈"凸"形，大额枋至角柱处出头刻霸王拳，系清代官式建筑的做法。上檐斗拱为七踩单翘重昂计心造，下檐斗拱为五踩单翘单昂里转五踩重翘重拱计心

造。该殿木构建筑的模数单位斗口为10.2厘米。斗拱通高88.8厘米，是柱高595.9厘米的15%。攒当距离不完全一致，其中有稍大于清代官式建筑规定的11斗口，反映了此殿的清代早中期官式建筑做法。所有斗拱的要头皆为足材蚂蚱头，正面无内顱。各攒斗拱之间采用木质垫拱板的做法。大木作梁架之大柁高57厘米，宽50.5厘米，高宽之比为10：8.8，与清代官式建筑规定10：8的比例基本一致。此殿采用面阔九间，进深五间的"九五之尊"，和重檐庑殿造，黄琉璃瓦覆顶等，均表现出最高的建筑等级，显示其中岳之神"天中圣帝"的帝王宫殿建筑的级别。

（2）少林寺山门

该山门为现少林寺常住院中轴线上第一座建筑，建于清雍正十三年（1735年）。门额悬清康熙皇帝书"少林寺"横匾。面阔三间，进深三间，单檐歇山式建筑，绿琉璃瓦覆盖殿顶（图三十八）。前后檐明、次间各施平身科两攒，侧檐明间施平身科二攒，次间无施平身科。柱头科与平身科皆为五踩重昂，要头为足材卷云头。厢拱和外拽瓜拱的拱端正面斜杀（即拱端正面砍制成斜坡状），使三才升成为菱形。斗拱后尾为五踩重翘足材卷云头。各攒斗拱之大斗皆为方形，斗顱深2毫米，十八斗和三才升也稍存斗顱。大额枋与平板枋断面呈"T"字形，大额枋出头平齐。抬梁式梁架为五架梁前后对双步梁立四柱。梁身为方形抹角状，结点施荷叶墩。脊、金瓜柱均为小八角形。檐柱柱头平齐，用鼓形础和鼓镜础。檐椽头不卷杀，飞檐头卷杀明显。通过以上对大木作斗拱、梁架营造特点的分析，显见与同期"官式手法建筑"差别很大，所以此山门为清代河南"地方手法建筑"特点明显的殿式木构建筑，是研究"地方手法建筑"与"官式手法建筑"结构和建筑手法差异的实物资料。

图三十七　登封中岳庙大殿（摄影／王羿）　　　　图三十八　登封少林寺山门

（3）少林寺千佛殿

该殿为少林寺中轴线上最后一座建筑。又名毗卢殿，面阔七间，进深三间，单檐硬山式建筑，绿琉璃瓦覆盖殿顶（图三十九）。创建于明万历十六年（1588年），

图三十九　登封少林寺千佛殿

清乾隆四十年（1775年）大修，改建成现状。檐下斗拱为五踩重昂里转五踩重翘重拱计心造，外檐耍头为足材蚂蚱头，内檐耍头为足材卷云头。平身科密布，明间三攒，次间三攒，梢间三攒，尽间二攒。面包状昂之昂嘴加宽。斗拱间攒距不等，斗口8厘米，斗底有斗頔，斗之耳、腰、底三者高度之比不遵4∶2∶4的比例关系。斗拱高是柱高的14.35%，大额枋与平板枋断面呈"丁"字形，圆形檐椽与方形飞檐的椽头均不卷杀。抬梁式梁架为七架梁对双步梁立四柱，近方形的三、五、七架梁均为梁头原大外出不加雕饰。桁下施垫板和随桁枋，形成桁、垫、枋的纵向支撑体系。既用圆形瓜柱，又用八角形瓜柱。通过以上简述，可知此殿的建筑结构和建筑手法，不但采用"河南地方建筑手法"，而且兼用同时期"官式建筑手法"，这种所谓"地方手法建筑受到官式建筑手法影响"的清代木构建筑，是比较少见的，具有重要的研究价值。

此殿内东、西、北三壁彩绘"五百罗汉朝毗卢"大型壁画（图四十），壁画面积达320余平方米。殿内砖铺地面上现存的48个凹坑，相传是少林寺武僧长时间练武留下的站桩脚窝。

（4）其他清代建筑

中岳庙除大殿外，庙内还有天中阁、峻极门、配天作镇坊、嵩高峻极坊等清代官式建筑手法营建的木构建筑；少林寺除山门、千佛殿外，还有部分殿宇也是采用河南清代地方建筑手法营建的。故除本文记述的中岳庙官式手法建筑和少林寺"地方手法建筑"和受官式建筑手法影响的地方手法建筑外，郑州还有一大批清代"河南地方手法建筑"。如郑州城隍庙（图四十一）、郑州文庙、郑州清真寺（图四十二）、登封法王寺、新密超化寺、新密洪山庙、登封龙泉寺、新密城隍庙等

图四十　登封少林寺千佛殿五百罗汉朝毗卢壁画

图四十一　郑州城隍庙大殿

图四十二　郑州清真寺（摄影／王羿）

等。这些古建筑群中的清代木构建筑，基本全系"河南地方手法建筑"。是分类分时段分区域研究河南清代木结构建筑的重要实物资料。在维修保护和合理利用时，一定要充分做好法式特征的信息采集和科学的保护工作，使其真实、完整、持续的传承后世。

　　郑州地区的衙署建筑、书院建筑、庄园建筑和民居也具有重要的古代建筑史研究价值，同时也是文旅融合，可供广大群众参观游览的旅游资源。

3. 衙署建筑

　　密县县衙：位于新密市老城区鼓楼街北。始建于隋大业十二年（616年），毁于元代兵燹，明初重建，屡经重修扩建。

现存有大门、仪门、大堂、二堂、三堂、大仙楼及东西配房等，形成五进院落，212间房屋的清代建筑群（图四十三）。建筑布局和主体建筑保存较好，为研究县级衙署的建筑布局、建筑形制、建筑功能、建筑手法及职官制度等提供了实物资料。近年整修后已对外开放。

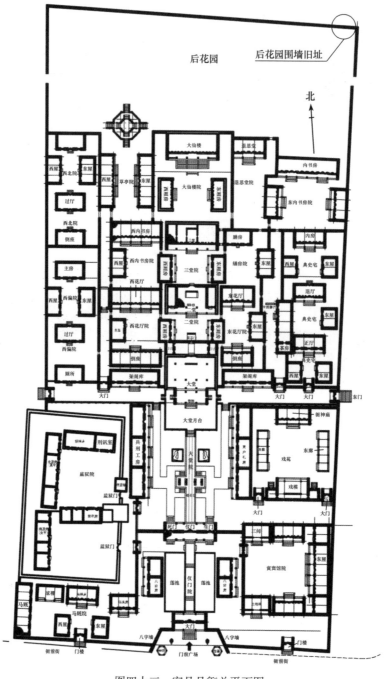

图四十三　密县县衙总平面图

4. 书院建筑

嵩阳书院：位于登封市城北3公里峻极峰下，因坐落于嵩山之阳，故名。是宋代四大书院之一。原名嵩阳寺，创建于北魏太和八年（484年），隋代更名嵩阳观。五代后周名曰大乙书院。宋景祐二年（1035年）赐名嵩阳书院。名儒司马光、范仲淹、程颐、程颢等相继在此讲学。中轴线上五进院，主体建筑自南至北为大门、先圣殿、讲堂、道统祠、藏经楼；中轴线两侧建有"程朱祠""丽泽堂"、书舍、学斋等（图四十四）。另有西院考场一处（近年整修复建）。现存清代房舍100余间，多为硬山卷棚式建筑，灰色筒板瓦覆顶，显得朴实而雅静。

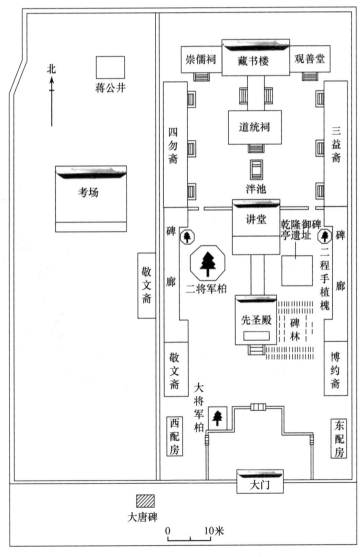

图四十四　登封嵩阳书院平面示意图

院内现有"大将军柏""二将军柏"，树龄4000～4500岁。还有《明登封县图碑》等碑刻十余通。书院大门外现存有著名的《大唐嵩阳观圣德感应颂碑》。

桧阳书院：位于新密市老城区后街。建于清乾隆四十年（1775年），坐北面南，现存清代建筑大门、讲堂、斋舍等，均为硬山灰瓦房。还存有石碑2通。

5. 庄园建筑

康百万庄园：位于巩义市康店镇康店村。建于明末清初，因庄园主康应魁两次悬挂"千顷牌"，曾向清廷捐饷银，故被称为"康百万""康半县"。该庄园占地64300平方米，由主宅区、作坊区、栈房区、饲养区、金谷寨和祠堂等十个部分33个院落组成。其中有楼房53座，平房97间，券窑73孔。形成一处规模宏大，保存较完整的古代大型庄园建筑群（图四十五）。此庄园现存建筑多为清代营建，且均为清代河南地方建筑手法特点。庄园内一座明代晚期建筑，于20世纪自然倒塌。这处平房、楼房与窑洞相结合的大型建筑群，对研究古代庄园建筑提供了非常重要的实物资料。

图四十五　巩义康百万庄园局部

郑州除康百万庄园外，还有牛凤山庄园、张祜庄园、泰茂庄园、刘镇华庄园等，对研究我国古建筑之庄园建筑均有一定参考价值。

6. 民居建筑

郑州地区的传统民居建筑，历经沧桑，诸多早期建筑自然损毁，或遭人为破坏，造成无法挽回的损失。但现存民居建筑不仅数量较多，品类较全，而且不乏具有重要历史、科学和艺术价值的精品之作。如郑州市高新区东史马村任家大院、郑州市上街区方顶村建筑群（图四十六、图四十七），荥阳市董天知故居、荥阳市韩凤楼故居、荥阳市楚书范故居、荥阳市苏寨民居，巩义市张静吾故居、巩义市海上桥村建筑群，新密市杨万辉故居、新密市范村建筑群、新密市樊寨村建筑群、新密市吕楼村建筑群、新密市宋家楼院，新郑市人和寨村建筑群、新郑市千户寨赵氏民居，登封市大金店建筑群、登封市君召建筑群、登封市卢店建筑群等。均具有传统民居建筑研究价值。

图四十六　方顶村民居建筑群局部　　　　　　图四十七　方顶村民居建筑群局部

　　综上所述，足见郑州古代建筑之丰富，建筑文化内涵之深邃。特别是古聚落遗址、古城址、古手工业作坊遗址、帝王陵墓等涉及建筑考古的内容尤为重要，在河南，乃至全国建筑考古学研究中占居弥足重要的地位。郑州现存地面建筑文物具有重要的古代建筑史研究价值。突出表现在可供比较研究北宋《营造法式》的木构建筑标本（宋代建筑初祖庵大殿）；在河南，乃至全国名列之冠的古塔建筑；在全市明清时代的木结构建筑中，有官式建筑手法、地方建筑手法，同时代兼容官式建筑手法和地方建筑手法以及袭古建筑手法的不同品类、不同形制、不同结构、不同功能的单体建筑和群体建筑等，奠定了郑州古建筑大市的历史地位。虽然全市的古代建筑资源非常丰富，历史、科学和艺术价值也非常重要。但从建筑考古学角度进行全面、深入研究的空间较大，需要解决的学术问题较多，古建筑专业研究力量还不够强。业界已认识到这些问题，已在逐步解决，相信不久的将来一定会涌现出更加丰硕的研究成果和更多的研究人才。为古建筑保护、研究和利用工作做出更大的贡献。

（原载《古都郑州》2021 年第 2、3 期）

郑州古塔研究

　　郑州历史悠久，文化灿烂，文物古迹非常丰富，是名副其实的文物大市。第三次全国文物普查，经国家认定的不可移动文物点多达8651处，是河南省现存不可移动文物最多的地区之一。古塔是其重要的组成部分。

　　河南现存地面起建独立凌空古塔606座，摩崖石雕塔219座，二者合计达825座。是我国现存古塔最多的省份。郑州市现存地面起建的各类古塔273座，为全省18个省辖市之冠。这里有中国现存最早之塔，有中国现存最大的塔林，有多座中国名塔，且建塔时代较全，连续建塔时间最长，早期塔最多，塔的建筑形制多样，抗震性能强，文化内涵丰富等等。故郑州现存古塔在全省，乃至全国塔文化研究中占据重要地位。现就郑州古塔的主要特色予以简析。

一、郑州现存古塔数量是全国同类城市中最多者

　　郑州现存不同历史时期和不同类型的砖、石、琉璃古塔273座（不含仅存塔基者和1米以下的微型残塔），占河南现存古塔总量的45%，是河南18个省辖市现存古塔最多者。不但是全国省会城市和地级市中古塔最多的地区，而且古塔数量甚至比我国某些省（市）还多。此为郑州古塔非常重要的特点之一。

二、被列为"中国名塔"的古塔最多

　　在《中国名塔》《中华名塔大观》等专著中，郑州现存的佛塔和墓塔被列入中国名塔者有"我国现存最古的一座砖塔（嵩岳寺塔）""十大古寺之一的法王寺及法王寺塔""我国最大的一处塔林（少林寺塔林）""登封净藏禅师塔""登封永泰寺塔"等；《中国古塔精萃》和《中国古塔鉴赏》等专著中列入郑州古塔多达近20处（座）。现择其数例予以记述。

　　嵩岳寺塔（图一）：位于登封嵩岳寺内，建于北魏正光年间（520～525年），系十二角形十五级密檐式砖塔，为国务院公布的第一批全国重点文物保护单位，2010年被列入世界文化遗产名录。高37.05米，是我国现存最早的大型佛塔。据唐

代《嵩岳寺碑》记载"嵩岳寺者，后魏孝明帝之离宫也。正光元年，傍闲居寺……十五层塔者，后魏之所立也。"结合塔之建筑结构、建筑材料、建筑手法及受印度古塔的影响特点等综合分析，此塔的建筑时代无疑为北魏时期。该塔由地宫、基台、塔身、塔檐和塔刹组成。地宫之宫室南向，平面近方形，边长204～208厘米，四面壁体中部向外略呈弧线形，残高130～150厘米。从残存建筑结构分析，原室顶应为穹窿顶。1988年，对塔心室之下的地宫进行考古发掘。出土文物70余件，其中出土一件高11厘米的红砂岩造像，背面有"大魏正光四年"的造像记。地宫北壁有唐开元二十一年（733年）墨书题记。

塔之基台，平面为十二边形，高0.85米，边宽1.6米。台基之南砖铺月台，月台南砌筑踏道，台基北面砖铺甬道，通向大雄殿。台基前之月台和后之甬道均为近年补砌的。

塔身中部用叠涩檐将其分为上、下两部分。塔身之下部东、西、南、北四面各辟一半圆拱券门通向一层塔心室。塔门采用两伏两券的砌筑技术，有尖拱形门楣和卷云形楣角。门楣顶部施三瓣莲花组成的饰物。塔身外壁无辟设券门的八个壁面，各砌筑一座单层方形塔龛，塔龛内之雕塔由塔基、塔身、塔刹组成，塔龛下部的壶门内各雕一护法狮子。塔身的上部各转角处砌筑一八角形倚柱，柱头饰火焰宝珠和覆莲，柱下砖筑覆盆式柱础（图二）。

图一　嵩岳寺塔

图二　嵩岳寺塔局部

该塔身之上为十五层叠涩密檐，叠涩檐之间为低矮的直壁，壁面均辟有门窗，每面正中瓺筑板门两扇，有尖拱形门楣和卷云状楣角。门两边各置一破子棂窗，唯第十层为一门一窗。除五、七、九、十、十一、十三层及东南面的第十五层辟真门外，其他皆为假门，全为盲窗。叠涩檐由于叠出的砖层长度不一，形成檐顜的弧度各异，成为该塔出檐深远的重要特点（图三）。

塔刹通高4.745米，由刹座、仰莲、相轮、宝珠等组成（图四），刹件皆由青砖平顺垒砌后砍磨而成。七重相轮和宝珠表面涂白灰层。宝珠上部残为平顶，露出金属刹杆，刹杆上的刹件已失。在维修塔刹时，在宝珠中部和相轮中各发现一处天宫，两天宫内存留有银塔、瓷瓶、舍利罐、舍利子等文物。该塔刹为唐代晚期补修的。

图三　嵩岳寺塔檐　　　　　　　　　图四　嵩岳寺塔刹

该塔壁体用砖较小，有的砖长仅28.5厘米，宽14厘米，厚4.5厘米，制作精良，异常坚硬。部分塔砖的抗压强度为249kg/cm^2，单块最大强度达414kg/cm^2，击之发出金属般的清脆声，至今不酥不碱。砖与砖间使用黄泥浆粘合剂，经化验泥浆中添加有米汁类有机物，提高了粘合强度。

嵩岳寺塔的建筑手法深受古印度佛教建筑，特别是受古印度佛塔的影响。如塔门和塔龛上的火焰券、束莲式柱头及密檐间火焰券采光洞孔；壁面所施的"宝箧印经塔"式样；塔之外观与古印度犍陀罗式塔的刹顶多有相同之处等等，均表明我国早期佛塔受古印度造塔的影响，此影响也是该塔的重要特点之一。

此塔经过20世纪80年代全面维修后，现塔之本体与历史环境均得到了妥善保护。

净藏禅师塔（图五～图七）：位于登封市区西北6公里太室山南麓积翠峰下的会善寺西侧。建于唐代天宝五年（746年），通高10.345米，坐北面南，为单层重檐八角形亭阁式和尚墓塔。为我国现存最早的唐代八角形砖塔，也是我国著名的现存仿木构建筑最为逼真的亭阁式砖塔。

该塔由基台、基座、塔身、塔刹组成。由于塔之基座下部残损非常严重，已难辨其形，且已危及塔体安全，20世纪60

图五　净藏禅师塔维修前

年代，经国家文物管理部门批准，拨付专款，修复了基座束腰以下部分。基座的须

图六　净藏禅师塔塔体下部维修后

图七　净藏禅师塔人字拱与破子棂窗

弥座形制仍为该塔的原貌。须弥座的上枋由两层平顺砖叠砌而成，八角形束腰每面砖雕三壸门。基座之上为八角形塔身，角隅砖砌八角形倚柱，柱下无础，柱头为覆盆状。两柱间施阑额，其下有门额（或窗额）、立颊、子桯等组成的门窗装修框架结构。其中塔身正面辟半圆拱券门，为单券无伏式，可入塔心室，塔心室平面亦为八角形，室顶以八角攒尖形式收结。塔门下施有地栿。塔身北壁嵌砌高57厘米、宽59.5厘米的青石塔铭《嵩山会善寺故大德净藏禅师塔铭并序》一方，记述塔名、建塔时间及净藏禅师生平佛事活动等。塔身东、西两壁各雕砌实槏门，门中央雕一古式大锁，各扇门面置四路门钉，每路八钉，钉帽较大，门之形象逼真工整。塔身其他壁面雕砌破子棂窗，子桯以内置立破子棂之窗棂，断面呈三角形，棂尖向外。柱头承托一斗三升交批竹昂形耍头的转角铺作。除转角铺作外，南券门之额枋上置一直斗，此为最简约的补间铺作。其他面柱头铺作间，各雕置人字拱的补间铺作。塔之砖结构的叠涩塔檐以上塔顶部分残损严重，似为覆钵状。其上置圆形束腰满雕仰覆宝装莲花的石质须弥座和火焰宝珠组成的石塔刹。

该塔是我国唐代砖塔中仿木结构的典型之作。据有关专家对仿木构的斗拱、额枋、门、窗等进行实测，并与唐代木构建筑对比研究后，得出结论"（净藏禅师塔）这些仿木构的比例尺寸同现存我国第一座木构建筑——五台山唐代南禅寺大殿，几乎完全一样，但它的年代比南禅寺大殿还要早三十多年。"特别是梁思成、刘敦桢两位建筑大师曾指出"唐代砖石结构的墓塔中，采用木构式样最多的，只有净藏禅师塔一处，……单就平面采用八角形一点而言，在现在我们所知道的资料里没有比它更重要、年代更古的了"，所以该塔具有非常重要的建筑史研究价值。

净藏禅师，幼师事慧安，嗣从六祖慧能，称可、粲、信、忍、能密传第七祖。天宝五年殁于会善寺，在寺西建塔瘗葬灵骨。

法王寺佛塔与墓塔： 位于登封法王寺现常住院西北约200米的山坡上。法王寺创建于东汉明帝永平十四年（71年），不但是我国最早的佛教寺院之一，还是我国历史上流传的著名十大古寺之一，被称为"嵩山第一胜地"。这里现存有一座唐代佛塔和三座唐代墓塔及元代、清代砖塔各一座。

法王寺佛塔（图八），平面方形，为十五级叠涩密檐式砖塔，高35.16米。塔下无基

图八　法王寺唐代佛塔和墓塔

座，塔身第一层每边宽71米，周长28.4米。塔身外形呈抛物线状，富于优美秀丽之感。塔身第一层正（南）面辟半圆拱券门，采用二伏二券的叠砌方法，门高3.34米、宽2.07米，塔壁厚2.135米。自第二层以上塔身四面中央皆辟有佛龛。塔身壁面残留有厚约0.3~0.5厘米的白灰墙皮，并有淡黄色刷饰。一层门洞内残存的墙皮材料为黄泥掺麦糠，泥皮外刷饰白灰层，墙皮厚约1.5~2厘米。各层塔檐均采用叠涩砖层和反叠涩砖层构筑而成，出檐深，檐颇明显，犹如振翅欲飞的鸟翼，舒展绚丽。诸层塔檐的角隅残存有高18厘米、宽14厘米的木质角梁头。多数塔砖长35~36厘米、宽17厘米、厚6.5~6.6厘米，砖面有绳纹。采用三顺一丁的灰缝不岔分的砌筑技术，砖与砖间用黄泥浆粘合，灰缝宽1~1.4厘米。不但用平顺砖和丁头砖，而且兼用少量补头砖砌筑塔体壁面。第一层塔身上部壁面存留有砍凿痕迹，并有三层方形和长方形架梁的卯口。与之对应的是塔身四周地面残留有副阶遗迹，通过现场仍放置在原位的四个副阶柱础分析，副阶通面阔为11.73米，其中明间面阔3.97米，东、西两次间面阔各3.88米，进深2.30米。副阶内的铺地方砖长、宽33厘米，厚5.5厘米。副阶石柱础残甚，从残迹分析，可能为覆盆柱础，础径约56~66厘米。塔顶残存有方形束腰的刹座，座之每面中央饰山花蕉叶，四角隅为山花蕉叶插角，露盘已残，其他刹件已不存。塔之内部中央呈方形竖井状，通高31.48米，每层皆有向内叠出的三层叠涩砖层，东、西内壁靠近南端每层均有等距离的方孔，用作安插方木，现尚存9根方木，可能为棚架楼板之用。

因该塔内外尚无留下建塔时间的铭刻资料，故其建塔时代说法不一，有建于隋代或隋仁寿二年说，有唐初或唐代早期之说，有盛唐或唐代中叶说等等，莫衷一是，存有争议。根据有关资料分析和塔之结构特点推断，建于唐初之说，较为可信。这座具有雄伟、秀丽、素雅的唐代大型佛塔，不但被遴选为"中国名塔"，而且它与西安荐福寺小雁塔、云南大理崇圣寺千寻塔合称为我国唐代三大密檐式塔。且系全国重点文物保护单位。

在此佛塔东北数十米处的山坡上尚存三座唐代方形单层单檐亭阁式和尚墓塔，均为坐北面南的砖塔，分别高14.05米、8.76米、7.87米，一号唐代墓塔，经考古发掘，地宫出土一批珍贵的唐代文物。高大精美的石雕塔刹，被誉为唐代石雕艺术的珍品。其他两座唐代墓塔的石雕塔刹也很精美。另外在法王寺常住院西南不远处还有一座元代和尚墓塔和一座清代和尚墓塔。

永泰寺塔（图九）：位于登封市太室山西麓永泰寺后山坡上，塔以寺得名。永泰寺创建于北魏时期。北魏正光二年（521年），孝明帝之妹永泰公主在此出家为尼。寺院历经兴废和修复，现存的山门、天王殿、中佛殿、大雄殿、皇姑楼等，为近年复建。现存的永泰寺佛塔，建于唐初，平面方形，为11级叠涩密檐式砖塔，高

24米，周长18.4米，壁厚1.4米。塔身南壁辟半圆拱券门，门内为长方形塔心室，可直视塔顶，内壁无施叠涩砖层，据著名建筑学家刘敦桢先生分析"似原来即未构有楼板"。塔身外轮廓呈优美的抛物线形。塔身外壁残留有白灰刷饰。塔顶之上的塔刹已残，仅存留仰莲和五重相轮（图十）。该塔的造型和建筑结构多与相邻的法王寺唐代佛塔有相似之处，为河南省，乃至全国重要的大型唐塔之一，具有重要的文物价值。

图九　登封永泰寺塔　　　　　　　　图十　永泰寺塔塔刹

此塔西南部现存"均庵主塔"一座，建于金代大安元年（1209年），为平面方形砖塔。塔身二层以上残毁，现高3米许。塔身背面嵌砌《嵩山永泰寺均庵主塔记》石质塔铭一方，记载金代大安、明昌年间一些史料。塔身正面辟门，门内为方形塔心室，室内原有包骨像，现已不存；在唐塔东北约150米处，现存"肃然无为普通之塔"一座，建于明代崇祯十一年（1638年），为砖构喇嘛塔，高6.18米。塔基为六角形束腰须弥座，每面宽1.25米。塔身为上小下大的鼓腹瓶状，其正面嵌砌石雕实槅门，门之上方有石质塔额。塔刹由相轮、仰覆莲、宝珠等组成。另据刘敦桢先生1936年实地调查后撰文记载"永泰寺有两座方形多檐式砖塔，在形式上二塔极似唐代遗构，但均无年代铭刻，东侧者（笔者注：指现存的大型唐代砖塔）为叠涩十一层密檐砖塔。西侧者，为高11米多，方形七级叠涩密檐式砖塔""刹顶结构，在方座与仰莲上，安置相轮，与云冈石窟的浮雕塔，同一形式"。西侧唐塔现已不存。据《登封市志》载"在永泰寺唐塔西南还有一座高11米余的七级方形唐塔，抗日战争时倒塌，仅存遗址。"即指1936年尚存的"西侧唐塔"，塔虽倒塌不存，将有关资料记此，供研究者参考。

凤台寺塔（图十一）：位于新郑市南关凤台寺旧址内，寺院已毁，独存此塔。塔建于北宋中叶，坐西面东，为六角形九级密檐式砖塔，通高19.10米。塔身自下而上逐层高度均匀递减，宽度逐层收敛，外轮廓略呈抛物线形。塔身砌砖长39厘米、宽19厘米、厚5.5厘米，砖与砖间用白灰浆粘合，灰缝宽约0.4厘米，采用不岔分的砌筑技术。塔身第一层东壁辟半圆拱券门，门高187厘米，宽81厘米。门之两立颊下部石雕力士像。门内为六角形塔心室，室壁高201厘米，稍有收分。各转角处在高13厘米的普拍枋上置砖质六铺作三抄偷心造的转角铺作一朵，通高73厘

图十一　新郑凤台寺塔

米。斗拱之上用十一层叠涩砖垒砌出六角攒尖的藻井，通高75厘米。

塔身第二层南壁辟半圆拱券门。北壁和西壁辟假券门，其他各面无门饰。壁体上砌拔檐砖一层，其上系10层叠涩砖和6层反叠涩砖层组成的塔檐。第三层至第八层，出檐结构与一、二层基本相同，唯檐下叠涩砖层由第三层至九层逐层递减为4层，且每层相间三面砌筑半圆拱券假门。九层之上置塔刹，仅存砖制刹座，其他刹件早毁。塔檐翼角处残留有木质角梁头或木角梁毁后的残砖洞。该塔身二层的塔心室平面六角形，室壁呈直筒状，在室壁上凹砌脚蹬，可攀登至第八层。第八层上部南北向平铺一长方形石板，板心凿一圆洞，可能原有刹柱。

塔身之下，用青砖砌高178厘米、直径484厘米的基台。台下砌筑地宫，地宫平面六角形，门东向，其建筑结构与塔身一层的塔心室基本相同，但增添了石质实榻门和壁画。地宫砖壁厚40厘米，室内地坪用长38.3厘米、宽18厘米、厚6厘米的条砖铺墁。各转角处砌筑小八角形倚柱，柱高152厘米，直径15厘米。倚柱承托用两层平卧顺砖砌成的普拍枋，高15厘米，无施阑额。各转角处在普拍枋上置五铺作双抄转角铺作一朵，在其单材耍头上置齐心斗。替木以上砌出平顺砖二层，再上斜砌叠涩砖八层，形成六角形攒尖顶。地宫东壁辟半圆拱券门，并安装有石质实榻大门两扇，且施有六瓣形门钉四路，每路三钉。门外为两层斜立的封门砖墙。地宫内

图十二　荥阳千尺塔

壁面均用白灰涂抹。其上用黑、红、黄三色绘画花卉、飞禽、人物等，因地宫年久积水，部分彩画已经模糊不清。此地宫经发掘清理后已封填保护。

这座北宋砖构佛塔，在建筑形制、内部结构、粘合剂成分（外壁用白灰浆，壁内砖与砖间用黄泥浆粘合）等，犹存唐制，是研究唐宋砖塔嬗递关系的实物例证。粗略统计，该塔建成至今经历数十次地震，但仍巍然屹立，保存完好，具有良好的抗震性能，为研究评定历史地震的震级、烈度、地震烈度区划和现代基本建设中的抗震设防设计等，提供了历史借鉴和重要的实物资料。

千尺塔（图十二）：又名曹皇后塔。位于荥阳市城东20公里大周山顶原圣寿寺内。建于北宋仁宗年间。因该塔建于大周山之巅，从山脚下至塔顶千尺有余，故名千尺塔。该塔坐北朝南，为六角形七级密檐式砖塔。1989年，维修前通高12.98米，塔刹已基本不存，维修后塔高15米。塔砖与砖间用白灰浆粘合，灰缝不岔分。塔身每层南壁辟一半圆拱券门，第一层门高2米，宽1.13米，以上诸层塔门依次缩小。塔檐采用叠涩砖和反叠涩砖层构筑而成。除上部二级外，其他各级塔檐之上均砌筑有象征性的平座。塔身每层高、宽度自下而上逐层收敛，外轮廓呈抛物线形，有典雅秀美之感。塔身第一层的塔心室平面为六角形，室内直径2.35米，上部转角处置一斗二升砖质斗拱，室壁斗拱以上收砌成叠涩藻井。第二层至四层塔心室相通，第五层至七层为实心。该塔塔身排水结构的处理及翼角起翘的做法，采用中国古代木构建筑屋面曲线处理手法等，不仅增强了塔体曲线美，而且排水流畅减轻了水害，增强塔之寿命。

塔周围现存有明代嘉靖、万历，清代顺治、康熙、乾隆等时期的碑刻多通。还有清代环寺塔用砖、石建造的寨墙，依山势起伏而建，寨墙东、南、北三面辟拱券门，其中东、南门镶嵌石刻门额，上书"钺佛寨"三字，为清代咸丰年间刻石。千尺塔建于自然山巅地表之上，历经近千年来20余次地震的袭击，至今仍基本完好，对研究和展示中国古代砖构建筑的高超技术水平具有重要价值。

关于此塔又称"曹皇后塔"的来历，据《荥阳县志》和民间传说，北宋仁宗皇帝在周山下朱家峪选纳曹家女子做皇后，日久皇后思念故乡，仁宗便在汴梁建"望乡楼"，在曹皇后的家乡建"千尺塔"，以便曹皇后登楼望塔，以解思乡之愁。此仅为传说故事而已。

三、我国现存最大的塔林——少林寺塔林

少林寺塔林（图十三）位于郑州登封市少林寺常住院西南280余米的山坡上，占地面积19906.27平方米。营建有少林寺寺僧圆寂后的墓塔228座，加上塔林周围属于少林寺的佛塔和墓塔15座，合计243座。其中现存有唐塔6座、五代塔1座、宋代塔5座、金代塔17座、元代塔52座、明代塔148座、清代塔14座。塔的造型可分为楼阁式塔1座，密檐式塔202座、亭阁式塔19座、喇嘛塔15座、窣堵波2座、幢式塔1座、碑式塔1座、方柱体塔1座、长方形异体塔1座。塔之平面可分为方形塔171座、圆形塔17座、长方形塔3座、六角形塔51座、小八角形塔1座。我国一些大型塔林，如现存全国第二大塔林山东灵岩寺塔林，现存古塔167座，全为石构塔，而少林寺塔林绝大多数塔为砖结构塔。据统计，砖塔达225座，石塔仅18座。这里不但单体塔数量多，而且塔之形制各异，高低不一，高者达12.2米，低者个别塔仅1米许。塔与塔间距离较小，密度较大，有置身于茂密森林之感，十分惬意。该塔林还有如下特点：①早期塔多，名塔多。如唐代"法如禅师塔""同光禅师塔（图十四）""法玩禅师塔""二祖庵武周塔"，五代后唐的"行钧禅师塔"，宋、金、元时期的"普通塔""下生弥勒佛塔"、"释迦塔"、"衍公长老窣堵波（图十五）""光宗正法大禅师裕公塔（图十六）"等。元代及元以前古塔多达81座，占该塔林总塔数的三分之一。是我国现存早期塔最多的塔林。对研究建筑史、佛教史、雕刻艺术史提供了弥足珍贵的实物资料。②建塔历史跨越时间长，该塔林中禅宗六祖法如禅师塔，建于唐代永昌元年（689年），是少林寺现存最早之塔。最晚的一座塔是建于清嘉庆二十五年（1820年）的善公和尚寿塔。前后经历唐代—五代—宋代—金代—元代—明代—清代，延续跨越时间长达1131年，对塔史研究是非常重要的。③塔林中近300品塔额、塔铭、塔碑的文字书体有楷、行、隶、草、篆书，有中、外名人的撰文和书丹，不乏名篇和书法珍品，是研究文学和鉴赏书法艺术的重要参考资料。并且"额""铭""碑"中记载的丰富内容，起到了证史、补史、纠史的作用。④塔林中唐代的"影作人字拱"、宋代长方形殿塔形制和规范的仿木斗拱、元代的斜杀拱形和元代"盆分"的甃筑技术等等，均为它处少见的古建技艺实例，具有重要的研究价值。⑤塔林中师—徒—孙塔的平面布局，寺僧祖茔的不同称谓，"玉垣"的使用，塔葬祖茔的内外关系，不同经济条件和不同僧职塔的差异，

图十三　少林寺塔林

图十四　登封同光禅师塔

图十五　衍公长老窣堵波

图十六　光宗正法大禅师裕公塔

预建、适建、追建塔等，反映的圆寂寺僧的塔葬情况，是研究佛教传入中国后本土化葬制的非常重要的实物资料。

　　少林寺塔林是全国重点文物保护单位、世界文化遗产；是我国现存塔数最多、规模最大的塔林；是鉴定和鉴赏古塔的标本室，被誉为"露天的古塔博物馆"，具有非常重要的历史、科学和艺术价值。也是国内外游客参观旅游的胜地。

四、建塔时代全、跨越时间长

郑州现存古塔，有我国"中华第一塔"之称的嵩寺塔，建于北魏正光年间（520～525年）；有唐代的法王寺佛塔、永泰寺佛塔、净藏禅师塔等；五代时期的行钧禅师塔；宋代的凤台寺塔、千尺塔、少林寺普通塔和释迦塔等；金代的少林寺三祖庵塔及少林寺塔林10余座造型各异雕刻精美之金塔；元代的乳峰和尚之塔、光宗正法大禅师裕公塔、还元长老之塔等；明代的卧佛寺塔、小山大章书公禅师灵塔、无缘真公禅师塔等；清代的屏峰塔（文峰塔）、彼岸宽禅师灵骨塔、杨岭塔等。通过以上所列郑州现存建塔时间最早的北魏嵩岳寺塔，一直到清代晚期的佛塔、墓塔、文峰塔等，充分说明郑州现存古塔，从我国现存最早之塔嵩岳寺塔，经隋唐、五代、宋代、金代、元代、明代、清代延续建塔一环不缺，各时期之大中小型塔俱全，应有尽有，可谓其特点之一。由于现存之塔的建塔时代全，必然形成建塔历史跨越时间长。据实地调查，郑州现存最晚一座古塔为登封会善寺"梅公塔"，建于清光绪二十三年（1897年），郑州地区现存古塔的建塔跨越时间长达1370多年，为全国之最。

五、现存早期塔最多

我国历史上虽然建造许许多多不同时代、不同类型、不同功能的林林总总的古塔，但因时代愈早，经历破坏的概率就愈大，相对留存下来的数量也就越少。就全国而言，现存古塔，是元代及其以前的存量相对较少，明清时期的塔相对较多。尤其是现存塔林中有的甚至全是清代塔。而郑州地区现存的273座砖石塔中，有北魏塔1座，唐代塔15座，五代塔1座，宋代塔12座，金代塔18座，元代塔53座，明代塔152座，清代塔21座。元代及其以前的古塔多达100座，占郑州地区现存古塔总量的36.63%，足以说明现存早期塔数量之多，也是郑州古塔的重要特点之一。

郑州地区现存早期塔最多的是登封市，这个市域面积仅为1220平方公里的县级市，现存古建筑、古文化遗址、古碑刻等不可移动文物非常丰富，被誉为"文物之乡"。这里现存古塔258座（不含恢复的明塔、不同个体的塔件重新垒砌的石塔和两座一米以下的微型残石塔），有我国现存最早的北魏嵩岳寺塔1座和唐代塔12座、五代塔1座、宋代塔5座、金代塔18座、元代塔53座、明代塔149座、清代塔19座，蔚为大观，可谓露天的塔文化博物馆。这里元代及元以前各类塔达90座，是河南省，乃至全国县（市）之冠。

综上所述，郑州地区现存早期砖、石塔数量之多，在全国同类城市中是仅见的。

六、为建筑史研究提供了重要的实物资料

中国古代建筑，经历数千年的发展，形成独特的建筑体系，成为世界建筑宝库中一份弥足珍贵的文化遗产。当佛教传入中国后，佛塔迅速与中国木构楼阁建筑相结合形成中国本土化的塔类建筑，成为中国古建筑之林中一朵绚丽的奇葩，丰富了我国古代建筑文化的内涵。故研究塔文化，就成了研究中国建筑史不可或缺的一部分。

郑州地区有我国历史上最早佛教寺院之一的法王寺，有历史文献记载的诸多名塔。现存古塔在建筑史研究方面具有局部证史、补史，甚至有纠史的重要作用。现就此问题予以梳理归纳，供读者参考。

（1）嵩岳寺塔的局部建筑结构和某些装饰、装修是受古印度佛塔的影响，印证了建筑史关于中国塔之由来和早期中国塔受古印度佛塔影响的记载。因本文在嵩岳寺塔一节中已有记述，为避免重复故从略。

（2）净藏禅师塔，对研究唐代木构建筑结构的印证和补充作用，因本文在记述中国名塔净藏禅师塔时也涉及到此问题，故从略。

（3）元代岔分技术的运用，纠正了某些古建筑论著的记载；中国古代建筑的甃筑技术中的"不岔分"与"岔分"，不但表现了不同历史时期的建筑特征，也体现了建筑技术的发展进步。因为早期营建匠师尚无"岔分"与"不岔分"的概念，只是用平卧顺砖、平卧丁砖和少量的补头砖甃筑墙体，形成不岔分的传统做法。不岔分的弊端是由于不能有意识的将灰缝岔分错开，易造成墙体裂缝，影响整体建筑的安全。所以才出现有意识的"岔分"做法。一般认为从明代开始采用"岔分"的技术，克服"不岔分"的弊端。所以学术界通常认为"不岔分"是元代及其以前建筑的特点之一，"岔分"是明代营造技术进步的表现，并将此作为古建筑时代鉴定的依据之一。笔者在勘察测绘登封少林寺塔林时，发现元代部分塔已出现"岔分"的技术，部分明代砖塔仍使用"不岔分"的做法，还有少数元代和明代的砖塔采用"不岔分"与"岔分"兼用的过渡形式。少林寺塔林243座古塔中，其中有砖塔225座。在225座砖塔中，有唐、五代、宋、金砖塔19座，全部采用"不岔分"的砌筑技术；有元代砖塔46座，"不岔分"者39座，"岔分"的4座，"不岔分"与"岔分"兼用者3座；有明代砖塔146座，"岔分"塔105座，"不岔分"塔25座，"岔分"与"不岔分"相结合的塔16座；有清代砖塔14座，全部采用岔分的做法。以上记述，清楚地表明"岔分"技术元代已开始运用，明代部分建筑仍在运用"不岔分"的做法。故这种建筑技术特点从某种意义上讲起到了纠史的作用。为研究中国古代建筑

技术史提供了实物例证。

（4）斗拱"斜杀"构件的应用：斗拱是中国古代建筑独特的结构形制，是单体建筑中最具特色的部分，不同时代的斗拱有其各不相同的制作特征。成为鉴定古建筑营造时代的主要依据之一。少林寺塔林中"通济大师资公寿塔"（图十七），建于元代延祐五年（1318年），塔身第一层檐下砖制仿木构的四铺作单抄计心造斗拱，形象非常逼真。特别是补间铺作和转角铺作的令拱两端皆为斜面（图十八），使其拱端承托的散斗呈菱形状。我国已故著名建筑学家刘敦桢先生，1936年对该塔实地考察后著文称"元延祐五年资公塔的令拱，两端具有斜面，与现存河北省南部和山东、河南、山西诸省的木构建筑手法丝毫无异。以建筑常理来说，木构物的式样，反映到砖、石两种材料时，其式样必早已普及。故此种卷杀方法，产生在元代中叶以前，是无可疑问的。"在河南现存的宋、元木构建筑和考古发掘的宋、元砖石墓室中，均未发现此种斗拱拱端斜杀（斜面）的做法。而河南省等中原地区现

图十七 登封通济大师资公寿塔

存明、清时代"地方建筑手法"的木构建筑中，令拱拱端斜面之制为数不少。故此塔拱端斜面做法，为探索中原地区明、清时期木构建筑"地方建筑手法"袭古之制提供了实物资料和重要的启示。另外，少林寺内的塔院中的"释迦塔"（图十九），

图十八 资公寿塔斗拱

图十九 少林寺释迦塔

建于北宋元祐二年（1087年），塔身一层檐下施四铺作单下昂斗拱，斗拱之上的替木两端斜杀，似与资公寿塔拱端斜面有承袭的渊源关系。以上二塔的斗拱与替木的斜杀做法具有重要的研究价值。

（5）方形塔的文化内涵：我国东汉所建的佛塔，不但全系木构塔，而且全是平面方形之塔。晋代虽建有少量砖、石塔，但木塔和砖、石塔的平面基本上仍为方形。南北朝时期塔之平面绝大多数为方形，但已经出现了平面六角形、十二角形的砖塔。隋唐五代时期平面方形之塔为数仍不少。宋代现存之塔多为八角形，次为六角形，但仍有方形之塔。所以我国早期所建之塔，平面方形，已成为其建筑特点之一。郑州现存古塔，每个时期都有方形塔，总体上时代愈晚方形塔愈少。且后期方形塔多为佛、道教的墓塔。特别是少林寺塔林中，平面方形之塔多达172座，占该塔林总塔数的三分之二还要多。究其原因，可能有如下几点：①中原地区（含河南及其周边邻省的全部或部分地区）古代"地方手法建筑"习用袭古之制，即因袭古制的"袭古建筑手法"。特别是明、清时期的建筑更是保留较多的早期建筑手法。②方形砖、石构建筑形象庄重，更符合寺僧墓塔肃穆感的功能需求。③设计简单，施工方便。建方形塔既无需建圆形塔时磨制弓背形砌砖的工序，又可减少建六角形或多于六角形砖塔时大于90度转角塔体的复杂工艺，而利用长方形条砖直接砌筑壁体，施工极为方便。④在塔林中建造墓塔，不同时代的营造匠师相互影响，互相参照借鉴，便于就近取样，就地建塔等。

以上就郑州现存古塔，对研究古代建筑历史提供实物资料方面，举例性罗列上述诸条，供参考。

七、抗震性能强

我国地处世界两大地震带之间，是多地震国家之一。郑州位于阴山—燕山以南，祁连山—秦岭以北的地震活动比较强烈的地区内，但与此区内其他地方相比，郑州发生地震明显较少，但由于震源较浅，地震烈度较高，所以破坏性也是较大的。古代建筑在历次地震中遭到不同程度的破坏，有的倒塌被夷为平地，有的遭到严重破坏断垣残壁，有的仅遭到轻微残损，有的则巍然屹立基本无损。究其原因，不但与地震的震级、烈度、震源深浅有直接关系，而且与古建筑的选址、建筑材料、建筑工艺、建筑形式、施工质量也有直接关系，也直接决定抵御地震垂直运动、水平运动形成地震力的破坏作用的强弱，也即为抗震性能的优劣。郑州地区不同时代、不同形制的古塔，早者距今近1500年，晚者也百余年。历经不同震级和不同烈度的地震后，至今仍存留270多座，说明多数古塔具有良好的抗震性能，是其郑州古塔又一特点。

（一）选　　址

郑州地区现存古塔，多数塔选址避开地质活动断层或断层的近区，或饱含水分的松沙和软弱的淤泥地带，或人工填土的松软之处。而是选址于稳定的岩石地带，或地形开阔平坦、土质干燥密实的地方等。这样的选址，使塔基坐于稳固之地，利于抗震。经过工程地质勘探可知，北魏嵩岳寺塔的选址是符合上述要求的，所以经历距今近1500年的地震等自然营力的袭击，仍基本保存完好，实乃奇迹也。

（二）塔　　基

经过勘探和考古发掘，郑州现存古塔塔下基础结构方法，通常是两种做法：一种是地表之下建"地宫"，存放佛舍利等物，在基础工程方面起到了箱形基础的作用。另一种是用砖、石砌块砌筑实砌体基础，或在塔体下用碎砖、瓦、石掺土夯打成坚实的塔基。并且经人工处理的基础较深，面积较大。不但增强了基础的整体性能，而且使其达到承载力比较一致，避免不均匀下沉等缺陷，使塔之基础部分的抗震性能得到提高。

（三）现存古塔之塔体结构的抗震性能

①形体简单规整，结构均匀对称：郑州地区现存砖石古塔为方形、六角形、八角形、小八角形、十二角形、圆形。没有凸起和凹进等突变部分，以及女儿墙、高门脸及局部升高的不稳定的附加砌体，使其具有结构均匀对称和连续性强的特点，提高了抗御地震力破坏的整体性能。②拔檐砖层的圈梁作用：郑州地区绝大多数塔檐下砌筑有呈封闭状的拔檐砖层，起到了近现建筑的圈梁作用，增强了塔体的稳定性。③壁体厚而坚实：多数塔壁较厚，且每层塔壁高度一致。有的还施有塔心柱或隔断墙。提高了坚实的整体性能，减少了地震时各部分运动的不协调。④从建筑物抗震性能分析，抗震强度最大的建筑体型为圆形，因为地震力无论来自任何方向，它都能较好适应和抵御，减少了破坏程度。次之，是近圆形的十二角形和八角形之塔。嵩岳寺塔为近圆形的十二角形，建成至今达1490多年，虽经历地震和暴风雨袭击，现仍挺立于嵩山大地，即为例证之一。⑤合理的辟置门、窗：早期砖塔塔身的门窗位置多集中诸层的同一方位，其弊端是易于造成壁体垂直开裂，不利抗震。从北宋中叶开始塔之门窗位置逐层变换方位，这是古代建筑设计的一种进步，如新郑

宋代建筑凤台寺塔，塔门就设置在不同塔层的不同方位，即为该塔建成至今近千年来塔体不开裂不倒塌的原因之一（图十一）。再者，塔门、窗壁洞开置的比较小，且多为半圆拱券形等，也可避免或减少了受震时壁体垂直裂缝的震害，提高了塔体稳固的整体性，增强抗震强度。⑥降低重心位置：郑州地区大部分砖石塔的塔身诸层高度，自下而上逐层递减，其面阔自下而上逐层收敛，不但使塔形优美，而且相应的塔身每层重量均匀减少，使整个塔体的重心下降许多，加大了地震时塔体的稳定性。⑦木骨的使用：宋以前的中空呈筒状结构的砖塔，多数在壁体内或门额上包砌木骨（相当于近现代建筑的拉筋构件）。宋代以降的大型砖塔，不但在塔身外壁包砌木骨或竹骨，而且在塔身内部的横隔墙内及外壁与塔心室（柱）间施平行的木（竹）骨，有的木骨还施于门廊处或梯道间。增强了相互的联系，提高了塔体的水平刚度，提升了抗震性能。⑧刹柱的应用：五代以前的塔，使用石质或砖质塔刹，由于塔体越高，地震力的晃动越大，致使造成塔刹易于受破坏的原因之一。五代以后的砖塔多数使用木质刹柱，塔顶安装金属塔刹，柱贯其中，柱根向下延至塔身的最上两层，增强了塔身上部结构的刚接和整体稳定性，有利于抗御地震力的破坏。

（四）材料与施工

建筑材料的优劣，直接影响古塔的抗震性能。通过实地考察，郑州地区现存较好的石塔，绝大多数选用优质的石灰岩青石作建塔材料；砖塔选料更为讲究，如嵩岳寺塔，所用塔砖具有泥质纯细密实，火候高等特点，其抗压强度和结构密度质量犹如石灰岩青石一样，击之发出金属般的清脆之声。说明使用优质的土，严格淘洗澄滤，精心制坯烧制。经取样测试，部分塔砖的抗压强度为249kg/cm²，单块最大强度达414kg/cm²，至今不酥不碱，坚实如初。又经取样测试、塔砖烧成温度为913℃、914℃、960℃、970℃，均高于秦陵陶俑的烧成温度。该塔砌体砖与砖间使用黄泥浆粘合剂，经化验可知，黄泥浆中加入适量的米汁类有机物，提高了粘结强度。以上足以说明登封嵩岳寺塔建筑材料之精良。五代以后的粘合剂由黄泥浆改用为白灰浆，其粘合强度进一步得到了提高，但也是经过严格选料澄滤等，如新郑凤台寺宋塔和荥阳千尺塔等。有的白灰浆中也加入米汁类有机物，提高了抗震强度。

古塔的建筑施工质量与塔之抗震强度也有颇大关系。建筑时代、建筑材料、建筑结构、建筑形制、建筑基础等相同的古塔，在同等震级和相同烈度的情况下，由于施工质量优劣的差异，造成的震害程度悬殊很大。对郑州古塔详细考察后，发现绝大多数现存的砖石塔做到了精心施工，工程质量是良好的。如壁面砌筑平直，不论岔分或不岔分，无论"顺""丁""补"如何砌法，多数做到了适度砌缝，且灰缝勾抹严实；绝大多数采用平卧顺砖的砌法，使之具有良好的整体性；粘合剂调配得当，粘结度强；砖与砖间泥（灰）浆饱满，砌缝匀实，未发现"带刀灰"现象。也有不少塔砖经水磨后的砌体壁面不仅美观，而且平实。特别是结构薄弱的转角处，砌筑倚柱等使之更加坚实，增强了抗御地震的能力。

郑州地区现存古塔具有抗震性能强的特点，为文物保护和历史地震研究提供了实物资料，为现代建筑地震设防及烈度评估提供了重要的历史参考资料。

八、丰富了佛教史研究资料

郑州现存古塔，从不同角度补充丰富了佛学研究的内容。

（一）补充了佛教禅宗史研究内容

登封唐代法如禅师塔的塔心室内的塔碑，名曰《唐中岳沙门释法如行状》，碑文中提出中国佛教禅宗史上第一个传承系列，即禅宗在印度的传承为：如来—阿难—末田地—舍那婆斯……在中国的传承为：菩提达摩—惠可—僧粲—道信—弘忍—法如……。据有关佛教考古学者研究，有关佛学文献对禅宗"忍传如"缺失，只是说"禅宗六祖"为"南能北秀"。而根据禅宗史中惠能、神秀与五祖弘忍的佛事活动时间，以及法如服侍弘忍十六年等考证，碑文忍传如是可信的。塔碑记载可为研究禅宗史的第一手资料，且法如在少林寺的传法，为确立少林寺禅宗祖庭地位起到了一定作用。并根据碑文分析，法如、慧能、神秀同为当时禅宗领袖，皆被尊为六祖。由于后来南宗兴盛并取代北宗，故后世称六祖一般指为慧能。故此碑引起中外佛学研究者的关注。

（二）为研究唐代少林寺的四至方位提供依据

唐代是少林寺历史上兴盛时期，由于李唐王朝的特殊恩宠，少林寺的地位声誉日隆，寺院的规模也得到前所未有拓展。现存唐代和五代时的墓塔位置及塔铭记载，可帮助我们了解当时寺院的规模四至范围的梗概。唐贞元七年（791年）《大唐东都敬爱寺故开法临檀大德法玩禅师塔铭并序》中明确记载塔建于唐代少林寺"西偏"，界定了唐时少林寺的大致方位。加之塔林、甘露台和历史塔院的位置，推定当时少林寺常住院西址当在现存的甘露台附近，或甘露台与现常住院之间。南界为少溪河北岸。北界为五乳峰山脚下，即现在千佛殿附近。寺东虽然地势较开阔，没有天然的寺院界限，但两座唐代和五代后唐的墓塔为我们觅得了东界的答案。建于五代后唐同光四年（926年）的"行钧禅师塔"的塔铭记载："薪尽火灭，收其骨灰，起塔于寺之东北隅。"明确指出距唐仅晚19年的行钧禅师塔与少林寺的方位关系。特别是唐大历六年（771年）所建的"同光禅师塔"的塔铭记载："乃于寺东六十余步，列莳松槚，建此塔庙。"考一步五尺，60步换算唐尺300尺，约84米。现少林寺常住院东墙外皮至此塔西墙外皮，垂直距离近60米。大致可界定唐代少林寺常住院的东界位置。通过现存少林寺周围的唐塔和五代后唐之塔的位置基本可以推定唐代少林寺常住院四至（址）的大概位置。

（三）充实了寺僧圆寂葬制的内容

古印度佛塔传入中国后，在塔形汉化的基础上，功能也发生一些变化。特别是寺僧圆寂后的葬制依其我国传统的俗家葬制发生了很大变化。现依少林寺塔林为例，予以分析。这处少林寺寺僧的祖茔，依其最早的唐代法玩禅师塔为上（尊北为上），像扇轴一样向下（南）扇面形展开，布塔安葬不同时代的寺僧灵骨，类似俗家长辈葬于北方（地形起伏者，则不完全拘泥于北为上的常规，以"后高前敞"的后高为上尊），晚辈瘗葬于长辈墓南下方的布局。不同之处在于，俗家是以血缘关系的宗族系列建造墓地，佛门则以寺僧师徒辈分关系建造塔林墓地。少林寺塔林，由于地形和占地面积关系，又鉴于实行的是家族式的"子孙堂"制度，所以是以师徒关系按寺僧辈分布塔，其布塔格局是师塔建在北上方，徒孙塔依次建在师塔的南下方，或南偏东下方、南偏西下方。如明代"少林寺提点富公寿安和尚灵塔"，其徒洪整塔位于富公塔东南3.97米处，孙普雄塔位于洪整塔东南9.60米处，重孙广助塔位于普雄塔东南4.25米处。师、徒、孙、重孙四塔自北上尊向南下方形成斜"一"字形排列格局。通过实地勘测可知，少林寺塔林中徒、孙塔建于师塔左下方者较多。

寺僧祖茔塔林，多为一僧一塔。也有一僧圆寂后建二塔的，如少林寺塔林中"息庵让公大禅师之塔"，建于元代后至元六年（1340年）。让公，法名义让，号息庵，为元代著名禅师和少林寺住持。他曾在灵岩寺（山东长清县）、空厢寺（河南陕县）等地从事佛事活动。圆寂后分别在少林寺和灵岩寺建塔安葬灵骨。也有一僧建三塔的，如元代足庵大师，曾任少林寺、山东灵岩寺、北京万寿寺住持，圆寂后灵骨分送少林寺、灵岩寺、万寿寺建塔安葬。还有一僧建四塔之例，如元初著名大禅师乳峰，曾任少林寺、万寿寺住持，圆寂后在少林寺和燕京、南宫、晖州四处建造墓地。少林寺塔林中不但有众僧丛葬一塔，即为普通僧众所建的"普通塔"，而且还有一座"童行普通之塔"，童行即为禅宗寺院对于尚未得度之年少行者，称为

"童行"，又称童侍、僧童、行童等。且此塔在少林寺塔林中是唯一坐西朝东，即面向寺院之塔。另外，少林寺还建有衣钵塔，如明代少林寺住持无言道公，法名正道，字无言，号雪居。他圆寂后，门人于明天启三年（1623年）在塔林内为其建"雪居大师安乐处（塔）"安葬灵骨，并于天启四年（1624年），在塔林附近（常住院南）的山坡上为其建衣钵塔"上本师大和尚无言道公寿寓（塔）"（图二十）。

图二十　登封无言道公寿寓

登封少林寺塔林中，多数墓塔是寺僧圆寂后不久即建塔瘞葬，还有不少塔是在寺僧健在时，就将墓塔建成，而塔额塔铭中具体的建塔年代和世寿、僧腊空缺，此类塔称为"预建塔"。另外，有的住持高僧，由于种种原因，既无预建塔，圆寂后较长时间也无建墓塔。有的几年，有的几十年，甚至隔朝代，后人才为其补建墓塔，此类墓塔称为"追建塔"。如明代晚期高僧圆会，字灵山。他的墓塔建于清代嘉庆八年（1803年），系他的八世孙清瑞所建。塔额楷书"庄严圆寂老祖灵山会公和尚之塔，大清嘉庆八年岁次癸亥八世孙清瑞建"。可知明代少林寺高僧，至"大清嘉庆八年"，"八世孙清瑞"，为"老祖灵山会公和尚"追建塔。

河南现存塔林中，绝大多数为男僧墓塔，女僧塔，即尼姑塔很少。少林寺塔林中仅有一座建于元代大德二年（1298年）的"比丘尼惠圆塔"，为门徒"落发尼智聚智云建塔"，即为现存该塔林中已知的女僧塔。

少林寺塔林中几座明代武僧塔，其塔额、塔铭的记载内容，为研究少林僧兵为明廷抗击倭寇和守关等提供了重要史料。

少林寺塔林不同时代的墓塔，其塔额、塔铭对祖茔塔林有不同的称谓，如金代称塔林为"古坟"和"祖坟"；元代和明初称为"祖茔"；明代称为"塔院"等。对研究佛寺中国化后受中国汉地俗家葬制影响，从一个侧面提供了重要的实物例证。

九、露天的塔文化博物馆

博物馆是保管、研究、陈列、展览有关历史、文化、艺术、科技等方面文物或标本的机构，是供学术研究和参观游览的场所。发挥着重要的科研、宣传、教育的功能。是人们终生学习的课堂。其作用是巨大的，不可替代的。郑州现存古塔遍布全市各地，吸引着高等院校和科研单位前来考察、测绘、研究，形成塔文化学术研究的基地。还由于座座古塔，以其优美的造型，精湛的工艺，高超的技术，诱人的魅力，引人入胜的传说故事，成为国内外广大游客参观游览的胜地。正如我国已故著名建筑学家梁思成先生所说的"作为一种建筑上的遗迹，就反映和突出中国风景特征而言，没有任何建筑的外观比塔更为出色了。"郑州现存古塔，正是由于这种建筑科学实物标本的作用和出色的外观形象及突出的风景特征等，成为古建史研究和旅游业发展的重要资源。形成露天的塔文化博物馆。

登封嵩岳寺塔，建于北魏，称为"中州第一宝塔"，不知吸引多少参观者流连忘返。在20世纪80年代，一位美国游客参观后久久不愿离去，临走时对当地一位老人说"你真幸福啊"。老人答曰："共产党领导，有吃有喝，吃饱穿暖，就是幸福。"游客言"除吃饱穿暖，我说的是我早就知道这座宝塔，但一直未能亲自看到它，很可能此生只能看这一次，你能天天看塔，真是太幸福了。"我陪不少朋友参观考察此塔，均惊叹其非凡的建筑工艺，甚至有人说："真是古塔博物馆的镇馆之宝"。

登封少林寺塔林是"郑州塔文化博物馆"中一颗璀璨的明珠。它不但学术研究价值高，吸引着业界专家学者纷至沓来进行考察研究，而且由于古塔数量多、品类全、可看性强等，故先于少林寺常住院被公布为全国重点文物保护单位，还被评为5A级景区，列入世界文化遗产名录，不但初游者非常多，而且有大量回头游客，取得了非常好的社会效益和经济效益。另外中牟的寿圣寺双塔，荥阳的千尺塔和无缘真公禅师塔，登封的法王寺塔林、永泰寺塔林、会善寺塔林等均已对外开放，发挥着很好的文旅融合作用。

郑州地区古塔的历史、科学、艺术价值和有关学术研究问题本文已有论述。故本节仅就郑州古塔的观赏性、知识性，在发展旅游业中的重要作用，以模拟地域"露天塔文化博物馆"展品形式，供国内外游客参观旅游的作用，发挥古塔"合理利用"的功能；通过塔文化一个侧面，展示中华文明的辉煌，展示中国建筑文化的博大精深，展示着国人的骄傲，鼓舞着文化自信，激励着奋发向上热爱祖国的精神。并增强文化遗产的保护意识，使不可再生和不可替代的优秀的民族文化遗产代代相传，惠及当代，泽被后人，为我国精神文明建设和物质文明建设做出更大的贡献。

郑州市文物机构健全，文物保护措施得力，使包括古塔在内的不可移动文物得到了较好的保护，形成保护和利用的良好循环。应《古都郑州》编辑部盛约特写此文予以宣传。

附：郑州地区被毁古塔

郑州地区历史上佛教兴盛时期，佛塔甚多，由于种种原因，不少古塔已被毁不存。为不使这些被毁古塔的历史资料信息之泯灭，笔者就所了解的郑州地区被毁古塔的一些情况予以记述，供文物保护和研究之参考。

1. 登封被毁古塔

①1936年，我国著名建筑大师中国营造学社文献部主任刘敦桢先生在法王寺调查后，于1937年在《中国营造学社汇刊》第六卷第四期发表文章介绍在法王寺东南不远处有五座砖塔，但这五座砖塔现已不存。有说"文化大革命"时被破坏了等。经笔者实地走访当地几位八旬老人，均清楚地记得，三座塔在解放前被国民党军队拆除了。另外两座塔，是"1958年大刮五风时被拆除修猪圈了"。老先生介绍五座塔全是砖塔，高者约十几米，低者仅一米多。至于是什么时代建造的塔，老人均说不清楚了。②清凉寺外三座金代塔，毁于20世纪70年代。笔者保留有其中一座金塔毁前的照片（图二十一）。③刘碑寺被毁的唐代石塔，建于唐代开元十年（722年），为方形五层叠涩多檐式石塔。1936年，刘敦桢先生调查后，在《中国营造学社汇刊》发表的《河南省北部古建筑调查记》中有简要介绍。笔者也保存一幅毁前照片（图二十二），此唐代石塔毁于"文革"时期。④塔湾唐代大型砖塔毁于20世

图二十一　登封清凉寺被毁金代砖塔

图二十二　登封刘碑寺被毁唐代石塔

图二十三　登封塔湾被毁唐代砖塔

纪50年代，现仅留下数幅从不同角度拍摄的全景照片（图二十三）。⑤龙潭寺塔林被毁古塔。有关资料记载"寺后有40余座墓塔。"也有说"寺后50余座墓塔"。多数塔毁坏时间已不可知，新中国成立后，这里还有5座古塔，"文革"时期5座塔全被拆除。⑥马鸣寺被毁宋塔。寺内有一座上部塔刹缺失的宋塔，俗称"半截塔"，毁于"文革"时期。⑦会善寺塔林被毁塔。该塔林现存一座唐塔和四座清塔。原有清塔五座，其中一座清塔和元代塔基毁于20世纪70年代。

2. 新密被毁古塔

①超化寺唐代佛塔，为河南省于1963年公布的第一批省级文物保护单位，高30余米，为方形十三层叠涩密檐式大型砖塔（图二十四）。在"文革"时期，被当时超化人民公社革命委员会主任带人拆除，并从该塔地宫中挖掘一批珍贵文物。②法海寺宋代石塔（图二十五）。建于北宋咸平三年（999年），为河南省第一批文物保护单位，高13.8米。"文革"时密县城关镇领导打着破"四旧"的旗号，将此塔拆除。地宫中出土宋三彩琉璃塔（图二十六）等珍贵文物。③超化寺塔林。据《密县志》记载超化寺"僧塔甚多"。这处大型塔林被毁后，其所在的岗地被改造为耕地，使诸多小型石塔和残塔基被深埋地下。近些年，在农事活动中发现有小型石塔和塔基。笔者于1975年，在此配合地方铁路建设工程，发掘一座建于金大定十六年（1176年）的"智公和尚塔"塔基，残高1.42米，深埋地下5.02米，并有仿木构建筑的砖筑地宫。④据《郑州市文物志》记载新密香峪寺分为上、中、下三座寺院。中香峪寺的"寺西南原有古塔三座，现均无存"。毁于何时不详。

3. 荥阳洞林寺塔林被毁古塔

洞林寺历史悠久，为中原一带著名的佛教寺院之一。原塔林规模大，僧塔多。屡遭破坏，1961年有关资料记载"洞林寺西岗，原有禅师塔七座，如今只有一座明塔"。据当地老人回忆，这里远不只"禅师塔七座"，而是"很多砖塔和石塔，大部分塔早已毁坏"。具体塔数和毁坏情况，说法不一。

图二十四　新密超化寺被毁唐代砖塔　　图二十五　新密法海寺被毁宋代石塔

4. 新郑被毁清林寺唐代石塔

塔建于唐代天宝十年（751年），为方形单层单檐亭阁式石塔。笔者1965年调查时，此塔保存完好（图二十七）。"文革"时惨遭破坏。部分构件现由郑州商城遗址管理处保管。

图二十六　新密法海寺塔　　　图二十七　新郑清林寺被毁唐代石塔
　　　出土宋代三彩塔

5. 巩义被毁的慈云寺塔林

据1961年编辑的《郑州市文物志》稿记载"慈云寺塔林在寺西一公里后寺河村向阳山坡上，有和尚坟墓地，建有许多砖塔。现存比较完整的墓塔，连同寺内的一座，共13座。其中明塔11座，嘉靖年间塔最多，道光七年塔两座，宋以前的塔仅存塔基。"据当地老人介绍"在'文化大革命'期间，开展农业学大寨平整土地，所有古塔全部拆毁"。笔者在"文革"结束后，去慈云寺调查时，仅见到寺内一座残塔基。

6. 郑州市区被毁的开元寺宋塔（图二十八）

塔位于市区东大街开元寺旧址（现市第一人民医院院内）。抗日战争爆发前中国营造学社社员著名建筑学家杨廷宝先生曾实地考察此塔，并撰文《汴郑古建筑游览记录》，发表于《中国营造学社汇刊》第六卷第三期。原塔高30余米，八角十三层（杨先生调查时仅存十一层）。这座高大雄伟的宋代砖塔被日寇轰炸和国民党军队毁坏殆尽。1977年，郑州市博物馆配合基建工程，发掘该塔地宫，出土一批珍贵文物。

以上所简记的郑州市区及所辖市（县）被毁古塔的毁前塔况及被毁的因由、时间等，有的是经过笔者调查的，有的是文物干部介绍的，有的是当地老人回忆的，有的是有关书刊记载的。出处不一，有可能存在不准确之处，故仅供参考。

图二十八　郑州开元寺被毁宋塔

（原载《古都郑州》2019年第1期）

河南牌坊寻绎
——五十年前调查河南牌坊纪略

古代牌楼，也称绰楔、牌坊。既是门类建筑的一种形制，更是我国独有的一种标志性纪念建筑物。该建筑历史悠久，渊源流长。1944年梁思成先生编著的《中国建筑史》言"（牌坊）盖自汉代之阙，六朝之标，唐宋之乌头门、棂星门演变形成者也。"历史文献记载和考古发掘研究也阐明，牌坊源于我国早期都市中的里坊制度，因里坊四周设有围墙，墙之中央辟坊门。里坊坊门的门柱吸纳华表形制。门上施以飞檐翘角、额枋、斗拱乃至重楼等。有的还饰以色彩。还通过里坊赐名书于坊门之上，坊门下刻石，门上悬牌等方式旌表里坊内忠孝贤能、嘉德懿行之士，即所谓之"牌坊"。这些均直接影响后世牌坊的建筑形制和"旌表"功能等。表现出由最初简约的二立柱之端加置横木的衡门逐渐演变发展成乌头门、牌楼、牌坊的轨迹。明清时期建造牌楼牌坊之风达到鼎盛，几乎遍布城乡各地，且大量建造石构牌坊。其建筑结构愈加复杂，雕刻愈加华丽。除街市、商行、苑囿外，陵墓前建一座或几座牌坊；佛、道教等寺、庙大门外两边或中轴线上也建雄伟精美的木、石坊；重要纪念地也要建立牌坊，刻文以志。许多石牌坊是为旌表文人学士、忠臣孝子、贞妇烈女而建的功德、节孝坊。屹立于神州大地造型独特、雕刻精湛、文化内涵深邃的座座古代牌楼牌坊，洵为我国不可移动历史文物重要的组成部分。

河南地处中原，历史悠久，文物瑰粹。其中牌楼、牌坊林立。20世纪五六十年代，粗略统计，全省时存的木、石、砖构牌楼、牌坊千余座。由于此类建筑多建于当地主要街衢要道等处，在城镇改造、建设中易遭到破坏外，"文革"破四旧时也拆毁一部分。现存的牌楼、牌坊已经不多了。1963年，作为"牌坊"独立项目（不含建筑群中的牌楼、牌坊）公布为河南省第一批文物保护单位的五处15座（明代10座，清代5座）重要石牌坊，除浚县明代"恩荣坊"外，其他四处14座石牌坊均毁于"文革"破四旧时期；于皓洋《郑州古牌坊撷拾》一文言"郑州古代牌坊很多，仅就明清两代检索县志有据可查的就多达300余座。经近年第三次全国不可移动文物普查，幸存下来整、残牌坊还有18座"；河南省古建筑保护研究所于1987年，曾组织专业人员对全省"现存古牌楼及牌坊进行了摸底调查"，也仅调查到明、清及民国时期的牌楼、牌坊40余座。可见牌楼、牌坊消失速度之快，现存数量少至又少。笔者于20世纪五六十年代在全省文物调查中，也调查了一部分古牌楼、牌坊。有的还作了笔记和拍摄了照片。可惜的是当时调查的牌楼、牌坊许多已经被毁，有的连只言片语的资料也未留下来，造成永远不可挽回的损失。我国著名古建筑专家罗哲文老师生前曾呼吁要征集古建筑老照片，尽最大努力挽回已毁古建筑的损失，不使其彻底泯灭于历史烟云中。并嘱笔者"你是位老文物专业人员，经你手调查的古建筑很多，一定要将调查的资料公布出来，发挥其作用。特别是已毁古建筑的调查资料，更需要整理发表供文物保护和研究工作之用，这是项填补空白的工作。"遵照罗哲文老师的教诲，我拟将五十年前所调查古建筑资料予以整理，陆续予以公布，特别是已毁文物的资料尽量多的予以公布。此文即为遵师嘱将50多年前调查古建筑时涉及到的古牌楼、牌坊资料予以整理发表。因为当时调查的笔记有的记录较详细，有的记录非常简略，故现公布的内容，只能是详者则详，略者则略了。

一、已毁牌楼牌坊

（一）已毁的木牌楼

"金绳觉路"木牌楼：位于修武县城西南16公里新安镇。建于清康熙十七年（1678年），后有重修。系三间六柱三楼柱不出头式歇山顶建筑（图一），正楼斗拱为十一踩五昂，平身科四攒，均为重昂计心造。头昂的昂嘴雕刻三幅云，二昂的昂嘴雕刻成龙头状，三昂的昂嘴雕刻凤头状，四昂的昂嘴雕刻三幅云，五昂昂嘴雕刻成龙头形。要头为透雕卷云状。诸昂之下平出均为2斗口。厢拱透雕狮子、花卉。角科斗拱角昂的头昂昂嘴雕刻三幅云，二昂昂嘴雕刻龙头，三昂昂嘴雕刻凤头，四昂昂嘴雕刻奔兽或三幅云，五昂昂嘴雕龙头，昂身雕刻奔兽。角科要头透雕含珠龙头。搭角闹昂和正头昂雕刻三幅云、龙头、凤头等。搭角闹要头和正要头透雕卷云纹。次楼的大斗和拱身砍制出斜面，以适应楼身形制变化之需。斗拱为九踩四昂计心造，昂身无雕饰，昂嘴呈"⌂"形（图二），边高明显大于底宽。次楼的角要头雕刻成龙头状，平身科要头透雕卷云纹。正楼花板刻有"大清康熙十七年……"。该牌楼的诸柱前后均使用抱鼓石夹峙，以资稳固，并施有雕刻石狮与花纹图案。额枋下之雀替通体透雕龙与花卉。坊顶用灰色筒板瓦覆盖。调查时，该牌楼保存完好。楼体高大、结构复杂，斗拱出踩多而雕刻精湛，具有重要的科学和艺术价值，是河南明清牌楼的精品之一。惜毁于"文革"时期。

"汉室砥柱"木牌楼：位于南阳县石桥镇。建于清代中晚期，为三间四柱三楼

图一 修武县新安镇牌楼

图二 修武县新安镇牌楼斗拱〇形昂嘴

柱不出头式。檐下平身科一攒，出45°斜昂，昂嘴雕刻三幅云。要头分别雕刻成龙头与象鼻状。枋、板上透雕二龙戏珠、奔马、花卉、兽面、龙首等。因无留下建坊时间，据坊之建筑结构和建筑手法等分析，无疑为清代中晚期建筑。该牌楼木雕工艺精湛，具有重要的艺术价值。毁于20世纪60年代。

文庙木牌楼：位于太康县城内北大街文庙前。为三间四柱三楼柱不出头式（图三）。顶部覆盖黄琉璃瓦。檐下置十一踩双翘三昂斗拱，昂嘴雕刻三幅云，饰如意要头。为清代中期建筑。毁于20世纪60年代末。

图三 太康县文庙木牌楼

（二）已毁的石牌坊

彭泰恩荣坊：位于南阳县石桥镇西南彭泰墓前。系三间四柱三楼柱不出头式歇山顶石牌坊（图四、图五）。正楼顶部由雕刻缠枝花卉的石质脊筒组成正脊，正脊两端施龙吻，正脊中央立有狮驮宝瓶的脊饰（图六、图七）。垂脊做成昂首张口前视的龙头，并有龙头形戗脊。正楼前后坡顶雕刻筒板瓦垅27行，侧檐雕刻7行瓦垅。坊檐下置斗拱六攒，其平身科四攒（斗颐明显的大斗上置纵向石板，石板正面雕刻三卷瓣纹饰）。正楼正面平板枋高浮雕山水、林木、花鸟、人物。花板透雕斜方格纹，其中槏柱各雕一武士像。单额枋高浮雕人物故事。龙凤板正中浮雕人物故事，两边透雕狮子滚绣球、彩带、卷云等。正楼正面镌刻"皇清诰赠通奉大夫 彭 公吉庵　诰赠夫人王太夫人　诰封夫人张太夫人　恩荣坊"字样。小额枋透雕奔龙、云气、瑞兽等。小额枋下置雕刻缠枝花卉的蝉肚雀替。正楼背面，平板枋浅浮雕"圣旨"二字和花卉、供案等。花板雕刻同正面。单额枋高浮雕出行图，龙凤板浮雕人物故事，大额枋雕刻云龙等图案。正中横书"恩荣奕禩"四字（图八），边刻骑士。小额枋雕刻牡丹、孔雀等，次楼楼顶形制同正楼。次楼正面之雕刻也很华丽。平板枋高浮雕人物故事。花板中央透雕卷云纹，两边浮雕人物。单额枋高浮雕人物故事。龙凤板书"衍绪光前"。小额枋透雕龙、虎，枋下两端置花牙子雀替。该次楼背面平板枋雕刻花鸟、竹子等。单额枋浮雕花卉。龙凤板镌刻"乃笃其庆"四字。小额枋浮雕山水、云气等。左次楼正面，平板枋高浮雕人物故事。单额枋浮雕山林和出行图。龙凤板镌刻"垂庥裕後"。小额枋透雕飞凤、麒麟、云气，枋下两端刻置花牙子雀替。次楼背面，龙凤板镌刻"载锡之光"四字。其他雕刻与其正面基本相同（图九、图十）。

图四　南阳彭泰恩荣坊

图五　彭泰恩荣坊

图六 彭氏坊局部

图七 彭氏坊正楼与西次楼正面

图八 彭氏坊雕刻

图九 彭氏坊东次楼背面

坊之四柱的抱鼓石之上均雕一蹲狮，并雕刻有龙首。抱鼓石鼓面浮雕有人物（图十一）、狮子、麒麟、龙虎、鹿马等。束腰基座之束腰雕刻花卉，上、下枋雕刻仰、覆莲。

明柱正、背面镌刻的楹联分别为"霞光總获参天柏，瑞气还萦溷露艺"；"正笏垂伸瞻国器，旌贤褒德颂王言"。边柱楹联为"龙章承誉重，凤诏集恩多"；"五色绥伦美，元重雨露浓"。该石坊前的一对石狮（图十二、图十三），现存南阳卧龙岗武侯祠。

图十　彭氏坊西次楼背面

图十一　彭氏坊抱鼓石雕刻

图十二　彭氏坊前石狮

图十三　彭氏坊前石狮

　　该石坊，高大雄伟，雕刻和书法艺术皆佳，是河南地方建筑手法的柱不出头式石牌坊的代表作，是中原地区清代石坊之精品。具有重要的历史、科学和艺术价值。毁于20世纪60年代"文革"时期。

　　"恩伦宠锡"坊：位于洛阳市广平街。建于清乾隆二十九年（1764年）。系一间二柱一楼柱不出头式石牌坊。抱鼓石之上雕刻蹲狮，小额枋下刻制蝉肚雀替，龙门枋镌刻"恩伦宠锡"四个大字。

　　"鸿胪坊"：位于长葛县老城南大街。系三间四柱三楼柱不出头式石牌坊。小额枋雕刻狮子滚绣球，龙门枋镌刻"鸿胪坊"三个大字。还镌刻有明嘉靖四年（1525年）建坊时间。

城隍庙坊：位于长葛县老城东大街路北。系三间四柱三楼柱不出头式石坊。大额枋正面贴挂八仙庆寿雕刻，龙门枋正面镌刻"城隍庙"三个大字，并刻有"乾隆二十四年"（1759年）建坊时间。小额枋正面高浮雕五麒麟图等，大额枋背面浮雕二龙戏珠，龙门枋背面横书"城隍庙"三个大字，小额枋背面浅浮雕狮子滚绣球等图案。当年调查时，此石坊保存完好。

西小虹三牌坊：位于武陟县城西南25公里西小虹大街上。均建于清代。

（1）一号牌坊：系三间四柱三楼柱不出头式的节孝坊。坊身的立柱和枋、板为石质，坊顶为木构材质，并用灰色筒板瓦覆盖楼顶。该坊建于清乾隆十三年（1748年）。1966年"文革"时期被毁。据武陟县文物局冯新红局长介绍至今尚存部分石构件。

（2）二号牌坊：系三间四柱三楼柱不出头式，立柱、枋、板为青石质，雕刻狮子滚绣球、奔龙、鸟、兽、人物等。四立柱均用抱鼓石夹峙，鼓面雕刻不同纹饰，其上雕刻蹲狮。坊楼为木结构，楼顶为灰色筒板瓦覆盖的歇山顶。建于清乾隆四年（1739年）。毁于"文革"时期。

（3）三号牌坊：系三间四柱三楼柱不出头式。未有具体建坊年代，据建筑形制、结构特征和雕刻手法分析，应为清代中期建筑。毁于"文革"时期。

毛氏牌坊：位于武陟县城内小南街，建于清光绪四年（1878年）。系三间四柱五楼柱不出头式石坊，额枋浮雕八仙庆寿、狮子滚绣球、二龙戏珠等。龙门枋稍残，用铁板加固。边柱雕刻二十四孝图。毁于"文革"时期。

周氏节孝坊：位于南阳县蒲山店南街路东。建于清同治十三年（1874年）。系三间四柱三楼柱不出头式石牌坊（图十四）。石质坊顶雕刻筒板瓦垅。檐下石质斗拱的形制略同于该县的彭泰恩荣石坊的斗拱。坊身石雕八仙庆寿、奔龙、山水、林木等，镌刻有建坊时间。

峻德参天坊：位于南阳县石桥镇关帝庙内，建于清乾隆五十年（1785年），系单间二柱一楼柱不出头式石牌坊。大额枋雕刻二龙戏珠。

图十四　周氏节孝坊

龙门枋和花板雕刻奔马和狮子滚绣球等，小额枋雕刻八仙庆寿。檐下施石质斗拱，坊顶石雕瓦垅、脊兽等。坊前置一对石狮。

永城文庙石牌坊：位于永城县（现永城市）城内文庙前，为县文庙的棂星门，建于清代。系三间四柱三楼柱出头式石牌坊（图十五、图十六）。四柱下部均用前后抱鼓石夹峙。坊身额、枋之上的石制三楼已不存，只留下卯口遗迹。四柱柱顶雕蹲兽。20世纪60年代"文革"时期被毁。

图十五　永城文庙石牌坊形制之一　　　　　图十六　永城文庙石牌坊形制之二

丁氏牌坊：位于永城县（现永城市）东大街，建于清代。系三间四柱五楼柱不出头式石牌坊（图十七、图十八）。四根方形石柱下部均用抱鼓石夹峙。额、枋正背面浮雕、透雕精美图案等。檐下均有石制斗拱。毁坏时间不详。

图十七　永城丁氏牌坊　　　　　　　　图十八　永城丁氏牌坊局部

南阳武侯祠"千古人龙"石牌坊：建于清道光十二年（1832年）。系三间四柱无楼柱出头式，柱头雕刻蹲兽，花板镌刻"千古人龙"四字，并刻有建坊时间（图十九、图二十）。1966年8月，"文革"破四旧时被毁。现武侯祠"千古人龙"石坊，为1992年在原址重建的，与原石坊形制有差异。

图十九　南阳武侯祠"千古人龙"石牌坊原状　　　图二十　南阳武侯祠"千古人龙"石牌坊现状
（1992年重建）

新郑城内石牌坊群：1963年6月20日，由河南省人民委员会核准公布为河南省第一批文物保护单位。共有明、清石坊11座，其中明代建造的石坊7座，清代建造的节孝坊4座。1966年8月"文革"破四旧时全部被拆毁。

（1）"少保宗伯"石牌坊，位于新郑县（现新郑市，下同）城内南大街中段。建于明嘉靖四十年（1561年），为新郑籍进士、国子监祭酒、礼部尚书高拱所建的功德坊（图二十一）。

该石坊为三间四柱三楼柱不出头式单檐歇山顶。面阔约10米，高10米许。方形石柱下的土衬基石雕刻有垂幔和覆莲，其上束腰须弥座雕刻仰覆莲和卷云纹。柱身下部前后用抱鼓石夹峙，以资稳固。明间东中柱抱鼓石之上各雕刻一蹲狮，狮足抚一幼狮。抱鼓石之鼓面雕刻动物、山水、云气等。西中柱抱鼓石鼓面分别雕刻牡丹花卉、抚球卧狮、玉兔、山水、云气

图二十一　新郑少保宗伯石坊

和山花蕉叶等图案。

东次间边柱前后也用抱鼓石夹峙，鼓顶雕一蹲狮。北抱鼓石鼓面浮雕双层花瓣，中央雕刻大型花朵，并雕刻有卷云纹饰，非常精美，该抱鼓石东鼓面素面无雕饰。南抱鼓石顶部也雕一蹲狮，东、西鼓面皆浮雕一怪兽，行进于山林中，其他雕饰，因风化漫漶不清。

西次间边柱及抱鼓石形制与雕刻与东次间基本相同，但抱鼓石鼓面雕刻略有差异，且鼓顶蹲狮残损较重，鼓面雕刻也因风化而受到局部破坏。

此石坊坊身上部的正、背、侧面满雕龙凤、山水、花卉等图案，异常精美。其中明间正南面龙门枋雕刻海水、山石、奔龙、怪兽。花板枋中央楷书"少保宗伯"四字，其右上方竖刻"巡按河南监察御史（以下字迹漫漶不清）"，左下方竖刻"嘉靖四十年（以下字迹风化不可识）"。上额枋中央遗留有匾额遗失后的凹槽痕迹，凹槽两侧各浮雕一龙，龙身周围满雕花卉。该枋两端雕刻卷草花纹。明间背面龙门枋下部浮雕波浪滚滚的海水和云气缭绕的山林，正中雕刻奔龙和怪兽等。花板枋中央横向楷书"少保宗伯"四个大字，右上方竖向楷书"嘉靖四十年岁次（以下字迹模糊不清）"，左上方竖向楷书"巡抚河南（以下字不可识）"。花板中央的竖匾已失，留下置匾的凹槽，凹槽两边雕刻龙凤、牡丹和卷云纹。平板枋上置石制斗拱四攒（平身科二攒，柱头科各一攒），皆为五踩单翘单昂，耍头为足材蚂蚱头，大斗有明显的斗䫌。檐部雕刻檐椽椽头28枚，飞椽椽头30枚。顶部石雕瓦垄30行，圆形瓦当雕刻花卉或兽面。坊之顶部当匀垄直，曲线缓和，正脊正背面高浮雕花卉，正脊两端置龙吻，龙吻刻有背兽和剑把，剑把直插，龙目前视，为典型的明代做法。两面坡顶两侧雕刻有垂脊和垂兽及戗脊、戗兽。四隅伸出老角梁和仔角梁，翼角稍稍翘起，造型优美。

东次间花板枋正面雕刻波浪纹、山林、云间奔龙等。大额枋中央雕刻狮子滚绣球，两侧雕刻卷云纹等。东次间背面雕刻曲身奔龙、山水云气和卷云图案等。西次间雕刻基本与东次间雕刻相同。东西次间檐下各置石质斗拱两攒（柱头科一攒，平身科一攒），均为五踩单翘单昂，耍头为足材蚂蚱头，大坐斗底部有明显斗䫌。斗拱之上的坊檐下雕刻方形檐椽和飞椽。屋面雕刻30行筒板瓦垄，瓦当头雕刻花卉和兽面。翼角伸出老角梁头和仔角梁头。坊顶正脊高浮雕花卉图案，正脊两端置龙吻，龙吻带有背兽和剑把，且双目正视前方。前后楼顶两侧雕造有垂脊、垂兽和戗脊、戗兽。其他雕刻多与明间相同。

该石牌坊的建筑结构特征为仿中原地方木构建筑手法的形制，且石雕艺术精湛、建筑技术高超，为石构类牌坊建筑的佳作。此石坊还是研究明代礼部尚书高拱历史的实物载体。具有重要的历史、科学和艺术价值。

（2）"少师大学士"坊，位于新郑城内南大街，建于明代隆庆五年（1571年）三月，系监察御史郜永春为高拱所建。

该石坊为三间四柱三楼柱不出头式，高10米许，面阔9米余。坊身满布精美的石雕二龙戏珠、丹凤朝阳、狮子滚绣球、麒麟和云气等图案。

（3）"少傅冢宰"坊，位于新郑城内南大街，建于明代隆庆六年（1572年），系监察御史为高拱所建。

石坊为三间四柱无楼柱不出头式（图二十二），高10米许，通面阔10米，坊身石雕精美。

（4）"正德丁丑科高尚贤　嘉靖乙未科高捷　嘉靖辛丑科高拱"石坊，位于新郑城内北大街。系明代山西等地御史为高拱及其父、兄所建的进士坊（图二十三）。

图二十二　新郑少傅冢宰石坊　　　　图二十三　新郑高拱及父、兄进士坊

该石坊为三间四柱无楼柱不出头式，面阔10米许。坊身满布雕刻精美的动物、花卉、山水等图案。

（5）"明柱国太师文襄高公祠"坊，位于新郑城内高拱祠大门前。因当年调查时由于坊体风化原因无查到建立石坊的具体年代，但据当时调查笔记所载"其建筑形制和雕刻手法分析，应为明代石坊"。

该石坊为三间四柱三楼柱不出头式（图二十四）。面阔8米许，高近10米。坊身和坊顶的建筑结构、雕刻图案与附近的其他高拱石牌坊颇有相同或相近之处。

（6）明代残石坊，位于新郑城内北大街。调查时此坊已不完整，但西次间保存尚好。原地还残存有明间和东次间部分构件。可认定此坊为三间四柱无楼柱不出

图二十四　新郑高拱祠前石坊

头式。根据该石坊的建筑位置、建筑形制、雕刻手法及当地老人讲述，很可能此坊系明代为高拱所建的功德牌坊。残存的石雕图案很精美。

（7）明代残石坊，位于新郑城内北大街。当年调查时此坊破坏较严重，仅存坊之基座部分和少量牌坊构件。根据该坊位置、基座及残存构件的雕刻手法，以及当地老人介绍，很可能此坊也系明代为高拱所建的石牌坊。

（8）敕旨"节孝坊"，位于新郑城内南大街东侧（东西向），清乾隆二十三年（1758年）建。为三间四柱三楼柱不出头式，面阔7米许。额枋和花板雕刻二龙戏珠、狮子滚绣球及花卉图案等。刻有"敕旨"匾额和"节孝坊"坊名。

（9）敕建"恩荣节孝"坊，位于新郑城内北大街东约85米处（东西向）。清乾隆四十年（1775年）建。为三间四柱三楼柱不出头式，面阔8米许。坊身满雕二龙戏珠、狮子滚绣球及花卉图案等。

（10）"节孝坊"，位于新郑城内东大街北侧（南北向），清乾隆四十八年（1783年）敕建。面阔7米许，为三间四柱三楼柱不出头式，坊体满雕精美图案。

（11）"敕建节孝坊"，位于新郑城内西大街南侧约13米处（南北向），建于清乾隆五十二年（1787年）。面阔约6米，高不足10米。是新郑城内石牌坊群中体量最小者。系三间四柱三楼柱不出头式。坊之花板浮雕狮子滚绣球，大额枋正面雕刻的八尊人物像（似为八仙），为单独雕成后用铁件嵌挂紧贴在额枋壁面，当时调查时仅存四尊像，另四人物雕像已不存。

延津石牌坊：位于延津县城内南大街，建于明代。为三间四柱五楼柱不出头式（图二十五）。四立柱均由抱鼓石夹峙，柱下施束腰须弥座。坊身之枋、板均有精美的人物、花卉、山林等雕刻。坊檐下皆置石刻斗拱。坊顶屋面脊、兽件齐全。是明代石牌坊的精品之作。1963年6月20日，河南省人民委员会核准公布为河南省第一批文物保护单位，1966年，"文化大革命"破四旧时被拆毁。

黄家栋石坊：位于息县城内西大街，建于明代。为三间四柱三楼柱不出头式石牌坊，明代石雕艺术精湛，为明代石坊的精品之作。1963年被公布为河南省第一批文物保护单位，可惜此坊在"文化大革命"中被拆毁。

汤家祠石坊: 位于睢县城内西大街,建于清代。为三间四柱五楼柱不出头式(图二十六),坊檐上雕刻瓦垅、脊、吻兽和脊饰,坊檐下置石制斗拱。枋、板浮雕与透雕精美图案。为清代石雕艺术佳作,保存非常完好。系河南省人民委员会1963年6月20日公布的河南省第一批文物保护单位。1966年,"文化大革命"破四旧时被拆毁。

图二十五　延津石牌坊

图二十六　睢县汤家祠石牌坊

另外,五十年前所调查的一些牌楼牌坊,因当时的调查记录太简单,或调查的文字资料已遗失,仅留下照片。为不使其资料信息泯灭,现将有关简况记此。

汝南城内牌坊: 20世纪60年代初笔者到该县调查文物时,县城内尚存许多牌楼牌坊,主要集中在南北大街和东西大街,非常壮观。因当时急于完成领导交办的其他工作任务,未对牌坊进行统计调查,甚感遗憾。现仅保存一张三间四柱五楼柱不出头石牌坊照片(图二十七)。该石坊形体高大,雕刻颇精,具有重要的文物价值。

林县任村清代石坊: 为三间四柱三楼柱不出头式歇山顶石坊(图二十八),建

图二十七　汝南县城内石牌坊

图二十八　林县任村清代石坊

于清代。正楼中央嵌掛石质匾额，檐下置石斗拱。石柱前后用抱鼓石夹峙，鼓顶雕刻蹲狮。坊顶雕刻筒板瓦垅，正脊中央施狮驮宝瓶脊饰，两端施吻兽。此坊属河南地方建筑手法石构建筑。

偃师石牌坊：为三间四柱三楼柱不出头式石坊（图二十九、图三十）。方形石柱用抱鼓石夹峙，以资稳固。檐下施斗拱，坊身高浮雕二龙戏珠等精美雕刻。坊顶雕刻筒板瓦垅，脊端置龙吻，正脊中央施脊饰。

图二十九　偃师石牌坊　　　　　　　　　　图三十　偃师石牌坊局部

南乐仓颉陵石坊：位于南乐县仓颉陵墓前，为三间四柱三楼柱不出头式（图三十一）。四立柱前后用抱鼓石夹峙。坊顶雕刻筒板瓦垅，正楼脊端施吻兽，中央施脊饰。坊前尚存石兽等少量石刻。

濮阳县八都坊：位于濮阳县北关，为三间四柱三楼柱不出头式。笔者保存20世纪60年代初拍摄的照片二帧（图三十二、图三十三）。

图三十一　南乐仓颉陵牌坊　　　　　　　　图三十二　濮阳八都坊

登封县城内六座石牌坊： 据宫嵩涛先生（登封文物局原副局长）介绍，"文革"时，经请示省有关部门同意全部拆毁。

新野山陕会馆木牌楼： 为三间六柱三楼柱不出头式歇山顶建筑。檐下施斗拱，立柱施抱鼓石，并有较精美的雕刻（图三十四）。

图三十三　濮阳县北关石坊　　　　　　图三十四　新野山陕会馆木牌楼

当年还调查了开封市清代牌坊（图三十五）、洛阳市石坊（图三十六）、商丘县城石坊（图三十七、图三十八）等。

图三十五　开封市清代石坊　　　　　　图三十六　洛阳市清代石坊

二、现存的牌楼牌坊

（一）现仍存在的木牌楼

20世纪五六十年代调查过的古代牌楼牌坊，经初步核查除上述已毁者外，现仍存者仅简记其名称与建筑类型等。如济源县济渎庙清源洞府门，明代建筑，为三

图三十七　商丘县城石坊

图三十八　商丘县北关石牌坊

间四柱悬山造柱不出头式木牌楼，施九踩重昂斗拱，单材耍头上置齐心斗，斗颜明显，柱头为覆盆状，覆盆柱础。此牌楼造型奇特，是一座保留古制较多的明代袭古手法木构建筑；汤阴县岳飞庙"宋岳忠武王庙"牌楼，又称精忠坊，为三间六柱五楼单檐庑殿顶柱不出头式木牌楼。檐下施十一踩五下昂和七踩三下昂斗拱，昂嘴雕作象鼻状，耍头为足材麻叶头形。坊身墨书"宋岳忠武王庙"六个大字。现存牌楼为清代建筑；舞阳县北舞渡陕山会馆牌楼，为三间六柱五楼歇山顶柱不出头式木牌楼。檐下施出踩不等的斗拱，枋、板雕刻精美图案。此牌楼建于清代中晚期，为河南现存重要的木构牌楼之一；内乡县文庙棂星门（木牌楼）为清代建筑。系三间四柱三楼柱不出头式，檐下施网状如意斗拱，颇具艺术价值；沁阳县药王庙牌楼，建于清嘉庆六年（1801年）。为三间四柱三楼柱不出头庑殿式木构建筑。檐下施斗拱，正背面的枋、额、花板等处雕刻精美图案，颇具木雕艺术特色；汲县（现卫辉市）比干庙牌楼，为一间二柱单楼柱不出头悬山式木牌坊，清代建筑。檐下施七踩斗拱，额枋书"殷太师庙"四字；开封山陕甘会馆牌楼，清代建筑。为重檐三间六柱五楼柱不出头式木构牌楼，檐下分别施十一踩和九踩斗拱，并悬挂"大义参天"巨型匾额，特别是透雕工艺精湛，具有重要的艺术价值；开封禹王台牌楼，又称古吹台牌坊，清代建筑。为三间四柱三楼柱不出头悬山式木构建筑。檐下置斗拱，坊门上方书"古吹台"三字；开封府文庙棂星门，又称文庙牌楼，清代建筑。为三间四柱三楼柱出头悬山式木构建筑，绿琉璃瓦覆顶。檐下施斗拱，四根出头的通天柱，柱头各置琉璃质蹲兽昂首向上，俗称朝天吼；登封中岳庙"配天作镇"坊，清代建筑。为三间四柱三楼柱不出头庑殿顶式木构牌楼，该牌楼为河南省少有的清代官式建筑手法营造的木构牌楼，具有重要的研究价值；登封中岳庙"嵩高峻极"坊，为三间四柱三楼柱不出头式庑殿顶木构建筑，清代官式手法建筑；社旗火神庙牌楼，建于清道光元年（1821年）。为三间六柱五楼柱不出头式歇山顶建筑，灰色筒板瓦覆顶。檐下施斗拱，并有精美的木雕图案。此为清代中原地方建筑手法营建的木牌楼，具有较重要的研究价值；濮阳四牌楼，位于濮阳县城十字街，故又名中心阁，始建于明代，现存牌楼为清代建筑。为进深、面阔各一间方形盝顶式建筑。现存建筑系方形石柱、木构斗拱和屋架的木石混合结构。这种造型的牌楼，与安徽歙县许国石牌坊相似，河南仅此一例，有重要的研究价值；安阳袁世凯墓牌楼，为民国年间建造的仿古牌坊建筑。系五间六柱五楼柱出头悬山式建筑，绿琉璃瓦覆顶。楼之斗拱与楼檐结构为木构，柱、枋等为石构，为河南省民国时期少有的仿古牌坊建筑；淅川荆紫关牌楼状关门，重建于民国三年。系三间四柱三楼柱不出头庑殿顶建筑，其建筑主体为砖石结构，因其为仿古牌楼建筑，故列此供研究参考。

（二）现仍存在的石牌坊

五十年前调查，现仍存在的石构牌坊有汲县（现卫辉市）望京楼石牌坊，建于明代万历年间，为三间四柱三楼柱不出头庑殿式建筑；新乡市潞王墓共有石坊3座，均建于明代万历年间：①"潞藩佳城"坊，为三间四柱无楼柱出头式。②"维岳降灵"坊，为三间四柱三楼柱不出头庑殿顶式。③墓前坊，系明间为无楼柱出头式，两次间为单楼悬山柱不出头形，其造型异于通常牌坊的常规做法。潞王墓之西的次妃赵氏墓园有石牌坊两座，均为明代建筑：①第一道石坊为三间四柱式，全系白石构成，雕刻精美图案，并镌刻楹联等。②第二道石坊雕刻精美图案和楹联等；登封市少林寺石坊两座，位于山门前两侧：①东石坊，建于明代嘉靖二十二年（1543年）。为单间二柱庑殿顶柱不出头式，檐下施斗拱，额枋雕刻有"二龙戏珠"和"双凤朝阳"等图案。②西石坊，建于嘉靖三十四年（1555年）。也为单间二柱庑殿顶柱不出头式，其形制与雕刻与东石坊基本相同；达摩洞"默玄处"石坊，位于登封市嵩山五乳峰达摩洞前，建于明万历三十二年（1604年）。为单间二柱庑殿顶柱不出头式；洛阳市关林石牌坊四座：庙门前①东石坊与②西石坊，两座石牌坊形制相同，建于清代，为三间四柱柱出头式石构牌坊，柱头雕刻蹲狮。③"汉寿亭侯墓"坊，位于关羽墓前中央，建于明万历三十二年（1604年）。为三间四柱无楼柱出头式，明间花板镌刻"汉寿亭侯墓"四字。④"中央宛在"坊，位于"汉寿亭侯墓"石坊之后，建于清康熙五十五年（1716年）。为单间二柱柱出头式石牌坊，花板镌刻"中央宛在"四个大字；南阳市武侯祠石牌坊二座：①"汉昭烈帝三顾处"石坊，建于清代道光十一年（1831年）。为单间二柱柱出头式，正面镌刻"汉昭烈帝三顾处"七字。坊身雕刻二龙戏珠和双凤朝阳等。②"三代遗才"石坊，建于清康熙二年（1663年）。为三间四柱柱出头式，正面镌刻"三代遗才"四个大字；南阳县赊旗镇（现社旗县）山陕会馆3座石牌坊，均位于会馆之大拜殿前，建于清代乾隆年间：①中央石坊，为三间四柱柱出头式，枋、额、板透雕、浮雕、高浮雕精美图案。②东石坊，为单间二柱柱出头式，面阔1.63米。③西石坊，为单间二柱柱出头式，与东石坊形制和雕刻基本相同；汲县（现卫辉市）比干庙石牌坊，位于比干庙内，为单间二柱柱出头式，柱顶雕蹲狮；新乡市七世同居石牌坊，建于清代道光四年（1824年），为三间四柱五楼柱不出头式牌坊。明楼正背面嵌"圣旨"石匾。明楼题刻"……候选布政司经历赵珂七世同居坊"。该石坊造型、雕刻皆佳，为河南省现存重要的清代石牌坊之一；郏县三苏坟石坊，建于明代成化三年（1467年）。为单间二柱悬山柱出头式；陕县老城石坊，建于明代，为三间四柱三楼柱不出头式，顶部残；淅川香严寺"敕赐显通寺"石牌坊，建于明代嘉靖己亥年（1539年）。为三间四柱无楼柱出头式大型石坊，为河南现存重要的明代石牌坊之一；汤阴羑里城"演易坊"，位于汤阴县城北羑里城龙山文化遗址（遗址上建有文王庙）南，建于明代。为三间四柱无楼柱出头式石构牌坊；巩义魏氏坊，位于巩义裴峪村，建于清乾隆三十八年（1773年）。为三间四柱三楼柱不出头式石牌坊；巩义王氏节孝坊，建于民国五年（1916年）。为三间四柱三楼柱不出头式石牌坊，枋之正中嵌挂"圣旨"匾额，雕刻有二十四孝等图案；巩义文魁坊，位于巩义蔡庄村，建于明代万历丁酉年（1597年），为单间二柱一楼柱不出头式石牌坊，嵌有"圣旨"石匾和刻有"文魁坊"坊名，并有精美的石雕刻；郏县孝子坊，位于郏县豆堂村，建于清乾隆十七年（1752年），为三间四柱式石牌坊，悬挂有"圣旨"石匾，石雕精美图案，保存完好；周口市关帝庙石坊，建于清代乾隆三十年（1765年），为三间四柱三楼歇山顶柱不出头式，龙凤正脊，两端施龙吻，正中置瑞兽脊饰。通体石雕精美。

限于篇幅，当年调查过现仍存在的牌楼牌坊照片略。

仅就上述笔者调查过的已毁和现仍存在的河南古代牌楼牌坊建筑，可知河南此类古建筑数量之多、品类之全、雕刻之精美、建筑技艺之高超、文化内涵之深邃，在全国古代牌坊建筑文化研究中占有非常重要的地位。特别是对研究中国古建筑技术史之官式建筑手法和中原地方建筑手法特征，具有无可替代的作用。笔者所调查的木牌楼只有登封中岳庙"嵩高峻极坊"和"配天作镇坊"的斗拱、额枋、夹杆石等，基本上是我国明清时期官式建筑手法营造的，属于"官式手法建筑"。其他绝大多数牌楼牌坊的建筑结构特点和运用的建筑手法，均为河南等中原地区的"地方建筑手法"。同时期的"官式建筑手法"与"地方建筑手法"的差异是相当大的。现就笔者所调查过的牌楼牌坊中的中原地方建筑手法和官式建筑手法的异同特征予以简析。

1. 纯正的地方建筑手法

此类牌楼牌坊占其总量的绝大多数，如修武县新安镇木牌楼、太康县文庙木牌楼等，为清代木构建筑，其大额枋与平板枋的组合断面仍呈"T"字形。而同时期官式建筑手法的大额枋与平板枋的断面呈"凸"字形，恰是相反的形式；清代官式建筑昂的下平出很小，为0.2斗口，而修武县"金绳觉路"木牌楼昂之下平出为2斗口，是官式建筑手法的10倍；清代官式手法建筑的斗拱已无斗齘，而河南此时期地方手法建筑则不同：（1）清代早、中期的斗齘明显，且未发现无斗齘的斗拱。（2）清代晚期有四种形制：①斗齘很深，但斗底较高，斗形不规整，占少数。②有斗齘，但不很深，占少数。③稍存斗齘，占多数。④无斗齘，虽无斗齘，但整体斗拱的做法属地方建筑手法，占多数。斗齘的变化，是鉴别此时期地方手法建筑与官式手法建筑的主要不同特征之一；清代官式手法建筑，拱身长度规定为瓜拱与正心瓜拱等长，即62分，厢拱为72分，万拱为92分。可换算成1（厢拱）：0.86（瓜拱）：1.277（万拱）的比例关系。而河南等中原地方手法建筑有大于此规定的，也有小于此规定的，呈现出拱身长度多元化的做法；明、清官式建筑手法与地方建筑手法的重要差别之一是昂嘴的形制变化，除昂身形制有诸多不同外，地方建筑手法的昂嘴有圭形、圆首碑形、尖首长方形、平齐方形、竖长方形等，并大量出现雕刻三幅云、龙头、象鼻的形制，而在北京等地同时期官式手法建筑中是绝少见到的。同样官式建筑手法的"拔鳃昂"做法，在中原地方手法建筑的牌楼牌坊中也是不可能见到的。再次说明官式建筑手法与地方建筑手法差别之大；明清官式建筑手法与地方建筑手法的雀替特征的差异也是较大的，不但地方手法建筑明至清末蝉肚雀替一直在使用，而且清官式建筑手法的雀替最外端斜垂的做法，在河南地方手法的牌楼牌坊中也是难以见到的。

2. 官式建筑手法与地方建筑手法相结合的法式特点

凡此类建筑皆以中原地方建筑手法为主，辅以少部分同时期官式建筑手法营建同一座建筑，河南现存此特点的殿式明清木构建筑仅约数十处，占同时期建筑数量的比例是很小的，牌楼牌坊所占比例更小，但其特点突出，研究价值重要。

3. 因袭古制的袭古建筑手法

即为一座晚期建筑上保留早期建筑手法的特点。此类建筑多保留在豫北地区。如济源市济渎庙清源洞府门，系运用明代中原地方建筑手法营建的木牌楼，不但斗齘深，而且使用单材耍头，耍头上置齐心斗，可谓袭古建筑手法的典型实例。河南已毁和现存的清代地方建筑手法的牌楼牌坊中，保留斗䫜等袭古建筑手法，在同时期官式建筑中是不可能见到的。而且单就地方建筑手法的独特形制与同时期官式手法建筑差异也是巨大的。故河南古代牌楼牌坊以上建筑手法的不同建筑特征，弥足珍贵，对研究牌坊建筑，乃至研究古代建筑技术史和艺术史均具有重要的实物资料价值。

河南古代牌楼牌坊的木、石、砖雕雕刻精湛，圆雕、透雕、高浮雕、浅浮雕、线雕、减地平钑、压地隐起、剔地起突等雕刻手法运用得当。雕刻的人物故事、动植物和山水图案内容丰富、玲珑剔透、栩栩如生，达到了很高的雕刻艺术水平。是研究雕刻艺术史的重要实物资料。牌楼牌坊的楹联、匾额、诗词等不乏精品之作，是研究鉴赏书法、文学艺术的内容之一。

河南现存和已毁的牌楼牌坊多为后人为历史名人如仓颉、比干、孔子、关羽、诸葛亮、苏轼、岳飞、高拱等建立的功德坊，或为历史事件建立的纪念坊，或为佛道儒教和不同行业建立的标志性牌坊，或为教化封建礼教的宣化坊等。故为研究历史名人、历史事件、宗教历史、地方历史、民俗文化等提供了重要的实物例证。洵为历史文化遗产保护、研究和利用的重要资源。除需要妥为保护好现存的牌楼牌坊外，建议文物等有关部门，将其已毁的牌坊散失的雕刻构件予以查寻收集，作为可移动古代石刻文物保护好。若能收集到某座石牌坊的较齐全构件，予以恢复，必将发挥更大作用。

让我们携起手来，共同保护传承好优秀的民族文化遗产，为增强文化自信和建设文化强国做出更大贡献。

（原载《古都郑州》2022 年第 3 期）

中原地区明清建筑袭古手法再认识

河南及周边邻省等中原地区，系华夏文明的核心区，历史悠久，文物荟萃。古代建筑在全国占据非常重要的地位。其中河南明清时期的木构建筑不但数量多，而且因其独特的地方建筑手法，引起业界普遍关注。在"地方建筑手法"中又因其因袭古制的"袭古建筑手法"更引起关注。还造成古建筑时（年）代鉴定的困惑，形成部分使用袭古手法的明、清建筑，被错误的判定为元代和元代以前的建筑，带来文物价值评估等一系列问题。更有甚者造成维修时改变原建筑结构和原建筑法式，形成违背《中华人民共和国文物保护法》规定的"不改变文物原状"的古建筑维修原则。错误的后果造成的损失是无法挽回的。我省专业人员到古建筑丰富的某邻省考察古建筑时，发现当地一些元代和个别元代以前的古建筑，在河南的同类建筑被鉴定为明代，个别建筑甚至定为清代的，怀疑河南明清建筑的鉴定时代的准确性。笔者和这些专业同志沟通交流后，大家还是认可河南明清建筑鉴定的建筑时代是准确的。故特写此小文，与河南业界同仁商讨。

一、河南明清建筑袭古手法实例

中原明清建筑之建筑手法，以河南为例，基本可分为四种类型：一是明清官式手法建筑，其数量占其同时期建筑的最少数；二是明清地方手法建筑，占同时期建筑的最大多数；三是地方建筑手法为主兼用少量官式建筑手法的，占同时期建筑的少数；四是因袭古制的袭古手法建筑，占同时期建筑的次少数。

在这四类建筑手法中，因袭古制的袭古建筑手法给古建筑时代鉴定和价值评估等带来诸多困惑。故有必要就此问题进行研析。

我国著名建筑学家、中国营造学社文献部主任刘敦桢先生早在1936年，在河南省调查古建筑时就遇到明清建筑因袭古制的现象，在他的大作《河南省北部古建筑调查记》（以下简称《调查记》）（见《中国营造学社汇刊》第六卷第四期，1937年版）中有这样的记载"（济源县）阳台宫大罗三境殿，又称三清殿，其斗拱比例与拱昂卷杀方法（图一），大体与元代建筑接近，可是《重修阳台万寿宫三清殿记》碑记述明正德十年（1515年）重建此殿经过，十分详尽，当然不是元代遗构。内部梁底所用雀替（图二），与吴县元妙观三清殿及曲阳县北岳庙德宁殿几无二致，同时也就是《营造法式》卷五所述的月梁下面的'两颊'，足证北宋手法至明中叶还是流传未替。"除刘先生所记明代大罗三境殿竟保留宋、元建筑手法外，此殿还使用叠瓦脊等早期建筑之制（图三）。阳台宫已毁的山门（清代）内部梁架均使用月梁。以上所述的建筑结构和建筑手法在同时期官式手法建筑中是绝对不可能见到的。

图一　济源阳台宫大罗三境殿斗拱比
例与拱昂卷杀

图二　阳台宫大罗三境殿内部梁底雀替

图三　阳台宫大罗三境殿叠瓦脊正脊

刘敦桢先生1936年还调查了济源紫微宫，在他的《调查记》中记述"紫微宫三清殿建于清代初，在结构上此殿都保留不少古法，值得注目。（一）外檐结构不但平板枋厚度与柱头科、角科宽度未曾加大，其厢拱上并施有替木一层。替木制度自金以后差不多已经绝迹，不料竟发现于清代建筑中，设非亲见目睹，几令人不能置信（图四）。（二）山面补间平身科减为一攒，背面补间竟全部省略，可是斗拱比例仍与正面一致，故建筑物的外观雄健古朴，不类清代所构。（三）此殿梢间梁架……外槽此部则改为驼峰，上施坐斗，承受单步梁，使与下金桁相交。除此以外，平身科后尾与内额上和此相对的平身科，又各起枰杆，撑于下金桁中点之下。此二枰杆内外对称，构成人字形梁架，在原则上，与河北省新城县开福寺大殿梁架，具有同样意义。"此清代建筑（面阔五间，单檐歇山殿式建筑）（图五）因袭建筑古制之多，在河南所调查的清代木构中是最典型的。可惜于1968年"文革"时期被拆，运到济源二中（王屋中学）作为建材使用了。

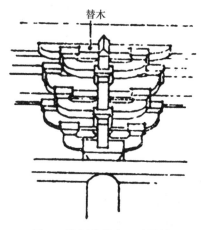

图四　济源紫微宫三清殿柱
头科之替木

图五　济源紫微宫已毁三清殿（1936年照片）

　　济源济渎庙清源洞府门，为三间四柱挑山造木牌楼，建于明代。施九踩重翘重昂斗拱。保留早期木构建筑琴面昂昂嘴较扁瘦、斗顫明显、单材耍头上置齐心斗（图六）、覆盆柱头、覆盆柱础的做法（图七）。此木牌楼保留古制的建筑结构和建筑特征，是河南省明代地方手法建筑中最为突出的。

图六　济渎庙清源洞府门单材耍头上置齐心斗

图七　济渎庙清源洞府门覆盆柱头和
覆盆柱础

河南现存明清地方建筑手法木构建筑，使用替木古制的做法，除上述刘敦桢先生所记述的济源紫微宫三清殿厢拱上施替木外。笔者调查发现使用替木的明清建筑还有：①洛阳市内明代地方手法建筑安国寺后殿（图八）。②济源轵城关帝庙大殿，面阔与进深各三间，单檐悬山造，为明代早期建筑。不但厢拱承托替木（图九），而且檐下平身科为真昂斗拱，用真华头子，昂嘴扁瘦（图十）。明间大斗为内颤瓜楞斗，次间大斗为八瓣瓜楞斗，斗拱后尾为挑杆令拱（图十一）。施土坯拱眼壁和覆盆柱头，多用重唇板瓦。表现出金、元时期的建筑特征。但主体建筑结构和建筑手法为明代地方手法的建筑特点。③济源轵城大明寺后佛殿，为面阔、进深各三间的悬山造清代建筑，后檐斗拱使用替木（图十二）。④洛宁县金山庙大殿，为明代中晚期河南地方手法建筑，不但使用替木，还有其他袭古手法的结构特点。⑤许昌县天宝宫岳飞殿，系清代晚期面阔三间的单檐硬山式建筑（纯正清代地方建筑手法），厢拱之上施替木。

图八　洛阳安国寺后殿替木　　　　　图九　济源轵城关帝庙大殿后檐替木

 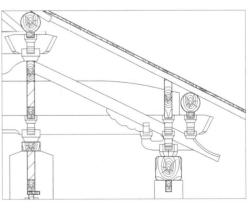

图十　轵城关帝庙大殿平身科　　　　图十一　轵城关帝庙平身科剖面图

图十二　济源轵城大明寺后佛殿斗拱使用替木

河南明清木构建筑因袭建筑古制，不仅表现在上述之例。还有大木作、小木作、雕作、瓦作等诸方面。斗拱中单材耍头上置齐心斗这一早期做法，至元代始多已不用的构件竟然出现在河南明清地方手法建筑中，除以上所记几例外，济源济渎庙龙亭为明代木构建筑，使用单材耍头和齐心斗，制作规范形制古朴，俨如早期建筑形象。更值得关注的是豫北某寺清代建筑中佛殿为地方手法建筑，还使用单材耍头，但耍头上的齐心斗不是规范的"斗"形，而是在单材耍头上垫置一块木块，可谓"代齐心斗"件，此构件既表现清代地方手法建筑仍因袭古制使用单材耍头和齐心斗，更说明齐心斗消失轨迹的嬗递关系和过渡形制，具有重要的研究价值。

这种因袭古制的袭古手法，不仅出现在明清时期的地方手法的木构建筑中，甚至民国时期的木构建筑还沿袭古制，形成早期的建筑风格。1936年刘敦桢先生调查河南古建筑的《调查记》言"调查（博爱）城外西北一带的建筑。在离城十里的泗沟村发现关帝庙一所，门外有明中叶铸造的铁狮二尊，遥望门内结义殿斗拱雄巨，檐柱粗矮，以为最晚当是元代遗构。及至细读碑文，乃知重建于民国五年，不禁哑然失笑。不过此殿外檐平身科蚂蚱头改为下昂，向后挑起，却是不易多见之例（图十三）"。可见袭古建筑手法的顽强性。甚至现行的仿古建筑，也多喜欢用粗柱子，大斗拱等袭古的做法。

河南不但明清时期木质材料的建筑因袭古制，传承袭古建筑手法，而且砖石材料的建筑也采用袭古建筑手法。极少数明清时期的宗教建筑仍沿用早期建筑的叠瓦脊（如济源阳台宫大罗三境殿），笔者在焦作市内还发现一座清代民居建筑使用叠瓦脊，深感惊讶。在登封少林寺塔林中，大量明清砖石塔使用宋式的四抹格扇门（见

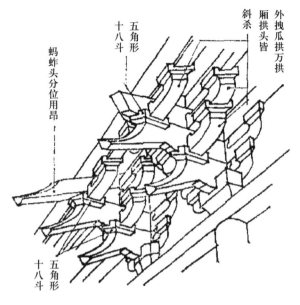

图十三　博爱泗沟村关帝庙结义殿斗拱图

杨焕成《塔林》（下册），2007年出版）；该塔林中几座明代砖塔竟使用元代以前的"不岔分"垒砌技术，有的采用"岔分"与"不岔分"兼施的甃筑做法，这些袭古之制，具有非常重要的研究价值。

以上仅是河南省明清时期木构和砖石建筑因袭古制的袭古建筑手法的一部分，还有诸多实例尚未列入。即此足以说明河南明清建筑袭古建筑手法之丰富和在研究建筑技术史，乃至对研究古代建筑史的重要实物价值。

二、袭古建筑手法的辨析和运用

明、清建筑的袭古建筑手法的研究，既涉及同时期官式建筑手法与地方建筑手法，也涉及建筑材料中旧料重新使用留下不同时期建筑构件形象的辨识，还涉及老物件与新物件混用的认识问题，甚至还涉及明清建筑自身时代特征与沿袭建筑结构手法的关系等认识事宜。所以"辨析"是研究袭古建筑手法的基础。①首先要熟悉同时期官式建筑结构和建筑手法，将官式手法予之进行比较研究，一般来说，通过二者比较研究可以排除明清官式手法建筑使用袭古建筑手法的可能性。②与地方建筑手法进行比较研究，厘清地方手法建筑的建筑结构和建筑技艺的常规特征和做法，这样就自然的将"因袭古法"的建筑结构和建筑技艺的"袭古建筑手法"显现出来。③最重要的是研究袭古建筑手法，必须熟悉古建筑的时代特征，只有熟悉不同时代建筑的建筑时代特征，才能将其研究对象纳入其中进行比较研究，分析研提早于研究对象的建筑结构和技艺特征，归纳出是否系"袭古建筑手法"的结论。④要细心观察研究对象，即鉴定文物本体的建筑结构和建筑构件常规做法特征和其中部分早于主体建筑时代的构件是否是同时一体的原结构，若是原结构就有可能是因袭古制的袭古建筑手法，否则可能是晚期建筑利用其他早期建筑的构件，或早期建筑的旧料加工使用到晚期建筑上带有的原制痕迹，一定要避免将后者混入"袭古建筑手法"，造成错误结论，传递错误信息。

辨析明清建筑的"袭古建筑手法"的目的，是为了准确鉴定古建筑的建筑时代和正确评估其建筑历史、科学、艺术价值。所以辨析"袭古手法"非常重要。只有充分认识袭古建筑手法，才能正确运用袭古建筑手法。例如我省某市一座明代殿式大型木构建筑，在评审该建筑文物保护规划时，邀请省内外评审专家现场考察这座地方手法建筑，一位我国著名古建筑专家提出此建筑应为元代或元代以前的建筑，并指出其所谓理由。当这位专家主动征求笔者意见时，通过详细沟通交流，明确此建筑大木作斗拱、梁架等因袭古制的特点和主体建筑结构的明代特征后，这位作风严谨的专家随之在评审会上纠正了他现场考察的说法，明确指出此殿为明代河南地方袭古手法建筑。通过此例说明在运用古建筑时代特征鉴定建筑时代时，绝不能以点盖全，必须正确运用常规的"古建筑时代特征"和不同时代、不同地域、不同类型的不同建筑手法全面分析研究，才能得出科学准确的结论。

笔者60余年来，在调查研究河南古建筑，特别是研究河南明清木构建筑地方手法的同时，利用在职出差机会和退休后的时间，调查河南周边的山西、陕西省及河北省邯郸地区，还有安徽、山东、湖北、江苏北部一部分地区，连同云南、甘肃一部分地区（见杨焕成：《甘肃明清木构建筑地方特征举例——兼谈与中原地方建筑手法的异同》，载《古建园林技术》2007年第3期）的明清时期木构建筑的大多数建筑的建筑手法与北京等地同时期官式建筑手法差异很大，而与河南省同期除少量官式手法建筑外的绝大多数明清地方建筑手法相同或相近，形成与同期"官式建筑手法"相异的"地方建筑手法"。地方建筑手法突出的特点是保留部分古制的"袭古"做法，并有自身发展的时代特征，甚至还有少量地方手法建筑采用局部官式手法的做法。经过长期比较研究，勾勒出一个范围较大的广义的"中原明清地方建筑文化圈，形成"中原地区明清木构地方建筑手法"，及具有地方建筑手法突出特点的保留古制的"袭古建筑手法"。

经数十年的实践，证明经调查研究所归纳研提的"中原地区明清木构建筑地方建筑手法"（简称"中原地方建筑手法"），以及明清地方手法建筑因袭古制的"袭古建筑手法"的结论基本上是准确的。运用于鉴定大量明清时期木构建筑至今未发现大的偏差，鉴定明清时期砖石建筑也是可行的。

限于本文篇幅，关于明清建筑地方手法的具体特征、细部结构之作及形成缘由等从略，将另文研讨。

鉴于中原明清建筑地方建筑手法及其保留因袭古制特征之重要性和应用范围之广的实用性。加之目前此课题研究专业人员少和研究空间大的实际情况。建议有关部门在有条件之时，组织举办有关此课题的研讨会，以引起业界的重视，搭建其研究平台，使更多专业人员参与更深入的研究工作，以期取得丰硕的研究成果，为古建筑保护研究，特别是为中原地区明清建筑保护、研究及利用发挥更大作用。

（原载《河南文物工作》2022年第1期）

第二批河南省文物保护单位中的古建筑

　　1986年11月21日，河南省人民政府公布了第二批省级文物保护单位274处。其中古建筑80处。这是经过四年酝酿讨论，从全省初选的500多处古建筑及纪念建筑物内，经反复筛选确定的。此系我省文物考古工作值得庆幸的大事，势必对全省古建筑等文物保护工作起到极大的促进作用。

　　为了便于读者了解80处古建筑的科学、历史、艺术价值及其在全国全省所处的地位，故分11类予以介绍。

一、佛 教 建 筑

　　我省地处中原，历史悠久。佛教自汉代传入中国后，便在中原一带迅速传播发展。北魏时期，洛阳佛寺多达1300多所。《洛阳伽蓝记》中列举了洛阳城区的名寺59所。登封境内中岳嵩山素有"上有七十二峰，下有七十二寺"之称，足见古代中原佛寺之多。由于历史上自然和人为的破坏，佛寺大部分已不存在。现存规模较大或文物价值高的佛寺，除已公布为国家级和第一批省级文物保护单位外，这次公布19处。大致分三个类型，一是规模宏大的古代建筑群，二是文物价值较高的单体建筑，三是古建筑本身价值一般，但寺内有文物价值较高的石刻、塑像等。

　　规模宏大的古建筑群有济源县大明寺、宜阳县灵山寺、林县惠明寺（图一）、陕县安国寺、镇平县菩提寺（图二）、民权县白云寺、汝阳县观音寺、辉县白云寺、淅川县香严寺（图三）等9处。其中济源大明寺中佛殿为元代建筑，面阔三间，进深三间，单檐歇山式。外檐斗拱为五铺作双下昂计心造，草栿梁架，为我省现存元代建筑结构纯度较高的木构建筑之一。西配殿等明代建筑也有一定文物价值。

图一　林县惠明寺大殿

图二　镇平县菩提寺　　　　　　　　图三　淅川县香严寺

特别是后佛殿（面阔五间，进深三间，单檐悬山式建筑），殿内彩画保存较好，是研究中原地区明清木结构建筑彩画异于北方殿式彩画和南方苏式彩画的重要实物资料。该殿后檐斗拱使用替木，这种元代后期已经不使用的构件，竟出现在河南清代建筑上，在全国实属罕见，是我省已知清代建筑使用替木的第三例，故系研究中原建筑地方手法因袭古制的珍贵实物资料；宜阳灵山寺，依山势高低错落，布置殿宇楼阁。寺中毗灵殿和大雄殿，为原建筑结构纯度不太高的金代木构建筑，具有一定文物价值。大雄殿内明代塑像为我省现存时代最早的大型彩塑作品之一。寺内存留有内容丰富，数量较多，书法精湛的碑刻题记。寺外山林中还有一处塔林，烘托着庄严肃穆的古刹气氛；林县惠明寺中佛殿，斗拱为明代中晚期遗构。梁架多系清物，有一定文物价值。特别是寺内喇嘛塔，高达16米许，其上石雕有行龙和佛传故事等，系研究明代大型石构喇嘛塔和石雕艺术的珍贵资料；民权县白云寺是豫东现存规模最大的古建筑群，寺内韦驮殿、罗汉殿、大雄宝殿、养心殿、方丈院等均为清代建筑。另有清代石雕经幢和佛公灵塔等文物；掩映于苍松翠柏之中的辉县白云寺，创建于唐代。现存明清木构建筑多座，寺后塔林中两座石构喇嘛塔，造型优美，雕刻颇精，堪称元代石雕艺术的佳品；淅川县香严寺不但保留有明代石牌坊，而且还有大雄殿、中佛殿、藏经楼等木构建筑150余间。另有古代塔林和50余通碑刻；镇平县菩提寺始建于唐代，历经重修，现存有清代修建的四进大院和碑刻古树名木等。登大殿过经堂，遥望山峦回环，谛听潺潺溪水，更使人情趣盎然，心旷神怡。为优美的园林式寺院；汝阳县观音寺与陕县安国寺均系规模较大的明清建筑群。

　　文物价值较高的单体建筑有舞阳县彼岸寺大殿、清丰县普照寺大殿（图四）、镇平县阳安寺大殿、武陟县千佛阁、安阳市高阁寺等5处。这些单体建筑的共同特

图四　清丰县普照寺大殿

点是原古建群中的其它建筑多已不存，现仅保存一座主体建筑，且具有较高的文物价值。如镇平县阳安寺大殿，至今仍保持明成化十三年修葺后的原貌。殿内平面采用减柱造，且使用沟槽昂和纵身梁等明代稀有的结构方法，是研究河南古建筑地方手法的重要物证；舞阳县彼岸寺大殿，柱头铺作用假昂，补间铺作用真昂，有明显的柱侧脚与柱生起，具有元代建筑手法。对研究元、明、清建筑的嬗递关系提供了实物例证；安阳高阁寺建在高达18米的梯形土台上。殿之裙肩部分雕刻精美的云龙，形象生动，栩栩如生，是研究高台建筑和明代石雕艺术的珍贵资料。

古建筑内所存文物价值较高的石刻、塑像等有博爱县月山寺塔林、碑刻和南召县丹霞寺塔林两处。月山寺原为豫北名刹，木构建筑多已不存。现仅有明清时期的和尚墓塔13座。除一座塔高10.3米外，其它高度皆为10米以下。另有明弘治、嘉靖年间用汉白玉刻制的御碑及其它碑刻等10余通；丹霞寺是历史上有名的大寺院，现存殿宇均为清代建筑。此寺原有和尚墓塔100多座，现仅存13座。其中元代砖塔5座，明代砖塔4座，清代石塔4座。具有较高的文物价值。

二、砖石古塔

河南现存砖石古塔530多座（笔者注：截止2022年，河南遗存地面起建古塔606座），为我省古建筑的优势。不但数量多，而且从国内现存最早的砖石塔到现代修建的纪念塔等，即各时代砖石塔俱有；其平面有圆形、方形、六角形、八角形、十二角形；塔形有楼阁式、密檐式、亭阁式、窣堵波式、经幢式等，应有尽有，且建筑文化内涵丰富。这次公布的唐塔有4座，其中砖塔1座，即林县洪谷寺塔。洪谷寺塔高15.4米，为方形七级密檐式砖塔。塔内中空呈筒状，系我省为数不多的唐代砖塔之一；石塔3座，为内黄县里固石塔和林县阳台寺双石塔。这次公布的3座石塔是近几年新发现的重要文物，均为方形单层密檐式。里固石塔虽檐层缺石，但雕刻艺术价值颇高。特别是雕龙形象古朴生动，写实性强，当系唐代早期作品。阳台寺塔保存较好，雕刻精致，是研究唐代舞乐和稀有的六角形塔（笔者注：塔身雕刻六角形小塔）的重要资料。

　　河南省现存宋代砖石塔30多座。公布为第二批省级文物保护单位的10座，皆为砖塔。这10座塔（商水县寿圣寺塔、新郑县凤台寺塔、宜阳县五花寺塔（图五）、西平县宝严寺塔、鄢陵县乾明寺塔（图六）、鄢陵县兴国寺塔（图七）、宝丰县观音大士塔、荥阳县千尺塔、中牟县寿圣寺双塔（图八）既表现出宋代砖塔的普遍的共性特点，又表现出河南地区宋塔特有的建筑手法。宋代营造业有了较大的发展，特别是建造佛塔达到了极盛时期。形成了我国封建社会民族建筑发展的第三个高潮。此时期佛塔较前发生了很大变化。如隋唐时多为木塔，虽建有少数砖塔，但仍未能摆脱木塔的影响，砖塔内部仍使用木楼板和木楼梯。塔身砌砖仍用黄泥浆粘合，塔刹用青石雕造。宋代营造匠师总结了前人的经验教训，认识到木塔造价昂贵，且易遭火焚；石质塔刹在高度和华丽程度上受到限制；黄泥浆的粘合强度较弱；特别是五代以前的佛塔绝大多数为正方形。实践证明方塔之锐角部分地震时受力集中易遭破坏，并且方塔在登高眺望和杀减风力等方面也受到影响。所以，宋代在造塔的施工技术、建材、结构等方面都有较大突破，大量建造砖塔，且将砖塔内的木楼板和木楼梯改为砖砌楼层及迂回盘旋的砖石梯道。既避免了易遭火焚的弱点，又增强了塔体的整体性能，延长了佛塔寿命。楼阁塔和亭阁塔的角隅均垒砌有倚柱，增强杀减风力和抗御地震的能力，并扩大了登高眺望的角度。塔身表层砖用白灰浆粘合（部分壁内砖仍用黄泥浆粘合）增强了壁面砖粘合强度。宋朝京畿腹地遗留下来的这些砖塔，是宋代建塔工艺大发展的有力佐证。特别值得提出的是荥阳县千尺塔、新郑县凤台寺塔、鄢陵县兴国寺塔等，第一层为轿顶形塔心室，第二层或第三层至顶部为竖井形塔心室，系承袭唐制最明显的例证，也是唐宋塔嬗递的实物资料。这些砖塔仿木构建筑较以前更为逼真，从斗拱到檐椽、瓦件、门窗装修等仿制的惟妙惟肖。多数塔壁面上嵌砌佛像雕砖，形象各异，工艺精湛，使古塔增辉。

　　河南现存金塔17座（笔者注：截止2022年，河南现存金代塔30座），且多为形体较小的和尚墓塔。大型砖塔仅4座，其中洛阳白马寺齐云塔已公布为全国重点文物保护单位。三门峡宝轮寺舍利塔和沁阳县天宁寺三圣舍利塔已公布为第一批省级文物保护单位。另一座为修武县百家岩寺塔，这次公布为第二批河南省文物保护单

图五　宜阳县五花寺塔

图六　鄢陵县乾明寺塔

图七　鄢陵县兴国寺塔

图八　中牟县寿圣寺双塔

位。该塔平面八角形，塔身9级，高20余米。檐下使用斗拱，非常华丽。为我省唯一的金代大型楼阁式砖塔，具有较高的科学和艺术价值。

我省现存元代砖石塔86座（笔者注：截止2022年，河南现存元代砖、石塔95座）。除辉县天王寺善济塔和登封少林寺塔林裕公塔、乳峰塔等体形较大外，其余多为形体较小的和尚墓塔。这次公布为第二批河南省文物保护单位的元塔9座，均散存在佛寺群体建筑中。其中南召丹霞寺5座，辉县白云寺2座。特别是辉县白云寺喇嘛石塔，造型优美，通体雕刻佛像、伎乐、花卉图案等。具有较高的文物价值，是元代石雕艺术的佳作。

河南省第一批文物保护单位中仅有一座明塔（即许昌文明寺塔。不含群体建筑中的和尚墓塔）。这次作为独立单位公布保护的明塔11座，除商城县黄柏山三座和尚墓塔外，其余8座皆为形体较大的砖石塔（杞县大云寺塔、延津县大觉寺万寿塔、商城县崇福寺塔、鹤壁市玄天洞石塔、荥阳县无缘真公禅师塔、太康县寿圣寺塔、宝丰县文笔峰塔、汲县镇国塔）（图九）。河南省200多座明代砖石塔中，形体较大者仅10余座。所以，这次尽量予以公布保护。这8座明塔的共同特点是体形高大，外形多仿宋塔形制；内部结构复杂，下层多辟为可以供奉佛像的塔心室；塔内砌筑盘旋梯道，可登高眺望；砌块间的粘合材料全用白灰；平面多为多边形，间有少数方形者；塔体外型刚直秀丽，巍峨挺拔，收分较小，抛物线不明显；塔门多为半圆拱券门；出檐较短，使用砖雕斗拱，且斗拱结构较宋元时期同类砖雕复杂。有的檐下还垒砌菱角牙子砖层或叠涩砖层；石塔塔身多有高浮雕。

图九　汲县镇国塔

河南清代砖石塔有100多座，除洛阳市文峰塔、光山县紫水塔、唐河县文峰塔等少数体形较大者外，其它皆为体形较小的和尚墓塔。这时期的塔砌筑较粗糙，造型较呆板，出檐很短，像捆扎的环带一样。在建筑技艺上没有新的发展。这次仅将博爱县月山寺塔林中的13座明清和尚墓塔公布为保护单位。其它清塔，留待以后研究公布保护单位。

三、儒、道教建筑

这次公布为省保护单位的儒、道教建筑23处［济源县济渎庙、济源县关帝庙、济源县奉仙观（图十）、开封市延庆观、济源县阳台宫（图十一），孟县显圣王庙、博爱县汤帝庙大殿、许昌县天宝宫、登封县南岳庙大殿、方城县文庙（图十二）、新乡市文庙、封丘县东岳庙、禹县伯灵翁庙戏楼、鹿邑县太清宫、开封县岳飞庙、卢氏县城隍庙、郏县文庙大殿、安阳市府城隍庙，开封市禹王台、周口关帝庙、太康县黉学（图十三）、临汝县汝州学宫、内乡县文庙大殿］。河南省现存古代木构建筑之精华，除第一批省级文物保护单位中公布一部分外，其余时代早、文物价值重要的单体木构建筑都包括在这次公布的名单中。如济渎庙不仅是我省规模宏大的古建筑群之一，而且庙内有河南现存最早的木构建筑寝宫（建于北宋初年）和建筑结构奇特的明代建筑清源洞府门；奉仙观是一处拥有金、明、清时期木构建筑的古建筑群，建于金代的三清殿斗拱雄巨，梁架结构独特，具有重要的研究价值；显圣王庙大殿和汤帝庙大殿是我省现存元代建筑结构纯度较高的五座单体建筑中的两座，斗拱、梁架及门窗装修等结构都忠实地表现出元代木构建筑的特点；开封延庆观中的玉皇阁，内部为无梁殿式的穹窿顶，外形分三部分：下部方形，中部为八棱形，上部为八角攒尖亭形，顶覆盖玻璃瓦。整个建筑小巧玲珑，别具匠心。为国内同类建筑所仅有，具有重要的科学和艺术价值；阳台宫内主体建筑两座，一为大罗三境殿，面阔五间，进深四间，为河南省最大的明代地方手法木构建筑之一。该殿的斗拱、梁架、正脊等保留着宋、元时期的建筑特征。石柱雕刻和藻井工艺堪称佳作。另一座为玉皇阁，三檐歇山造，阁内八根通天柱，高达15米，粗两围。24根方形石檐柱雕刻尚佳，为明代石雕艺术的上品。斗拱和阁顶为清代重修之物，亦有一定文物价值；天宝宫规模宏大，中轴线上有七进建筑，特别是吕祖殿，高10米许，面阔多达十一间，为河南省古代建筑中面阔间数最多者。11根前檐柱为明代遗物，柱上石雕盘龙，艺术价值颇高；郏县文庙大成殿是一座清代建筑，它的文物价值主要表现在前檐木雕盘龙柱，为河南省两座木雕盘龙柱的建筑之一，其中登封县的一座已拆毁，仅将两根盘龙柱作单体文物收藏。故此木雕盘龙柱就显得尤为重要；安阳府城隍庙建筑群中的前殿系明代建筑，使用沟槽昂，为河南少有的沟槽昂建筑，具有重要的研究价值。另外中轴线上的二殿、三殿、寝宫等清代建筑也有一定文物价值；太康县文庙（亦称黉学）大殿，面阔七间，进深五间，是现存县级文庙中规模最大者。特别是前坡檐下另加一搭檐，形成阶梯状的两层檐，与汉代两叠式歇山顶建筑相似，我省仅此一例，对研究古代建筑史有重要价值；内乡文庙大成殿，面阔

图十　济源县奉仙观大殿

图十一　济源县阳台宫玉皇阁

图十二　方城县文庙大成殿

图十三　太康县文庙（黉学）大殿

五间，进深三间，单檐歇山式建筑。建于明代初年，保留少许元代建筑特征，系河南现存最早的文庙大成殿之一，亦是豫西南现存最早的木构建筑，是研究元明建筑嬗递关系的实物资料；周口关帝庙是一处包括铁旗杆、石牌坊、花戏楼、大拜殿、春秋楼等文物的保存较好的清代建筑群。木雕、石雕均具有较高的艺术价值。在河南同类建筑中，仅次于社旗县山陕会馆；登封县南岳庙大殿虽为面阔三间的小殿，但因系保留有少许早期建筑特点的明代建筑，故有较重要的文物价值；开封市禹王台，传为春秋时晋国名乐师师旷奏乐的吹台。后在古吹台上建禹王庙，增水德祠、三贤祠等。现存建筑为一组布局严谨、小巧玲珑的清代建筑群，回廊壁体上嵌砌有重要文物价值的碑刻、题记等；方城县文庙大成殿是清代官式建筑手法与河南地方建筑手法相结合的典型实例。洵为研究建筑史难得的实物资料；卢氏县城隍庙等亦有一定文物价值。

四、城　　垣

根据考古发掘和历史文献记载可知，我国在原始社会晚期已经出现城垣。由于战争等人为原因和自然营力的破坏，明代以前的古城多已成为废墟，故将此类故城址作为古文化遗址公布保护。明、清时代的砖城墙由于距今较近，且砖面墙体较宜保存，所以尚能较完好的保留下来。这次作为古建筑类公布保护的商丘县归德府城墙即为一例。归德府老城于明弘治十五年被洪水淹没，城池北移，建造其周长七里许，城墙高2.5丈，顶宽2丈，基宽3丈的城墙。墙面包砌城砖，内填黄土，夯打坚实。明末战乱遭到局部破坏，清初进行整修。至今墙体保存较好。惜城门楼、瓮城已不存。此为河南省现存保存较好的明代城墙。近年国家拨专款对残破墙体进行整修。使这座古城逐步恢复其历史面貌。为城市建设和古代防御工程建筑研究提供了实物例证。

五、桥　　梁

桥梁是交通建筑之一。由于建筑式样丰富多彩，宛如长虹缎带横披在江河湖涧之间，故古人常以"长虹饮涧"、"彩练行空"、"人间彩虹"等优美诗句来赞美桥梁。我国早在原始社会就有了人工堆砌的堤梁式过水桥，并有少许加工制作的独木桥。逐步发展到秦汉时期的多跨梁式桥、拱桥等。这些早期桥梁现已荡然无存，只能从文献记载、考古发掘以及汉画像石等资料中了解一些线索，已无法知其全貌。

这次将我省现存时代较早、文物价值较高的四座石桥公布为省保单位（临颍县小商桥、安阳县永和桥、汝南县北关石桥和东关石桥）。小商桥系石拱桥，长21米，宽7米。桥身和桥基上浮雕金刚力士、天马、狮子、莲花、几何图案等。志书记载此桥建于隋开皇四年。著名桥梁专家茅以升先生派人考察后认为该桥始建年代早于河北赵州桥。但从桥之浮雕图案等分析，疑为宋代前后的建筑。故此次公布时将现存桥梁的建筑时代暂定为宋；永和桥，为三孔石拱桥，全长39.5米，宽6.8米。孔之拱券外沿雕刻云龙、天马、海狮等图案。经鉴定可能为宋、金时期的建筑。小商桥和永和桥为我省现存最早的石拱桥；汝南北关桥，建于明代，为五孔石桥。全长54.4米，宽7.1米，用青石券砌。桥面两侧有望柱和栏板。栏板上线刻有花纹图案。桥墩下部砌出雁翅分水墩，以便分流洪水和减缓洪水对桥身的冲击；汝南东关桥为明代建筑。系五孔拱券石桥。全长52.3米，宽7.4米。形制与北关桥基本相同。这两座石桥，其形体之大，文物价值之高，保存程度之完好，为我省明代同类桥梁中所少见。

六、古代水利工程

河南地处黄河中下游，系中华民族发祥地之一。历史上遗留下来的科学建筑、土木工程等遗迹较多，其中水利工程即其主要项目之一。这次选择济源县明代五龙口水利设施公布为省保单位。早在秦代就在济源境内沁水出口处修建沟渠，其后历代在此开渠筑堰。到了明代相继开挖成五条河，灌溉济（源）、沁（阳）、孟（县）、武（陟）、温（县）五个县的耕地，故称五龙口。有四条渠至今仍在使用。还存留有明代修建的永利、广济两个渠首闸。分别在渠闸上建有三公祠、袁公祠，雕刻有建渠倡导者的造像。并有碑刻、石狮等文物。

七、会馆建筑

　　我省自古以来水陆交通发达，是沟通南北物资交流的交通枢纽。富商大贾云集，商业手工业繁盛。到了清代陕西、山西等省商人为了联络感情，兴邦聚财，随建立起同乡集会的场所——会馆。开封、许昌、南阳、洛阳等地至今还保留有古代商业行会建筑，多以同乡商贾的籍贯命名会馆。如山西会馆、山陕会馆、山陕甘会馆、潞泽会馆、怀帮会馆、江西会馆等。不但市县建有会馆，就连较大集镇也有会馆。这些会馆的共同特点是建筑豪华，雕刻精湛，主殿巍峨，结构谨严。除第一批省级文物保护单位中的社旗县山陕会馆外，这次又择其文物价值较高的清代建筑群开封山陕甘会馆、洛阳山陕会馆和潞泽会馆、唐河县源潭陕西会馆等予以公布保护。开封山陕甘会馆主要建筑有照壁、牌楼、二殿、正殿、钟鼓楼、东西配殿等。照壁高约两丈、满雕人物、云龙、鸟兽、花卉等精美图像，堪称砖雕艺术的佳品。牌楼、殿宇等木构建筑之斗拱和平板枋、大额枋等处浮雕或透雕戏剧故事、亭台楼阁、自然风光等一幅幅瑰丽的画卷。图案布局谨严，雕工精湛，蔚为奇观，系我省现存清代木雕艺术的珍品；洛阳潞泽会馆现存有钟楼、鼓楼、前殿、大殿、后殿、东西廊房等，规模雄巨，建筑巍峨。殿顶黄色琉璃瓦晶莹耀眼，金碧辉煌。脊吻兽件形象逼真栩栩如生。斗拱雕有龙头象鼻，额枋上透雕龙、凤、人物、芳草花卉等。殿身下的石柱础雕刻狮子、莲花等，有很高的石雕艺术价值；洛阳山陕会馆，又名西会馆。系清初建筑，数次重修。现存照壁、东西辕门、大门、舞楼、正殿、拜殿、东西配殿等。整个建筑群皆以黄、绿琉璃瓦覆顶，砖、石、木雕皆精。是洛阳市现存四座较完整的大型古建筑群之一；唐河县陕西会馆，位于城北源潭镇。现存铁旗杆一对、大殿、配殿、东西厢房等，均为清乾隆年间建造。铁旗杆高17.5米，杆身为六角形，直径20厘米，下为铁狮承托。共分七节，分别铸有仰覆莲、仰斗、盘龙、铭文等。为我省现存四对铁旗杆之一，有重要文物价值。大殿筑于高台上，为重檐歇山顶。除殿顶琉璃脊饰高大华丽外，檐下斗拱用象鼻昂，出45°斜昂。斗拱下的额枋仿官式手法建筑，采用"大额枋、小额枋、由额垫板、平板枋"四大件结构。并在各枋正面高浮雕和透雕云龙、花卉等，非常精美。柱下石磉墩雕刻较精，具有一定石雕艺术价值。

八、牌　　楼

　　亦称牌坊，故都名城街道之起点和中段，以及街道交汇处等多有牌楼点缀其间；寺院、陵墓之前，以及桥梁两端亦用牌楼陪衬其间。可谓我国古代建筑入门之象征。一般分为木、石、砖、琉璃、木石混合结构等数种。除造型优美外，还把石雕、木雕、琉璃砖雕之精华融于一体，成为艺术价值颇高的文物佳作。解放初期，我省各类牌楼牌坊约千余。1958年前后，拆除一大批，存留者不足十分之一。1963年公布第一批省保单位时，择优公布了浚县恩荣石坊（明代）、延津石牌坊（明代）、息县黄家栋石坊（明代）、新郑县石牌坊群（明、清）、睢县汤家祠石牌坊（清代）等五处为省级文物保护单位，另外，南阳县彭泰恩荣石牌坊及永城县丁氏牌坊虽没公布为省保单位，但文物价值较高。"文革"时期，上述石牌坊，除浚县恩荣坊外，全部被拆毁。现粗略估计幸存者约数十座。为了保护好这类文物建筑，这次公布舞阳县北舞渡山陕会馆木牌楼及新乡市七世同居石坊为省保单位。另外，省二保单位中陵墓和寺庙建筑群内尚存留有几座木、石牌楼牌坊。

舞阳木牌楼建于清道光五年，系三间六柱五楼柱不出头式牌楼建筑。建筑技艺高超，木、石雕刻颇精。后人以鲁班助建的赞语流传于世；七世同居坊，位于新乡市内，建于清道光四年。系三间四柱五楼柱不出头式石牌坊。抱鼓石、大额枋、龙门枋、花板等处雕刻精美的人物故事、珍禽异兽、山水花木等。为河南现存清代石坊之佳品。

九、伊斯兰建筑和民居

清真寺是伊斯兰教建筑，是该教徒做礼拜的场所和阿訇等居住的地方。因为此教产生的较晚，故清真寺建筑亦较佛、道教寺观为晚。伊斯兰教也称回教，是公元630年阿拉伯人穆罕默德创立的。唐朝我国海上交通大为发展，伊教随着经商贸易的往来传到了我国，并建立了不少清真寺。宋、元时期，该教得到了较大的发展。特别是明清时期，随着伊教的广泛传播，清真寺遍及各地。我省不少地方甚至较大的村镇都建有清真寺。从现存清真寺的建筑布局、形式、结构等方面分析，均不同于佛道教建筑。因伊教无偶像，故清真寺没有供奉偶像的佛堂等。它的主体建筑是供教徒做礼拜的礼拜殿。该殿分前廊、礼拜厅、后窑三部分，平面呈纵长方形。寺内另一重要建筑是召唤教徒们前来做礼拜的地方，叫邦克楼，所有清真寺均坐西面东，且建筑装饰不用动物图案。

1963年公布第一批省级文物保护单位时无列入清真寺。这次将开封朱仙镇清真寺、沁阳县清真寺（北大寺）（图十四）公布为省保单位，使省级文物保护单位增添了新的品种。这两处清真寺的共同特点是建筑规模大，布局较完整，雕刻较精，装修、瓦饰甚美。沁阳清真寺位于县城内，建于明代初年，万历年间重修，清代扩

图十四　沁阳北大寺

建。现存主体建筑有大门、左右讲堂、过厅、礼拜殿（前廊、礼拜厅、后窑）等。大门面阔三间，进深二间，单檐歇山造。孔雀蓝色琉璃瓦覆顶，斗拱上浮雕花卉。特别是窑殿，面阔三间。三个圆券门，三个穹窿式顶，两次间单檐三面歇山，脊中央置宝瓶。明间为单檐十字脊四面歇山，脊正中置宝瓶。殿之老角梁、仔角梁、博风板、斗拱、额枋、椽飞等，均为琉璃质构件，光彩夺目，绚丽多姿，具有较高的建筑艺术价值，洵为河南清真寺建筑之冠；朱仙镇清真寺，创建于明代，重修于清乾隆年间。现存清代建筑大门、左右厢房、碑楼、大殿等。大门为单檐歇山式，绿色琉璃瓦覆顶。前后四根石柱上雕有对联和山水人物图案。额枋上有二龙戏珠、鲤鱼跳龙门等木雕。雕工精湛，形象逼真。门前置石狮一对。大殿（礼拜殿）由前廊、拜殿、后窑组成，面积达800多平方米。高达15米。用碧绿色琉璃瓦覆顶。檐下斗拱五踩重翘。门窗装修更为别致，在六抹格扇门的格眼上饰以蚌壳代替窗纸，既明亮又美观。

民居，即民间居住建筑。明清时期，随着整个社会经济和文化的发展，住宅建筑在数量和质量上有较大的发展。官僚、地主和富商大贾更是利用劳动人民创造的物质财富为其建造豪华宏敞的住宅，成为整个古代建筑中的组成部分。我省地处中原，民居建筑得到了长足的发展，遗留下来许多重要的实物。但在近现代建筑迅速发展的冲击下，我们没有充分认识到保护民居建筑的重要性。所以，未采取必要的保护措施，致使大批需要保护的重要民居被拆改，造成无法弥补的损失。鉴于此教训，在近年的文物普查中第一次把民居列为普查项目。到目前为止还未发现明代民居（笔者注：截止2022年，在林州、郏县、宝丰发现明代单体民居建筑）。但调查了大量的清代民居，取得了可喜的成果。从中选择了温县王薛村民居、商水县邓城叶氏住宅、项城县袁寨袁氏旧居为省保单位。王薛村王氏住宅现存有大门、两厢房和过厅等清代建筑。大门为歇山卷棚式，前后檐下均有垂花柱。大额枋与平板枋正面雕刻有花草图案。左右厢房皆出前廊，饰有雕刻精美的垂花柱。额枋上置雕刻花草的斗拱。明间安装有六抹格扇门四扇。过厅面阔三间，进深二间，出前檐，施一斗二升斗拱，明间安装四扇六抹格扇门。这组四合院建筑的特点是布局谨严，小巧玲珑，雕刻精美，雅俗适中；邓城叶氏住宅始建于清康熙年间，续建百余年。这次公布的是一组三进院落的建筑群（邓城尚有其它叶氏庄园建筑），占地1900多平方米。现有青砖灰瓦平房十七间，二层楼房七十间。规模宏敞，雕刻精致，充分反映了康乾盛世民间建筑的气势和风格；袁寨袁氏旧居建于清末和民国初年，系庄园寨堡式建筑，具有地方建筑的典型特点。

十、衙　　署

官衙是古代建筑的一个品类。有选择的保护几处典型实例，对研究历史，特别是研究古代政权制度以及向广大群众进行历史唯物主义教育，均有一定意义。故我们选择两处保存较好的府、县衙公布为省保单位。

南阳府衙：位于南阳市内，坐北面南。南北长240米，东西宽150米。始建于元至元八年（1271年）。现存照壁、仪门、大堂、寅恭门、二堂、内宅大门、三堂、书简房等，均为清代建筑（图十五）。基本上保持着明清时期府衙建筑的布局和风格。且为河南境内现存唯一的府衙。

内乡县衙：位于内乡县城内。始建于元代大德八年（1304年）。明清多次维修和扩建，逐渐形成一组规模宏大的官衙式群体建筑（图十六）。现存大堂、二堂、迎宾厅、三堂、衙皂房、监狱、东西帐房等，共六组四合院八十五间房。平面布局紧凑，建筑物高低错落有致。按历史原貌恢复了大堂、二堂内的陈设。已辟为全国唯一的县衙博物馆。

十一、其　　它

淅川县荆紫关古建群包括古街道、关门、平浪宫、山陕会馆等。这次将其作为一处文物保护单位公布保护，洵系尝试，实际上是把一座古镇作为文物保护区予以

图十五　南阳府衙大门

图十六　内乡县衙全景

大面积保护。因不便归类，故暂作"其它"项目介绍。

　　这里依山傍水，地势险要，是豫、鄂、陕三省结合部重镇。自古以来系兵家必争之地。由于种种原因，这座古镇旧貌未换"新颜"，保持着清代的建筑布局和建筑风格。古街道用河卵石铺地，青石架桥。所有店铺均采用黑漆铺板门，用青灰小瓦覆盖屋顶。出厦前檐，遮风避雨。相邻建筑间用封护的马头墙隔开，古色古香，具有浓郁的地方建筑特色。古镇中街，异军突起，耸立一组高大建筑群。即为山陕富商大贾于清道光年间积资兴建的会馆（图十七）。现存有大门楼、过楼、钟楼、中殿、后殿、卷棚等清代建筑。斗拱式样别致，做工精巧。是研究荆紫关古代商业发展的物证。平浪宫位于关之南端，现存有清代建筑钟鼓楼、大殿、后殿、大门等，这组道教建筑布局谨严，小巧玲珑，使古镇增辉。关之最南端，横跨街道，屹立着高大的关门。门楣上书"荆紫关"三个大字。此系我省现存的唯一关门。

图十七　淅川县紫荆关山陕会馆

　　因限于文保单位的数量。故温县、孟县、武陟、汲县等地一些时代较早、文物价值较高的古代建筑未能列入省二保单位，洵为憾事。一定要保护管理好这些建筑文物，以留待公布第三批省级文物保护单位时公布保护。

　　我们一定要按照《中华人民共和国文物保护法》和《河南省（文物法）实施办法》等文物法规的规定，认真做好文物保护单位的保护管理工作。特别是古代建筑易遭自然和人为的破坏，更需要加强宣传，并采取强有力的措施，使之得到妥善保护。为社会主义两个文明建筑服务，为子孙后代造福。

（原载《中州建筑》1987 年第 6 期）

（笔者注：因印刷质量问题，本文原插图黑白照片多已模糊不清。故此次编辑时将黑白照片更换为彩色照片；原文分类不尽合理，未作调整，特说明）

河南古建筑石刻文物放异彩

——庆祝中华人民共和国成立三十五周年

河南为全国文物重点省之一。现存于地面上的古代建筑、古代碑刻、石窟造像等历史文物异常丰富。

全省现有全国重点文物保护单位16处，其中古建筑10处；河南省文物保护单位267处（包括范县、台前划归河南后，县境内14处山东省公布的文物保护单位），其中石窟造像8处，石刻及其它46处，古建筑及纪念建筑物62处；县、市级文物保护单位2700余处（少数地方未公布县、市级文物保护单位），其中古建筑、石窟、石刻和其它地上文物800余处。建国三十五年来，基本上都得到了较好的保护。

一、古 代 建 筑

河南省现存地上古代建筑，从东汉到清代，可以写一部中国建筑发展简史。且石阙、城垣、寺庙、石窟、砖石塔、牌坊、华表、石柱、书院、桥梁、民居、天文台、园林、会馆、官衙、陵墓、祠堂等建筑品类齐全。

石阙，是仿木构建筑建造起来的石门观。分宫阙、城阙、庙阙、墓阙等。汉画像石中还有不少民居门阙，有些画像院落中筑有可以眺望的单阙。全国现有东汉至西晋时代的石阙32处，其中四川20处，河南4处、山东4处。四川、山东的阙为墓阙，唯河南有3处庙阙。这3处庙阙是登封的太室阙，建于东汉元初五年，通高3.96米，两阙间距6.72米；少室阙，约建于东汉元初五年至延光二年（118～123年），高3.72米，两阙相距7.83米；启母阙，建于东汉延光二年，高3.55米，东西阙距离7米。河南正阳东关外东岳庙内石阙，仅存东阙，建于东汉，阙高4.75米。另外，全省出土数十座汉代陶建筑明器，从不同角度反映出汉代建筑形制。汉画像石中的楼阁、厅堂、阙观等图像，也是研究汉代建筑的重要资料。

南北朝时期的木构建筑早已荡然无存。河南省现存的石窟有龙门石窟、巩县石窟寺、义马鸿庆寺石窟、偃师水泉石窟、嵩县铺沟石窟、淇县青岩石窟和前嘴石窟、林县千佛洞石窟等。除部分石窟本身反映出南北朝时期的建筑制度外，所刻砖石、木构建筑图像，也生动逼真地表现出当时实物建筑的形象。特别值得提出的是登封嵩岳寺塔，平面呈十二角形，十五层高近40米，系密檐式砖塔，建于北魏正光年间，距今1400多年，为我国现存最古老的大型砖塔。另外，安阳灵泉寺旧址上尚存两座北齐时建造的石塔（为高僧道凭法师烧身塔），为我国现存最早的石塔。就全国来说，南北朝时期的砖石塔已成了凤毛麟角。

隋朝历史短暂，文物不丰。河南省博物馆所藏洛阳出土的陶房、张盛墓出土的建筑模型及开封博物馆所藏石刻等，较真实的表现出隋代木构建筑的形象。近年通过对临颍小商桥的调查，有专家鉴定它建于隋开皇年间，比河北赵州桥还早若干年，也有专家言它晚于隋代，为宋代石桥。另外，邓县城内兴国寺塔，因有隋代塔铭流传于世，故认为是隋塔，1963年公布省级文物保护单位时亦被公布为隋代建筑，经考察该塔无隋塔特征，而是一座宋代中早期的砖塔，塔名应谓"福胜寺塔"。可能是兴国寺塔毁后所留塔铭被附会为福胜寺塔铭，故以讹传讹，误易塔名。南阳石桥镇鄂城寺塔，传为隋代建筑，俗称"隋塔"，寺内碑刻亦记塔建于隋大业十三年，1963年公布省级文物保护单位时，被公布为隋代建筑，经考察应为一座宋塔。鄢陵乾明寺塔，传为隋塔，实际也是一座宋塔。特记此更正。

唐代为我国封建社会经济、文化发展的高潮时期，建筑文化也取得了巨大的成就。山西等地发现有唐代木构建筑，我省尚未发现。但河南唐代砖石建筑是很丰富的，约有砖石塔30余座。其中有建于唐初的登封法王寺塔；我国现存最早的八角形塔——建于唐天宝五年（746年）的登封净藏禅师塔；唐代稀有塔形——登封少林寺石构六角形的"萧光师塔"；全国罕见的浮雕砖塔——安阳修定寺塔，方形，残高9.5米，周身用模印有青龙、白虎、真人、武士、金刚、力士、飞天、花卉等72种图案浮雕砖镶砌而成，为唐代砖雕艺术的珍品，已公布为全国第二批重点文物保护单位；造型秀丽的密檐式方塔——临汝风穴寺七祖塔，塔身修长，叠涩出檐柔和绚丽，为河南唐代同类砖塔中造型艺术最佳者。另外，唐代砖塔还有登封永泰寺塔、二祖庵唐塔、同光禅师塔、法如禅师塔、少林寺塔林中法玩禅师塔和无名塔、法王寺后三座唐代和尚墓塔；临汝县法行寺塔，方形塔身为唐物，八角形塔檐为后修物；林县洪谷寺塔；巩县石窟寺砖塔。唐代石塔有林县阳台寺双石塔、大缘禅师摩崖石塔；内黄复兴庵双石塔，里固石塔；安阳灵泉寺双石塔、灵泉寺摩崖石塔；浚县陇西尹公浮图、福胜寺双石塔；淇县陈婆造心经浮图；延津王法明造七级浮图；新乡鲁思钦妻浮图；龙门石窟中的唐代石塔和摩崖塔；沁阳窄涧谷太平寺摩崖石塔等。这些唐代石塔均为方形密檐式，下有基座，中为塔身，上有塔刹或盝顶。塔身上有刻佛经和发愿文的，有刻佛像和伎乐人的，也有平素无饰的。塔身正面辟门，在门周围不足一平方米的面积内，用浮、透、线雕山水、云气、龙、狮、莲荷、飞天、力士、佛和菩萨等，形成一幅布局匀称、构图协调、刻工精湛、形象生动的画面。须弥座上雕刻的舞乐、杂技、行龙、奔兽等亦很精致。另还有浚县浮丘山千佛寺石窟、陕县温塘石窟、沁阳窄涧谷太平寺摩崖造像等唐代石窟建筑。

　　五代时期，战争频繁，这些短命王朝虽均建都河南，但遗留下来的文物较少。禹县五代经幢，刻有建筑形象，毁于十年浩劫。现存的建筑文物有汲县城内后晋建造的陀罗尼经幢，幢顶刻有房屋建筑等；温县慈胜寺大雄殿前立有后晋天福二年（937年）建造的石经幢，高达5米许，刻有城堡等建筑形象；武陟妙乐寺塔，建于后周，平面方形，十三层叠涩密檐式，内部中空呈筒状，外轮廓为抛物线形，高34.19米，用黄泥浆粘结塔砖，此为我省现存最高大的五代砖塔；登封少林寺东行钧禅师塔，建于后唐同光四年（926年），平面方形，单层单檐式，石雕塔刹，用黄泥浆粘结塔砖，保留着唐塔的建造方法和相同的建筑材料。

　　宋朝建都开封，是我国历史上由分裂到统一的重要时期，也是我国建筑发展史上一个重要阶段。宋代著名建筑学家李诚总结了前人和当代建筑匠师的经验，编写出闻名世界的建筑专著《营造法式》，对宋代及其以后的建筑影响很大，成为营造界的文法课本。我们现在仍将元代及元以前建筑结构各部分名称统一按《营造法式》的名词术语称谓。我省现存北宋时期的木构建筑两座，一座是登封少林寺初祖庵大殿，建于北宋宣和七年（1125年）。《营造法式》成书于元符三年（1100年），二者仅相差25年。登封距北宋京都开封又较近，所以我国建筑史学界把初祖庵大殿作为研究《营造法式》的实物例证。这座北宋晚期建筑虽经明、清时期重修，更换了少量木构件，但改动不大，特别是斗拱基本上保留了宋代原构，为我省现存最重要的早期木构建筑。另一座是济源济渎庙寝宫，面阔五间，进深三间，单檐歇山式，檐下用五铺作双抄偷心造斗拱，建于北宋开宝年间，为我省现存最早的木构建筑，但历代重修时更换了较多构件。北宋砖石建筑在河南遗存较多，可以说是我省历史文物中的一大优势。粗略统计，现存北宋时期的砖石塔三十余座。全国重点文物保护单位开封铁塔，整体用雕有飞天、降龙、坐佛、菩萨、麒麟、狮子等50余种图像的褐色琉璃砖嵌砌而成，高达55.08米，为我国现存最高大的琉璃砖塔。九百余年来，经历了43次地震、19次暴风、6次水患、17次雨患和日寇的炮击、飞机轰炸等破坏，但仍巍然屹立，可谓一大奇迹。另外，比较重要的宋塔有汝南悟颖塔、西平宝严寺塔、滑县明福寺塔、济源延庆寺舍利塔、开封繁塔、原阳玲珑塔、唐河泗洲寺塔、邓县福胜寺塔、南阳鄂城寺塔、永城崇法寺塔、荥阳千尺塔、商水寿圣寺塔、睢县圣寿寺塔、新郑凤台寺塔、宜阳五花寺塔、鄢陵乾明寺塔与兴国寺塔、尉氏兴国寺塔、修武胜果寺塔、宝丰香山寺塔、登封少林寺西塔院弥勒佛塔与释迦塔、少林寺塔林中的普通塔和智浩塔。密县法海寺宋代石塔，塔身外壁遍刻《法华经》文，惜毁于"文革"时期。浚县巨桥迎福寺宋代双石塔，雕刻精湛，也毁于"文革"时期。

河南宋塔不但数量多，而且造型优美，多呈抛物线形。并多砌筑有斗拱和门窗装修，有的塔身内外壁面嵌砌佛像雕砖，颇具有艺术价值。

金代建筑保留有宋代建筑遗制，在斗拱等方面兼有辽代建筑风格。我省现存金代木构建筑五座，其中两座原建筑结构纯度较高。一座是金初建筑济源奉仙观三清殿（笔者注：1988～1989年维修该殿时，发现"金大定二十一年"建殿刻字题记，确定了准确的建筑年代），面阔五间，进深三间，单檐悬山式，斗拱硕大，雄伟壮观。并大胆采用减柱造，仅保留后金柱两根，其它六根金柱全被减去，在国内采用减柱造的建筑中此殿可谓减柱最多的实例之一。另一座是临汝风穴寺中佛殿，建于金代中叶，面阔三间，进深三间，单檐歇山式，也系一座文物价值较高的金代木构建筑。另外，宜阳灵山寺毗灵殿和大雄殿，登封清凉寺大殿等，为原建筑结构纯度不太高的金代木构建筑，也有一定文物价值。河南现存金代砖石塔30座。仅少林寺塔林中就有17座金代和尚墓塔（西堂老师和尚塔、端禅师塔、海公禅师塔、崇公禅师塔、衍公长老窣堵波、铸公禅师塔、无名塔、悟公和尚塔、□□之塔等）。其中西堂和尚塔，造型优美，雕刻较精、砌工考究，可谓金代和尚墓塔的代表作。"□□之塔"为我省现存最早的一座小型石雕喇嘛塔。河南现存四座大型金塔，其中洛阳白马寺齐云塔、三门峡宝轮寺舍利塔、沁阳天宁寺三圣舍利塔，均建于金大定年间，平面方形，外形仿唐塔，内部结构仿宋塔。另一座为修武百家岩寺塔，平面八角形，九级楼阁式砖塔，檐下用斜拱，非常华丽，为一座文物价值较高的金塔。安阳永和石桥，可能建于宋、金时期，为我省现存最早的石桥之一。

元代建筑，特别是元代木构建筑，用材不讲究。梁檩等大木构件利用加工非常粗糙的自然材，形成不论有无天花板，皆为草栿造的形制，并成为元代建筑非常突出的特点之一。我省现存元代文物价值比较高的木构建筑有温县慈胜寺大雄殿和天王殿，济源大明寺中佛殿，博爱汤帝庙大殿等。其中温县慈胜寺天王殿内还保留有元代壁画。另外，孟县、襄县、舞阳、登封的几座明初建筑，有的可能建于元末，有待进一步调查研究，以便准确的确定建筑时代。我省现存元代砖石建筑是丰富的，仅砖石塔就有90余座（少林寺塔林有50余座元塔）。体形较大的楼阁式塔有辉县天王寺善济塔，外形与宋塔相似。体形较大的喇嘛塔有安阳小白塔，用白色石块砌筑而成，塔体雕有二龙戏珠、力士、观音佛像、花卉等。安阳天宁寺塔，平面八角形，上大下小，有辽代塔型的特点。塔檐下使用斜斗拱，顶部建有10米高的喇嘛塔。塔身第一层雕塑有莲瓣、格扇门及佛、菩萨和佛传故事等图像。此类塔型我省仅此一例，根据塔之结构特点推断，当建于金、元时。辉县白云寺两座元代石喇嘛塔，亦有较高的文物价值。另外，登封观星台，是元代初年进行天文、历法改革时郭守敬设计建造的。台高9.49米（连台上小室共高12.62米），台下石圭长31.196米。台上可以观测星象，石圭可以测日影，此为我国现存最早的天文台，也是世界上现存最早的科学建筑之一。

河南明清时代的建筑文物是丰富的。仅调查登记的木构建筑就有千余座。有一定科学、历史、艺术价值的建筑文物近500座。有重要文物价值的建筑群数十处。上述建筑物绝大多数是属于河南地区民间匠师营造的地方性建筑（建筑史学界称为地方手法建筑）；有少部分是受官式建筑影响的河南地方手法建筑；未发现明代纯官式手法建筑。河南现存重要明代建筑有襄县乾明寺大殿、济源轵城关帝庙大殿、舞阳彼岸寺大殿、内乡文庙大成殿、济源济渎庙龙亭和渊德门等、登封南岳庙大殿和崇法寺千佛殿、安阳府城隍庙前殿、禹县义勇武安王大殿、镇平阳安寺大殿、济源奉仙观玉皇殿、辉县卫源庙大殿、开封朱仙镇岳飞庙、洛阳周公庙大殿等。特别是济源济渎庙清源洞府门，建于明代中叶，为三间四柱三楼式木牌楼，粗大的中心柱上承托硕大的九踩斗拱，耍头用齐心斗。这座仅用四根中柱支擎的大屋顶建筑，数百年来不偏不倚，充分显示了古代劳动人民建筑技艺的高超；济源阳台宫大罗三境殿，面阔五间，进深三间，单檐歇山式建筑，斗拱规整、硕大、疏朗，保留有元代特征。前檐石檐柱和殿内石金柱浮雕人物故事和动植物图像等，为明代石雕艺术的珍品。天花板上彩绘团龙，并用层层相垒砌的小斗拱组成精美的藻井。殿顶使用此时期罕见的叠瓦脊，此系河南现存最大的明代单体木构建筑之一。我省明代砖石建筑也比较多，特别是砖石塔约二百座，在我省各时代的古塔中为最多者。从明代起佛寺中建立高大佛塔之风已渐衰，所以多数寺院已不建大型塔，只是建造一些埋葬高僧尸骨的小型和尚墓塔。故存留下来的大型明代佛塔较少。我省现存的大型明塔有许昌文明寺塔、新郑卧佛寺塔、汲县千佛寺塔、延津万寿塔、太康寿圣寺塔、林县惠明寺塔、鹤壁玄天洞石塔、镇平宝林寺石塔等。登封少林寺塔林保留有不同类型砖石明塔148座。另外，临汝县风穴寺塔林等也有一部分明代小型砖石塔，均有一定文物价值。商丘归德府砖城墙，浚县恩荣石牌坊等也得到了妥善保护。

我省清代木构建筑存留较多，绝大多数属于河南地方手法建筑。仅有登封中岳庙、武陟嘉应观和安阳袁坟建筑（按清末官式手法建筑制度营造）三处建筑群为官式手法建筑。特别是中岳庙大殿，面阔九间，进深五间，计45间，为我省最大的古代单体木构建筑。河南地方手法的木构建筑群（群体内兼有少量早期建筑），有开封相国寺、山陕甘会馆、龙亭；洛阳关林、潞泽会馆、山陕会馆、白马寺（位于东汉创建的白马寺旧址上）；郑州城隍庙；登封少林寺、法王寺、嵩阳书院；济源阳台宫、济渎庙、大明寺；浚县碧霞宫；汤阴岳飞庙；社旗山陕会馆；南阳武侯祠；

淮阳太昊陵；沁阳清真寺；辉县百泉、白云寺；卢氏城隍庙；许昌天宝宫；汲县比干庙；民权白云寺；周口关帝庙；淅川香严寺；镇平菩提寺；罗山灵山寺；获嘉武王庙等。我省现有清代砖石塔百余座，除光山紫水塔等体形较大者外，绝大多数为形体较小的和尚墓塔。另外，新乡市七世同居坊等石牌坊也有一定文物价值。开封城墙大部分保存尚好。

我省汝南、光山、汤阴等县保留有明清时期的石桥。济源、林县、汲县、开封、商水等地尚存明清时期的民居。内乡存留有清代官衙。禹县等地保留有清代戏楼等。

我省明清时期地方手法建筑异于同时代的官式建筑，保留有许多古制。通过大量调查材料分析，初步理出了明清各时期河南地方建筑的规律性特点，对研究古代建筑史是很有意义的。

二、古 代 石 刻

我省现存东汉至明清的石刻，约有万数之余。石刻种类可分为碑碣、画像石、石经法帖、墓志铭、造像和造像碑等。

汉画像石是古代艺术中的瑰宝。作为墓葬建筑的特殊材料，是东汉贵族阶级厚葬习俗的产物。主要分布在我省南阳、许昌地区和登封、密县、永城、淮阳、浚县、林县等地。解放前即有出土，解放后在文物普查和考古发掘中又有大量发现，共达二千余块。鲁迅先生曾收集拓本并誉之为"深沉雄大"。南阳汉画像石中囊括的丰富题材，反映了东汉意识形态领域的崇拜以及当时的社会生活。为我们研究社会发展史和雕塑、美术史等提供了珍贵的实物资料。

秦创小篆，刻石记功。及至东汉，盛行刻石，丰碑摩崖，遍布各地。由于年代久远，绝大部分因风雨浸漶，沧桑变迁而消失。幸存下来的已是凤毛麟角。我省现存汉碑十五块，分别出自荥阳、南阳、桐柏、偃师、鄢陵、鲁山、安阳、滑县、延津等地。

汉隶是居于汉代书坛主导地位的特有成就。荥阳《韩仁铭》与传为蔡邕所书的鄢陵《尹宙碑》，字体遒劲而气魄雄厚，常为书家所称道。1958年南阳市出土的《张景造土牛碑》，字体端正工细，笔画秀丽多姿，堪称汉隶之精品。南阳《赵菿残碑》反映了东汉末年的隶书风格。曾见于《水经注》记载的桐柏《淮源庙碑》记录了汉代的一些风习。

1973年偃师出土的《买田约束石券》是石刻考古的重要收获之一，它从一个侧面为我们研究秦汉社会变化与东汉土地所有制提供了实物资料。

三国时期的碑刻较少，临颍县繁城公卿将军《上尊号奏碑与受禅表碑》传为大书法家钟繇所书，碑文记载了汉代末年魏公卿劝进及献帝禅位于魏王的历史事件，是曹魏时期的碑刻珍品。

魏晋碑刻多出自洛阳、新乡、安阳、许昌等地区。偃师县东大郊村西晋太学遗址中出土的《临辟雍碑》，记述司马炎立辟雍，置学官并三巡太学及皇太子再莅辟雍事。碑阴列诸学生384人的郡籍姓名。其中有来自辽东和西域的。1969年又发现其碑座使之成为完碑。

晋代以后，北朝石刻盛行。在书法史上有北碑或魏碑之称。著名的"龙门二十品"就是魏碑的杰出代表。汲县北魏《吊比干文》刻石（宋代重刻），是孝文帝太和年间巡幸路过比干墓时所立。碑文字形开拓强健，峻整雄奇。中岳庙北魏《中岳嵩高灵庙之碑》不仅书法高超，且对研究道教历史也有一定的参考价值。汲县《晋太公吕望表》记载晋太康二年（281年）盗掘汲冢得东周竹书的经过。字体结构在晋刻中极为工整。1958年滑县出土的北魏《乐陵太守刘君之碑》，则以螭首称罕。邓县旧兴国寺内的隋《舍利塔铭》，笔法仍属北魏书体一派。

唐宋元明清时代的碑刻广布全省各地，其数量亦较多。

久负盛名的唐褚遂良《伊阙佛龛之碑》是初唐楷书的典型作品，其高超的书法价值备受世人珍视。唐代的重要碑刻立于嵩岳之麓者多。唐李林甫撰文、徐浩书丹的《大唐嵩阳观圣德感应之颂碑》为中岳地区的第一大碑，气魄雄大，蔚为壮观。唐崔湦《皇唐嵩岳少林寺碑》是第一篇对少林寺史的具体记载。偃师《圣教序碑》是唐太宗、高宗亲撰序记，王行满所书。偃师《升仙太子碑》则系武则天撰文，碑额有薛曜书武后所作诗文。少林寺《大唐太宗文武圣皇帝龙潜教书碑》碑文中"世民"二字乃秦王李世民亲书草字。唐薛曜书《石淙河诗刻》、唐王知敬书《唐天后御制诗碑》均系武则天撰文、撰诗，太子及从臣和诗。

唐代楷书是继魏碑之后我国书法史上一大楷书体系。商丘《八关斋会报德记》、鲁山《元次山碑》为大书法家颜真卿所书，书法浑厚雄健，气势磅礴，历代书家奉为临帖。此外，郑州市唐《纪功颂碑》、卢藏用书《纪信碑》，登封唐武三思撰文的《大周封祀坛碑》、少林寺《唐灵运禅师功德塔碑》、《少林寺戒坛碑》、徐浩书《大征禅师碑》，洛阳市《管元惠神道碑》，陕县《姚懿碑》等，都是十分重要的唐代碑刻。

济源唐《奉仙观老君像碑》为李审几撰文，沮渠智烈书丹，当为道家重要碑碣。林县唐《三尊铭真容支提龛碑》为研究哲学、佛教史提供了可贵资料。浚县大伾山后周显德六年（959年）《准敕不停废记碑》是十分难得的反映中国历史上灭佛事件的重要碑刻。

存于安阳市韩琦庙内的宋代《昼锦堂记碑》，为欧阳修撰文，蔡襄书，邵必题额。世称"三绝"。

开封市《开封府题名记碑》刊刻了北宋历任开封府长官的题名，尤以包拯为要。

北宋《西门大夫祠碑》，碑文详记了战国时邺县令西门豹制止为河伯娶妇与开渠灌田的业绩。字体工整疏朗，秀劲挺拔。

坐落在濮阳县城内御井街路西的《契丹出境碑》，又名《回銮碑》。是我国北宋真宗年间重要历史事件"澶渊之盟"的唯一实物见证。

新乡市《大观圣作之碑》，是宋徽宗赵佶所创的"瘦金体"书文，额首题字为蔡京所写。少林寺米芾《第一山》刻石，行书奇伟，为宋代书法之骄。济源县宋《大宋河阳济源县龙潭延庆禅院新修舍利塔记》，书法婉转流丽。《后汉祭渎记》字体流畅，属宋代官书一派。

济源金代《创建石桥记》，所刻隶书犹有魏晋遗矩。为我省仅见的金代隶书刻石。

虞城元代《花木兰碑》，歌颂了中华女英雄的卫国壮举。是不多见的巾帼丰碑。

少林寺《息庵禅师道行之碑》，是元代日本高僧邵元撰文，寺僧玄然书丹。

近几年出土的汤阴元代《广应五扁鹊之墓碑》和修武清代《孙真人石像记碑》，为研究中华医学史提供了重要资料。

1978年发现于博爱的清代《耕织图》刻石，共二十块，是一组难得的反映农业生产的重要资料。商丘的《四府水利图碑》，是研究清代治水的重要资料。内黄《荒年志碑》，灵宝《荒年实录碑》真实地反映了明清时期的天灾人祸，饥饿灾荒。新野清《重修关帝庙记碑》和修武的《捻军过境碑》，为我们留下了研究农民起义的珍贵历史资料。而宝丰元代《塔里赤墓碑》则是统治阶级镇压农民起义的历史见证。

开封市金代《女真进士题名碑》是国内现存稀有的女真文碑刻，在国内外学术界享有盛名。

此外，开封《挑筋教碑》，镇平《平定四部告成太学碑》，新野《马老师传艺碑》、《儒学榜谕碑》，淅川《香严寺中兴碑记》，兰考《黄陵岗塞河功完碑》，延津《千佛碑》，浚县《忠烈祠碑记》，偃师《防旱碑》，汝南《天中山碑》等等，都从不同的方面反映了明清社会生产和生活面貌。

石经是刻石流传的儒家经典。我省现存有东汉熹平石经，曹魏正始石经和宋代嘉祐石经。汉魏晋太学遗址（今偃师西南）中出土的熹平石经和曹魏正始石经的残石，河南省博物馆和洛阳市文物工作队都有少量收藏。这些残石是研究我国最早的官定儒学经本的宝贵资料。北宋嘉祐石经国内现存无几，我省仅有五块，分别收藏于河南省博物馆和开封市博物馆，十分珍贵。

光山元代赵孟頫《致廉访相公义斋先生札》法书石版二块，共208字。字体柔媚俊逸，挥洒自如，为历代书法作品中的章草珍品。苏轼书欧阳修《醉翁亭记》石刻大小共二十四块，1959年在郑州市博物馆建长廊保护。传南宋抗金英雄岳飞所书《出师表》为历代人们钟爱，在我省南阳、汤阴和淮阳县都有岳飞出师表刻石。

孟津《拟山园帖碑》集刻王铎书法，楷草隶行兼备，全帖共刻石九十块，为汉白玉精雕。另有王铎《王铎书琅华馆帖》，共石十二方，约6130余字。为我国书法宝库中之精品。

临汝《汝帖》石刻源于《淳化法帖》，现存为清代刻石。此帖集周、秦以来历代名家之优体，草行隶篆无所不有。

我省的明清碑帖还有：沁阳《柏香帖》石刻，潢川《虞世南墨迹石刻》，汲县《明潞王书唐诗石刻》，光山《何绍基题金陵胜迹册子诗石刻》等。

我省宗教石刻主要发现于嵩岳、豫西、豫北等地。唐代的经幢在我省亦有发现。泌阳《陀罗尼经幢》造于唐开元十八年，通高4.7米。经石系八面体，篆书刻额，正书刻陀罗尼经一卷。郾城北宋《彼岸寺经幢》，不仅刻图丰富优美，其中肩舆、土牛图像更为研究交通史的重要资料。郑州市唐《尊圣经幢》，开封繁塔《宋十善业道经要略并佛说天请问经》，光山林则徐书《般若波罗蜜多心经》等，均为重要的宗教经典刻石。

北朝崇信佛教，刻石造像之风盛行。这时期的造像碑在我省多有发现，不乏佳品之作。北魏《刘根造像碑》书法工整严谨、疏朗秀劲，为魏碑中的精品。长葛东魏《敬史君之碑》，碑首雕刻有蟠龙和佛像，字体结构绵密茂美，书法和造像均极佳。登封北齐《刘碑寺造像碑》高大俊秀，雕刻遒凝。新乡北齐《鲁恩明造像碑》，襄县《张噉鬼三十人等造像碑》，《张噉鬼一百人等造像碑》等，既是书法艺术很高的魏刻上品，又是雕工精湛的造像碑石。汲县北魏《孝文皇帝造九级一躯碑》，辉县《百泉造像碑》、北魏《汲郡功曹刘树枝等造像碑》、北魏《平等寺造像碑》，偃师《寺沟造像碑》、北齐《佛时寺四面造像碑》，镇平西魏《中兴寺造像碑》，长葛东魏《禅静寺造像碑》，新郑新发现的北齐造像碑，密县东魏造像碑，新乡博物馆馆藏北朝造像碑等，均为南北朝时期的重要佛教刻石。

隋代《邴法敬造像碑》是有确切纪年的隋代石刻，造像上的建筑形式洵为研究隋代建筑的珍贵资料。1976年出土的荥阳大海寺石刻造像，集中反映了唐代雕刻艺术水平。我省较为重要的唐宋石刻造像还有：淇县《石佛寺田迈造像》，新乡《临清驿长孙氏造像碑》，辉县《五百罗汉碑》，新乡《孙壁造像碑》等，是研究佛教石刻艺术重要实物资料。

我省出土的墓志铭以魏晋南北朝至唐宋时代为多。

曹魏景元二年（261 年）的《王基墓碑》，碑文补正了史书记载的阙误，是研究我国教育史的宝贵资料。北魏墓志多出自洛阳邙山。其中以《元怀墓志》书法最佳。《元怿墓志》、《高猛墓志》、《元谠墓志》、《元子正墓志》、《元昭墓志》、《元邵墓志》等，各具其书法特色，皆可称为此时期墓志之上品。孟县《司马悦墓志》，1979 年出土，亦为墓志之佼佼者。西晋《韩寿墓表》文字结体疏朗，笔触雄劲，当为晋隶之杰作。1959 年出土的西晋《徐美人墓石》，志文补充了宝贵的晋代史料。《崔祇墓志》和《土孙松墓志》分别表现出晋代书法的不同风格，荀岳、左棻墓志则为确定晋陵位置提供了确凿依据。北齐《李云墓志》是解放后出土，书法自由潇洒、别具一格。

隋唐宋墓志中以《宋仁表墓志》、《程伯献墓志》、《王力大墓志》、《符守诚墓志》、《石中立墓志》、《张盛墓志》、《崔祐甫墓志》、《王尚恭墓志》等价值较高。解放后的重要新发现有：《宋循墓志》、《苏适墓志》、《张庭珪墓志》、《安菩墓志》、《韩昶墓志》等。都有着重要的历史和艺术价值。

巩县宋陵的地上石刻群和新乡潞简王墓的雕刻人物和动物群像，是研究古代陵墓雕刻艺术的重要实物载体。

我省现存历史地震碑刻、题记等六十余品，或简或繁地记述了十次地震的震害、前震、余震、震兆等史料，是研究河南地震历史的重要资料。

上述古代建筑和石刻文物，都是我们祖先遗留下来的无与伦比的物质和精神财富，建国之后才真正回到人民手中。三十五年来，这些地上文物为历史、考古、建筑、艺术、农业、水利、气象、地震……等许多专业提供了重要的资料。我们一定要保护、研究和利用好，让这些已经有几百年乃至数千年的地上文物，惠及当代泽被子孙永续传承，作为中华民族的骄傲而大放异彩。

（注：此文系 38 年前之作，文中有关数据、文物名称及价值评估等，可能与现时有出入。为保留原文实录，故未作修改，特此说明）

（与陈平同志合作，原载《中原文物》1984 年第 3 期）

新郑城内消失的古代石牌坊群

古代牌坊是我国纪念性和实用性相结合的重要的建筑小品，历史悠久，文化内涵深邃，是集建筑、雕刻、书法、文学艺术于一体的物化载体。古代不但在街市矗立高大的标识性的木构或砖石构牌楼牌坊，而且明清时期还在衙署、文庙、佛教寺院、道教庙观及清真寺、古典苑囿、宗祠等处建造牌坊。多为纪念表彰封建社会文人学士、忠臣孝子、贞妇烈女的功德坊、忠孝坊、贞节坊等。其建筑品类是多样的，有柱出头和柱不出的，有楼或者无楼的，有庑殿、歇山、悬山、盝顶及悬山和歇山相组合的建筑形制。其应用范围之广，建筑雕刻之精，建筑结构之完美，是其他传统建筑小品所不及的，是研究建筑史、艺术史、宗教史的珍贵实物资料。由于自然和人为的原因，多数牌坊已消失不存，造成不可挽回的损失。

新郑城内石牌坊群，是河南省重要的不可移动文物之一。继1961年，国务院公布全国第一批重点文物保护单位，并颁发《文物保护管理暂行条例》后，河南省根据国务院指示精神，启动调查河南省第一批文物保护单位推荐名单。领导安排笔者调查新郑城内石牌坊，经汇报、评审，于1963年6月20日，由河南省人民委员会核准公布包括"新郑石牌坊"等253处不可移动文物为河南省第一批文物保护单位，可见此牌坊群的重要性。1965年6月，笔者在发掘新郑凤台寺塔地宫期间，利用工休时间再次勘察这批石牌坊。可惜于1966年8月，"文化大革命"破"四旧"时，该石牌坊群的11座明、清石牌坊（图一）全部被拆毁。

最近，新郑市有关同仁希望笔者将五十年前调查石牌坊的资料整理成文发表，以供有关研究和文物保护工作参考。因调查时间距今太久，一些资料遗失，现只能根据已掌握的不完整的资料予以记述。新郑城内南北大街和东西大街等处原有石牌坊11座，其中明代石坊7座（5座完整，2座残损），均为褒扬纪念明代进士、礼部尚书高拱及其父、兄而建的功德坊；清代完整石坊4座，皆为宣扬封建礼教的节孝坊。现依其建坊时间为序，记其建筑形制、建筑结构和雕刻艺术等。

（1）"少保宗伯"坊，位于新郑城内南大街中段，明嘉靖四十年（1561年）为高拱建。石坊为三间四柱三楼柱不出头式，单檐歇山顶，面阔约10米，高10米许（图二）。坊身下土衬基石局部雕刻有垂幔和覆莲等。明间立方形石柱，柱身下部纵深用抱鼓石夹峙，以资稳固。明间东中柱抱鼓石之上雕刻一蹲狮，右足下抚一

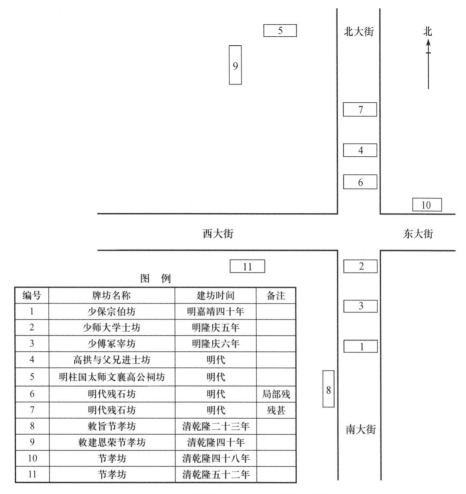

编号	牌坊名称	建坊时间	备注
1	少保宗伯坊	明嘉靖四十年	
2	少师大学士坊	明隆庆五年	
3	少傅冢宰坊	明隆庆六年	
4	高拱与父兄进士坊	明代	
5	明柱国太师文襄高公祠坊	明代	
6	明代残石坊	明代	局部残
7	明代残石坊	明代	残甚
8	敕旨节孝坊	清乾隆二十三年	
9	敕建恩荣节孝坊	清乾隆四十年	
10	节孝坊	清乾隆四十八年	
11	节孝坊	清乾隆五十二年	

图一　新郑城内石牌坊位置示意图

图二　"少保宗伯"坊（杨焕成1962年拍摄）

幼狮。抱鼓石之下施雕刻仰覆莲和卷云纹的束腰须弥座。鼓座之上圆鼓鼓面雕刻动物、山水、云气等。明间西中柱抱鼓石的束腰须弥座的形制和雕刻与东中柱须弥座相同，但石鼓鼓面雕刻不同，该柱南北抱鼓石鼓面分别雕刻牡丹、花草、抚球卧狮、云间玉兔、山水云气、山花蕉叶等。其中个别画面被人为磨平。

东次间边柱下部前后用抱鼓石夹峙。北抱鼓石鼓顶雕刻一蹲狮，抱鼓石之下为束腰须弥座形的基座。抱鼓石的西鼓面浮雕双层花瓣，中间雕刻大型花朵，非常精美，并雕有卷云纹饰。该抱鼓石东鼓面素面无雕饰。东次间边柱南抱鼓石上部雕刻蹲狮，石鼓之下置束腰须弥座。石鼓西鼓面浮雕一瑞兽，局部风化形象模糊。鼓的东鼓面，也浮雕一瑞兽，行进山林中。其他雕饰已风化漫漶不清。

西次间边柱北抱鼓石之上雕刻一蹲狮，左足下抚一石球。石鼓之下施束腰须弥座。石鼓东壁面浮雕花卉图案和卷云纹饰等。鼓之西壁面的雕刻图像已风化漫漶不可识。南抱鼓石之上圆雕蹲狮大部分残毁，鼓下束腰须弥座保存完好。石鼓东壁面浮雕龙首麟身之兽行进于山林中。其他雕刻画面图像因风化较严重，多已模糊不清。石鼓西壁面雕刻局部剥落，图案多不可识。

该石坊坊身上部正、背、侧面满雕山水、龙凤、花卉等图案，异常精美。其中明间正面龙门枋雕刻海水、山石、奔龙、怪兽。花板枋中央楷书"少保宗伯"四个大字，其右上方竖刻"巡按河南监察御史（以下字迹漫漶不清）……"，左上方竖刻"嘉靖四十年……"。上额枋中央遗留匾额遗失后的凹槽痕迹，凹槽两侧各浮雕一龙，龙身周围满雕花卉，该枋两端雕刻卷草纹饰。明间背面龙门板下部雕刻波浪滚滚的海水和云气缭绕的花木，正中雕刻山林、奔龙、怪兽等。花板枋中央横向楷书"少保宗伯"四个大字，右上方竖向楷书"嘉靖四十年岁次（以下字迹模糊不可认）"，左上方竖向楷书"巡按河南（以下字迹风化漫漶不可识）……"。额枋中央的竖匾已失，留下放置匾额的凹槽，凹槽两侧雕刻龙凤、牡丹和卷云纹。平板枋上置斗拱四攒（平身科二攒，柱头科各一攒），皆为五踩单翘单昂，要头为足材蚂蚱头，大斗斗𩇵明显。檐部雕刻檐椽椽头28枚，飞椽椽头30枚。顶部石雕瓦垄30行，圆形瓦当，雕有花卉或兽面。坊之顶部当匀垅直，曲线缓和，形象优美。正脊的正、背面高浮雕花卉图案。正脊两端置龙吻，龙吻刻背兽和剑把，剑把直插，龙目前视，为典型的明代风格。两面坡顶两侧雕刻有垂脊、垂兽和戗脊、戗兽。四隅伸出老角梁和仔角梁，翼角稍稍翘起，造型异常优美。

东次间正面花板枋雕刻波浪纹、山林、云间奔龙等。大额枋中央雕刻狮子滚绣球，两侧雕刻卷云纹等。东次间背面雕刻曲身奔龙、山水云气和卷云图案。西次间雕刻基本与东次间雕刻相同。东、西两次间檐下各置石质斗拱两攒（柱头科一攒，平身科一攒），皆为五踩单翘单昂，要头为足材蚂蚱头，大坐斗底部有明显的斗𩇵。

斗拱之上的坊檐下雕刻方形檐椽和飞椽。屋面雕刻30行筒瓦，圆形瓦当雕刻花卉或兽面。翼角伸出老角梁头和仔角梁头。坊顶正脊高浮雕花卉图案，正脊两端置龙吻，龙吻带有背兽和剑把，且双目正视前方，时代特征突出。前后坡顶两侧雕造有垂脊、垂兽和戗脊、戗兽。其他雕刻与明楼基本相同。

该石牌坊的建筑结构和建筑手法不同于同时代官式建筑手法，也不同于江南的苏式建筑手法，为河南等中原地区的石构建筑的"地方建筑手法"建筑，具有重要的研究价值。此坊雕刻艺术精湛，建筑技术高超，为明代石牌坊建筑的佳作。并为研究礼部尚书高拱提供了实物资料，具有重要的历史、科学和艺术价值。

（2）"少师大学士"坊，位于新郑城内南大街，建于明代隆庆五年（1571年）三月，系监察御史郜永春为高拱所建的功德坊。

该石坊系三间四柱三楼柱不出头式，高10米许，面阔9米多。坊身满雕精美的二龙戏珠、丹凤朝阳、狮子滚绣球、麒麟和云气、花卉等图案。

（3）"少傅冢宰"坊，位于新郑城内南大街，建于明隆庆六年（1572年）系监察御史为高拱所建的功德石坊。

石坊为三间四柱无楼柱不出头式（图三），面阔约10米，高10米许，坊身石雕精美。

（4）"正德丁丑科高尚贤　嘉靖乙未科高捷　嘉靖辛丑科高拱"坊，位于新郑城内北大街。为明代山西等地御史为高拱及其父、兄所建的进士坊。

该石坊为三间四柱无楼柱不出头式（图四）。面阔10米许，坊体满布精美的石雕动物、花卉、山水等图案。

图三　"少傅冢宰"坊　　　　　　　　图四　"高拱"进士石坊
（杨焕成1962年拍摄）　　　　　　　（杨焕成1962年拍摄）

图五　"明柱国太师文襄高公祠"坊
（杨焕成 1962 年拍摄）

（5）"明柱国太师文襄高公祠"坊，位于新郑城内高拱祠大门前。由于坊体局部风化未查到建立石坊的具体年代，但据建筑形制、建筑结构、雕刻手法等分析，此坊应为明代建筑。

该石坊为三间四柱三楼柱不出头式（图五），面阔8米许，高约10米。坊身和坊顶的建筑结构和雕刻图案与此处其他高拱石坊基本相同。雕工精湛，保存基本完好，仅局部雕刻文、图残损，漫漶不清。

（6）明代残石坊，位于新郑城内北大街，当年调查时，此坊已不完整，但西次间保存尚好。原地还残留有明间和东次间部分构件，可以认定此坊为三间四柱无楼柱不出头式。根据该石坊的建筑位置、建筑形制、雕刻手法及当地老人介绍，很可能此石坊也系明代为高拱建的功德坊。

（7）明代残石坊，位于新郑城内北大街。当年调查时，此坊破坏较为严重，仅存地面以上坊之基座部分，面阔10米许，属于大中型石牌坊。根据该石坊位置、基座及残存构件的形制、雕刻手法及当地老人介绍，很可能此石坊也系明代为高拱所建的功德坊。

（8）敕旨"节孝坊"，位于新郑城内南大街西侧（东西向）。清乾隆二十三年（1758年）建。该石坊为三间四柱三楼柱不出式，面阔7米许。额枋和花板雕刻二龙戏珠、狮子滚绣球及花卉图案等。

（9）敕建"恩荣节孝坊"，位于新郑城内北大街西约85米处，东西向。清乾隆四十年（1775年）建。

该坊为三间四柱三楼柱不出头式，面阔8米许。坊身雕刻二龙戏珠、狮子滚绣球及花卉等。

（10）"节孝坊"，位于新郑城内东大街北侧（南北向）。清乾隆四十八年（1783年）敕建。该石坊面阔7米许，为三间四柱三楼柱不出头式。坊身雕刻精美图案。

（11）"节孝坊"，位于新郑城内西大街南侧约13米处（南北向）。清乾隆五十二年（1787年）敕建。该石坊系三间四柱三楼柱不出头式。坊之体量为此石牌坊群中最小者，面阔约6米，高不足10米。其坊名为"敕建节孝坊"。花板浮雕狮子滚绣球等。大额枋正面雕刻八尊人物（似为八仙），系单独雕成后用铁件嵌挂在大额枋壁面，调查时仅存四尊，另四尊雕像不知毁于何时，据当地老人介绍，毁坏时间不长。坊体保存状况较好。

因调查时条件所限，未能测量诸坊准确的数据，成为无法弥补之憾事。此11座明、清时期的石牌坊群，其建筑形制、建筑结构、建筑手法，均与河南同时期的木结构建筑特征相同，与同时期河南其他石构建筑的建筑法式相吻合，与北京、承德等地同时期的"官式建筑手法"和江南地区的同期建筑手法差别较大。故这11座纯正的依明、清地方建筑手法营建的石牌坊，对研究河南等中原地区古代石构建筑，特别是研究中原地区明清石牌坊的建筑形式、建筑结构、建筑材料、建筑手法、建筑雕刻、书法艺术及地方历史等具有重要的历史、科学和艺术价值。虽石坊实物已毁，但通过简记资料的发表，不使其泯灭，供文物保护和研究、利用之参考，也是很有意义的。

新郑城内11座石牌坊，其中7座是为明代文渊阁大学士、礼部尚书、新郑籍高拱及其父、兄建造的。高拱《明史》有传。1961年7月编印的《郑州市文物志》（内部印刷资料非正式出版）记载"新郑县城里原有不少明代石坊，其中以表颂高拱家族的为最多，达二十多座。现在保存较完整的六座石坊，雕刻精致，结构坚实，反映了当时建筑石刻艺术的高度发展与造诣。"近年出版的《河南历史名人史迹》记载有高拱简历和高拱祠、墓、石坊。其中涉及石坊部分，仅记"明代为高拱树立石坊7座，分布城内重要街衢，工艺精湛、各具特色，十年浩劫中全毁"。此石牌坊群毁于五十多年前，拆毁后的石构件也未能存留。但11座石坊中7座是为高拱及其父、兄建造的，通过毁前调查资料的公布，对研究高拱及地方历史也有重要参考价值。

建议新郑市文物等有关部门，在有可能的情况下对流失的雕刻精美的石牌坊构件予以查寻收集，作为可移动古代石刻文物妥为保护；设想若能收集到某座石牌坊较全构件，予以恢复，作为河南省第一批文物保护单位遗存实物重立于新郑大地，必将发挥更大作用。

（原载《华夏源》2021年第6期）

永远的恩师　永远的楷模

——深切悼念罗哲文先生

2012年5月14日，我们尊敬的恩师罗哲文先生不幸因病逝世。噩耗传到郑州，我们感到无比的震惊和悲痛！5月20日，我们含着极大的悲痛的心情，在北京八宝山革命公墓参加了罗哲文先生的告别仪式，并在灵堂门前抄录下那幅值得永远铭记的挽联：

"修长城修故宫参襄国徽设计无愧文物卫士"

"护名城护运河舍身文化遗产堪称古建护神"

这幅挽联写得感人肺腑、催人泪下，是对罗老师一生奉献文物保护事业的情真意切的评价和写照。罗老师对党的文物事业，对祖国的历史文化遗产无限热爱，无私奉献。只要为了保护祖国的文化遗产，不论是什么地方，凡是有求于他的，罗老师都尽可能的给以支持，在地方工作的同志，特别能感受到罗老师有求必应、亲和而高尚的品德。"神州大地，处处都留下过他辛劳的身影；古建学子，人人都感受到他崇高的精神。"[1]这话说得十分真切。作为罗哲文老师的学生，我们永远不会忘怀几十年来老师对我们的辛勤教导和对河南文物保护与研究工作做出的巨大奉献。他是我们永远的恩师，永远的楷模。

1964年4月，文化部文物局在北京举办全国第三届古代建筑测绘训练班，河南省文化局文物工作队派杨宝顺、杨焕成和张家泰三人参加这次培训。当时，培训班由古代建筑修整所副所长姜佩文任班主任，罗哲文和杜仙洲两先生为负责教学的副班主任。当年的教学团队是相当强大的，除文化部文物局系统的领导、专家王书庄、陈滋德、单士元、陈明达、罗哲文、杜仙洲、余鸣谦、祁英涛、于倬云、李竹君和井庆升外，还邀请了清华大学土建系主任梁思成，北京大学历史系教授阎文儒，天津大学土建系副教授卢绳诸位先生授课。课程内容安排的十分丰富、全面。但限于当时的条件，各项课程的讲义，都是用铁笔钢板一字一句在蜡纸上刻写，再

---

[1] 《古建园林技术》编辑部：《大力弘扬罗哲文精神，搞好古建园林及文物保护事业》，《古建园林技术》2012年第2期。

用油印机印出的。班主任在开学典礼上说："准备的讲义，在20万字以上。"根据发到学员手中的各类讲义统计，讲稿约达39万多字。其中，仅罗哲文老师刻写的《中国古代建筑简史》、《北京天坛的一些情况》及《古建筑测量基础知识》等专题讲稿就长达20多万字，要刻数百张蜡纸，这些工作都要在开学前完成。

甚至在学习班结业时，16个省、市、自治区28名学员的毕业证也是罗哲文老师一张一张用毛笔写出来的。老师的辛劳由此可知。罗老师除教我们专业知识外，还不断教导我们树立牢固的专业思想。他曾介绍上世纪50年代初他刚从清华大学调到文化部文物局时，郑振铎局长对他说："你是搞古建筑专业的，国家需要你来做行政管理工作，义不容辞。但不要忘记专业，因为专业对行政管理工作也非常重要，非常有用。"罗老师说他牢记郑振铎局长的教诲，在文物局工作期间，不但没有丢掉专业，而且把二者很好的结合起来，做到两不误，两相益。罗老师的教导我们一直牢记在心，不但这50年来，坚持不改行，而且不管是在省直文物部门做领导工作，还是退休以后，都能较合理的安排时间，坚持古建筑的保护研究工作，并取得了一定成果，我们深深地感到这一切都是老师言传身教的结果。

在与老师交往的50年来，我们结下了深厚的师生之情，不但在古建筑培训班跟着老师学知识，而且在其后长期的工作实践中，不管在什么情况下，只要向老师提出求教的问题，他总是非常耐心的给以讲解，直到你学会学懂为止。特别使我们感动的是，他和其他老师讲授的是古代建筑的"官式建筑手法"，当我们提出河南地区明清建筑与老师所讲的同时期官式手法建筑差异较大时，他和梁思成、祁英涛老师不但详细讲解不同地区不同民族具有不同的建筑特征，还指出河南地区明清时代建筑多数属于"地方手法"建筑，与同时期"官式手法"建筑在建筑结构和建筑技艺方面是有比较大的差别，但差别在什么地方，为什么形成这些差别，目前还未能总结研究出来。他将此作为课题任务交给我们，还交代了研究方法，特别说"要完成这项课题，必须不怕苦不怕累。要深入实地，测绘记录大量河南明清时期木构建筑的第一手材料，通过十年二十年的努力，把这个问题搞清楚填补这项空白"。按照老师的指点，我们坚持数十年受益匪浅，现已完成了老师交付的课题任务。自参加古建培训班之后，在专业实践中，遇到古建保护和研究工作中的问题越来越多，大到保护研究领域的理论问题，小到某座单体古建的构件称谓和数据问题，他都一一解答。在香港、杭州、苏州、广州等地开会或考察文物时，他针对文物保护的热点问题，带我们到上海朱家角（镇）结合朱家角实例讲解如何保护和利用好历史文化古镇，特别是在名镇原有的历史建筑中恢复已毁的建筑物，"一定要坚持有根据的恢复，若实在找不到已毁建筑的基础等原始根据，新恢复的建筑要保持与现存历史建筑相协调、不能将名镇临街建筑修成'整齐划一'的城墙状"。他带我们到杭州雷峰塔考察，讲一个故事：在评审保护方案时，对编制的金属塔保护方案，争议很大。赞成者说金属塔形似古塔就可以了，便于旅游参观。反对者说金属塔与现存的雷峰塔残迹格格不入。在双方争执不下时，作为评审组组长的罗老，发表了自己意见："金属塔，不是恢复的雷峰塔，而是保护现存雷峰塔残塔的保护设施，同时也兼顾了游人参观的方便"。罗老一句"保护设施"，化解了双方的争执，更是提出了此类文物保护的重要理念。应邀在香港访问时，他抽出半天时间，带我们到仿唐建筑志莲净苑考察（罗老为此项目顾问），强调两点：一是恢复古建筑和新建仿古建筑是不同的，若是仿古建筑，即不是刻意模仿某一时代的建筑手法营建的项目，即不必苛求细微的建筑特征；若是恢复或刻意模仿某时代的古建筑，就要严格按照恢复或模仿某时代的建筑法式进行营建。二是志莲净苑从北方移植的古树，成活了，且枝繁叶茂，罗老说："我不主张大量移植古树名木，因为移栽不当，成活率不高，损失太大。但确需移栽的，一定要想方设法保证成活"。罗老介绍志莲净苑从我国北方移植的那棵古树，为了使其适应南方的土壤气候环境，先移植南方某地两年后才移到香港。他不顾年事已高，利用在外地开会考察的机会，带领我们到不同类型的文物古建筑保护单位，实地言传身教，开阔了我们的眼界，增长了课堂上学不到的知识。

数十年来，罗老师经常到河南来指导工作，有几件事感受深刻，记忆犹新。有一次陪同他检查古建筑维修工程，他既肯定了维修工程的质量，同时指出施工中的不足，强调"古建维修工程的设计和施工，如何贯彻'不改变文物原状'的原则，就是要坚持四原精神，要保持原来的建筑形制，保持原来的建筑结构，保持原来的建筑材料，保持原来的建筑工艺"。详细地讲解了保持"四原"的意义和具体做法。他还介绍保持原材料主要是指文物建筑的地面上的露明部分，若基础必须要强化加固，隐蔽部分需要牵拉加固，是可以适度使用钢筋和水泥现代建筑材料的。但古建筑的露明部分是不能用水泥的，他强调说维修古建使用水泥是一大敌。2003年，罗老师和郑孝燮、吕济民等老专家、老领导来河南指导古长城保护调查工作，爬高山，攀峻岭，有些地段实在危险，当地领导同志一再劝阻，不让他攀登，罗老师却坚持要登山，并说"我们来就是要实地考察的，不登山怎么行，不入虎穴焉得虎子"。当登上半山腰，年轻人已是气喘吁吁了，而年近八旬的罗老师硬是登上了山顶，不停地拍照和记录，大家怕罗老师身体不适，而他却笑言"我还能坚持"，下山回到住处已是晚上了。这次考察中发生一件事，令大家感触颇深。在对某段石墙是否是古长城存疑的情况下，某地方报纸刊闻声言罗老师经过实地考察认定这段石墙为古长城的一部分，罗老师得知后，对这种不严肃的做法很有意见，他不但打电话申明自己的看法，还专门印一声明寄给随同考察的诸位同仁予以澄清纠正。当我们收到他寄的纠正材料时，非常感动，为他严谨的学术精神，实事求是的科学态度所敬佩。都知道罗老师是位平易近人，非常谦逊的长者，但他对待专业上的原则问题是非常严肃认真、毫不含糊的。他的这种做法，至今还在学界同仁中传颂。河南沁阳市神农山及其周围有诸多仰韶文化遗址和佛、道教建筑群，历史悠久，地上地下文物丰富，为了保护研究和利用好神农山历史文化遗产，2002年召开学术座谈会，特邀罗老师到会指导，会上他做了精辟的学术报告，并坚持和大家一起登神农山作实地考察，78岁的罗老谢绝了年轻人的搀扶，走在考察队伍的前面（图一）。我们既为老师身体康健而欣慰，又为老师执着的精神所感动。登到山顶，他对维修和修复的古建筑一一做出点评，并提出了许多切实可行的指导意见。

图一　罗哲文老师在河南考察古建筑时接受媒体采访

　　罗老师非常关心河南古建筑的人才培养工作，他常说"河南是我国文物大省，地上地下文物丰富，以安金槐先生为代表的地下考古力量很强，相对来说，地上古建筑保护研究力量弱一些，特别是市县一些文物干部连古建筑的时代都鉴定不准，这可是个大问题。文物保护研究工作关键在人，更在于人的专业素质"。我俩走上省文物局和省古建研究所的管理工作岗位后，他要求我们要办好古建筑培训班。

　　在罗老师的鼓励与支持下，河南省文化厅委托河南省古代建筑保护研究所和河南省文化干部学校于1985年8月27日至12月5日成功举办了首届"河南省古代建筑培训班"，培训学员27名，其中包括外省学员5名。其后，河南省文物局主办、省古建研究所承办又于2002年3月至5月在河南省济源市举办了第二届"河南省文物建筑专业技术培训班"，学员45名。在这两届古建筑培训班中，罗哲文老师都亲临古建培训班讲课，在罗老师等各位领导、专家的大力支持、直接参与和精心指导下，河南举办的两届古代建筑培训班都取得了良好的效果。全国历届古代建筑训练班的成功举办，为河南培养了古建筑专业人员，使他们在文物"四有"和保护维修等工作中得到了实践的锻炼，为河南古代建筑保护专业机构的建立提供了专业技术人员的准备。根据工作的需要，上世纪七十年代成立了"河南省古代建筑保护研究所"。参加第三届全国古建培训班的杨焕成、杨宝顺、张家泰三同志在省古建所初建之时都走进了这一保护研究机构。所内的其他青年同志后来也相继参加了全国或

图二　罗哲文老师与杜仙洲老师
在河南指导工作

本省举办的古建培训班，也都成为罗哲文老师和其他老师的学生。河南古建所成立后，业务力量不断增强，由30名增加到50多名编制，在省内外的古建筑保护及科研工作中取得了一定成绩，这些都和罗哲文及其他老师的长期教导分不开的（图二）。

特别使我们感动的是，罗老师对河南的古建筑研究工作与学术活动都十分关心和热情支持，并从中给予很多指导。1991年8月，在罗老师为河南省古代建筑保护研究所编著的《宝山灵泉寺》一书所作的《序言》中，不仅给予很大的鼓励与肯定，还对这类课题的研究方法与方向提出了非常重要的指导性意见。他说："我首先想谈的一个问题是古建筑研究和考古相结合的问题。我记得有人曾经说过梁思成先生和梁思永先生两弟兄都是著名的学者，一人是古建，一人是考古，一个搞地上，一个搞地下。这话虽有一定的道理，但我认为文物工作地上地下有所分工是有必要，但是不能绝对，更不应该割裂。就古建筑的研究来说，也包括了考古的成分。……过去我本人和一些同志在对古建筑进行调查研究时常常只注意地面的现存建筑物，而对已经残毁的建筑遗址则注意不够，甚至予以忽略了。这是一个很大的不足，或者是一种失误。……现在全国保存的'孤塔'很多，但是他们原来都是与寺院在一起或有密切联系的。"又说："我对河南省古建筑在灵泉寺的保护工作中，结合考古清理工作所取得的成果，表示高度的称赞。"[①]罗老早已指出的这一问题，至今仍是我们文物保护与研究工作中，应当十分关注与重视的一个问题。在不少重要古建筑的维修过程中，对已经发现的直接相关的地下古建筑遗迹，因种种原因而不能进一步的发掘清理，若干年后，信息丢失，将造成多大的损失。罗老师早已提示的这种工作与研究方向，至今仍有其重大的指导意义。

罗老师对于高等学校建立古建园林科研机构，也是十分关心和大力支持的。2001年5月11~12日，河南大学古建园林设计研究院成立揭牌仪式暨首届学术报告会在河南大学隆重举行。罗哲文先生和郑孝燮、谢辰生、郭黛姮、孙大章、马炳坚等著名专家学者和日本宫崎大学文学部教授米村敦子女士，应邀出席了庆典

---

① 《序言》载于河南省古代建筑保护研究所：《宝山灵泉寺》，河南人民出版社，1991年12月出版。

活动，并为大会作了精彩的学术报告
（图三）。罗老师在《中国营造学研究》
（第一辑）的《序》中说出了他对大学
办古建园林科研机构是多么高兴和支
持。他说："我高兴的参加了'河南大
学古建园林设计研究院成立暨学术报
告会'。这是一个非常值得庆贺的事
情，因为在我国高等院校中又开辟了
一处培养古建园林和开展学术交流的

图三　罗哲文老师在河南大学做学术报告

园地。当我和关爱和校长共同为新建的研究院揭牌的瞬间，我的心情无比的激动，
我的心里充满了希望……"。罗老师在他2001年5月所写的"祝河南大学古建园林
设计研究院成立"诗中更表达出他对古建研究院成立而发自内心的激动心情。

诗云："营窟橧巢　文明之始
　　　　宫殿园池　经之营之
　　　　挥斤弄斧　巧匠工师
　　　　优秀传统　继之承之
　　　　弘扬发展　此正其时"

足见老师对大力弘扬、传承祖国数千年的建筑文化，是寄于多么深厚的感
情啊！

罗老师社会活动很多，但他笔耕不辍，研究成果丰厚，出版很多专著。虽然我
们已年逾古稀，但他始终非常关心我们对古建筑专业学习和研究工作情况，不但经
常询问和指导，帮助解决疑难问题，还将他出版的大作签名并写上鼓励的话语送给
我们，甚至将别人送给他的《梁思成传》和其他古建专业书籍转送给我们，继续为
我们在古建专业学习和保护研究方面输送营养。近年杨焕成编写《塔林》和《古建
筑文集》两本小书，请罗老师作序，他不但欣然接受，还亲自撰写序言稿，并征求
有关先生意见，而不是在代笔的序言稿上签个名完事。恩师这种诲人不倦的精神，
使我们终生受益。所以我们在古建筑保护研究方面取得一点成就，毫不夸张的说是
老师教育的结果。

我国古代建筑，经历千百年的风雨沧桑，有的幸存于世，有的毁于一旦。被
毁古建筑的恢复问题，一直存有争议。我们带着工作中遇到的实例求教罗老师。他
说："已毁的古建筑，最好是原址保护，不要恢复。但为了古建筑群的完整性，为
了古建研究的需要，为了方便旅游参观等，也可以经批准后适度恢复一部分已毁古
建筑。恢复古建筑不是仿古建筑，一定要做好研究工作，保证恢复质量。"他还将

自己珍藏的日本、韩国恢复古建筑的照片送给我们，让在实际工作中参考。近年罗老师常说："我鼓吹（老师原话）建立有中国特色的古建筑维修理论与实践的科学体系，因为理论指导实践，实践丰富理论，更好地指导实践。最终达到更好的保护古建筑使其延年益寿，惠及广大人民群众，传承中华文明。"围绕此问题，他说："改革开放以来，我国经济发展了，维修保护古建筑的经费得到了大幅度提升。出台了规范性的维修古建筑的文件，维修古建筑的数量，恢复古建筑的数量，都是历史上最多的。但是对《威尼斯宪章》的看法，对中国古建筑维修的理论问题，一直存在着争议。如有的主张照搬《威尼斯宪章》，甚至古建筑维修后要有《宪章》中的可辨性，像出土文物一样，一件陶器，损毁部分用石膏补上就行了，一眼就看到的白色石膏是后补，可以辨别哪是原来的，哪是后修的。而另一种意见认为《威尼斯宪章》不适合中国木构建筑。我认为《威尼斯宪章》很重要，《宪章》中保留历史信息，保持原貌等，有普遍的指导意义。一个国家、一个地区的历史建筑有其不同的特色，不能一概而论。所以《宪章》中有些规定就不太适合东方木结构建筑，所以不要照搬，只是参考。因此要建立中国古建筑保护维修理论与实践的科学体系就显得特别重要，特别急迫。"罗老师提出了体系建设和许多自己的想法，但毕竟要建立完备的东方古建筑保护维修理论与实践的体系建设，需要学界的共同努力，罗老师已为这个理论与实践的体系建设奠定了基础。我们建议请国家文物行政管理部门或学术研究机构牵头组织学界同仁参与，尽早实现罗老师的遗愿，为我国历史建筑的保护维修事业做出历史性的贡献。

（与张家泰先生合作，原载《古建园林技术》2012 年第 3 期）

我的古建之路

我已是度过73个春秋的耄耋老人了，今年是我从事文物古建筑调查保护研究工作50年，回顾半个世纪的文物生涯，感慨颇多。我学的是历史专业，1959年分配到河南省文化局文物工作队（河南省文物考古研究所前身）从事文物考古工作。由于对古建筑有浓厚的兴趣，所以初步搜集一些古建筑资料，特别是20世纪50年代末60年代初河南开展全省文物普查和调查推荐第一批省级文物保护单位名单时，接触到较多的古建筑调查项目，遇到诸多专业领域的问题，查阅资料时第一次见到《中国营造学社汇刊》，爱不释手，尤其是该《汇刊》第六卷第四期刊登的刘敦桢先生《河南省北部古建筑调查记》，更使我兴奋不已，连续读了好几遍，并做了不少笔记和卡片，还到河南省图书馆等单位借阅十几期《汇刊》，越读越兴奋，竟使我由一般的个人兴趣发展到非常热爱古建筑专业，在单位领导支持下，走上了古建筑学学习研究的启蒙之路。并数次赴京向古建筑专家罗哲文、杜仙洲、祁英涛先生求教，得到他们热情的帮助和指导。有幸于1964年参加全国古建筑培训班学习，梁思成、单士元、罗哲文、陈明达、卢绳等授课老师，在讲课时还结合讲课内容，介绍他们在中国营造学社从事古建筑调查研究的生动事例，我被深深地吸引住了，专心入神的听讲，认真细致的做笔记。课后老师们讲了更多中国营造学社有关的情况，并要求我们学习"学社"那种艰苦奋斗干事业的精神，严谨科学的治学态度，理论联系实际（道、器结合）的研究方法等。至此把我带上了从事古建筑保护与研究之路，奠定了终生学习研究古建筑的基础。至今我清楚地记得在培训班学习的是"官式手法建筑"，我向老师请教河南多数明清建筑与所讲的"官式手法建筑"对应时有很多地方不相符合，如明代官式建筑的平板枋稍宽于或等于大额枋的厚度，出头雕刻类似霸王拳，清代官式建筑的平板枋反而比大额枋更狭一些，二者断面呈"凸"字形，大额枋出头刻霸王拳。而河南地区多数明清建筑平板枋宽度全部大于大额枋的厚度，二者断面呈"T"字形，恰好与官式建筑相反，且大额枋出头有的刻成平齐状，有的刻海棠线，很少雕刻霸王拳的；官式建筑斗拱昂的下平出，清代中叶以后仅为0.2斗口，而河南明清地方建筑昂的下平出，全部超过0.2斗口，有的达到2.5斗口，最大者超过3斗口，是同时期官式建筑的十几倍。凡此种种，所以河南明清时期地方手法建筑与同时期官式建筑的差别是非常大的。梁思成、罗哲文、祁英涛老师耐心地讲解："我们讲的是官式手法建筑，河南明清时期的木构建筑多为地方手法，二者的差别是相当大的，因为河南地方建筑的'地方手法'尚未被认识，所以到底差别在什么地方，其结构和时代特征等问题，还需要做大量的调查研究工作才能解决。"老师还交代我回河南后作个课题进行调查研究，以便解决好这个学术问题。带着梁老师等诸位老师的重托，根据所学的古建筑知识，结合以往掌握的资料，拟定了调查研究计划，向省文物工作队领导汇报同意后，在以后数十年中，结合工作，调查了河南省除淮滨县以外的100多个县和周边邻省的部分地区明清时期的木构建筑300多座，获取了大量第一手调查资料，积累数据万余个。运用分类排队的研究方法，结合文献、碑刻记载等，与同时期官式建筑进行比较研究，经过数十年不间断地潜心研究，首次厘清了河南地方建筑明代早、中、晚和清代早、中、晚期建筑结构的基本特征以及这些地方手法建筑特征与同时期官式建筑手法的异同。并发现河南全省仅有登封中岳庙、武陟嘉应观等3处明清时期的木构建筑为官式手法建筑，方城文庙大成殿、洛阳关林二殿和四殿、温县遇仙观大殿、安阳彰德府文庙大成殿等为受官式建筑手法影响较大的河南地方手法单体木构建筑外，其他宗教建筑、公用建筑、衙署建筑、民居建筑等皆为"河南地方手法建筑"。还通过长期调查发现河南周边邻省的部分或大部分地区明清时期地方建筑的建筑手法，与河南同期地方建筑的建筑手法相同或相近。所以河南等地方建筑的建筑手法，可归结为广义的中原地区明清时期地方木构建筑的"地方建筑手法"（简称"中原地方建筑手法"）。在河南境内运用这一研究成果，即中原地方建筑手法的特征，鉴定大量明清时期文物建筑证明是准确的。撰写的《试论河南明清建筑斗拱的地方特征》和《河南明清地方建筑与官式建筑异同考》等文章发表后，受到罗哲文、杜仙洲、祁英涛老师的好评，并肯定其完成了20世纪60年代参加全国古建筑培训班有关老师交付的研究课题，填补了河南地方建筑手法研究的空白，为河南乃至中原地区明清时期的文物建筑的鉴定、研究、保护维修等提供了参考资料。

营造学社前辈单士元、罗哲文、卢绳老师及在古建培训班授课的杜仙洲、祁英涛老师等多次到河南指导工作，我陪老师的时间较多，他们在考察古建筑时，不顾年事已高，身体又不太好，坚持登上高达数十米的脚手架，坚持攀上梁架调查研究和指导工作；见到老师自然要提出许多求教的专业问题，他们从无厌烦之意，而是耐心细致地讲解，甚至回京后还寄来材料供学习。老师们这种诲人不倦的精神，是我们学习的榜样，使我们学到了许多宝贵的专业知识，对我们做人做事做研究都是一笔丰厚的财富。

我还清楚地记得在古建筑培训班学习时，梁思成老师讲授"中国古建筑概论"课，他要求我们从事古建筑专业调查保护研究一定要发扬中国营造学社艰苦创业、勇于吃苦的精神，认真做好研究工作的基础——古建筑现场勘察工作，并要做到五勤：眼勤（多观察）、手勤（多记多画）、口勤（多问）、腿勤（多深入实地调查）、脑勤（多想、多思考问题）。我一直铭记梁老师在营造学社工作时在古建筑现场调查中的"五勤"精神，尽最大努力尽可能多地调查古建筑，尽管当时由于种种原因调查工作环境和条件是比较差的，多数情况是利用木梯甚至借助农村耕地的农具耙攀爬梁架进行测绘或采集数据，结果小摔几次受点轻伤，特别是1978年不慎从河南省林县文庙大成殿檐部摔下来，造成脑部受伤和腰脊椎压缩性骨折，当场休克，数月卧床不能翻身和大小便不能自理。所幸由于治疗及时，未留下大的后遗症。病愈后，仍继续进行古建筑调查勘测工作，积累调查记录数十本。所以，当有关研究单位约我写《河南古建概况与研究》文章时，基本上是利用这数十本河南古建筑调查资料，从木构建筑和砖石建筑等方面，较全面地论述河南省古建筑的概况，研究评价各时期、各类型建筑的历史、科学、艺术价值。揭示其中国古建筑体系在中原大地上萌芽、成长、成熟的发展脉络及河南现存古建筑在全国的重要地位，在有关学术会议上宣读和在《中国营造学研究》上发表后，罗哲文老师等给予了热情鼓励。

我深受曾在营造学社工作的罗哲文老师"逢塔必拜"精神的感染，近50年来，对河南现存古塔基本上是逐塔统计，对多数塔进行了不同程度的现场勘察记录，查知河南现存摩崖雕塔（不含微型雕塔和仅存痕迹之塔）219座。地面起建的现存古塔606座，其中北魏北齐砖石塔3座，唐塔41座，五代塔2座，宋塔37座，金塔30座，元塔95座，其他为明清时期的砖石塔，共825座。通过对大量第一手资料的深入系统的研究，在《文物》《中国文物报》《中原文物》《河南文物考古研究》《中州今古》《中州建筑》等报刊发表多篇河南古塔研究的文章，特别是《河南古塔研究》系统地分析了河南古塔自汉魏迄清代各时期的时代特点、文物价值等，并得出河南历史古塔与现存古塔在我国均居非常重要的地位。洛阳东汉时建造的白马寺木塔、洛阳太康寺西晋太康六年建造的三层砖塔为历史上中国最早的木塔和砖塔。现存的北魏正光年间建造的登封嵩岳寺塔和北齐河清二年建造的安阳灵泉寺道凭法师双石塔，为我国现存最早的砖塔和石塔。可以说河南现存的古塔数量、塔林数量与塔数、文物价值等均居全国首位。在中国营造学社精神的鼓舞激励下，在梁思成、罗哲文等老师榜样力量的感召支持下，使我深深爱上古建筑保护研究事业，成了情系古建，终生结缘。即使在担任河南省古建保护研究所所长、河南博物院院长、河南省文物局局长期间也未间断自己钟爱的古建筑研究工作。至今已出版《中国少林寺·塔林卷》《塔林》《河南历史地震资料》等专著，主编《中国古建筑文化之旅——河南》《中原文化大典·历史文化名城卷》《河南文物名胜史迹》等著作。发表古建筑等文物考古文章100多篇。最近由文物出版社出版《杨焕成古建筑文集》。

作为副主编参与编辑三卷本《河南省文物志》。

我介绍其在古代建筑保护研究方面取得的一点成果，绝无彰显个人之意。我深知与其他同仁相比，自己才疏学浅，加之长期担任行政管理工作也占去不少时间，研究成果自感远不如他人。但通过此小文可以反映我是如何在"学社"精神的指引下，在"学社"前辈老师的带领下一步一步走上古建之路，为古建筑保护和研究工作尽微薄之力。我虽年逾古稀，但还承担有研究课题，将尽力作好退休后的文物古建筑研究工作，为文物事业奉献终生。

（原载《中国营造学社成立 80 周年学术研讨会论文集》，2009 年）

三年困难时期文物考古工作生活纪实

我国于五十年代末六十年代初，由于自然和人为的原因，经历了一个非常困难时期。河南是重灾区，全省人民的工作、生产、生活等诸方面均受到严重影响。

我于1959年8月从学校历史专业毕业后，分配到河南省文化局文物工作队（省文物考古研究所前身）工作，1981年9月调入省文物局。从事文物考古工作四十年。除行管工作外，参加过古文化遗址、古墓葬的调查发掘，全省文物普查，古建筑、石刻文物保护与研究等专业工作。应《河南文物工作》编辑部之约，将六十年代初，文物考古工作生活的片段回忆写出来，以便了解当时我省文物考古田野生活的一个小小侧面。

三年困难时期，省文物队的领导和大多数同志仍然在单位食宿，吃窝窝头，喝青菜汤。因为当时考古人员粮食供应标准太少，郑州大旱蔬菜奇缺。为了让大家能吃饱一些，还从外地农村买来一部分干红薯叶和南瓜片等。即使这样，每顿饭除凭粮票外，菜也限量供应。记得有一次，食堂搞到一批烂泥菜，公告不限量，可以随便买，我为了节省一顿饭的粮票，没吃主食，一下买了两大碗菜，虽然这些烂菜带碜，但仍是三下五去二地吃光了。吃完饭不久，肚子剧烈疼痛被送进医院，因医疗事故（打错针），还闹出一场虚惊。当时绝大多数同志坚持田野工作，生活更加艰苦。不少同志患上浮肿、肝炎等营养不良引起的疾病，仍带病坚持考古调查和发掘工作。记得当时全队发病率高达68%。在这样的情况下，同志们省吃俭用，硬是从每月三、四十元的工资中挤出一部分钱购买书籍，刻苦学习。白天工作在考古工地，晚上在煤油灯下整理田野资料和学习。外野回单位的同志，五、六个人一起住大通铺，围着一张大方桌办公。不少同志工作和学习到深夜十二点以后，实在坚持不住了，就用开水冲点豆腐乳或豆酱充饥（每人每月凭票购得几块豆腐乳或少量豆酱）。就在这样的艰苦条件下，没有人叫苦叫累。凭的是对新中国文物考古事业的忠诚，咬紧牙关，勒紧腰带，克服种种困难，努力拼搏，完成和超额完成工作任务，默默奉献着自己的一切。

1959年8月，到文物队报到后，领导让我到淅川县参加下集新石器时代遗址发掘工作。记得当时乘代客车（卡车加蓬作载人的公共汽车用）到内乡转车，因雨后刚通车，车站滞留乘客较多，车票难买，需要等2～3天才能买上票，为了赶时间，我背着自备的被褥等行李，从傍晚和一位不相识的木匠同路徒步前往淅川。走了一夜山路，黎明时木匠已到家，我一人继续赶路，上午九时许到下集发掘工地，受到汤文兴、吕品、郭建邦、贺官保、靳士信等一群当时均是年轻人的热情欢迎。我加入这个考古发掘工作集体中，感到非常高兴。因为他们都是省文物工作队黄继光小队的成员，虽然生活艰苦，但个个意气风发，朝气蓬勃，不怕困难，勇于攀登，乐于奉献。除绘图照相、处理地层关系、记录遗迹现象等，大家还亲自挖土参加体力劳动。回到住处，一齐动手洗陶片，修复器物。晚上，除工作学习外，还组织一些文体活动。至今回忆起这段历史，还非常怀念那个团结紧张、严肃活泼的大家庭。

1960年春节刚过，寒气未消，各发掘组的同志们，又打点行装，开始出发了。我和黄士斌、马志祥同志到信阳出山店水库工地，配合水利工程发掘孙寨西周遗址。年初去，年终回，整整一年，经历了春夏秋冬。当时已经取消了田野补助和劳保用品。只靠三、四十元工资生活，除伙食费外，所剩无几。信阳雨水较多，雨后泥大路滑，考古工地距住地又较远，且没有雨鞋和手套，泥水渗透布鞋，冻得脚手红肿疼痛。住在临水塘的民房草屋内，地面潮湿，又没有床，就在湿潮的地面上铺一层稻草睡觉，生虱子，夜难眠，就在被子上撒些六六六粉，杀虱解痒，谁知六六六粉刺激皮肤，疼痛难忍（后半年，工地上增加了几位同志，想办法使一部分年岁较大的同志睡了简易床）。是年夏，信阳出山店洪水成灾，一片汪洋，水库指挥部临时建起的夯土墙简易房成座成座地塌在水中。我们住的草房墙体裂缝非常危险。政府派飞机投放熟食制品，情况异常危机。考古工地全体人员置个人安危于度外，奋不顾身将出土文物（包括不易搬动、附着在泥土上的竹器）用门板竹竿绑制的竹筏运送到丘陵高地的安全地方。在运送过程中水势越来越大，坑塘和稻田连成一片，白茫茫水汪汪，路在何方，汗水雨水把每个人浸泡，考古队员们顽强拼搏，当把最后一件文物运走后，才收拾各自的行装，准备撤离孙寨（此村为水库淹没区，群众早已搬迁）。大家手拉手，凭记忆用竹竿在水中探路摸索前进，几次有人不慎没于塘中，大伙奋力将其拉出来继续艰难地向前行进，终于撤到后山安全地方。水退后，清除室内积水和淤泥，运回文物，又投入到紧张的考古发掘工作。根据队领导统一安排，是年初秋，我被临时从孙寨发掘工地抽出来，就近到信阳专区上蔡、新蔡等县调查拟报请省人民委员会公布为第一批省级文物保护单位的蔡国故城等。当时不但连降大雨，更由于宿鸭湖水库因库容超标而放水，使之沟满河平，桥梁没于水下。我不会游泳，为了赶时间，只好脱下衣服，头顶行包，请一放牛孩子在高坡上指点桥位，涉水过河（桥面水齐腰深），由于河水太大，险些落入河中。还好，由于放牛孩子不停地指挥，总算平安过河。光脚冒雨在泥泞中赶路，快到县城时又遇到麻烦，因县城被洪水包围，进城的路已被切断，由于天色已晚，滞留的人们都急着进城，无奈从村中找来井绳，大家结伴拉绳涉水入城。当时正值"信阳事件"被揭露的前夕，生活当然也是艰苦的了。经过月余天的工作，完成了调查任务后仍回孙寨工地，继续搞考古发掘。因工作需要，同志们陆续返回郑州。我留守工地，一个人坚持工作到年底，完成田野考古任务，回队参加年终工作总结会。这一年的风风雨雨，使我经受了锻炼，提高了独立工作和生活的能力，对以后的工作、学习、生活颇有裨益。

1961年，国家更加困难，全国人民勒紧腰带，同心同德，共渡难关。省文物队除继续开展审查第一批省级文物保护单位的推荐名单外，开始在全省进行古代书画登记和田野古代碑刻调查工作。我分别和杨宝顺、曹桂岑等同志到开封专区（现在的商丘市全部、郑州市和开封市除市区以外所辖的全部县市及周口地区大部分县市为当时的开封专区管辖）工作。所到之处，不但要凭粮票就餐，而且还要限制菜量，凭菜票就餐。偶尔到一个地方菜不限量，就少吃或不吃主食，光吃菜，为的是节约三两或四两粮票。有时住旅社（无食堂），到社会营业食堂就餐，还需带上旅社发的餐证，才能买到有菜有主食的餐饭。一月供应的27斤粮票，往往二十来天就吃完了。无奈就从冒着割资本主义尾巴危险的提罐提篮的小贩那里买点高价菜汤或高价红薯充饥，处于半饥不饱的状态。虽然生活很艰苦，但同志们的情绪高昂，硬是凭着年轻，有一个比较耐摔打的身体，努力拼搏，完成了工作任务。

1962年5月，孙传贤、刘建洲同志和我被派往南阳专区的山区县西峡、淅川进行碑刻文物调查。在西峡工作期间，为了加快工作进度，提高工作效率，我们兵分两路，传贤、建洲和县里一位同志登青龙山调查。我和县里一位年轻同志登老君山调查。因当时此路线上公社间不通汽车，所以只能全程步行。加上深山区住户稀少，山路难走，故平均每天步行五六十里就得寻找住宿点，否则行至深夜也难找到住的地方。老君山，海拔2192米，为伏牛山第二高峰。据说山顶有座铁瓦老君庙，庙内有不少碑刻，但多年无人攀登，道路艰险，人迹罕至。我们行进在崇山峻岭之中。因当时仍处在困难时期，一月的粮票，若放开量食用，仅能维持半月。所以不争气的肚子直咕噜噜地叫。故自此以后，不管粗粮、细粮吃起来都很香甜，只要填饱肚子就行，当然这是后话了。三十多年后的今天，我仍清楚地记得由县城出发，第一天夜宿蛇尾（地名）。翌晨早早登程，调查了两处文物点，中午吃些山菜，晚上赶到二郎坪公社，晚饭后和公社党委书记（名字记不起来了）拉家常时，得知他是从省直文化系统来到这里锻炼的，所以倍感亲切。他深情地说："你们不要去老君山，那里不安全。最近民兵搜山时发现山脚下有一片地被垦种，疑是敌特所为。"我们坚持登山调查，故他给纸坊生产队写封信让我们带着，请他们派民兵协助工作。第三天山道更险，不时地爬陡坡，但奇怪的是在这深山老林里，怎么堆放那么多木材，有的已经糟朽，实在可惜。我们好奇地询问山民，得知是大跃进初期某劳改队砍伐的，因运不出去，故烂在这里。傍晚赶到太平镇（实为深山村），调查了明清石刻后，就住在太平镇。早晨起床，腰、腿酸疼，浑身乏力。在老乡的帮助下用树枝砍制成四个拐杖，我俩各拄双拐，开始了由县城出发的第四天的山道之行。行进的速度明显地慢了，脚上磨起了血泡，体力消耗很大，不时喘着粗气，坐下来稍事休息，夜幕降临时总算赶到了纸坊。生产队同志介绍，纸坊距老君山近50华里，一上一下来回近100华里，这中间无住户，多少年来很少有人登山，所以到山顶工作后必须当天返回纸坊。他们看了公社书记的信后，决定派两名持枪民兵陪同我们一起登山。第五天的5时起床，很快吃了早饭，6时出发，我们按照其中一位带路民兵数年前登山的路线，踏着地上厚厚的树叶，行进在几乎是无人走过的丛林"山道"，摸索着向前攀登。几次由于峭壁阻路，折回另寻新"道"。还惊动起长虫（蛇）从我们面前爬过。特别是在俗称南天门的一个山口处，一条蟒蛇急速爬过，使大家着实吓了一跳，由于急于赶路，也顾不了这些。大家心里直想着，登上山顶工作后还要赶紧回纸坊，否则晚上走山路就麻烦了，因此憋足一股劲，于中午12时许登上了山顶。这里确实有一座铁片（板瓦）小殿，殿内原有一铜牛已不存（据说是被山背面栾川县一农民将其砸成数块盗走了，还听说这个农民为此被判了徒刑）。我们抓紧时间抄录碑文，填写碑刻文物登记表等。两位民兵帮助量尺寸和清理碑刻四周的碎石、杂草，调查结束已是下午两点多了。急急忙忙下山，早上每人带的三个玉米糁窝窝头在上山时已经吃完了。饥困交加，实在难忍，只好采摘些不成熟的山果和嫩树叶胡乱充饥。由于体力不支，所以回来的山道显得更难走。回到纸坊已是晚上8点多钟了。由于从县城至老君山顺路上的零散石刻已调查登记录文，所以回程专走通过原始森林的新"道"，以便调查此道上的碑刻，虽收获不丰，但也是异常艰辛。来回十天山野生活，确实够苦够累了。但圆满完成了工作任务，感到无比欣慰。我与传贤、建洲同志在县城会合后，整理好调查资料。由于种种原因，为了赶时间，决定步行翻山去淅川县。因距月底尚早，粮票已经不多了。故买些高价红薯片，煮熟后作为干粮带着上路了。两县相距较远，而且山路难走，加之身体虚弱等，带的红薯片不够吃，就捡些雨后山石上生长的地衣，请山村的小饭店高价加工后充饥。在饥饿的山路上，建洲同志走在前面，非常幸运地拾到一把碎红薯片，他没舍得自己一个人吃，而是分成三份，给传贤和我各一份。在那种情况下，吃起来特别有味。

我们住进淅川县招待所，招待所一日三餐不变的食谱是玉米面窝窝头、咸菜、白开水。在当时肚里没油水，又都是二十多岁的年轻人，饭量特别大，还要田野徒步调查的情况下，每天9两粮票，面对"三不变"的食谱，根本不够吃。无奈晚饭后早早睡觉，以保存热量。体力明显下降，传贤同志肝炎病发作，他用拳头顶住肝部，坚持步行山路进行工作。建洲同志脚被扭伤，拄着拐杖，一拐一瘸地走着，说啥也不肯休息。他两个在那样的环境中，带病拼搏，使人非常心疼，更非常感动。经过月余辛劳奔波，较圆满地完成了工作任务。

以上仅是我参加工作后，在三年困难时期文物考古生活的片段纪实，比老一代文物考古工作者的创业史，的确不值得一提。但它对我以后的工作、学习、生活等都起到很大的作用。所以，在新中国成立50周年之际，我把这些生活琐事写出来，以便激励自己，在有生之年，发挥余热，为党的文物考古事业继续贡献一份力量。

《河南文物工作》编后语：杨焕成同志的这篇回忆文章，以朴实的风格叙述了在五十年代末六十年代初那个特殊历史时期的一些工作经历。我们相信，年轻一代的文物工作者读后，对我省文物工作辉煌成就中凝聚着的巨大艰辛和付出，会有新的认识；对如何对待工作、对待生活，会有新的思考。

（原载《河南文物工作》1999年第5期）

在中南片历史文化名城会议上的发言提纲

很高兴应邀参加在郑州召开的中南片区历史文化名城会议，现就郑州及河南省历史文化名城保护管理等方面的情况，谈谈个人意见和建议。

郑州市区及所辖六县市历史悠久、文化灿烂。是我省文物大市之一，也是历史文化名城最多的市地之一。

河南省有国家级历史文化名城7座（郑州、洛阳、开封、安阳、南阳、商丘县城、浚县），省级历史文化名城镇21座（登封、新郑、巩义、濮阳、汤阴、淇县、卫辉、沁阳、济源、陈桥、睢县、朱仙镇、禹州、许昌、汝南、竹沟、淮阳、新县、社旗、邓州、荆紫关）。其中郑州市有国家级名城1座（郑州），省级名城3座（登封、新郑、巩义），是我省名城数量最多的两市之一（另一城市南阳有国家级名城1座；省级名城镇3座，即邓州、社旗、荆紫关）。郑州市名城保护建设管理工作和名城特色有如下四个方面情况：

（1）市委、市政府等党委、政府重视，有关职能部门强有力管理。市里主要领导亲自过问名城保护工作，参加名城会议，发表重要讲话，对管理工作作批示、抓落实；城建、文化、文物等部门抓规划、抓管理、出台措施等。1994年市里请清华大学帮助作规划、反复论证，对市内传统民居和典型街区等进行普查，对破坏名城风貌的违章建筑进行认真严肃地处理。郑州市及所辖县（市）级财政拨款整修保护名城文物，如郑州商城、巩义宋陵、新郑郑韩故城和登封诸多文物保护单位等。

（2）名城区域内文物多，且价值高。郑州市区及所辖六市（县）有各类不可移动文物点数千处（仅登封即1127处），其中全国重点文物保护单位14处，约占全省51处的近四分之一。不少文物在全省乃至全国居于重要地位，甚至是全国之最。如7000～8000年的新郑裴李岗文化遗址；5000年前的郑州大河村仰韶文化遗址；4000年前的登封王城岗古城址；3500年前的郑州商城；春秋战国时期的新郑郑韩故城。特别是郑州西山发掘出土的仰韶文化时期的古城址，系我国已知最早的古城址之一。地面以上文物有我国现存最早的砖塔——建于北魏的登封嵩岳寺塔；我国现存最早的天文台——建于元代的登封观星台；我国最大的塔林——由现存唐、宋、金、元、明、清时期的228座砖石塔组成的少林寺塔林；我国最早的佛教禅宗寺院——少林寺；我国现存最早的四处东汉庙阙，其中保存较好的三处均在郑州的登封市，即启母、太室、少室阙；我国现存最早的八角形砖塔——登封唐代建造的净藏禅师塔；我国稀有的唐代六角形石塔——登封萧光师塔；我国四大书院之一的嵩阳书院；另外还有巩义市的北宋皇陵、巩义石窟寺、登封中岳庙等。河南之最的文物就更多了。

（3）文物景点规模大，可看性强，对外开放的项目多。郑州市区及六县市国家级、省级文物保护单位不但文物价值高，而且有不少项目可看性强，经过整修后陆续建立了保管所、管理处、博物馆对外开放，在精神文明和物质文明建设中发挥着重要作用。如郑州市区的大河村遗址、商代城址、古荥冶铁遗址、城隍庙、清真寺、二七塔纪念塔等；巩义宋陵永昭陵和永定陵、石窟寺、杜甫故里、康百万庄园；登封的少林寺、中岳庙、观星台、嵩阳书院、嵩岳寺塔、城隍庙、法王寺；新郑的郑韩故城、欧阳修墓、黄帝故里；新密的打虎亭汉墓等。

（4）国家投资保护和社会捐资保护相结合。郑州市名城区文物景点除国家、省拨款保护外，市、县（县级市）政府也拨专款用于名城文物保护和博物馆建设。郑州市政府投资新建的博物馆即将对外开放，巩义市政府投资4000多万元抢救修复的宋皇陵永昭陵已经开放，巩义市政府投资兴建的博物馆正在建设中，新郑市兴建的博物馆也已开放。登封市政府投资搬迁了观星台和嵩阳书院保护范围内的两所学校，郑州市筹集到社会捐资一百多万元维修二七纪念塔，登封得到社会捐资数百万元修复永泰寺，郑州博物馆新馆工程也争取不少社会捐资。

郑州市在名城保护管理方面有许多成功经验，和需要向兄弟省市学习、改进工作的地方，将要在大会上介绍。我这里只是介绍些情况，一定有不准确之处，仅供大家在了解郑州名城保护工作时参考。

以下就名城保护、建设、管理工作中的一些问题，谈点个人感想和意见。

一、名城保护建设普遍重视的几个方面

（1）重视名城申报工作。获得名城称号不仅是荣誉，而且也能增强城市的文化品位，提高知名度，有利于社会主义精神文明建设，有利于筑巢引凤、招商引资、发展旅游、发展经济，对物质文明建设也有重要作用。所以各地都重视申报工作。

（2）重视名城文物点的保护和利用。因名城中的文物点多系文物保护单位，不但是一个地方历史悠久、文化品位高、内涵丰富的标志，也多是群众喜爱和乐于参观游览的地方，还多是爱国主义教育等精神文明建设的阵地。既是文物旅游项目，也是发展经济的重要方面之一，所以受到重视，此其一。其二，文物保护单位或非文物保护单位的单个文物项目，都受到文物保护法的法律保护，不重视它或者损坏它，是要以法干预、依法处理的。河南不乏受处罚之例，如在郑州商城保护区违章建房，查清之后罚款处理当事人等。

（3）重视复建（重建）工程。一是对历史上已毁的著名建（构）筑物进行所谓"复建"，实为重建什么楼、什么阁等。二是新建仿古一条街，如仿宋一条街、仿明清一条街。这样的工程项目，少数成功，多数不成功。究其失败原因，多系有损真文物、制造假古董，造成不良影响，甚至不得不拆除。真正对已毁历史文化遗产的复原工程，是有严格要求的，要编制专项方案，经论证评审，获得批准后方可实施。

二、名城保护建设中我个人认为存在的几个问题

（1）忽视名城历史文化保护区整体环境风貌的保护（当然，保护环境风貌，不是原封不动的保护。重点是保护历史风貌的真实性），使名城历史文化根基受损，失去风貌特色。

（2）旧城改造，扩宽街道，把典型的民居、店铺、原始街道拆除，另建一些不伦不类的四不像建筑，使最能体现名城风格的古民居、古街道荡然无存，造成无法挽回的损失（意大利、比利时的朋友指出中国一些地方的民居和小胡同很美，要加强保护和利用）。

（3）打着整修名城建筑的旗号，改变古民居、传统商业店铺形制和建筑材料，使之面貌全非。

（4）把名城特点之一的护城河填平或在其上加盖现代建筑，既不利于城市防洪，不利于城市排水，更是破坏名城的完整性。

（5）不注意文物保护单位或文物景点环境保护，在其周围乱建违章建筑和开渠、挖山等破坏历史环境。

（6）不注意名城内建筑控高，使名城内高楼林立，失去名城特色和风貌。

（7）不重视名城保护规划或不按名城保护要求编制规划，使名城保护和利用工作无法落地实施。

（8）名城内人口过于密集，不利于名城保护。有的地方不但不积极疏散迁移，而继续在名城内安排工厂企业等，使人口继续增加，违章建筑增多。

（9）重视短期经济效益，忽视社会效益和长远的经济效益。

（10）无颁布名城保护法规，使保护、研究、利用均受到较大影响。

三、几 点 建 议

（1）尽快立法，以便健康、有序地保护和建设、管理好名城。为什么文物保护

单位能够做到有效的保护管理，就是因为有《中华人民共和国文物保护法》，有法可依地处理违法事件等。名城管理则无法可依，只能向领导汇报，向群众宣传，听则可，不听也没办法。所以建议国家名城保护法或条例出台前，地方不要一味等待，应按照国务院有关文件精神，出台地方名城保护法规，或单项立法。

（2）适时编制名城保护规划，按规划做好名城保护建设管理工作。规划要特别强调保护和建设的关系，既要体现有利保护、有利建设的"两利"精神，做好二者的协调工作，又要体现保护整体环境风貌的原则。一旦规划得以通过，要认真执行，不要纸上画画，墙上挂挂，遇到不同意见，就随意地变了。要体现规划的严肃性。

（3）建立名城保护管理委员会。由市长或主管副市长任主任，由有关部门领导（如文物、文化、城建、规划、土地、公安、工商、旅游等）任委员组成名城保护管理委员会，协调处理名城保护建设管理工作中的重大问题。

（4）保护老城（名城），另辟新城。党委、政府迁入新城，以利经济、社会事业的发展和名城的保护管理。现在名城保护管理的最大问题是名城内人口稠密、交通拥挤，行政、企、事业单位多，现代化建筑林立，改变了名城面貌。解决问题的最好办法是迁移人口、缓解交通等方面的压力。解决迁移、缓压的办法是另辟新城。党委、政府机关迁入新城，政治中心的转移，必然使经济等部门也随之跟着转移。如郑州、安阳、南阳、开封市委、市政府均建在名城保护区外。国外也有这方面成功经验，如美国的威廉斯堡和意大利的威尼斯、罗马等。特别是威廉斯堡原是英殖民统治者的政治中心，本世纪初修整开放，保持了18世纪的风貌。新老城相距近4公里，老城区不准搞新建筑，新城房屋建筑不超过三层，与老城相协调，且新老城之间用绿化乔木隔开，既有联系又各得其所。年旅游收入上亿美元。值得我们借鉴。

（5）解决好名城保护管理资金。名城保护建设资金需求量大，困难多，仅依靠国家拨款满足所需资金是不现实的，特别是保护资金，筹措起来困难更大。建议在党委、政府领导下，由管理委员会或城建、文化、文物主管部门出面，采取国家保护和社会保护相结合的办法。①经申请批准建立名城保护基金；②发动社会各界，特别是企业，按照国务院捐助社会事业减免税的文件精神，捐助保护资金；③按照谁投资谁受益的精神，在有名城效益的收入中，给投资者按比例适当分成；④鼓励境外有识之士向名城保护捐资，并按资金多少给予荣誉市民等称号；⑤申请国家和地方政府拨款。

（6）在名城内挂牌公布保护传统民居和历史街区建筑等。为加强名城保护，对重点保护对象除文物保护单位等已经树标保护外，对典型的传统民居和历史街区分一、二、三级挂牌保护，以增强市民保护意识，特别是增强使用单位的责任心和荣誉感。也便于社会监督和职能部门检查。

（7）加强名城宣传力度。除职能部门向领导汇报、向群众宣传外，还要请新闻媒体加强宣传力度，最好开辟专栏专题报道，以便增强市民名城意识，认清保护建设名城的重要意义，明白如何保护名城等。

（8）开辟对外开放的文物景点和传统街区。通过维修后的文物景点和典型的历史街区，应尽量多地对外开放（如北京的胡同游等），发挥其社会效益和经济效益，使之形成保护和利用的良性循环。

以上仅是个人在工作中遇到的一些情况和一些不成熟意见建议，不妥之处，请批评指正。预祝会议圆满成功！

（原载《传承文明　沟通未来——历史文化名城中南片区
第五次会议论文集》1999 年 12 月）

长江三峡地面文物保护之行随感

我于2001年6月至11月，历时5个月，参加国家文物局、中国文物学会和长江流域规划办公室组织的"长江三峡地面文物保护课题调研组"工作，按照工作要求，不但要调研重庆市和湖北省内三峡库区地面文物，而且为了取得相关文保数据和比较研究相关内容，还到北京市、四川省、山西省、河北省、安徽省、湖南省、河南省、陕西省等地考察。此项工作已完成任务，顺利结题。按照河南省文物局领导同志的意见，将其库区及部分省（市）有关文物保护、管理、利用等一些具体做法整理成这篇小文，供我省文博同行参考。

一

长江三峡水利工程的工程区和淹没区涉及重庆市和湖北省部分市县，有关部门规划确定保护的库区地下文物和地面文物上千处。其中地面文物保护方案有三类：一为原地保护，采取围堰、筑坝、加固等保护措施；二为留取资料，采用文字、照片、录像、拓片、测绘及复原设计等办法，将资料尽量收集齐全，并对有文物价值又有移动条件的构件收集清理保存，以备展示和研究；三为易地搬迁保护，将淹没区的文物保护单位或非保护单位的文物点，按照《中华人民共和国文物保护法》和搬迁维修文物的技术规范要求，搬迁到合适的新址，妥为管理保护。大型水利工程淹没区内文物保护最有效的办法当属易地搬迁保护，只要搬迁得当，对保护和展示利用都是非常有利的。所以三峡库区地面文物三类保护方案中，搬迁保护的文物项目和建筑面积均占到地面文物保护总量的一半以上。

三峡库区地下文物发掘工作已全面展开，数十个发掘工地同时进行考古发掘工作。我省的省文物考古研究所、郑州市文物考古研究所、洛阳市文物工作队、洛阳市文物工作二队、郑州大学考古专业等考古发掘单位也参加了三峡库区古文化遗址、古墓葬的发掘工作，并有重要考古发现。

通过三峡库区地面文物保护调研工作，我们进一步认识到改革开放廿余年来我国对文物保护是非常重视的。特别是三峡工程从酝酿到开工实施，一直把文物保护列入和环保、地质等一样重要的位置，对地下和地面文物采取了相应的保护措施。

地下文物发掘工作取得明显成效。瞿塘峡石刻等部分地面文物已开始启动搬迁工作。相信我国今后大型基本建设项目内的文物保护工作，定会在"保护为主，抢救第一"的文物工作方针和对基本建设有利、对文物保护有利的"两利"原则指导下做的更好，使优秀的民族文化遗产得以妥善保护，为经济发展和社会进步做出更大的贡献。回想起来，1968年丹江口水库蓄水时，地面文物基本没有保护下来，特别是我于1959年和1962年两次调查过的我省淅川县香严寺（下寺）古建筑群中的座座琉璃宝塔毁于库底，实在可惜。

二

（1）文物意识普遍得到提高：所到之处深深感受到无论领导或群众都知道文物重要，文物需要保护，文物有"法"，不能破坏文物。比起过去在文物保护工作中遇到的使人感到啼笑皆非的种种事例形成鲜明对照。但也明显感到在一些人的认识中是被动地保护文物，没有真正认识到文物保护的重要意义。所以今后文物宣传工作不但要宣传"要保护文物"，而且要着重宣传"为什么要保护文物"的意义。使大家真正明白保护文物的重要性，主动地而不是被动地、自觉地而不是强制地去保护文物，使文物保护真正成为公民的责任和义务。

（2）文物本体得到了妥善保护：所到9省市看到的各级文物保护单位或不可移动的文物点，其文物本体保护得很好或较好，基本上不存在人为的破坏。但文物环境保护不尽如人意，在三峡周边某两个省的两处全国重点文物保护单位的保护范围内，正在兴建有碍观瞻的新建筑。根据《中华人民共和国文物保护法》和国际文物保护法规之规定，不但要保护文物本体，还要保护文物环境。所以一定要强调保护文物环境的重要性，克服破坏文物环境不是破坏文物的错误认识。

（3）贯彻《中华人民共和国文物保护法》关于"不改变文物原状"的维修原则：列入世界文化遗产名录的河北省遵化市清东陵，在中央领导同志的关怀下，国家批拨了数额较大的文物维修专款，残损的文物建筑基本上整修一遍。但大部分古建筑彩绘保持原貌未重新彩画，甚至在局部毁坏的部分仅做地仗，不重新补绘，以体现保护文物的真实性和可辨性；对局部残损的柱、梁，为了最大限度地保留原构件，不采用更换办法，而是运用墩接和包镶等局部处理的办法，将原"大木作"中的柱、梁保护下来；陵院外神道和诸陵院内的铺地砖，风化非常严重，形成高低不平的坑洼状，为了既保持原状又方便游人，采用在原铺地砖上用三七灰土铺一条人行道，在神道外边修筑行车道（原神道曾作为车行道使用过），将神道妥为保护。以上做法得到我国著名古建筑专家的好评。

（4）在文化和自然遗产保护范围内，大刀阔斧拆除违章和有碍观瞻的建筑物：如河北省遵化市清东陵花费8000万元人民币拆除违章和有碍观瞻的建筑物和构筑物，甚至将整个村庄予以搬迁；湖南省张家界辟为旅游景点后，在景区内新建一些不适当的所谓配套和服务项目，使其原汁原味的自然面貌受到影响。中央领导同志和游客对此提出批评意见后，有关部门已决定拆除有碍观瞻的新建筑物面积达20万平方米。

（5）采取有效措施保护地坪文物和自然景观：北京故宫每年接待参观人数达540万人次，对有关部位的铺地砖和踏道石雕刻造成一定损害。他们在游人集中的殿宇通道等处铺设木板，在木板上涂饰砖灰色的化学保护材料，有效的保护了铺地"金砖"，在有雕刻的踏跺上面铺垫用木条或竹条制成的软质踏板，既保护了文物又方便了游人。四川省九寨沟和黄龙景区，在诸多漫水地坪处，不是用架桥修路影响景观的做法，而是采用铺设木条板或竹条板的方法，既使其融于自然，又方便游览，增加情趣，效果颇佳。

（6）分散保护和集中搬迁相结合保护民居建筑：安徽省黄山市徽州区和歙县由于历史原因，保留大批明清时代的木构民居建筑，其数量之多，文物价值之高，可谓全国之冠。当地政府和文物管理部门采用三种办法保护这些珍贵的民居建筑。一是将定为保护对象的民居建筑委托房屋业主居住保护，向其宣传文物保护法规和古建筑保护知识，使其主动配合文物部门作好保护工作，我们所考察的这类民居基本上都得到了较好的保护；二是由政府财政拨款，将文物价值较高的明清民居建筑予以征购，交由文物部门管理保护。有的还将部分房屋内部陈设予以复原展出，并成立专门的文管所或博物馆，负责保护和对外开放等日常管理工作。此种办法既保护了文物，又利用文物发挥作用，还能有一部分门票收入；三是集中搬迁保护，黄山市徽州区为了将分散不易保护的明代民居建筑有效的保护起来，他们在名曰潜口的地方，辟26亩山坡地，将其规划成七组明代木构民居建筑群（院落组群建筑），并将一座明代石桥、一座明代大型石牌坊和一座明代石亭也搬迁这里集中保护。依其地形高低，错落有致地布置文物建筑的位置，组织顺畅的参观线路，并广植竹、木、花卉，还在明桥下开挖小溪。可谓一处建筑考究、环境优美、品类较全的明代村寨。村寨大门口悬有"潜口民居"的匾额，为我国已故著名古建筑专家单士元先生手书，更为这处明代民居群增辉。这种集中保护办法，外国已有先例，但至今国内文物界仍有争议。我认为在分散保护确有困难的情况下，如位置不当易受人为和自然的破坏，或大型现代工程区内需要搬迁的文物等，集中搬迁保护不失为一种有效的保护办法。潜口民居是从1982年开始搬迁的，1986年公布为安徽省文物保护单位，1988年公布为第三批全国重点文物保护单位。现已对外开放，门票20元。据介绍1993年，这里国内参观人数为3万多人次，境外参观人数也达3万多人，我们参观时也见到欧美游客，可见外国游客对中国民居建筑的青睐。在潜口明代民居建筑群旁正在动工集中搬迁组合一处清代民居建筑群，是其明代民居群的"姊妹篇"。在搬迁中的不足之处，一是更换的木、砖、石构件显得多了一些，二是将墙砖单拆后编号重垒，造成历史信息流失。建议切割一些成块墙体，尽量保留原有垒砌方法和粘合剂材料等重要历史实物资料。

（7）在古建筑群内有根据地少量恢复已毁历史建筑：湖南省长沙岳麓书院，是我国现存著名书院中规模最大者，系第三批全国重点文物保护单位。这里文物得到妥善保护，游人也比较多。院内御书楼和中轴线西侧的花园早毁，于20世纪80年代按照有关资料在原基址上依其原规模原形制原体量予以复建。中轴线东侧的文庙，被侵华日寇飞机炸毁，也是于20世纪80年代在原基址上复建的。四川省广元市在嘉陵江边，按照古代遗留下来的原栈道孔和其它遗迹，恢复可供参观游览的临江栈道。已毁文物建筑一般不需要恢复，但上述两处文物建筑在有根据的情况下，恢复少量已毁的建筑项目，一则配套充实其完整性内容，二则便于发展文物旅游，其效果还是可以的。

（8）较完整地搬迁古镇：根据保护文物建筑的原则，特别是保护历史文化名城（镇）的规定，一定要保护好有文物价值的历史街区。所以在搬迁古镇民居建筑时，不但要关注搬迁一组民居建筑的整体性，而且要充分考虑民居古镇的整体风貌。在长江三峡库区地面文物搬迁保护方案中体现了这一原则，将列入搬迁保护项目的重庆市巫山县大昌古镇和湖北省秭归县新滩古镇内民居老屋尽量多地予以搬迁，易地复建两个古镇"原貌"，方案已经通过，即将启动搬迁工程。

三

（1）城市中的遗址公园：北京明清时期的皇城早已拆毁，仅存留"皇城根"的街道名称。原城墙基址上已修建了新的建筑物。北京市政府为了保护和利用"皇城"文物，决定建设"皇城根遗址公园"。经过考古发掘弄清了城墙的结构和走向等问题。依照城墙的现存基址，确定遗址公园北起地安门大街，顺皇城根大街方向，穿过五四大街再向南……。在此范围内全部拆除了城墙基址上后建的地面建筑，在不损坏地下城墙基址的情况下，按照建设城市广场和公园的需要，硬化美化地面，广植松柏等观赏树木和花卉，适当安排雕塑和建筑小品，较多地设置供游人休息的露天椅凳，并恢复一段"残墙"，墙上题写"皇城根遗址公园"七个大字，免费向社会公众开放。

（2）严格管理的故居陈列馆：安徽省合肥市内李鸿章故居陈列馆是1999年经过整修后对外开放的新成立的文博单位，现有正式职工4人，临时人员15人，2000年门票收入达60余万元。据介绍该馆虽为新组建的单位，但从成立之日起就强化管理，严格规章制度。我们在参观时看到馆内干干净净，甚至槛窗和格扇门的格棂细微部位处都擦不出灰迹。当问及为什么能达到这样严格要求时，馆长介绍说"若发现楼梯扶手、门窗等处有灰迹，轻者批评，重者或重犯者要受到辞退处罚。"说来也巧，当我们离馆时，看到职工在用毛笔蘸水一点一点清洗窗棂，解开了我们的疑团，也为馆长的介绍作了注脚。

（3）重视业务建设的云居寺管理处：北京市房山区云居寺系全国重点文物保护单位，内藏古代（隋、唐、辽、金、元至明末）石刻佛教经籍1122部3572卷的14278方石经版。寺内还有唐、辽、金等时代的砖、石塔十余座。这里文物价值高，自然风光美，是一处文物旅游胜地。云居寺文物管理处负责日常文物保护管理工作，他们非常重视文物保护和业务建设工作，聘请北京市两位已退休的文物专家为业务顾问，在寺内为他们安排居住和办公的房间，隔周将两位专家接到寺内住两天，帮助做文物资料收集、记录整理工作，并给业务人员讲课，较系统地进行专业培训。文物处领导还介绍他们视游客为上帝，为其提供优质服务的动人事例：①寺院内有较大面积的露天铺地砖（石）每天都要用墩布将其清洗干净；②虽已到下班时间，但只要还有游客没参观完，就耐心等待，直到最后一名游人离寺时，才拉铃下班。这种精神着实感人。

（4）自然景区的环保经验：四川省九寨沟为世界自然遗产。这里有9条藏民聚居的寨沟。现已开发3条寨沟为参观景区，约有55公里长、15公里宽，自然风光非常优美。为了方便游客和保护环境，景区内禁止一般车辆通行。只有管理部门配备的200辆绿色环保车（大、中巴客车）在景区内行驶。景区各景点均设环保车站［类似城市公共汽（电）车站］，环保客车川流不息地行驶在山道上，并在各车站按时停车，游客上、下车非常方便。每辆车上均有导游员，介绍沿途景点，解答游客提问。这种做法对环境保护非常重要。景区内原有耕地现已全部退耕还林（还草），培育绿色大环境浓郁的生态氛围，已显现出非常好的效果。无地耕作的藏族农牧民，都安排了适当的工作。与游人接触最多的是身着藏服的清洁工人，他（她）们不停地清扫景区垃圾，不少游人邀其合影留念，也成了一道亮丽的风景线。

（5）受观众欢迎的博物馆：现在不少博物馆观众少，门庭冷落，不能充分发挥作用。但有一座博物馆办得红红火火，深受观众欢迎，它就是近年新建的四川省广汉三星堆博物馆，占地300亩，投资3100万元，门票30元，去年观众达50万人次。预测今年观众人数可能有较大幅度增加。中央、国务院领导同志表扬该馆办得好，慕名而来取经的文博同行也比较多。四川省已将三星堆博物馆列入重点文物旅游项目，继续给予支持，使其更快更好的发展。他们成功的经验有如下几个方面：①环境优美，馆区内广植松柏等常青树和其它观赏树木、花卉，并在林木间引入小溪、垒砌假山，宛如一幅美丽的画卷，体现了馆、园结合的效果；②陈展形式活泼新颖，进入展室后给人以强烈的震撼力和感染力，产生愿意看、喜欢看的兴趣，并且达到专家和一般观众都满意的雅俗共赏效果。特别是把艺术性和可看性强的小件文物放大几十倍制作成展品供游人参观，效果非常好；③服务设施全，宣传材料多，结合本馆藏品仿制的工艺纪念品精。

（6）湖南省博物馆新馆半景画模拟陈列效果好：湖南省投资12亿元人民币，在省博物馆院内新建的主展楼已竣工，尚未对外开放。我们参观了各展室的设施及半景画演示。半景画模拟陈列运用绘画、雕塑、布景、幻灯音响等相结合的手法，以湖南历史为内容，展示出宏大的动感场面。利用声、光、电等现代科技效果来烘托气氛，给观众以身临其境之感，效果很好。参观后大家都认为有条件的大型博物馆，应运用这种展览形式，创造最佳的陈列效果。

（7）保定直隶总督署和九寨沟宣传版面、解说词的启示：河北省保定直隶总督署博物馆大门口有一块宣传牌子，写着我国现存最典型的四处古代不同级别的官衙，它们是北京故宫、河北保定直隶总督署、山西霍州衙署、河南内乡县衙；四川九寨沟自然景观极佳，游客称赞"九寨沟太美了，真是听景不如看景"。但在讲解词中盛赞安徽黄山风光，大讲"看过黄山不看山，看过九寨沟不看水……"。这两处人文和自然景观的宣传方式意义深刻，看似在宣传别人，实为更高层次的宣传自己。对游客、对本景点、对被宣传的外景点都颇有裨益，可谓一举三得。

（8）着力开发新的展示项目：我国自改革开放以来，广大群众物质生活实实在在得到了改善和提高，达到小康水平，文化生活也相应得到了不同程度的提高。不少人外出旅游的欲望愈来愈强，看过老景点后特别希望参观新辟的景点，所以有人说"现在旅游的人多了，新辟的景点特别受欢迎"。我们在参观三峡大坝时就看到了这种现象，在大坝附近有一块高地叫坛子岭，有关部门将这片空地植树建台，辟为景点让游人登台参观三峡工程，还露天摆放三件大展品：一是填江用的三棱形大水泥块，二是圆形岩芯，三是带有钻痕的江底石块。带相机的游人几乎都要依此三件特殊展品为背景摄影留念。这个景点规模不大，内容不多，形式单一。但由于策划者之高明设计，引来了众多中外游客，门票20元，收入颇丰。它启发我们文博部门在保护好文物的前提下，要想方设法"合理利用文物"不断开辟受观众欢迎的新的文物景点，充分发挥文物的作用，为社会主义两个文明建设服务，也为发展文物事业积累资金。我省栾川县重渡沟是近年新开发的自然景观旅游项目，虽仅开放二年多时间，但已经招徕不少游客。开设的"家庭宾馆"也获得成功，"五一""十一"长假期间，有的农户收入达2000多元。我们在湖南张家界参观时看到《张家界日报》载文介绍重渡沟景点建设经验，感到非常高兴。旅游热线地区的报纸专文介绍我省新开辟的一个旅游景点，说明只要景点有品位，规划合理，策划得当，就能获得成功，吸引游客。

（9）登录公布挂牌保护历史名城中"保护建筑"的经验：历史文化名城保护涉及历史街区，历史街区涉及到古代和近代建造的商业店铺、民居、公用建筑等，由于种种原因，保护工作非常困难。我们所到省（市）都遇到名城保护的诸多问题，虽然都采取了一些措施，也取得了一定成效，但总体讲保护管理水平还不够高，效果还不够好。大家在议论名城保护时都提到哈尔滨市的经验，哈市系国家级历史文化名城，保留有一大批形态各异、风格独特的"保护建筑"和"保护街区"等珍贵的历史文化遗产，其中以欧式风格建筑物最有代表性。为了加强对"保护建筑"的管理保护工作，省、市有关部门按其历史、科学、艺术价值和保存现状分为3类（即"一类保护建筑""二类保护建筑""三类保护建筑"），登录公布，并挂牌保护。黑龙江省人大还颁布了《哈尔滨市保护建筑和保护街区条例》，这标志着对哈市"保护建筑"和"保护街区"的保护工作纳入了法制的轨道。《条例》对擅自迁移或拆除"保护建筑"的，规定处以保护价值10倍以上20倍以下的罚款。还对"保护建筑"的保护范围作出了规定。黑龙江省哈尔滨市从加强"保护建筑"和"保护街区"的保护工作入手，加强历史文化名城的保护工作，方法得当，效果明显。

（10）大型景区环卫管理好办法——"跟踪"服务：九寨沟、黄龙、张家界、黄山等大型景区山清水秀，游人如织。依常理而言生活垃圾较多，环境污染必然较重。但上述景区虽然面积很大，游人很多，然而到处干干净净，基本见不到杂物，水体清净，水面也无漂浮物。游人至此充分享受大自然赐予的乐趣，心旷神怡，流连忘返。达到这样的环保效果，主要是采取了"跟踪"清扫的办法发挥了作用。大批环卫工人遍布景区各景点，随时清理游人留下的生活垃圾。看似容易做到但却难能可贵的是当少数不检点的游人将果皮、烟蒂等不是放入垃圾筒内，而是随手弃掷时，环卫工人一次次耐心地捡起，直至启发起乱丢杂物者自觉维护环境卫生为止。这样形成良性循环，越是干净，大家就越是自觉遵守规章，自觉维护环境卫生。这种做法对其它开放单位有借鉴作用。

以上介绍，仅是在有关省（市）考察时看到或听到的一些具体情况，可能有不准确的地方。特别是文中涉及到我个人的看法和认识，更是一孔之见，请批评指正。

（原载《河南文物工作》2002年第1期）

《中原文化大典·文物典·历史文化名城》
概述

　　河南，古称"豫州"，位于黄河中下游，因居九州之中，故称"中州"，是中华民族的摇篮和中华文明的发祥地之一。在我国史前及进入文明社会发展过程中，以河南为代表的中原文化始终起着中心作用和导向作用。古往今来，各个政治军事集团在这块热土上进行了多次角逐，"得中原者得天下"，曾经有二十多个王朝在此建都，河南也因此作为我国政治、经济、军事、文化的中心达两千多年之久。由于地

河南历史文化名城分布图

理、政治、经济、文化的原因，河南有许多城市显赫于历史，知名于当今。现拥有8个国家历史文化名城，3个中国历史文化名镇，1个中国历史文化名村，20个省级历史文化名城（镇）。在中国八大古都中，河南有其四（洛阳、开封、安阳、郑州）。这些名城（镇）各具特色，至今仍闪耀着迷人的光芒。

一

我国是世界上著名的文明古国，有着悠久的历史和光辉灿烂的文化，数千年来绵延不断的实物考据和文字记载的多元一体的历史，是其他文明古国所难以比拟的。由于这样的历史地位，中华大地上遗留下来丰富多彩的历史文化遗产。其中城市文化遗产是其非常重要的组成部分。

世界上历史文化遗产的保护经历了长期的发展和演进，由单纯保护供欣赏的艺术品，到保护历史建筑与环境、进而保护历史地区及整个城市。随之世界上历史文化遗产保护立法工作也从19世纪陆续展开。法国、英国、日本相继将建筑群、历史地段、古村落乃至整个历史城镇划为保护项目。随后意大利、英国、法国等也都逐渐形成了保护历史城镇、历史街区、古村落的法规。1975年欧洲国家发起了"欧洲历史遗产年"活动，1976年通过了决议案，涉及到古城镇"整体保护"的内容。但文化遗产是全人类的财富，保护文化遗产不仅是每个国家的重要职责，也是整个国际社会的共同义务。故联合国教科文组织通过了旨在促进国际社会保护人类文化遗产的重要文件。如《威尼斯宪章》《马丘比丘宪章》等都提出了保护城市环境的原则。特别是1976年通过的《内罗毕建议》即《关于历史地区的保护及其当代作用的建议》，强调"历史地区及其环境应被视为不可替代的世界遗产的组成部分，其所在国政府和公民应把保护该遗产并使之与我们时代的社会生活融为一体作为自己的义务"。1987年通过的《华盛顿宪章》（即《保护历史城镇与城区宪章》），指出"为了更加卓有成效，对历史城镇和其他历史城区的保护应成为经济与社会发展政策的完整组成部分，并应当列入各级城市和地区规划"。这些国际文件，对历史城镇的保护具有重要的推动作用和指导意义。

我国现代意义上的历史文化遗产保护工作始于20世纪30年代。1930年，当时的国民政府制定了《古物保存法》，1931年颁布了《古物保存法细则》，1932年设立"中央古物保管委员会"，开始了国家对历史文化遗产的保护与管理工作。河南省对文物保护工作行动较早，于1913年颁布了《河南保存古物暂行规程》，该规程对古物种类、古物调查、保护责任、盗卖盗掘古物治罪等作出了明确规定。但由于时局动荡等原因，法规没有得到很好的执行。

　　新中国成立之后，自1950年起，国家相继颁布了一系列历史文化遗产保护管理的法规、法令。1961年国务院发布了《文物保护管理暂行条例》。1982年全国人大常委会通过实施《中华人民共和国文物保护法》。1982年国务院公布首批国家历史文化名城，至今已公布国家历史文化名城107个；建设部和国家文物局公布了全国历史文化名镇（村）。包括河南省在内的一些省、区、市公布了一批省级历史文化名城（镇），并相继颁布了历史文化名城（镇）的保护管理地方法规。我国历史文化名城（镇）的保护管理工作，"从规划、立法、管理、学术研究及人才培养方面得到不断发展和完善。其保护内容也由单体文物保护向文物环境及整个历史街区扩展，由城市总体布局等物质空间结构的保护向城市特色与风貌延续等非物质要素的保护拓展"，最终形成了历史文化名城（镇）保护管理较为完备的体系。

　　我国核定公布的国家级和省级历史文化名城，都不同程度地保持着独特的个性和魅力。为了保护、研究和合理利用历史文化名城资源，依据其名城形成的历史、自然、人文地理以及城市的物质要素和功能结构等方面，亦即名城的性质和特点，划分出不同的类型。目前我国采用两种分类方法：第一种分类方法以名城的特点和性质分类：①古都类，以都城时代的历史遗存物和古都风貌为特点的名城；②传统风貌类，保留某一时期或几个历史时期积淀下来的完整的建筑群体的名城，亦即城市的格局、街巷、传统民居和公共建筑物均较完好地保存着某一时代的风貌；③风景名胜类，拥有对城市特色的形成起着重要作用的丰富的自然景观或人文景观为特征的名城；④地方及民族特色类，以民族风情、地方文化、地域特色构成城市风貌主体的名城；⑤近现代史迹类，以反映近现代历史重大事件或重要阶段的历史文化遗产为其显著特色的名城；⑥特殊职能类，城市中的某种职能在历史上占有独特的突出地位，并在某种程度上成为该城市特征的名城；⑦一般史迹类，以分散在全城各处的历史文化遗迹、遗物作为历史传统体现的主要方式的名城。第二种分类方法为：①作为历史上统一国家的国都的城市；②"鼎足三分"、"南北对峙"时期王朝的帝都；③诸侯国家或封王的都城；④边疆省区早期地方政权的都城；⑤革命历史名城（近现代历史名城）；⑥海外交通的历史名城；⑦风景游览名城。以上是通常从历史文化名城性质、特征、分布状况等要素分析划分的类型。若按名城的特色风貌保存情况分析，一般将已公布的历史文化名城分为四类：①古城的格局风貌比较完整，有条件采取全面保护的名城；②古城风貌犹存，或古城格局、空间形态尚存大部分或一部分的名城；③古城的整体格局和风貌已基本不存，但还保存有若干体现传统历史的街区；④有少数名城已经没有一处完整的历史街区，但城内及郊区的文物古迹本身及背景环境保存尚好。严格讲，这四种情况不是名城的类型，但从现存实际出发，针对其历史和现状，从宏观的角度把握各个名城的整体特点，制定切合实际的实施对策，无疑也是有着重要作用的。

二

据《读史方舆纪要》载，"自天下而言，河南为适中之地"，"河南古所称四战之地，当取天下之日，河南在所必争。""河南阃域中夏，道里辐辏。顿子曰'韩（新郑）天下之咽喉；魏（开封）天下之胸腹'，范雎亦云'韩、魏，中国之处而天下之枢也'，秦氏观曰'长安四塞之国，利于守；开封四通五达之郊，利于战；洛阳守不如雍，战不如梁，而不得洛阳，则雍、梁无以为重，故自古号为天下之咽喉'。夫据洛阳之险固，资大梁（开封）之沃饶，表里河山，提封万井。河北三郡（彰德、卫辉、怀庆），足以指挥燕、赵。南阳、汝宁，足以控扼秦楚；归德（商丘），足以鞭弭齐、鲁，遮蔽东南。中天下而立，以经营四方，此其选矣。"有学者亦称"中原居九州之腹心，中天而立。地势西高东低，关山险厄，势利形便。东据芒砀之险峻，西依连绵之秦岭，南亘蜿蜒之大别，北依太行之巍峨，巍巍嵩岳，屹踞中立，奔腾澎湃的黄河浩浩荡荡，横贯其间。名山大川，交相辉映；平原沃野，人民殷富"。特殊的地理位置，悠久的历史，形成河南历史文化名城（镇）不仅数量多，而且特点突出，主要表现在：

（1）历史悠久。这是河南历史文化名城的突出特点。国家历史文化名城洛阳，自夏、商在其附近建都，迄今已有4000多年的城市发展史，此后东周、东汉、曹魏、西晋、北魏、隋、唐及五代时期的后梁、后唐先后建都于此，其建都时间长达1000多年。省级历史文化名城新郑，早在8000年前裴李岗文化时期，我们的祖先就在这里定居生息。远古时代黄帝轩辕氏之故里故都均于新郑。春秋战国时的郑、韩两国先后在此建都500多年，遗留下丰富的历史文化遗产。

（2）建城历史早。古代河南城邑林立，目前保存的新石器时代和历代王朝的古城址就有320多处，仅史前的古城址就多达10处（西山古城址、王城岗古城址、平粮台古城址、孟庄古城址、郝家台古城址、古城寨古城址、新砦古城址、徐堡古城址、蒲城店古城址、西金城古城址）。国家历史文化名城郑州，在其西北郊发掘一座西山仰韶文化时期的古城址，距今约5300年，是目前我国发现唯一的仰韶文化城址，把中国已发现古城址的年代提早了近一千年。宏观上可以说郑州最早的建城史距今约5300年，充分显示出郑州建城历史的久远。河南其他历史文化名城也都有千年以上的建城历史。

（3）现存文物古迹丰富。河南现存不可移动的历史文化遗产达3万处，馆藏各类可移动文物140多万件，在全国均名列前茅。30个历史文化名城（镇、村）聚集着大量的不可移动和可移动的历史文化遗产，成为中原传统文化的颗颗明珠，放射出璀璨瑰丽的光彩。国家历史文化名城洛阳，仅国有文物收藏单位收藏的各类可移动文物就多达40多万件，比我国普通省份收藏文物总数还多。城内和郊区现存有世界文化遗产龙门石窟，全国重点文物保护单位和省级文物保护单位各有10多处，市级文物保护单位及不可移动文物点100多处，足见洛阳地上地下现存文物古迹是极为丰富的，其可谓"文物之乡"。省级历史文化名城登封，现存全国重点文物保护单位16处18项及省级文物保护单位16处、市级文物保护单位165处，各类不可移动文物点达1000多处，是我国拥有全国重点文物保护单位最多的县（市），其历史、科学、艺术价值之高，在全国县级单位中也是首屈一指的。

洛阳龙门石窟

（4）都城多。自夏商以降有二十多个王朝在河南境内建都，建都时间长达两千多年，使其长期成为中国政治、经济、文化中心。自中国历史上第一个奴隶制国家——夏王朝开始，商、东周、东汉、曹魏、西晋、北魏、隋、唐（东都洛阳）、五代（后梁、后唐、后晋、后汉、后周）、北宋、金等十余个王朝，先后在现公布的历史文化名城洛阳、开封、安阳等地建都。

安阳殷墟宫殿宗庙区鸟瞰

（5）历史名人多。河南物华天宝，人杰地灵，人文荟萃。在中国历史的长河中，著名人物灿若群星。如中华远古始祖伏羲、女娲、黄帝、颛顼、帝喾、唐尧、大禹等；思想家老子、孔子、庄子、墨子、韩非子、范缜、程颢、程颐等；政治家商鞅、李斯、子产、张良、陈平、晁错、姚崇、赵普、王安石等；文学家贾谊、阮籍、杜甫、韩愈、白居易、李贺、李商隐、苏轼、李梦阳等；史学家班彪、班固、荀悦、范晔、薛居正、司马光等；书法绘画艺术家蔡邕、钟繇、吴道子等；科学家石申、张苍、张衡、张仲景、张子信、僧一行、李诫、张从正、朱载堉、吴其濬等；还有军事家、政治家诸葛亮和民族英雄岳飞……载入史籍的历史人物多达千余人。这些历史人物有的出生于河南，有的长期供职生活在河南，蜚声古今中外，后人广为传颂。他们对丰富人类科学文化知识、推动社会历史进步和中华民族文化的发展做出了重要贡献，将彪炳史册，名垂千古。

（6）地理位置重要。河南座座历史文化名城古往今来在全省乃至全国地理位置非常显赫。“九朝古都”洛阳，自古素有“天下之中”，“九州腹地”，“河山控戴，形胜甲于天下”之称，成为历代帝王建都的理想之地；“七朝古都”开封，北依黄河，南通淮蔡，东接青徐，西峙嵩岳，平旷四达，自古就有“八省通衢”、“万国咸通”之说；具有3000多年建城史的古都安阳，是河南省的北部门户，华北平原的南部重镇；国家历史文化名城南阳，位于河南省西南部豫、鄂、陕三省交界处。南阳盆地的中心地带，东、西、北三面环山、南濒汉水，自古成为北控汝洛、南蔽荆襄、西通关中、东达江淮的交通要冲和战略重地；古城商丘，南控江淮，北临河济，彭城居左，开封居右，《读史方舆纪要》称“归德，足以鞭弭齐、鲁，遮蔽东南”；古都许昌，史称“自天下而言，河南为适中之地；自河南而言，许州又适中之地也。北限大河，曾无溃溢之患；西控虎牢，不乏山豀之阻；南通蔡、邓，实包淮、汉之防，许亦形胜之区矣。岂惟土田沃衍，人民殷阜，足称地利乎！”

（7）名城传统规划特色突出。河南历史文化名城多为历史上帝王建都的地方，或府、州、县治所在地。在传统城市规划方面，既有严格的礼制规范要求，又有因地制宜与众不同的个性特点，形成中原古代城市群的城规形制和特点。北宋东京（开封）城的规划布局不但特点突出，而且深刻影响以后王朝都城的规划，开创了承上启下的模式。除保留了历史上都城的“前朝后寝”、“左祖右社”的传统格局外，打破了隋唐时期都市中封闭状的“里”、“坊”制式，将宫阙建在城之中央，临街临巷营建开放式商店和服务性建筑等，此为东京城规划设计方面最为突出的特点。隋唐东都（洛阳）城由外郭城、宫城、皇城、东城、含嘉仓城等组成，众多的里坊区及皇家和私家园林等，构成了隋唐东都城重要的都城风貌，在中国古都规划营造史上占有非常重要的地位。河南其他历史文化名城城市规划也各具特色：如商丘归德府城鉴于水患之因，城内地势以大隅首最高，四面逐降为龟背形。整体外圆内方，形如古铜钱，象征天圆地方，阴阳合气，规划严整，布局独特；国家历史文化名城安阳，平面呈长方形，东西长，南北短，中轴线稍偏，街道呈棋盘式布局，形成九府、十八巷、七十二胡同；国家历史文化名城南阳，形若梅萼，有梅花城之称。

洛阳老城区　　　　　　　　　　　　　　　　开封城大梁门

（8）革命纪念地（旧址）多。在中国近现代历史上，有一些城市曾经在革命的历程中或重要转折关头起过重大作用，特别是辛亥革命以来新民主主义和社会主义革命时期，许多重大历史事件和重要历史人物的革命活动都发生在一些重要城市中，使其成为"具有重大历史价值和革命意义"的历史文化名城。河南省历史文化名城新县，为鄂豫皖革命根据地的首府和红四方面军的诞生地，至今保存有中共中央鄂豫皖分局旧址等众多革命旧址和纪念地。河南省历史文化名镇竹沟，抗战时期素有"小延安"之称，是抗日战争初期中共中央中原局、河南省委所在地，具有光荣的革命传统。在以古代历史文化遗产为主的名城中也保存有重要的革命旧址和纪念地。如洛阳的八路军驻洛阳办事处旧址，开封的中共豫陕区委旧址，郑州的二七大罢工纪念塔和纪念堂，商丘现存的中共中央中原局扩大会议旧址等。这些革命旧址（纪念地）在当年革命斗争中发挥着重要作用，光辉业绩将永载史册，彪炳千秋。现在成为爱国主义教育基地，为发扬革命传统，构建社会主义和谐社会继续发挥重要的教育作用，并成为红色旅游的重要资源。

（9）名城功能延续历史文化传承。河南自夏商以降二十几个王朝在洛阳、开封、安阳等地建都，再加上封国、藩王的都城府邑，使历史上的河南涌现出一大批成为全国或地区的政治、经济、文化中心的著名城市。其中多数古城的历史在发展，城市功能在延续，传统文化在传承，形成颇有影响的国家和省级历史文化名城。这种延续、传承、发展的历史，既是河南名城的特点之一，也是河南名城今后继续发展的文化推动力，是软实力的重要表现，更是打造名城品牌的基础和优势。

安阳韩王庙与昼锦堂　　　　　　　　商丘归德府南城门楼

（10）名城文化遗产不但具有重要的科学、历史、艺术价值，而且具有很高的观赏价值，成为丰富居民文化生活和发展旅游业的重要资源。河南众多的不可移动文化遗产，具有重要的史学研究、社会教育、文化交流、科学技术和艺术创作等方面的借鉴意义。大部分还具有丰富人民群众精神文化生活的作用，是观赏、休憩、陶冶情操的好场所，还是发展旅游业的物质基础和重要资源。河南全省正式对外开放、接待旅游参观的文物保护单位（文物景点）达百余处，其中大部分集中在历史文化名城（镇）中，特别是国家历史文化名城开封、洛阳、安阳、郑州、南阳、商丘、浚县和省级历史文化名城登封、新郑、巩义、济源、许昌、淮阳、汤阴、社旗、禹州等地的世界文化遗产和各级文物保护单位均产生了较好的社会效益和经济效益。

河南历史文化名城（镇）在其历史城镇的形成、发展进程中，具有共性和个性的推进方法和魅力。将每个名城的共同特性和独特的个性归纳起来，针对相同和不同情况采取有针对性保护方法，对明确城市性质、制定经济社会发展战略具有重要意义，所以划分历史文化名城的不同类型是非常必要的。河南30个历史文化名城（镇、村）大致可分为六类：①都城类：历史上许多王朝先后在河南的洛阳、开封、

南阳武侯祠　　　　　　　　　　　　郑州商城城墙

登封少林寺　　　　　　　　　　　　　巩义宋陵

安阳、郑州、许昌、淇县等地建都。有的名城长期作为全国统一王朝的陪都。故上述洛阳等6个名城应属于都城类。②传统都市风貌类：这种类型的名城完整地保留了某一时期或几个历史时期积淀下来的建筑群体。"传统城市建筑环境，不仅在物质形态上使人感受到强烈的历史气氛，它本身也具有建筑学意义上的价值。同时，通过这些物质形态，可以折射出某一时代的政治、文化、经济、军事等诸方面深层历史结构。对于城市意象的形成，大大超过单个的文物建筑。这类城市，不仅文物古迹保存较好……（城市的传统）格局、街道、民居和公共建筑物均完整地保存着某一时代的风貌。"[1]国家历史文化名城南阳、商丘和省（部）级历史文化名城（镇、村）济源、淮阳、社旗、朱仙镇、荆紫关、临沣寨基本上可以归入此类。③风景名胜类：此类城市拥有优美的自然景色和丰富的人文景观。这些自然的和人文的景区、景点对城市特色的形成起着决定性作用，不仅给人们以旅游的场所，还能给人以精神的陶冶，在我国社会主义精神文明和物质文明建设中发挥着重要作用。国家历史文化名城浚县，素有"两座青山一溪水，十里城池半入山"的独特优美景观。"文物之乡"省级历史文化名城登封，有"五世同堂"的地质奇观，有著名历史建筑嵩岳寺塔、少林寺、中岳庙、嵩阳书院、观星台、汉三阙等人文景观，故为典型的风景名胜类名城。属于风景名胜类型的还有以人文景观为主，在古城内及其周围拥有著名的文物古迹和历史名胜的新郑、汤阴、巩义等名城。④近现代史迹类：这类城市是中国近代许多事件的发生地，承载着重要革命历史阶段的纪念地或构筑物、建筑物等，具有重要的近现代历史价值和社会教育意义，同时也是发展红色旅游的资源。如省级历史文化名城新县，是中共鄂豫皖首府所在地和红四方面军诞生地；省级历史文化名镇竹沟是抗日战争初期中共中央中原局、河南省委所在地，缔

---

[1]　王景慧、阮仪三、王林：《历史文化名城保护理论与规划》，同济大学出版社，1999年版。

造了新四军二、四、五师。⑤特殊职能类：在我国广袤的土地上，由于古代手工业的发展，工匠聚集、人丁繁盛而形成一些手工业城（镇），城镇中的某种职能在历史上占有非常突出的地位，使其成为这些城镇的重要特征。中国历史文化名镇神垕、省级历史文化名城禹州，被誉为"钧瓷之都"。钧瓷在宋代为中国五大名瓷之一，素有"家藏黄金万贯，不如钧瓷一片"及"黄金有价，钧无价"的说法，可见其价值之高。禹州还是我国古代"四大中药材集散地"之一，有"药都"之称。故禹州、神垕应为特殊职能类名城、镇。⑥一般史迹类：许多历史名城，历史上多系府、州、县治所在地，曾是一个地区政治、经济、文化的中心，历史悠久，文化延续性强，其性质因素构成数量较多，但中心不够突出明显，多以文物古迹作为历史传统体现的主要方式。河南境内的国家和省级历史文化名城（镇）濮阳、邓州、卫辉、汝南、沁阳、睢县、陈桥属于此种类型。

新郑 2006 年黄帝故里拜祖大典
（赵舒琪 提供）

淮阳太昊陵

社旗清代瓷器街及周边建筑群
（屠清军 提供）

淅川紫荆关街道

三

河南30个国家和省级历史文化名城（镇、村）所在地的人民政府和管理职能部门，遵照《中华人民共和国文物保护法》《中华人民共和国城市规划法》及《河南省历史文化名城保护条例》等法律法规精神，采取措施，加强保护管理工作，取得了明显的成效，其做法是：

（1）为名城立地方法规。我国公布历史文化名城已经有二十多年的历史，此时期正是我国改革开放、经济快速发展的时期。由于先后公布了一百多个国家历史文化名城和一批省级历史文化名城（镇、村），使得这一部分重要的名城、名镇及历史街区得到了保护。为加强对名城的保护，2005年河南省第十届人民代表大会常务委员会颁布了《河南省历史文化名城保护条例》。根据名城保护的实际情况，提出了名城的保护、规划、建设、管理的具体措施和规定，为名城（镇）的有效保护和合理利用提供了法规保障。

（2）名城文物古迹的保护和利用。河南省现存的各级文物保护单位和非文物保护单位的各类文物古迹点，除散存在广袤的田野之外，较集中地分布在城、镇之中，特别是集中在历史文化名城的城内及郊区。各地在加强保护、保障文物本体和环境安全的同时，将大多数文物保护单位辟为博物馆或文物景点，常年对外开放，取得了很好的社会效益和经济效益。名城内非文物保护单位的众多不可移动的文物古迹点，也得到了较好的保护和利用，发挥着社会教育、史学研究、参观游览等作用，并带动整个历史文化名城的保护和利用。

（3）编制名城保护发展规划。名城的有效保护和合理利用，即科学地处理好名城保护与经济发展、城市建设、改善居民生活居住条件等关系，是名城保护管理的重要任务，其关键是编制好名城保护发展规划。河南省现有的30个国家和省级历史文化名城（镇），多数已经编制了保护发展规划，对名城的保护和建设发挥着重要作用。如国家历史文化名城商丘，早在1987年就委托同济大学，由著名专家阮仪三教授牵头编制了名城保护规划。由于规划较好地解决了保护与建设的关系问题，所以执行效果好，特别是在名城保护方面发挥了重要作用。根据规划，党、政机关率先搬出老城，起到非常好的模范带头作用。接着关停、搬迁了有污染、影响名城风貌的企业。随之一些事业单位、居民等也相继迁离老城，大大缓解了名城内人口密度过大的压力；维修了城墙和其他文物建筑，整修了传统商业街区（不改变传统商业店铺的原貌）；疏浚了护城河，净化保护城周大片水面；整治开放了应天书院、燧人氏陵、张巡祠、文雅台等景区景点；对老城周围长达9公里的土城郭也进行了有效的保护。经过十余年的共同努力，做了大量卓有成效的保护管理工作，使这座名城得到较为完好的保护，现在已全城对外开放，中外游客慕名光临商丘参观游览，为提高商丘的知名度和进一步扩大改革开放、发展经济做出了贡献，取得了有效保护和合理适度利用的社会效益和经济效益。

（4）保护老城区，辟建新城区。由于历史文化名城的城市功能在延续，城市人口在增加，名城保护和城市建设的矛盾日益突出。随着各级政府和广大市民的名城保护意识的提高，在探索名城保护和建设的道路上，各地找到了一条非常行之有效的办法，那就是保护老城，另建新城。郑州、洛阳、开封、安阳、商丘、济源、许昌等国家和省级历史文化名城，在城市建设方面，均采取在古城区之外建设新城区，有效缓解了古城区的人口、交通等方面的压力，较好地解决了名城要保护、经济社会要发展、市民居住条件要改善的矛盾。特别是商丘老城区内的行政机关已全部迁至新区，并疏散老城区1万多市民迁往新区，效果非常好，使得保护和发展相得益彰。

（5）加强管理，分工合作。加强管理，是依法做好历史文化名城保护和建设的基础保障工作。名城所在地党委、人大、政府、政协及有关职能部门，在立法、规划、经费投入、宣传、市民参与、视察、检查、建立机构等有关名城保护管理方面做了大量工作，取得一定成绩。南阳、商丘、禹州、汝南、邓州等名城所在地除由文物、城建行政主管部门具体负责名城日常保护管理工作外，当地政府还成立了由政府主要负责人或主管负责人牵头，由有关职能部门负责人参加组成的名城保护管理委员会或名城保护管理指挥部、名城保护管理办公室等，处理、协调保护管理工作中的重大问题。由于名城保护管理涉及面广，容易形成多头管理、职责不清、都管都不管的现象。《河南省历史文化名城保护条例》明确提出了"各级人民政府负责保护本行政区域内的历史文化名城，并把保护工作纳入国民经济和社会发展计划"，"历史文化名城所在地的城市规划行政主管部门和文物行政主管部门依据各自职责，负责历史文化名城的规划、保护、管理和监督工作。发展和改革、财政、旅游、交通、环保、公安、消防等有关部门应当依据各自的职责，共同做好历史文化名城的保护工作"。《条例》还清晰地界定了文物行政主管部门和城市规划行政主管部门各自的具体职责范围，使之责任明确，保护管理任务清楚，便于操作。经实践，各职能部门分工合作，共同做好名城保护管理工作，大大减少了部门间推诿扯皮现象，消除了权力交叉、重复执法的做法，规范了名城保护的管理规程。取得了执法主体和执法对象均较满意的效果。

（6）治理名城内严重影响古城保护的污染单位和建筑物。近现代以来，名城保护区内建设了一些影响古城风貌和空间视觉效果的工业企业及其他建筑物。洛阳、安阳、南阳、许昌、开封、郑州等在古城核心区搬迁、拆除大量非文物的建筑物和工业企业、学校、居住民宅，整修了残损的传统民居建筑，治理了周围环境，恢复了古朴风貌，对外开放，吸引众多游人参观游览。由于这些历史文化名城所在地政府和有关职能部门采取强有力的治理措施，取得了非常明显的效果，使古城的传统格局、历史风貌、文物古迹、背景环境得到了保护。

（7）保护护城河等水体水面。护城河、护城湖是古代城池防御体系的重要组成部分，是古城特色的重要体现。自原始社会的古城址迄新中国成立前的城寨工程，皆重视护城河的建设和维护，并根据防御工程的需要，还对护城河的形制、规模等规定了具体做法。河南大部分历史文化名城所在地的管理部门重视护城河、护城湖及古城内水体水面的保护工作。开封近年来疏浚现存的城墙西面和南面的护城河，整修了城内的杨家湖、潘家湖、包公湖的驳岸，采取了严格的治污措施，使城内大片水面水质清湛，景色优美。南阳古城明清时期的护城河除北面堵塞外，东、南、西三面基本畅通。商丘古城，不仅东、西、北护城河畅通，而且城南的城湖东西长1300多米，南北宽500多米，水质清澈，风景宜人。淮阳、睢县等历史文化名城投入大量资金，治理护城河和城湖，取得很好的效果。不但保护了名城的传统风貌，丰富了古城的文化内涵，而且改善了人居环境，增加了难得的水域景观，促进了旅游产业的发展。

（8）采用"面"、"线"、"点"相结合的保护方法。历史文化名城的保护，除保护文物古迹、历史地段外，还包括城市整体空间环境保护这一重要内容，因为它反映了历史文化名城的整体风貌与特色，是历史文化名城有别于其他普通城市的关键所在。名城的保护不同于文物点和历史地段（历史街区）的保护。它必须从全城整体出发采取保护措施。若非此，即使划定了文物保护单位（点）和历史地段保护范围，并得到了较好的保护，但名城内其他空间和周围环境变化得不到控制，那么名城有别于其他普通城市的整体风貌特色也就保持不了。因此，一定要采用整体性和综合性的措施对名城整体空间环境进行保护和控制。通过环境控制保护，传统街区、道路格局、护城河水系的保护，文物保护单位及其他文物古迹点的保护，形成"面"、"线"、"点"相结合的保护方法。河南多数历史文化名城经过十几年或二十几年运用这种理念和方法保护名城，取得了明显的保护效果。

（9）以名城为依托，发展名城产业经济，促进城市经济社会又好又快发展。名城既要保护，也要发展。保护是我们的义务，发展是我们的责任。利用名城独特优势，建设好城市，发展好经济，反过来可以进一步促进保护。开封充分利用历史文化名城优势，紧紧围绕宋文化大做文章。治理宋代开宝寺塔周围环境，完善对外开放的服务设施；搬迁占用宋代繁塔的单位，拆除周围杂乱的违章建筑；开展大规模的考古勘探工作，探明了深藏地下的北宋东京城的外城、皇城和大内的基本情况，为保护、研究和开发利用宋文化遗产奠定了坚实基础；开发汴绣、宋代宫廷御菜及名城产业经济，带动发展第三产业；依据辉煌的宋代文化遗产，复建"清明上河园"、"包公祠"、"开封府"、"天波杨府"、"金明池"等一批旅游项目，使开封成为河南旅游的热点，吸引大批中外游客慕名考察、参观游览，成为发展开封经济的支柱产业。洛阳、安阳、郑州、登封及河南其他名城、名镇也都充分利用各自名城优势，发展当地经济，并取得了明显的成效。

（10）改善古城基础设施，提高居住生活质量，调动市民保护名城的积极性，共同做好保护工作。古城区的传统民居是历史文化名城要素的重要组成部分，但是由于这些民居建筑少则数十年多则上百年的历史，多数室内无卫生间，无洗浴设施等，室外的城市基础设施陈旧老化，对居民的居住生活带来诸多不便，造成居民不愿继续住下去，有的迁走，有的不经批准拆房或改建，甚至埋怨名城保护影响了他们的生活，显然不利于名城的保护工作。开封、洛阳、安阳、商丘、郑州、南阳等名城所在地政府和有关职能部门，针对上述情况采取应对措施。在城市基础设施建设方面，适当向老城区倾斜，将地上照明、通讯等线路埋设地下，改造和更新城市基础设施，允许在不改变原貌和结构的情况下，在居室内增设卫生间和洗浴设施等，提高古城区居民居住环境质量，使之舒适方便，享受现代化生活。通过这些保护古城、以人为本措施的实施，名城民居的居住功能得以延续，调动了市民自觉保护名城的积极性，保护意识有较大提高。据安阳社会调查显示"大部分人愿意住在老城区，住四合院形式的房屋，认为老城区舒适方便，有人情味"。

河南历史文化名城保护管理工作，虽然取得较大成绩，但也存在一些不容忽视的问题：一是认识上的偏颇。部分名城所在地有关部门重视名城申报工作，认为取得"名城"称号是一种荣誉，是城市的名片，体现了城市的文化品位，有利于城市的对外交往和改革开放，所以申报的积极性高。但取得了名城称号后，不乐意接受保护名城的法律约束，认为束缚了自己发展的手脚，未能从根本上认识保护历史文化名城的重大意义，未能从法律层面上认识保护管理名城是当地政府、每个市民应尽的责任和义务。这是造成不利于名城保护的最大思想障碍。二是不重视名城保护规划编制工作。少数名城所在地政府和职能部门至今还未编制名城保护规划。有的名城虽有规划，但执行得不好，随意性较大。三是部分名城拓宽道路、旧城改造与名城保护矛盾突出的问题尚未得到解决，传统的古城格局遭到不同程度的破坏，不少有价值的古民居和商业店铺被拆除，古城风貌受到严重影响。这种"建设性破坏"给历史文化名城保护工作造成无法弥补的损失。四是管理工作力度不够和保护经费短缺。

河南历史文化名城保护和建设管理工作存在的问题，也是全国历史文化名城保护的共性问题。这些问题的解决，第一位的工作是为名城立法。因为历史文化名城的保护对象是一座城市，其面积少者几平方公里，多者几十平方公里，甚至上百平方公里，涉及到几十万、乃至数百万城市市民的生产、生活的方方面面，更涉及到科学合理确定城市的性质、发展方向、城市人口、产业结构、用地与空间结构、道路交通等一系列重大问题。所以无论从名城保护管理的重要性还是从保护管理的难度上讲，都急需要有一部全国性的名城保护法或名城保护条例，从法律层面上加强保护管理工作。虽然部分省（直辖市、自治区）制定了保护管理名城的地方法规，但需要尽快制定更权威的全国性的上位名城保护法规，依法保护管理历史文化名城。其二要编制好历史文化名城保护规划。保护规划是名城保护管理的"先行官"，其规划一经批准，就具有法律效力，名城的保护和建设就要依照规划进行，所以编制规划是非常重要的。河南多数名城能做到依法编制规划，并根据规划执行情况和保护管理工作中遇到的新问题依法修编规划。但也有少数名城（镇）至今尚无编制规划，有的应该修编规划的未能及时修编。鉴于规划对名城保护和建设的至关重要作用，经国务院及省部级公布的历史文化名城、名镇、名村都要及时编制规划，及时调整修编规划，确保名城的保护和建设依法有序进行。其三，要加强管理，严格报批程序。历史文化名城不断遭到破坏，保护规划执行不到位等，都与管理工作有关，所以要加大管理工作力度，充分发挥名城所在地政府和职能部门依法保护管理名城（镇）的作用，才能避免名城遭到大规模的破坏。所以一定要认真做好保护管理工作，坚决贯彻执行《中华人民共和国文物保护法》《河南历史文化名城保护条例》中的各项规定，严把审批程序，保护好历史文化名城。

历史文化名城是中华民族历史悠久、文化灿烂最集中的体现，是珍贵的精神财富和物质财富，是不能再生无可替代的文化遗产，是国家和民族的瑰宝。保护好历史文化名城是历史赋予我们这一代人的神圣职责，让我们携起手来，保护好名城，建设好名城，传承优秀的民族文化，建设好我们共有的美好家园。

（原载《中原文化大典·文物典·历史文化名城》，
中原出版传媒集团中州古籍出版社，2008年4月版）

河南古建筑精华

河南地处中原，是中华民族文化重要发祥地之一，历史文物非常丰富，古代建筑则是其中的重要组成部分。

通过考古发掘，发现了丰富的建筑遗迹。如南召县云阳镇小空山距今五、六十万年前猿人居住地洞穴；安阳县西南小南海北楼顶山上距今约一、二万年前人类居住的洞穴遗址；郑州大河村仰韶文化遗址中，发掘出土成排的房屋基址，部分残墙高达1米许，国内罕见；淮阳县平粮台，发现一座距今约4300年的原始社会晚期的龙山文化城遗址；郑州商代故城距今约3500年，在城内发现三处大型高台建筑基址，可以复原为带回廊的重檐宫殿建筑，城外发现有商代制铜、制骨、制陶等作坊遗址；安阳殷墟的小屯宫殿区，发现建筑基址53座；信阳县出山店西周遗址，发掘出土简易的水上建筑遗迹；洛阳市钻探出西汉时期地下粮食仓窖50余座，并已发掘两座，此为研究西汉储粮建筑的重要实物资料。

河南现存地面上的古建筑，从东汉到清代，连绵不断。且石阙、寺、庙、石窟、砖（石）塔、城垣、书院、牌坊、华表、石柱、天文台、园林、桥梁、会馆、官衙、民居、陵园、祠堂等不同功能、不同形制、不同材质的建筑品类齐全。

全国现存东汉石阙二十余处，河南登封三阙（太室阙、少室阙、启母阙）为全国少有的庙阙，正阳石阙（仅存单阙）也具有重要的科学、艺术和历史价值。

南北朝时期的木构建筑早已无存。但同时期的洛阳龙门、巩县等十余处石窟，不但本身反映出当时部分建筑制度外，所雕刻的砖、石、木构建筑图像也是研究北朝建筑的重要资料。登封县嵩岳寺塔（全国重点文物保护单位），平面十二角形，共十五层高37米许，为多层密檐式塔，建于北魏正光年间，为我国现存最早的砖塔，历经1400余年仍基本保存完好，巍然屹立于中岳嵩山。安阳县灵泉寺北齐双石塔，造型优美，雕刻颇精，保存完好，为我国现存最早的石塔。

全省现存唐代砖石塔30余座，皆具有重要的文物价值，洵为唐代砖石建筑的瑰宝。如登封县会善寺净藏禅师塔，建于唐代天宝五年，八角形，高约10米，塔身砖雕和塔刹石雕精美，塔檐下施有斗拱，为我国现存最早的八角形砖塔；登封县少林寺萧光师塔，为六角形石塔，实属唐代稀有塔型；安阳县修定寺塔，平面方形，残高9.5米，塔身外壁用模印有72种图案的特制浮雕砖镶砌而成，国内仅有，为唐代

登封嵩岳寺塔

临汝风穴寺七祖塔

汲县陀罗尼经幢

砖雕艺术的珍品，已公布为第二批全国重点文物保护单位。

五代几个小朝廷皆在河南建都。但由于历史短暂，战争频繁，所以留下来的文物很少。除刻有建筑图像的温县和汲县两座后晋时期的"陀罗尼经幢"外，还有两座砖塔，一座是武陟县妙乐寺塔，另一座是登封县少林寺行钧禅师塔。这两座五代塔保持了唐塔的建筑风格，并兼有一些宋塔的建筑特征，洵为中原地区唐宋塔嬗递的佳例。

河南现存宋代木构建筑两座，一座是建于宋初开宝年间的济源县济渎庙寝宫，单檐歇山式，檐下使用五铺作双抄偷心造斗拱，为全省现存最早的木构建筑。另一座是登封县少林寺初祖庵大殿，建于北宋宣和七年，为单檐歇山式方殿，是研究宋代建筑专著《营造法式》最重要的实物例证。殿内石金柱和殿墙下石护脚的精美雕刻，系北宋石雕艺术的珍品。全省现存北宋时期的砖塔三十余座，其中开封祐国寺塔（俗称铁塔）高55.08米，平面为八角形，系十三级楼阁式塔，塔身外壁用雕有五十余种图像的褐色琉璃砖嵌砌而成，据不完全统计，该塔建成后近千年来，虽经历了90多次自然和人为的破坏，但仍保存较好，屹立于中州大地，足见其建筑技艺的高超。宋塔在我国建筑史上占有重要地位，就全国而言，八角形为宋代砖塔的基本塔型，而河南宋塔多为六角形，且出现塔心室平面形状与塔体平面外形不一致的特例。

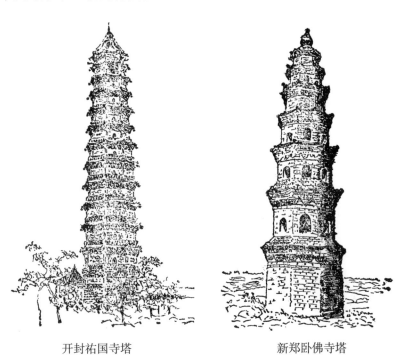

开封祐国寺塔　　　　　　　　　　新郑卧佛寺塔

　　全省现存金代木构建筑五座，其中金初建筑济源县奉仙观三清殿，斗拱硕大，单檐歇山，殿内仅用两根后金柱，为国内古建筑中减柱最多的实例之一。现存金代砖石塔30座，石塔造型优美，雕刻精致；砖塔砌工考究，灰缝极细，水磨砖面，塔体整齐。特别是洛阳白马寺齐云塔、三门峡市宝轮寺舍利塔、沁阳县天宁寺三圣舍利塔，这三座姊妹塔均建于金大定年间，皆为方形，外形仿唐塔，内部结构仿宋塔，为国内少见的金代塔型。

　　河南现存文物价值较高的元代木构建筑有温县慈胜寺大雄殿和天王殿（内有元代壁画）等。现存的元代砖石建筑，要属登封县观星台的文物价值最高，此台系第一批全国重点文物保护单位，创建于元代初年，台呈覆斗状，高9.46米（连台顶明建小室共高12.62米），台两边有砖砌梯道，可以登台观测星象和极目眺望，台北石圭（亦叫量天尺）长31.196米，可测日影。此为我国现存最早的天文台，亦是世界上现存最早的科学建筑之一、1975年修葺后，恢复了它雄伟壮观的历史面貌。全省现存元代砖石塔90余座，文物价值重要的有辉县天王寺善济塔等。

登封观星台

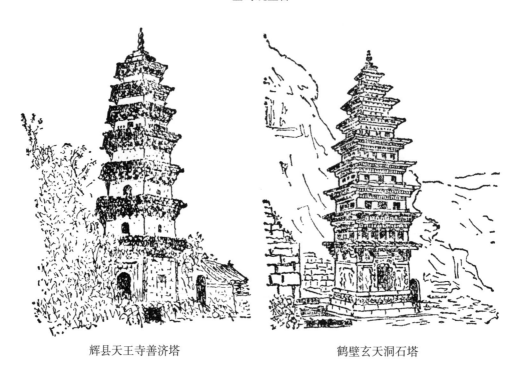

辉县天王寺善济塔　　　　　　　　　鹤壁玄天洞石塔

　　河南全省具有一定科学、历史、艺术价值的明清建筑约800座（处），除登封县中岳庙、武陟县嘉应观等三处官式建筑群外，其它皆为河南地方手法建筑，其中重要的明代地方手法木构建筑有襄县乾明寺大殿、郑州城隍庙大殿、洛阳周公庙大殿等。全省明代砖石塔二百多座，约占河南现存砖石古塔的一半左右。仅登封县少林寺塔林即有不同类型的明代砖石塔148座，其中万公和尚塔、书公禅师塔、坦然和尚塔等造型秀丽，雕刻精美，具有较高的科学和艺术价值。

全省重要的清代木构建筑有登封少林寺、洛阳白马寺（位于东汉创建的白马寺旧址上）、社旗县山陕会馆、周口市关帝庙、辉县百泉等；温县、济源、开封、商水、汲县等地的清代民居建筑和新乡、禹县等地乐舞楼等也均有一定文物价值。全省清代砖石塔、牌坊、石桥等均得到了较好的保护。

河南珍贵的建筑文物得以妥善保护，为向广大人民群众进行爱国主义和历史唯物主义教育提供了实物资料；为发展旅游事业创造了良好条件；为发展和繁荣社会主义新建

林县惠明寺塔

社旗山陕会馆

筑、新文化提供了有益的借鉴。

注：城乡建设环境保护部主办的机关刊物《建筑》杂志1984年第11期，为"河南建筑业专辑"，约笔者撰写一篇两千字《河南古建筑精华》短文。编辑部请宋霞先生将所附照片线绘成素描插图，以烘托专辑版面气氛。故纳入《续集》，反映38年前河南古建筑概况实录。

（原载《建筑》1984年第11期）

辉煌的宋代建筑文化

（2019年4月27日在开封博物馆讲座提纲）

一、宋代建筑

（一）宋代建筑概述

宋代结束了唐朝灭亡后五代十国的分裂局面，社会、经济、文化得到了恢复和发展。尽管在对外，对待不同民族的侵扰，有着委曲求全的一面，但它当时采取一系列措施，致力于发展国家的经济、文化，提出"法制立，万事有经，而治道可必"、"立法不贵在重，而贵力行"等，对革除五代积弊、促进国家统一、巩固政权、保持社会稳定、发展经济等，起到了很重要的作用。宋代前期人口约一亿人，到宋代晚期达到一亿二千万人，在历史上是空前的。所以宋代在经济、科技、文化方面，在中国社会发展过程中，是一个很高的阶段。所以，我国著名学者张岱年先生曾说"宋代在武力上不如汉唐，但在文化学术上却超过前代。可以这样说，政治上是汉唐盛世，而在学术文化上是宋代超过了汉唐。"历史学家陈寅恪先生指出"华夏文化历数千载之演进，造极于赵宋之时。"美国学者费正清教授称"宋代是伟大创造的时代，是中国人在工技发明、物质生产、政治哲学等方面领先于全世界。"也有中国建筑界学者提出"古代华夏建筑之演进，造极于赵宋之时。"宋代打破了汉唐以来的里坊制度，取消了封闭的坊墙和集中的市场，形成以行业成街的城市布局。总结宋及其以前营造业发展经验，确立了营造设计的模数制。并编著《营造法式》，推动了营造业的发展。宋代建筑较隋唐建筑有明显差异，形成"柔和绚丽而富于变化"的建筑风格，建成了大量形式各异的殿台楼阁，出现了中国封建社会营造发展的第三个高潮。

（二）宋代东京城

宋代都城东京城人口上百万，富丽甲天下，不仅是全国政治、经济、军事、文化的中心，也是当时世界上人口最多，经济文化发达的大都市。宫城内五组宫殿建筑组群中最为辉煌的是大庆殿群组。东京城平面布局上设有外城、内城和皇城（又称宫城、大内）（图一～图三）。由于黄河泛滥等原因，宋代建筑除铁塔和繁塔外，均被淤埋于地下5～8米。1981年，河南省文物考古研究所和开封博物馆联合组成开封宋城考古队先后勘探和试掘了城垣与城内一些重要建筑遗迹（图四、图五），外

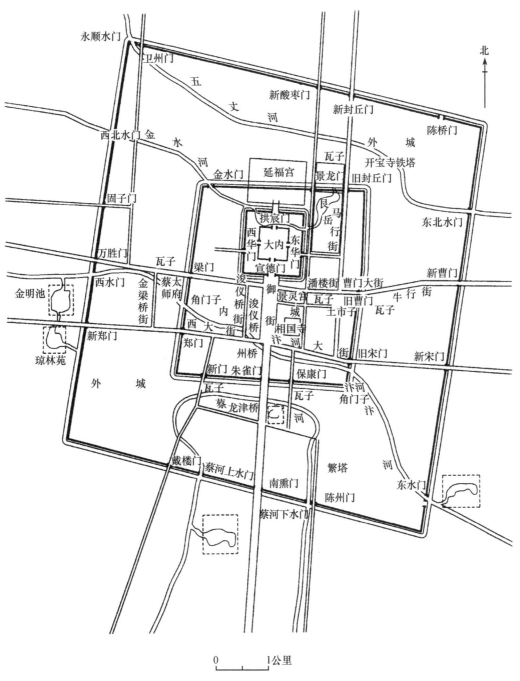

0　　　1公里

图一　（开封）东京结构图

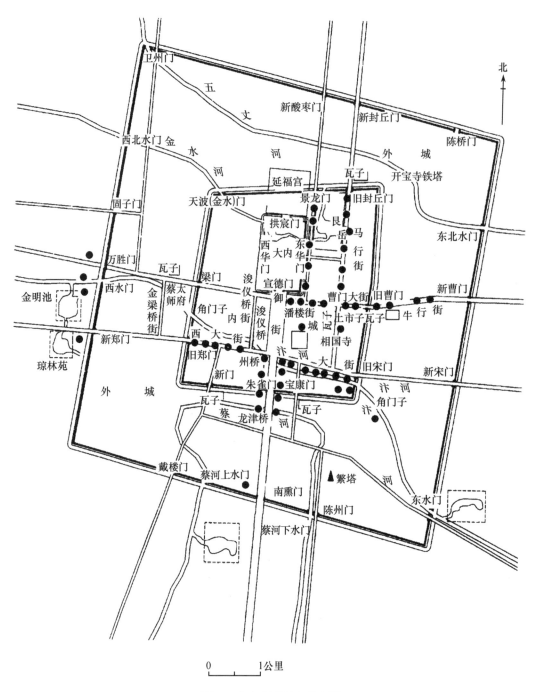

图二　东京主要行市分布图

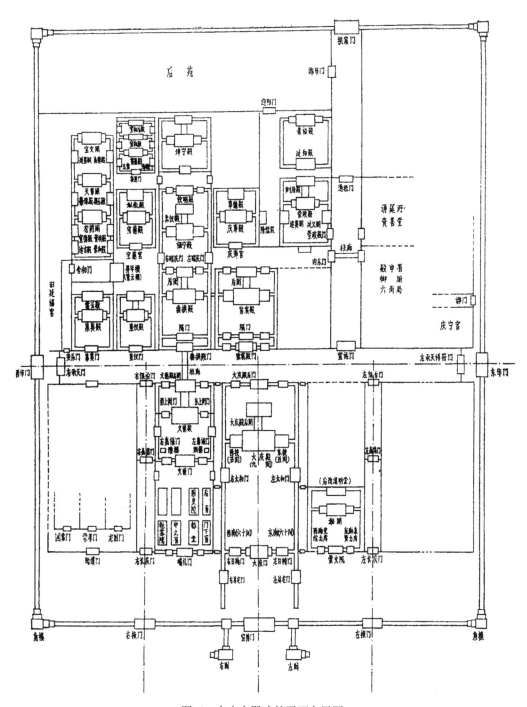

图三 东京宫殿建筑平面布局图

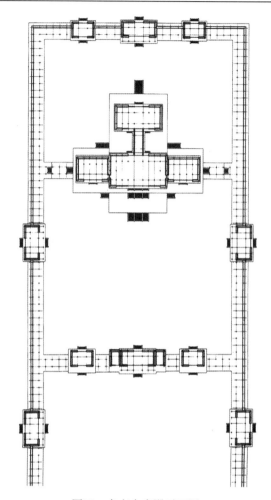

图四　东京大庆殿平面图

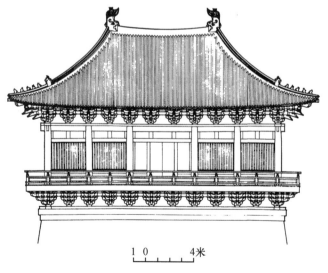

1 0　　　　4米

图五　东京宣德楼复原图

城周长达29180米，内城周长11550米，皇城周长2500米。初步揭示了东京城遗址的面貌，详见考古发掘报告和有关专著。

（三）《营造法式》及李诫（李明仲）

《营造法式》是北宋崇宁二年（1103年）由官方颁行全国的一部建筑法规性质的专书。共三十六卷，三百五十七篇，三千五百五十五条。分释名、各作制度、功限、料例和图样五部分。成为宋代官式建筑的规范。其特点是，统一了技术标准、有定法而无定式、制定用工用料定额、图文并茂等。它是我国现存古代文献中最全面、最系统、最准确的建筑学文献，也是当时世界上内容最完备的建筑学专著之一。成为研究中国古建筑的经典著作和"文法课本"。

李诫，字明仲，郑州管城县人，出生年月不详（图六），北宋大观四年（1110年）二月病逝，葬于新郑梅山。李诫墓为全国重点文物保护单位。

他一生主要活动和贡献是在将作监13年，领导和主持宫殿、官舍、城门等建筑工程，使他成为当时北宋在建筑方面的高级官员和技术专家。特别是他以丰富的实践经验，考究群书，并集中营造匠师的智慧和技术等编著的《营造法式》一书，成为我国建筑史上极为珍贵的文献。

图六　李诫画像

二、全国现存重要宋代建筑

（一）木构建筑

1. 河北正定文庙大成殿

面阔五间，单檐歇山建筑，建于宋初（图七）。

2. 山西太谷县安禅寺前殿（藏经殿）

面阔三间，进深四架椽，单檐歇山顶。建于宋初。

3. 福建福州市内华林寺大殿

面阔三间，单檐歇山建筑（图八），建于宋初，是长江以南最早的木构建筑。

图七　正定文庙大成殿　　　　　　　图八　华林寺大殿

4.天津蓟县独乐寺观音阁与山门

建于辽统和二年（984年），相当于宋雍熙元年，观音阁面阔五间，进深四间，三重檐歇山建筑（图九、图十），阁内观音像高16米，为我国现存最大的塑像。山门面阔三间，进深二间，四阿庑殿顶。

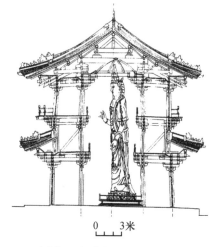

图九　独乐寺观音阁　　　　　　　　图十　独乐寺观音阁剖面图

5.山西榆次县永寿寺雨华宫

建于宋大中祥符元年（1008年）。

6.辽宁义县大奉国寺大殿

建于辽太平元年（1021年），相当于宋天禧五年，面阔九间，为最大的辽代木构建筑（图十一）。

7. 浙江宁波市灵山保国寺大殿

面阔、进深各三间（图十二），建于宋大中祥符六年（1013年）。

图十一　奉国寺大殿

图十二　保国寺大殿

8. 河北正定隆兴寺

寺为宋太祖敕令重建，现存：①摩尼殿，面阔七间进深六间，四面各出抱厦一座，外观呈重檐歇山造（图十三），建于宋皇祐四年（1052年）。②转轮藏殿，三间方殿，前出雨搭，另腰檐一周，实为重檐歇山之阁，建于宋中叶（图十四）。

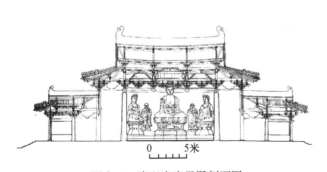

0　　　5米

图十三　隆兴寺摩尼殿剖面图

图十四　隆兴寺转轮藏殿

9. 山西太原市晋祠

①圣母殿，面阔七间进深六间，重檐歇山造（图十五、图十六）。建于宋天圣年间（1023～1031年），内有宋代彩塑43尊（至今保存完好）。②献殿。③飞梁（桥）为国内孤例的飞梁（石柱桥）。

以上三建筑均为宋代建筑。

图十五　晋祠圣母殿

10. 山西应县佛宫寺释迦塔（应县木塔）

建于辽清宁二年（1056年），相当于宋至和三年，高67米，为我国现存最早木塔，八角形五层楼阁式大型佛塔（图十七、图十八）。

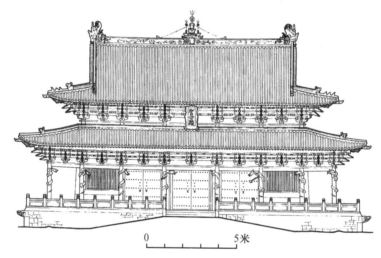

0　　　　　5米

图十六　晋祠圣母殿立面图

图十七　佛宫寺释迦木塔

图十八　佛宫寺释迦木塔剖面图

11. 山西太谷县万安寺后殿

与晋祠正殿斗拱等相似，可能建于宋天圣年间。

12. 江苏苏州市玄妙观三清殿

面阔九间进深六间，建于南宋淳熙六年，重檐歇山造，70根柱子排列整齐，特别是使用上昂（图十九）。

图十九　玄妙观三清殿

另有现存辽代和金代与宋代相对应的木构建筑从略。

（二）砖石建筑

1. 江苏南京栖霞寺舍利塔

八角形五层密檐式石塔，高约15米（图二十），建于五代南唐（937～975年），相当于宋初。

2. 浙江杭州市灵隐寺双塔

八角形九级楼阁式塔，高10余米，建于宋初。

3. 浙江杭州市闸口白塔

八角形九级楼阁式石塔，高10余米，建于五代吴越末期（图二十一）。

4. 江西符梁县符梁古城红塔

六角形七级楼阁式砖塔，高约50米，建于宋初。

5. 江苏苏州云岩寺塔（虎丘塔）

八角形七级楼阁式砖塔，高47.5米（图二十二、图二十三），建于宋建隆二年（961年）。此塔明代开始倾斜，经加固纠偏，现无继续倾斜，它比意大利比萨斜塔早200多年。

6. 河北正定县天宁寺宋塔

八角形九级楼阁式塔，高42米，为半木构塔，建于北宋中叶。

图二十　栖霞寺舍利塔

图二十一　闸口白塔

图二十二　云岩寺塔

7. 江苏苏州罗汉院双塔

八角形七层，塔顶有木刹柱（图二十四），建于宋太平兴国七年（982年）。

8. 河北定州开元寺塔（又称料敌塔）

八角形十一层楼阁式砖塔，高84米，系我国现存最高的砖塔（图二十五、图二十六），塔建成于宋仁宗至和二年（1055年），宋真宗咸平四年（1001年）下诏建塔，至塔建成，历经55年。"因定州地处宋辽接壤的军事要地，建塔可兼做瞭望敌情之用，因之此塔修得特别高，故又名料敌塔。因战争频繁，时建时停，故建塔时间长达半个世纪。"

9. 山东长清县灵岩寺辟支塔

八角形九级楼阁式砖塔，高54米（图二十七），建于北宋中叶。

图二十三　云岩寺塔剖面图

10. 四川宜宾白塔

方形十三级密檐式砖塔，建于宋崇宁元年至大观三年（1102～1109年）。

图二十四　罗汉院双塔

图二十五　开元寺塔

0　5　10米

图二十六　开元寺塔剖面图

图二十七　灵岩寺辟支塔

11. 山东滋阳县兴隆寺塔

八角形十三级砖塔，建于宋嘉祐八年（1063年）。

12. 河北曲阳县修德寺塔

八角形六级砖质花塔，花塔中特例之塔，国内仅有，极为可贵。建于宋天禧三年（1019年）。

13. 上海松江县兴圣教寺塔

方形九级楼阁式砖木混合结构，高48米（图二十八）。建于宋熙宁年间（1068～1077年）。

14. 安徽蒙城县兴化寺塔

八角十三层楼阁式砖塔，高36米许，建于北宋。

15. 江苏苏州瑞光寺塔

八角形七级楼阁式砖塔，现高42米（图二十九），建于北宋。

图二十八　兴圣教寺塔

图二十九　瑞光寺塔

16. 安徽宣州市广教寺双塔

二塔形制相同，均为方形七级楼阁式塔（图三十），建于宋绍圣三年（1096年）。

17. 浙江杭州六和塔

重建于南宋绍兴二十三年（1153年），原为镇压江潮所建，平面八角形楼阁式塔，外观十三层（木檐为清光绪二十六年重建），内部为七层（图三十一）。登塔可眺望钱塘江风光。

图三十 广教寺双塔　　　　　　　　图三十一 六和塔

18. 浙江湖州市飞英塔

系我国唯一的"塔中塔"，内塔创建于唐代，外塔始建于北宋初年（图三十二）。现存内塔建于南宋绍兴年间，外塔建于南宋端平年间。

19. 福建莆田广化寺塔

八角形五级楼阁式石塔，高35米，建于南宋乾道元年（1165年）。

20. 福建泉州市开元寺双石塔

东曰仁寿塔，西曰镇国塔，二塔形制相同，西塔高48.24米，为我国现存最高大的双石塔（图三十三）。均建于南宋。

图三十二　飞英塔

图三十三　开元寺双石塔

图三十四　玉泉寺铁塔

21. 湖北当阳县玉泉寺铁塔

铸造于宋嘉祐六年（1061年），八角形十三层楼阁式铁塔，高17.9米（图三十四），重76600斤。为我国现存最大的铁塔。

22. 湖南岳阳市慈氏塔

八角形七级楼阁式砖塔，高39米，建于南宋嘉熙年间（1237～1240年）。

23. 广东广州市六榕寺塔

八角形九级楼阁式砖塔，高57米，建于宋绍圣四年（1097年）。

24. 广东南雄县延祥寺塔

八角形九级楼阁式塔，高42.5米（图三十五），建于宋祥符二年（1009年）。

25. 陕西枸邑县泰塔

八角形七级楼阁式砖塔，高53米（图三十六），建于宋嘉祐四年（1059年）。另外，国内还有石构宋桥等，从略。

图三十五　延祥寺塔　　　　　　　　　图三十六　泰塔

三、河南现存宋代建筑

（一）木构建筑

1. 济源市济渎庙寝宫

面阔五间，进深三间，单檐歇山造。根据建筑结构的时代特点和宋开宝六年（973年）大修济渎庙文献记载的旁证材料综合分析，此殿无疑是宋初建筑，是河南现存最早的木结构建筑（图三十七）。

2. 登封少林寺初祖庵大殿

面阔三间，进深三间，单檐歇山造（图三十八）。此殿现存有原构前檐柱上所刻的宣和七年（1125年）建殿题记，与《营造法式》成书时间晚25年，是研究《营造法式》的最好例证和标本。

图三十七　济渎庙寝宫

图三十八　少林寺初祖庵大殿

（二）砖石建筑

河南现存地面起建的宋代砖石塔39座，石桥3座。现择其重要者记述于后。

图三十九　凤台寺塔

1. 凤台寺塔

位于新郑市城南0.5公里凤台寺旧址。六角形九级密檐式砖塔，高19.10米（图三十九）。2～3层中空呈筒状，内壁留有凹砌脚蹬，可向上攀登，下有地宫。建于北宋中叶。

2. 千尺塔

位于荥阳市大周山顶，又名曹皇后塔。建于北宋仁宗年间，六角形七级砖塔，高15米（图四十）。2～7层中空呈筒状。曹皇后塔名称的来历，据《荥阳县志》和民间传说，宋仁宗在大周山朱家峪选纳曹家女子做皇后，日久皇后思念故乡，仁宗命在东京建"望乡楼"，在大周山建"千尺塔"，以便曹皇后登楼望塔，以解思乡之愁。

3. 寿圣寺双塔

位于中牟县城南30公里黄土岗上，平面六角形砖塔，二塔均建于宋代，上部残（图四十一）。

图四十　千尺塔

图四十一　中牟寿圣寺双塔

4. 泗州寺塔

位于唐河县城内，八角形九级楼阁式砖塔，高49.6米（图四十二），内有盘旋梯道直登塔顶。

5. 福胜寺塔

位于邓州市城内，八角形九级楼阁式砖塔，高38.28米（图四十三），内施梯道，直登塔顶眺望邓州古城风光。地宫出土金棺、银椁、阿育王铁塔等。其中出土的佛顶骨、佛牙、佛舍利，系佛经中所记的替代物。建于北宋天圣十年（1032年）。

图四十二　泗州寺塔

6. 圣寿寺塔

位于睢县城西南17公里阎庄圣寿寺旧址，六角形九级密檐式砖塔，高19.25米

（图四十四），建于宋代。

7. 宝严寺塔

位于西平县城内，六角形七级楼阁式砖塔，高28.8米（图四十五），建于北宋中晚期。

8. 鄂城寺塔

位于南阳市北石桥镇，六角形七级楼阁式砖塔，高约20米（图四十六），北宋建筑。

9. 崇法寺塔

位于永城市城内，建于北宋绍圣年间，高34.6米（图四十七），八角形九级楼阁式砖塔。

10. 胜果寺塔

位于修武县城内，建于宋绍圣年间，高27.26米（图四十八），八角形九级楼阁式砖塔，采用内登道与外沿塔外壁绕行的结构。

图四十三　福胜寺塔　　　　　　图四十四　圣寿寺塔

图四十五　宝严寺塔

图四十六　鄂城寺塔

图四十七　崇法寺塔

图四十八　胜果寺塔

图四十九　延庆寺舍利塔

11. 延庆寺舍利塔

位于济源市郊，六角形七级密檐式砖塔（图四十九），原塔内有楼板，现已不存，建于宋景祐三年（1036年）。

12. 寿圣寺塔

位于商水县城西北35公里常社店寿圣寺旧址。六角形九级楼阁式砖塔，高41.5米（图五十），建于宋明道二年（1033年）。

13. 玲珑塔

位于原阳县城西南18公里原武镇，建于宋崇宁四年（1105年），六角形十三级楼阁式砖塔（没于地下一部分）。现高34米（图五十一）。存有原构木质塔刹柱。

图五十　寿圣寺塔

图五十一　玲珑塔

14. 明福寺塔

位于滑县老城明福寺旧址。八角形七级楼阁式砖塔。高约40米（图五十二），塔内梯道和塔外攀沿走道相结合的结构方法。此塔创建于唐，宋代重建。

15. 五花寺塔

位于宜阳县城西40公里五花寺旧址。八角形九级密檐式砖塔，现高37.2米（图五十三），塔内盘旋梯道，直登塔顶。

图五十二　明福寺塔

16. 香山寺塔（原名大悲观音寺大士塔）

位于宝丰县城东15公里香山寺旧址，八角形九级密檐式砖塔，高30米（图五十四），宋代建筑。

图五十三　五花寺塔

图五十四　香山寺塔

17. 乾明寺塔

位于鄢陵县城内。六角形十三级楼阁式砖塔，高约38米（图五十五），顶置由仰覆莲和宝珠组成的铜质塔刹。天宫内存有佛经等文物。原定为隋塔，实为宋塔。

图五十五　乾明寺塔

18. 兴国寺塔

位于鄢陵县城南5公里马栏镇兴国寺旧址。六角形九级楼阁式砖塔，高约27米（图五十六），建于北宋早期。

19. 悟颖塔

位于汝南县城内，六角形九级楼阁式砖塔，高23.7米（图五十七），建于北宋中早期。

20. 法海寺塔

位于密县老城内，建于宋咸平二年（999年），平面方形，外观九层楼阁式石塔，高13.08米（图五十八），塔身刻《妙法莲花经》七卷约数万字。"文革"被破坏，现已恢复。地宫内出土宋代三彩琉璃塔等珍贵文物。

图五十六　兴国寺塔

图五十七　悟颖塔

图五十八　法海寺石塔

21. 小商桥

位于临颖县城南小商桥村，南北跨小商河上。原河名"小溵河"，为避宋太祖之父赵宏殷之讳，改河名为小商河。桥为敞肩圆弧石拱桥，长21.30米（图五十九、图六十），著名桥梁专家派员调查后，提出此桥建于隋代，后经古建专家详细勘察和考古发掘，认为是宋金时期石桥。

图五十九　临颖小商桥

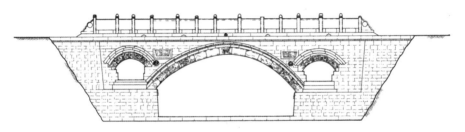

图六十　临颖小商桥正立面图

22. 永和桥

位于安阳县东北永和集洹河故道上，为厚墩联拱式三孔石桥，全长39.5米，为保留有唐、五代风格的宋桥（图六十一）。

23. 洄河桥

位于郾城县裴城村小洄河上，为红砂岩石砌筑的单孔桥（图六十二）。建于宋政和三年（1113年），为河南省唯一刻有纪年的宋桥。

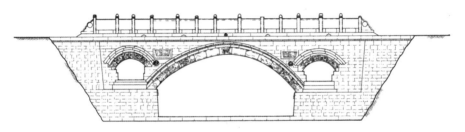

图六十一　安阳永和桥局部

图六十二　郾城泂河桥

河南地上宋代文物还有淇县"青岩石窟"和"五里井石窟"。地下宋代考古发掘项目略。

四、开封现存宋代建筑

图六十三　开封宋代开宝寺塔
（开封铁塔）

开封地下宋代文物建筑非常丰富，但已成为深埋地下的建筑基址或遗迹现象，属于建筑考古。今天主要讲的是地面现存的宋代实体建筑。

1. 开宝寺塔（铁塔）又名佑国寺塔（公布全国重点文物保护单位的名称）

位于开封城内东北隅，建于宋皇祐元年（1049年）。平面八角形，系十三层楼阁式琉璃砖塔（图六十三）。现高55.08米，因黄河泛滥，塔基已没于地下。塔身用28种不同形制的褐色琉璃雕砖砌筑而成。塔身内外嵌砌有50多种菩萨、飞天、降龙、狮子、花卉等精美的琉璃雕砖。这座造型宏伟挺拔，俨如擎天巨柱的中国现存最早最高大的琉璃建筑，充分显示了古代匠师高超的营造技艺水平。

2. 繁塔

位于开封市东南隅，原名兴慈塔，又名天清寺塔，因塔建于繁台上，故习称繁塔。建于宋开宝七年（974年）。为开封市现存最早的古建筑，平面八角形，楼阁式砖塔（图六十四）。据文献记载，该塔原为九层，明初上六层被毁，后在残留的三层塔身上加筑七层小塔，形成现存的特殊塔形。塔身内外嵌砌有菩萨、罗汉、乐伎等108种近7000块雕砖。塔

图六十四　繁塔

内保存有178块石刻。特别是北宋书法家赵安仁书写的《金刚般若波罗蜜经》《十善业道经要略》《大方广圆觉修多罗了义经》，是研究佛教经典和书法艺术珍贵资料。

图六十五　兴国寺塔

近来有专家对该塔建筑结构，特别是原塔体三层与上部加筑小塔的关系等，提出新的见解，引起关注。我发表点个人看法，鉴定文物，特别是鉴定古建筑（含塔类建筑）文献记载是重要的，但更重要的是原建筑本体的建筑结构特点，不同时代建筑不同的建筑手法，不同的建筑材料，不同的垒筑技术……，总之依建筑本体的时代特征，参考文献记载等确定其建筑物的建筑时代。还要考虑不同时代不同的因袭古制的"袭古建筑手法"、"地方建筑手法"、"官式与地方建筑手法兼用"等做法。还要考虑古人对前人建筑维修观念的不同，这样才能准确判定古建筑的营造时（年）代，才能区别创建、重建、重修的真实内涵……。

3. 兴国寺塔

位于开封尉氏县城内兴国寺旧址。六角形八级楼阁式砖塔，高30.8米（图六十五）。建于宋太平兴国年间，明代重修（八层塔身嵌砌有明嘉靖二十五年重修的石刻题记）。

五、小　　结

　　宋代是伟大创造的时代，是营造业辉煌发展的重要时期。尤其河南是宋朝建都之地，是我国宋代政治、经济、军事、文化的中心。千余年来，由于自然和战争等人为原因，宋代宫廷、城邑、衙署、帝陵、作坊、民居等建筑实体多已荡然无存。尚存部分地下建筑基址和墓室建筑遗物，成为古文化遗址和古墓葬类地下不可移动文物点，幸存少量寺庙木构建筑和塔、桥等砖石建筑及流传下来的宋代营造专著《营造法式》等古建筑文献；均成为研究宋代建筑的珍贵实物和文献资料。但作为现存的宋代木构、砖石建筑不仅数量少，而且历经沧桑，部分实体建筑或残损，或局部失去原貌消失历史信息，成为重大的损失。所以，我们要加强宋代建筑历史研究，挖掘深邃的建筑文化内涵，彰显辉煌的宋代建筑魅力和"华夏文化数千载之演进，造极于赵宋之时"的历史价值，增强文化自信和助力文化强国建设。另外，特别要加强对弥足珍贵的现存宋代建筑实物的科学保护工作。作为古代建筑文物的最重要价值的体现是保护它的真实性和完整性，故在保护建筑结构安全的前提下，尽量做到对建筑本体和与之共生共存的历史环境的"最小干预"。保护维修时做到"不改变文物原状"的修缮原则，保持运用原形制、原结构、原材料、原工艺的"四原"修缮规范，确保修缮项目的"工程质量"和"法式质量"。使其惠及当代、泽被子孙的历史建筑文化遗产保护工作永续传承，焕发出五彩缤纷的光华，为我国社会主义精神文明和物质文明建设做出更大贡献。

河南古塔　全国之冠

（2022年元月1日在郑州图书馆视频讲座稿提纲）

中国本无塔，它是从汉代随着佛教的传入而从古印度传入我国的，并与我国传统建筑相融合，创造出中国本土化的塔类建筑。随着时间的推移，它的建筑功能、建筑形制、建筑材料、建筑结构、建筑手法等也发生了一定变化，成为我国古代建筑中异常重要的组成部分。为研究中国建筑史、科技史、艺术史、宗教史和社会发展史提供了丰富的实物资料，并成为点缀祖国河山的旅游资源。

一、塔 的 由 来

塔为佛教建筑，是神佛的象征。塔起源于印度，塔是随着佛教的兴起而兴起的，并向古印度境外传播，成为世界三大宗教之一的佛教标志性建筑。

相传，公元前六世纪至公元前五世纪，古印度迦毗罗王子悉达多·乔达摩创立佛教，因他父亲是释迦族人，故他成道后被尊为释迦牟尼（释迦族圣人）和佛陀（觉悟者），佛教名由此而来。他虽为王子，但厌倦宫廷生活，29岁离家出走，35岁在伽耶的菩提树下，经过49天的静坐沉思，悟道成佛。此后成道的佛陀漫游于恒河流域诸国说法。

据说释迦牟尼80岁涅槃（圆寂），弟子将其肉体火化，尸骨变成色泽晶莹、击之不碎的珠子，梵语称其为"舍利"（佛舍利），被视为法力无边的圣物。相传有八国国王分取佛舍利，建八座窣堵波供奉，此为佛塔的起源。也有说佛陀弟子将其圣物舍利分为八份在佛陀生前主要活动过的八个地方瘗藏起来，聚土垒石为台，作为缅怀和礼佛的纪念建筑物。这种瘗藏舍利的土石台建筑物，取名为"窣堵波"，但原形制已不可知。据印度现存的几座窣堵波的形状可知是由台基座、覆钵、宝匣、相轮（刹杆或伞盖）四部分组成的建筑物（图一）。

图一　印度早期塔形图

释迦牟尼灭度后约200多年，即公元前三世纪中叶（前268～前232年），印度摩揭陀国孔雀王朝的国王阿育王，据佛经记载曾是位暴君，在一次战争中杀死手无寸铁的战俘十多万人，后听从规劝，皈依佛门，立佛教为国教，他下令在他统领的所谓"八万四千"个小邦国中都要建立寺、塔，即为佛教史盛称的"阿育王八万四千寺"和"阿育王八万四千塔"（意佛国里塔多，并非具体数字）。阿育王时代是古印度建造窣堵波的黄金时期，达到空前的高潮，此时期所建之塔，统称为"阿育王塔"。印度早期窣堵波形象见图二、图三、图四、图五。

图二　印度释迦涅槃处窣堵波　　　　　图三　印度窣堵波

巴加第12窟中的佛塔（公元前2～1世纪）　卡尔利礼拜窟中的佛塔（公元1世纪）　贝德萨礼拜窟中的佛塔（公元1～2世纪）

图四　印度早期佛塔形式　　　　图五　印度石窟中的窣堵波（塔）

印度最初的释迦牟尼窣堵波早已不存，或屡建屡毁，已非原物。而从印度现存最早的建于公元1世纪左右的三齐大窣堵波（图六～图九）之形制看，完全是一个坟墓形式，中央是一个半圆形覆钵体的大土冢，冢顶置竖杆和圆盘，冢之下筑基台和栏墙，并有上下通行的阶梯，栏墙的四面辟门。

印度的佛塔（窣堵波）随着时间的推移，其建筑形制在不断创新和发展。如在印度的比哈尔省伽雅县布达伽雅，释迦牟尼成道处的大觉塔，在高大的基座上建数座塔，中间高塔，四周各建一小塔，被称为"金刚宝座塔"（图十）（我国北京现存有此类塔形）。

图六　印度三齐大塔透视图、总平面图

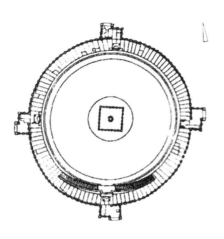

图七　印度三齐大塔平面图

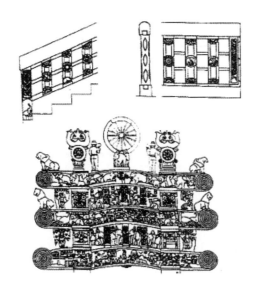

图八　印度三齐大塔塔门与石栏杆雕刻图

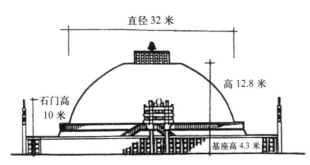

图九　印度三齐大塔立面图

图十　印度菩提迦耶金刚宝
座塔立面图

二、中国古塔

中国内地自佛教传入后，于东汉明帝永平十一年（公元68年），在洛阳创建有"释源"、"祖庭"之称的第一所佛寺白马寺，并建有浮图（九级佛塔）。据《魏书·释老志》云："自洛中构白马寺，盛饰浮图，画迹甚妙，为四方式，从一级至三、五、七、九，世人相承，谓之浮图，或云佛图。"另据《后汉书·陶谦传》记载，东汉末，徐州牧谦属下吏笮融，于当地"大起浮屠祠，上累金盘，下为重楼，又堂阁周回，可容三千许人。"三国时，据《金陵梵刹志》记载"在都城外南城，地离聚宝门一里许，即古之长干里。吴赤乌间，康僧会致舍利，吴大帝神其事，置建初寺及阿育王塔，实江南塔寺之始也"。以上佛塔虽早已不存，但说明随着佛教的传入，佛塔随之传入我国（图十一、图十二）。

图十一　古印度传来"窣堵波"
初期形制　　　　　　　　　　

图十二　古印度传来"窣堵波"
初期式样　　　　　　　　　　

上述佛塔皆为方形木构之塔，也是我国文献记载最早的塔。我国新疆喀什汗诺依城现存的土塔（图十三），山东出土的汉画像石表现的"窣堵波"形象（图十四），四川什邡东汉画像砖的木塔形象（图十五），均较真实的反映了东汉等时期我国早期佛塔的基本形象。

印度古塔"窣堵波"的形制，本来只是一个半圆冢，但它传入中国后，聪明的中国建筑匠师不是照抄印度"窣堵波"的建筑模式，而是在尊重佛教教义功能的前提下，大胆地融入优秀的中国建筑文化精髓，创造出新型的中国本土化的佛塔，成为我国古建筑类型中一朵盛开的奇葩。

中国佛塔的最初形式，是结合我国高层木构建筑"塔楼"（图十六）（后人命名），建造的木构楼阁式塔，由塔刹、塔身、塔基三部分构成。并发展出现亭阁式塔、密檐式塔、喇嘛塔、宝箧印经塔、造像塔、过街塔、九顶塔、高台列塔、筒形

1.新疆喀什汗诺依城土塔

2.新疆民丰提英土塔

3.新疆密兰土佛塔

4.新疆库车巴什东塔

5.新疆和田中部尼雅土塔

6.内蒙古额济纳旗土塔

图十三　我国现存早期土塔

图十四　山东汉画像石表现的"窣堵波"形象

图十五　四川什邡东汉画像砖中的中国木塔形象

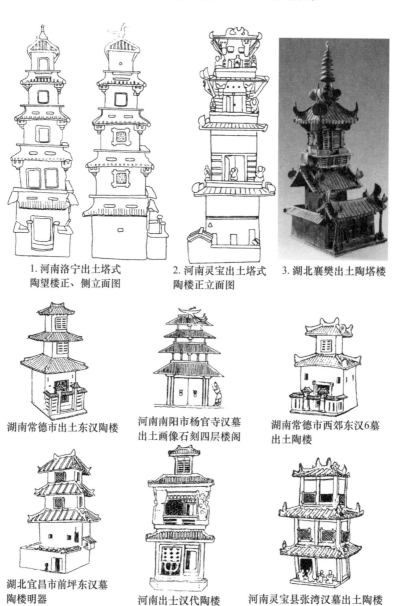

1. 河南洛宁出土塔式　　　2. 河南灵宝出土塔式　　　3. 湖北襄樊出土陶塔楼
陶望楼正、侧立面图　　　陶楼正立面图

湖南常德市出土东汉陶楼　　　河南南阳市杨官寺汉墓　　　湖南常德市西郊东汉6墓
　　　　　　　　　　　　　出土画像石刻四层楼阁　　　出土陶楼

湖北宜昌市前坪东汉墓
陶楼明器　　　　　　　　河南出土汉代陶楼　　　　　河南灵宝县张湾汉墓出土陶楼

4. 汉代出土居住类建筑之塔楼

图十六　汉代建筑明器中的"塔楼"

塔、幢式塔、碑式塔、阙形塔等多种类型和形
式。古印度佛塔传入中国后的译名就多达20多
个，如窣堵波、窣屠波、私偷簸、斯突帕、佛
图、浮屠、浮图、方坟、圆冢、高显、灵庙等
等，唯独无"塔"，甚至晋代以前连"塔"字也
不存。至于东汉许慎所著《说文解字》中出现
的"塔释"，是后人注释时加入的。

　　那么到底"塔"字始于何时？因古印度佛
塔传入中国后的译名太多，带来诸多不便，确
需一个统一的名称，故"塔"字便应运而生。
据《揅经室集》续集三《塔性说》记载，"塔"
字最早见于晋人葛洪《字苑》，此"塔"字造得
很讲究，涵盖了古印度窣堵波的音、义，还比
其他译名更接近佛教文化内涵。

　　中国本土化的塔类建筑，除佛教寺院的佛
塔和墓塔外，还出现了道教塔。如洛阳三官庙
道士张清林塔（图十七）；伊斯兰教也建有塔，
如新疆吐鲁番苏公塔（图十八）；十四世纪始，

图十七　张清林羽士塔南立面

中国还建有补风水振文风的文峰塔（图十九）；点缀风景名胜登高远眺的景观塔；
瞭望敌情的料敌塔，如河北省定州开元寺"料敌塔"（图二十）；还有儒家塔，河南
永城市芒砀山文庙儒家先师塔林（图二十一）。

图十八　苏公塔全景

图十九　河南唐河
县文笔峰塔

图二十　河北定县开元寺塔
（料敌塔）

图二十一　河南永城市芒砀山塔林近景

三、河南古塔

河南省位于黄河中下游，历史悠久，文化灿烂，系华夏文明的核心区。历史文化遗产非常丰富，其中巍峨挺拔，形制各异，技艺精湛，引人入胜的古塔更是名列全国塔类建筑之冠。

（一）河南历史之塔

佛教传入中国内地，于东汉明帝永平十一年（公元68年），在河南洛阳创建汉地第一所佛教寺院，并建造大型木构佛塔，成为我国古塔的鼻祖。汉代及南北朝时期，佛塔建在寺院中心部位，形成塔居中，在四周建有僧房及寺门环绕，成为立塔为寺的平面布局（图二十二），或塔堂并立（前塔后堂）的平面布局（图二十三）。

塔为中心，视塔为佛，即佛与塔是具有同样意义的，看见塔即为见到佛，可以说是佛的代表和象征，寺与塔是共生共存的关系。以后突出佛教殿堂地位，塔退出寺院中心建筑地位，但自始至终佛塔没有脱离佛教寺院，只是塔位不占主体建筑的位置，而是建在主殿之后，或殿前两侧，或在寺院另辟塔院建佛塔。有的在寺院外附近建立高僧大师圆寂后瘗藏灵骨的墓塔，墓塔多者，称为塔林。

我国历史上最早所建的木塔、砖塔、石塔均在河南。前文记述的白马寺九级木塔为佛教传入我国后建造最早的木结构佛塔；据《洛阳伽蓝记校注》卷二"城东"记载，"（太康寺）本有三层浮图，用塼（砖）为之，有石铭云'晋太康六年……襄阳侯王浚敬造'"。《洛阳伽蓝记》记载"在西阳门外御道北，有三层浮图，以石为基，形制甚古，晋时石塔寺，今为宝光寺也"。以上记载的砖塔与石塔，为我国历

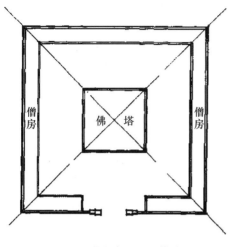

图二十二　立塔为寺的平面模式图

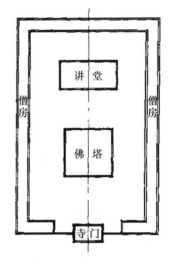

图二十三　塔堂并立平面模式图

史文献中记载最早的砖塔和最早的石塔。上述三塔早已不存，但其在汉魏西晋时期塔文化的历史地位是非常重要的。

我国佛教建筑虽始于汉代，但真正大发展应为南北朝时期。随着佛教寺院的兴起，佛塔的营建也非常普遍。北魏时期，境内州郡有佛寺3万余所，仅都城洛阳就有1367所，建塔很多。《洛阳伽蓝记》记载有名佛寺多达59所，查知有名的塔20多座，可见北魏时期河南佛寺、佛塔之多。特别是北魏熙平元年至神龟二年（516~519年），历时三年兴建的永宁寺塔。张熠规划，张安兴为匠。此塔称为当时中国境内第一大塔（图二十四~图二十七），非常可惜塔建成后18年被雷击焚毁。

北朝文献有关此塔的记载有三处：①魏收《魏书·释老志》载："熙平中，于城内太社西，起永宁寺，灵太后亲率百僚，表基立刹。佛图九层，高四十余丈。"②郦道元《水经注·谷水》："水西有永宁寺，熙平中始创也，作九层浮图。浮图下基方一十四丈，自金露盘下至地四十九丈。"③杨衒之《洛阳伽蓝记·永宁寺》记载"永宁寺，熙平元年灵太后胡氏所立也。中有九级浮图一所，架木为之。举高九十丈，上有金刹，复高十丈，合去地一千尺。刹上有金宝瓶，容二十五斛（音葫，旧量器）。宝瓶下有承露金盘一十一重，周匝皆垂金铎，复有铁鏁四道，引刹向浮图。扉上有五行金钉，合有五千四百枚，复有金环铺首。"以上文献记载，可知建于河南的这座北魏木塔之辉煌。此塔被雷击焚毁，记载"火经三月不灭，有火入地寻柱，周年犹有烟火"。焚后形成的建筑垃圾堆形如丘状，将塔基瘗藏其下，久之不知缘由，引起臆测，甚至误认为是汉质帝的静陵，并刻石立碑。还有"当为宋人墓耳"之说。谬传后世，还招致盗墓贼的盗掘。

图二十四　洛阳永宁寺塔复原透视图

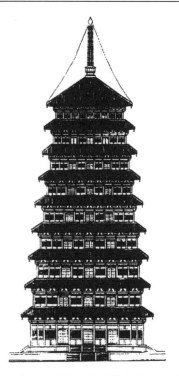

图二十五　洛阳永宁寺塔复原立面图

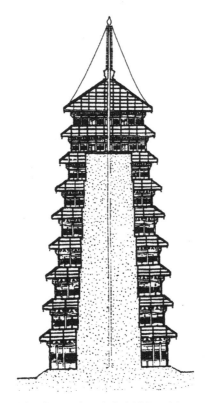

图二十六　洛阳永宁寺塔复原剖面图

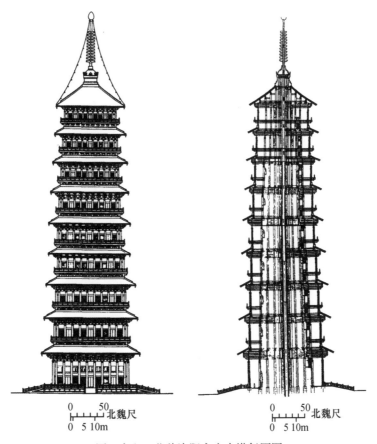

图二十七　北魏洛阳永宁寺塔复原图

　　1962年，中国社科院考古研究所洛阳工作站，在对汉魏洛阳故城的考古勘探中，查清此丘为永宁寺塔的基址，并于1979年对其塔基进行考古发掘，取得了可喜的考古收获。发掘分三部分：塔之地基、塔之基座、塔之初层建筑遗迹。得知塔基呈方形，东西长101.2米，南北宽97.8米，总厚度超过2.5米（图二十八）。基座四周安装有青石栏杆，基座之上为塔之第一层台面，最重要发现是由五圈共124根木柱组成的柱网（图二十九）。这里发掘出土大量筒、板瓦及瓦当、瓦钉等建筑构件及青石雕刻；特别是出土佛教题材的彩色泥塑佛像残件和壁画残块，代表了北魏时期雕塑艺术的最高水平。除上述全国之最的汉、晋、北魏之塔外，还有文献记载与考古发掘的现已不存名塔，从略。

（二）河南现存古塔

　　河南历史之塔有不少全国之最，现存古塔也有不少全国之最和重要特色。

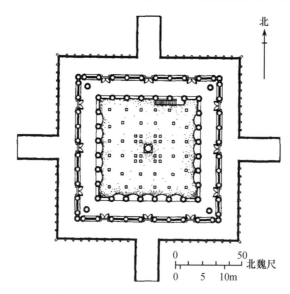

图二十八　北魏洛阳永宁寺塔底层平面复原图

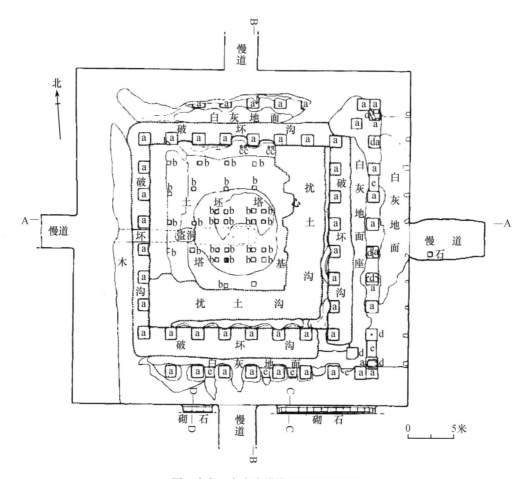

图二十九　永宁寺塔塔基柱网复原图

1. 河南现存古塔数量为全国各省（市、自治区）最多者

就目前我国现有关于古塔的论著中，中国现存古塔有多少，没准确数据，说法不一。有3000座、3500座、5000座、近1万座、1万多座、约2万座、25000座之说。其说法从3000座到25000座，差距太大，让其难以相信其准确程度。笼统地说，业界较一致地认为我国现存古塔近1万座。就各省（市、自治区）古塔数量而言，见诸于各省古塔论著可知，北京"现存古塔220余座"；湖北"现存古塔170余座"；江苏"境内还有古塔75座（其中3座已倒塌或拆除）；山西"约有古塔300多座"；四川"现有古塔近百座"；重庆"200余座"；陕西"现存古塔287座"。

我在河南六十余年的文物调查中，注重古塔统计和资料收集。全省现存地面以上独立凌空的各类古塔（不含地下塔迹和地面残塔基）共606座。其中北魏、北齐塔3座（北魏1座，北齐2座）、唐代塔41座、五代塔2座（后唐、后周塔各1座）、宋代塔37座、金代塔30座、元代塔95座、明清时期塔398座（其中明代塔居多）。另外，河南现存北朝至北宋的摩崖雕塔219座（不含微型雕塔和仅存痕迹之塔），共计现存古塔825座。单就现存地面起建的606座古塔数量，在全国就是现存古塔最多的省份。

2. 现存塔林最多

河南是佛教传入内地兴起、发展、传播的核心地区，佛寺众多，高僧大师圆寂后建塔瘞葬灵骨，墓塔多而集中于同一地者，形成塔多如林，习称塔林。河南现存塔林多达24处（含一处现存大量石塔构件的残塔林），是我国现存塔林最多的省份。登封少林寺塔林（图三十）、汝州风穴寺塔林（图三十一）是其全国著名塔林。特别是少林寺塔林是我国现存最大的塔林。

图三十　少林寺塔林

比我国第二大塔林——山东长清县灵岩寺塔林（现存古塔167座）（图三十二）还多数十座古塔。其可谓露天的塔文化博物馆。少林寺塔林现存古塔228座，加上周边属于少林寺的佛塔和墓塔15座，共计243座古塔，其中唐塔6座、五代塔1座、宋代塔5座、金代塔17座、元代塔52座、明代塔148座、清代塔14座。其塔形多样，有楼阁式塔、亭阁式塔、密檐式塔、喇嘛塔、窣堵波式塔、幢式塔、碑式塔、方柱体塔、长方形异体塔。为研究建筑史、宗教史、艺术史提供了珍贵的实物资料。

图三十一　风穴寺塔林

图三十二　山东灵岩寺塔林

3. 现存最早的砖石塔

现存最早的砖塔登封嵩岳寺塔，位于登封市嵩岳寺内，建于北魏正光年间（520～525年），距今1500年，高36.99米，系第一批全国重点文物保护单位、世界文化遗产，被誉为"中华第一塔"（图三十三～图三十五）。该塔为十五层密檐式砖塔，平面十二角形，十二角塔形系古塔中的孤例，甚为奇特。塔身保留古印度佛塔的一些做法，也反映了我国古塔和印度佛塔的关系。塔砖淘土细、火候高，制作精良，异常坚硬，击之发出清脆的金石般声音，部分试块的抗压强度远超现代烧砖。砖与砖间的粘结材料既不是白灰，更不是水泥，而是用黄泥浆粘合剂，经化验泥浆中加入米汁类有机物，提高了粘合强度，部分北魏塔砖和粘合剂至今不酥不碱。可见建筑材料之优良，建筑技术之高超。塔内部中空呈筒状，不能登临塔顶。因塔内的木质楼板和楼梯早已焚毁，流传大蟒张口吸人的故事。此塔为我国现存最早的大型砖塔。

我国现存最早的石塔为安阳县灵泉寺"道凭法师烧身塔"（双石塔）。两座石塔形制基本相同，均为方形单层亭阁式和尚墓塔，高两米许。道凭法师为北齐时著名高僧，七十二岁圆寂后于北齐河清二年（563年）建此墓塔。为已知我国现存最早的石塔（图三十六、图三十七）。

4. 现存最早最高大的琉璃砖塔——开宝寺塔（开封铁塔）

开宝寺塔原为一座大型木塔，建成后仅存56年，于宋仁宗庆历四年（1044年）六月遭雷击焚毁。据说该木塔建成即向西北倾斜，为何要建成斜塔？负责设计和监造者喻皓说，开封多西北风，若干年后风力扶正斜塔。此故事说明建塔技术高超。宋皇祐元年（1049年）重建开宝寺塔。改木构塔为褐色琉璃砖塔，观之若铁色，故

图三十三　嵩岳寺塔全景

图三十四　嵩岳寺塔局部

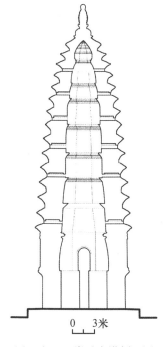

图三十五　嵩岳寺塔剖面图

图三十六　灵泉寺道凭法师烧身塔（双石塔）

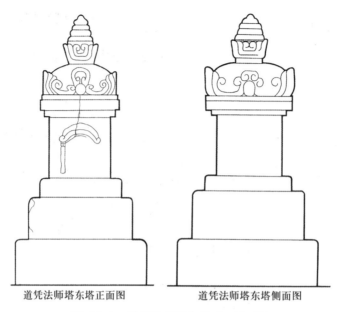

道凭法师塔东塔正面图　　　　　　道凭法师塔东塔侧面图

图三十七　　道凭法师塔东塔正、侧面图

图三十八　开宝寺塔（铁塔）

俗称"铁塔"。此塔为八角形十三层楼阁式佛塔，高55.08米，塔身壁面饰有兽面、龙纹、佛像、伎乐人、花卉等精美图案雕砖。塔檐下置斗拱，塔内施盘旋梯道，直登塔顶。该塔建成至今经历40多次地震和黄河泛滥、大风暴雨、冰雹等灾害的严重袭击，仍俨如擎天巨柱屹立中州大地（图三十八～图四十）。

1938年，侵华日军炮击此塔，使其为建成以来受到最严重的一次大破坏，但像中华民族的精神一样，仍巍然屹立。1952年毛泽东主席视察该塔时，指示日本侵略者打不倒铁塔，我们要修起来保护好。1957年维修竣工后，成立专门保护管理机构，常年对外开放，成为开封标志性建筑。我国山西也有一座著名琉璃塔为洪洞县广胜寺内"飞虹塔"，高47.31m，壁面镶嵌黄、绿、蓝、青等七色琉璃砖。也是八角形十三层，但此塔

图三十九　开宝寺塔琉璃构件　　　　　图四十　开宝寺塔斗拱

建于明嘉靖六年（1527年），比铁塔晚，且比铁塔低。

5. 最典型的伞状倒塔——安阳天宁寺塔

位于安阳城内的天宁寺塔，始建于五代后周广顺二年（952年）。现存之塔保留宋、元、明时期建筑风格，其造型异于下大上小的常规塔形，而是上大下小的伞状倒塔形，是我国现存最典型的"倒塔"。且塔顶平台上建造一座喇嘛塔，远观似塔刹，近看是"塔上塔"，并于塔身雕塑非常精美的佛教故事（图四十一～图四十三）。1977年，时任全国政协副主席、著名佛学家赵朴初先生考察此塔后，赋诗赞曰"层伞高擎窣堵波，洹河塔影胜恒河。更惊雕像多殊妙，不负平生一瞬过。"该塔不但具有重要的建筑史、佛教史等史学研究价值，而且极具观赏价值。现已辟为文物旅游景点，对外开放，收到文物保护和利用的良好效果。

6. 现存早期塔多

河南不但是我国现存古塔数量最多的省份，而且也是元代及其以前古塔保存数量最多的地区，此为河南现存古塔的重要特点之一。河南现存的219座摩崖雕塔，全是北宋以前的早期塔。现存地面起建的606座古塔中，元代及其以前之塔多达208座，相当于某些省现存古塔的总量，可见河南现存早期塔之丰富。我省现存古塔和现存早期塔最多的地方是登封市，这个市域面积仅为1220平方公里的县级市，文物丰富，被誉为"文物之乡"。现存比较完整的形制各异的古塔258座，其中现存元代及其以前的古塔多达90座，不但是河南省各市、县古塔存量和现存早期塔最多者，也是我国县级市中现存塔总量和现存早期塔最多的市。

图四十一　安阳天宁寺塔

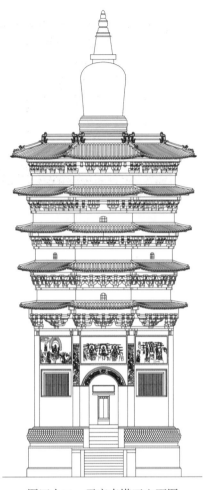

图四十二　天宁寺塔正立面图

图四十三　天宁寺塔塔身砖雕佛像

7. 抗震性能强

我国数以万计的俨如擎天巨柱的古代高层建筑各类古塔，经历地震，特别是经历震级高、烈度强的破坏性大地震后，有的倒塌，有的仅受到局部破坏，甚至有的完好无损。究其原因，皆与抗御地震的水平运动和垂直运动形成的破坏力性能强弱有直接关系。经地震考古检测，凡是经历大地震后，受到较小破坏，或基本无受到破坏的古塔，均具有较强的抗震性能。河南现存古塔600多座，早者距今1500年，晚者也百余年。多数古塔具有良好的抗震性能，系河南古塔一大特色。如明代嘉靖三十四年十二月十二日，陕西华县发生8级大地震。震中烈度高达11度。是我国历史上强烈破坏性大地震之一。据明《嘉靖实录》记载"压死官吏军民奏报有名者八十二万有奇"，有的史书记载"八十三万有奇"。与华县相邻的河南省陕县、灵宝受到非常大的破坏。现存地震后刻立的碑碣和志书记载"寺庙民房倾圮无数""人畜压死无算"。并有具体记载居民和桥梁、民房遭到压死和倾塌的惨状；清嘉庆二十年（1815年），山西平陆发生6.8级地震，震中烈度9度，与平陆仅一河之隔的陕州（河南省三门峡市陕县）遭到人员与财产的巨大损失，仅据当地上村《重修菩萨堂碑记》记载"地震时墙垣房屋有四角落地者，有柱欹瓦掷者。村中共压毙人一百三十余口。"其他现存的地震碑也记载了陕县遭受震灾的严重程度。而陕县境内的"宝轮寺舍利塔"，建于金大定十六年（1176年），高

26.5米。经历上述两次大地震，仍挺拔屹立，至今保存较完好（图四十四）。另外清道光十年（1830年），河北省磁县彭城一带发生7.5级大地震，震中烈度10度。与其相邻的安阳县、林县等地受到严重破坏。现存地震碑碣多达36通，记述此次地震，使河南安阳县、林县等地"屋宇齐颓"、"民房倒塌不可胜数"、"人民压毙者不可胜数"等，而安阳天宁寺塔，仍巍然屹立，未受到大的损坏。经考察检测，该塔在选址、塔基处理、塔体建筑结构、建筑材料、建筑施工等方面基本符合防震抗震的要求标准。为研究建筑史、地震史提供了难得的实物资料，为现代建筑的防震抗震设防提供了重要借鉴和参考。

图四十四　宝轮寺舍利塔

8. 为建筑史、宗教史、科技史、艺术史研究提供珍贵资料（此仅为提纲，详讲座口述）

（1）建筑史：补充了高层建筑特点、建筑时代特征、建筑结构、建筑手法的研究实例。

（2）宗教史：①提供了佛、道、儒教建塔（含塔林）研究内容和建筑实例。②为少林寺唐代的四至范围提供了物证。③填补了禅宗六祖释法如的塔碑证物；④充实了明代少林武僧抗倭和守关史料。⑤为"三五一宗"灭法研究补充了文字资料和实物例证。⑥为佛教中国本土化葬制研究提供案例。

（3）科技史：补充、纠正了诸如元、明甃砌技术的实物资料。

（4）艺术史：为古代造型艺术、雕刻艺术、书法艺术、绘画艺术提供了丰富的实物研究资料。

9. 河南古塔掠影举例

（1）登封嵩岳寺塔（见本书336页）。

（2）安阳灵泉寺道凭法师烧身塔（见本书336页）。

图四十五　法王寺唐代砖塔

（3）开封开宝寺塔（开封铁塔）（见本书336页）。

（4）陕县宝轮寺舍利塔（见本书341页）。

（5）安阳天宁寺塔（见本书339页）。

（6）登封法王寺佛塔（图四十五），建于唐初，系平面方形十五级叠涩密檐式砖塔，高35.12米。此塔与西安荐福寺小雁塔、云南大理崇圣寺千寻塔合称为"我国著名的唐代三大密檐式塔"。

（7）安阳修定寺塔（图四十六~图四十八），建于唐建中二年（781年），系方形单层叠涩亭阁式砖塔，高9.3米。塔身四壁嵌砌高浮雕花砖3775块，非常精美，河南仅有，全国罕见。

（8）登封永泰寺塔（图四十九），因北魏孝明帝之妹永泰公主在此出家为尼，而得名。此塔建于唐代早期，系方形十一

图四十六　修定寺塔（维修后）　　图四十七　修定寺塔局部雕砖　　图四十八　修定寺塔局部雕
　　　　　　　　　　　　　　　　　　　　　　　　　　　　　　　　　　　　　砖图案

图四十九　唐代永泰寺塔

级叠涩密檐式砖塔，现高24.4米。为河南乃至全国重要的唐代大型砖塔之一。

（9）登封净藏禅师塔（图五十、图五十一），建于唐代天宝五年（746年），单层重檐亭阁式砖塔，高10.34米，该塔不但是我国现存最早的八角形塔，还为我国唐代砖塔中仿木结构的典型之作。

图五十　净藏禅师塔　　　　　　　　图五十一　净藏禅师塔人字拱与破子棂窗

（10）汝州风穴寺七祖塔（图五十二），建于唐代开元年间（713～741年），为平面方形九级叠涩密檐式砖塔，高约22米。造型优美，被誉为"唐代罕有的实物"。

（11）登封法玩禅师塔（图五十三、图五十四），塔建于唐贞元七年（791年），高8.1米，是少林寺塔林中最早之塔，塔门、塔刹石雕精湛。

（12）登封萧光师塔（图五十五），建于唐代。平面六角形，单层檐亭阁式石塔，高4.413米。六角形塔为唐代的稀有塔形。

（13）武陟妙乐寺塔（图五十六、图五十七），塔建于五代后周显德二年（955年），为平面方形十三级叠涩密檐式砖塔，高34.19米。为全国重要的大型五代砖塔之一，高大精美的鎏金铜刹更是全国罕见的。

（14）开封繁塔，又名天清寺塔（图五十八、图五十九），建于宋开宝七年（974年），现高36.68米。塔原为九层，明初毁上六层，清在其上建七层小塔。塔内外嵌砌佛雕砖108种7000余块、碑刻178方。

图五十二　风穴寺七祖塔　　　　　图五十三　法玩禅师塔

图五十四　法玩禅师塔石门和塔刹雕刻图　　　　图五十五　萧光师塔

（15）唐河泗洲寺塔（图六十、图六十一），建于宋绍圣二年（1095年），平面八角形十级楼阁式砖塔，高49.05米。

（16）邓州福胜寺塔（图六十二、图六十三），塔建于宋天圣十年（1032年），八角形七级楼阁式砖塔，高38.28米。地宫出土金棺、银椁等珍贵文物。

图五十六　妙乐寺塔

图五十七　妙乐寺塔塔刹

图五十八　繁塔

图五十九　繁塔顶部小塔

图六十　泗洲寺塔

图六十一　泗洲寺塔檐部构造

图六十三　福胜寺塔出土文物

图六十二　福胜寺塔

（17）永城崇法寺塔（图六十四、图六十五），建于宋绍圣元年（1094年），为八角形九级楼阁式砖塔，高34.6米。

（18）济源延庆寺舍利塔（图六十六、图六十七），建于宋景祐三年（1036年），高28.16米，六角形七级密檐式砖塔，修建塔碑于1973年在日本展出，塔身满砌佛像雕砖。

（19）鄢陵乾明寺塔（图六十八、图六十九），建于宋代，六角形十三层楼阁式砖塔，高38米许。天宫藏有铜佛和佛经等文物。

（20）新密法海寺塔（图七十、图七十一），建于宋咸平二年（999年），方形九级楼阁式石塔，高13.08米。"文革"时被拆，2019年恢复。

（21）洛阳白马寺齐云塔（图七十二、图七十三），建于金大定十五年（1175年），方形十三级密檐式砖塔，高25.07米。金代因袭古制之塔。

（22）沁阳天宁寺三圣塔（图七十四、图七十五），建于金大定十一年（1171年），方形十三级密檐式砖塔，高32.76米，金代因袭古制之塔。

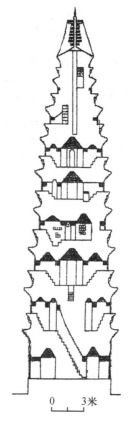

图六十四　崇法寺塔　　　　　　　　　图六十五　崇法寺塔剖面图

图六十六　延庆寺舍利塔　　　　　　　图六十七　延庆寺舍利塔佛龛

图六十八　乾明寺塔（维修后）

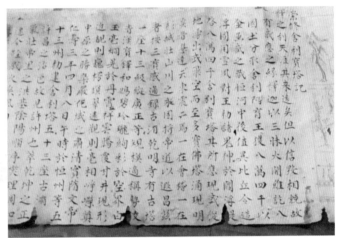

图六十九　乾明寺塔天宫所藏修塔记

图七十　法海寺石塔（1966年被拆前照片）

图七十一　法海寺石塔复建后

图七十二　白马寺齐云塔（维修前）

图七十三　白马寺齐云塔正立面

图七十四　天宁寺三圣塔

图七十五　天宁寺三圣塔纵剖面图

（23）修武百家岩寺塔（图七十六），建于金代，八角形九级楼阁式砖塔，高24米。

（24）登封衍公长老窣堵波（图七十七），建于金兴定二年（1218年），塔身圆形，窣堵波形石塔，高2.337米，塔额楷书"西京灵源院衍公长老窣堵波"。

图七十六　百家岩寺塔

图七十七　衍公长老窣堵波

（25）辉县天王寺善济塔（图七十八），建于元至元四年（1267年），系六角形七级楼阁式塔，高24.4米。颇具宋代砖塔特点。是河南现存重要的元塔之一。

（26）登封乳峰和尚之塔（图七十九、图八十），建于元至元五年（1268年），八角形七级密檐式砖塔，高9.46米。乳峰为金末元初名僧、少林寺住持。至元三年圆寂送葬者万余人，灵骨分四地建塔瘗葬。

（27）登封光宗正法裕公塔（图八十一、图八十二）建于元至元二十四年（1287年），六角形七级密檐式实心砖塔，高10.48米。裕公法名福裕，元廷授予最高僧官都僧省都总统之职。他制定少林寺七十字辈分名序"福慧智子觉，了本圆可悟。周洪普广宗，道庆同玄祖。清净真如海，湛寂淳贞素。德行永延恒，妙本常坚

图七十八　天王寺善济塔

图七十九　乳峰和尚之塔

图八十　乳峰和尚之塔石门雕刻图

图八十一　光宗正法裕公塔

固。心朗照幽深，性明鉴崇祚。衷正善喜祥，谨悫原济度。雪庭为导师，引汝归铉路。"这七十字辈，如今已传到"德行永延恒"的"行"、"永"、"延"、"恒"字辈了。他为少林寺中兴做出很大贡献，被誉为可与达摩相比的"开山祖师"。

（28）登封月岩长老寿塔（图八十三），建于元大德十一年（1307年），圆形石构喇嘛塔，高5.579米。此塔为月岩生前的"预建塔"。

图八十二　光宗正法裕公塔基座与　　　　　图八十三　月岩长老寿塔
塔身第一层正立面图

（29）登封还元长老之塔（图八十四），建于元至大四年（1311年），小八角形幢式石塔，高4.827米。

（30）登封古岩禅师寿塔（图八十五、图八十六），建于元延祐五年（1318年），为平面圆形石构喇嘛塔，高4.362米。

（31）登封坦然和尚之塔（图八十七、图八十八），建于明万历八年（1580年），圆形石构喇嘛塔。高5.14米。

（32）登封小山大章书公禅师灵塔（图八十九、图九十），建于明隆庆六年（1572年），圆形砖构喇嘛塔，高10.85米。小山圆寂后，门人将其灵骨分三地建塔瘗藏。

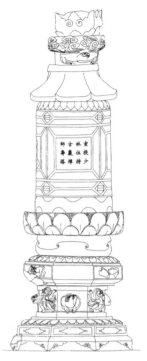

图八十四　还元长老之塔　　　图八十五　古岩禅师寿塔　　　图八十六　古岩禅师寿塔
　　　　　　　　　　　　　　　　　　　　　　　　　　　　　　　　　正立面图

图八十七　坦然和尚之塔　　　图八十八　坦然和尚之塔正立面图

图八十九　小山大章书公禅师灵塔

图九十　小山大章书公禅师灵塔正立面图

（33）许昌文峰塔，又名文明寺塔（图九十一、图九十二），建于明万历四十二年（1614年），许州太守郑振光为振兴当地文风在文明寺内建此文峰塔，为平面八角形十三级楼阁式砖塔，高49.536米。为河南现存最高大的明代砖塔。

图九十一　文峰塔

图九十二　文峰塔一层檐部构造

图九十三　大云寺塔

（34）杞县大云寺塔（图九十三），始建于唐代末年，重建于明万历二十四年（1596年），八角形七级楼阁式砖塔，原高21米，维修前高19.31米。塔身内外壁嵌砌佛像雕砖400余尊。

（35）鹤壁玄天洞石塔（图九十四、图九十五），建于明正德七年至九年（1512～1514年），方形九级楼阁式石塔，高14.41米。

（36）荥阳无缘真公禅师塔（图九十六、图九十七），建于明洪武十七年（1384年），鼓腹瓶形实心砖构喇嘛塔，高10.765米。

（37）宝丰文笔峰塔（图九十八、图九十九），建于明万历四十七年（1619年），六角形柱状体砖塔，高12.4米。

（38）新郑卧佛寺塔（图一〇〇、图一〇一），建于明代成化元年（1465年），八角形七级楼阁式砖塔，高15米。此塔具有因袭古制的建筑特点。

图九十四　玄天洞石塔（维修前）

图九十五　玄天洞石塔（维修后）

图九十六 无缘真公禅师塔（王学宾 拍摄）

图九十七 无缘真公禅师塔塔刹（王学宾 拍摄）

图九十八 文笔峰塔

图九十九 文笔峰塔侧面局部

（39）洛阳文峰塔（图一〇二、图一〇三），方形九级砖塔，高28.5米。传说宋时补风水建塔，明末毁，清初建此塔。

图一〇〇　卧佛寺塔

图一〇一　卧佛寺塔燃灯门图

图一〇二　洛阳文峰塔

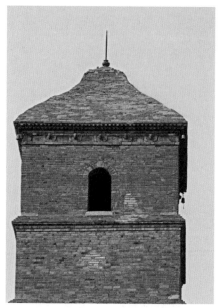

图一〇三　洛阳文峰塔九层塔门与塔刹

　　河南古塔数量之多，建筑时代之早，建筑规模之大，建筑文化内涵之丰富，可谓全国之冠。形成蔚为壮观的中原古塔文化博物馆，为增强文化自信，建设文化强国和广大人民群众参观旅游等发挥重要作用。

少林寺古建筑精华——塔林

　　释永信方丈约我给大家讲讲少林寺塔林。首先，简略介绍少林寺有关情况，少林寺创建于北魏太和二十年（496年），天竺高僧跋陀和达摩曾在此译经传法，历史悠久，是我国佛教禅宗的祖庭；系少林武术的发源地，少林武术传承千余年，影响海内外；少林武僧于唐初时期，助秦王李世民讨伐王世充，受到唐王朝的赞赏；明王朝征召少林武僧镇边、平倭寇，屡建奇功；少林寺历代高僧辈出，跋陀、慧光、僧稠、达摩、慧可、法如、惟宽、福裕、邵元、小山、正道等高僧在研究少林寺史，乃至佛教史研究中占有重要地位；少林寺虽经历史上灭法等磨难，但香火常盛，1500余年来佛事活动从未中断；少林寺兴盛时期，规模宏大，下院数十，僧众数千，成为古今的名刹；现存碑刻、建筑文物等异常丰富，官式建筑手法与地方建筑手法巧妙结合，更凸显了古建筑的学术研究价值；现在少林寺在国内外的影响日益扩大；少林寺面对少室山，北依五乳峰，周围群山环抱，林峦错峙，少溪东流，形胜绝佳，是古人运用堪舆学原理选择寺址的绝佳之地。以上充分说明少林寺为"天下第一名刹"的重要历史地位。

　　我从事古建筑保护和研究工作50余年，与既是我国佛教名刹，又是我国著名古建筑群的少林寺结下不解之缘。早在1961年，为了抢修古建筑和调查重要文物，并为推荐河南省公布第一批省级文物保护单位作准备，我第一次来到少林寺，被常住院的重要文物和初祖庵大殿、塔林名塔所深深吸引，通过记录、拍照，取得了丰富的第一手勘察资料。1963年，再次测绘少林寺图纸，将粮票和餐费交给知客后，食、宿在少林寺，每餐皆与诸位大师蹲在方丈室东南角露天饭场边吃边聊，说到少林寺的辉煌，也说到所经历的磨难，还讲了少林寺武僧甘肃天水打擂、许世友出家少林寺习武、少林寺大师严惩恶徒、小和尚执炭火斗沪僧、少林济困等许多少林寺的生动故事。我不但了解到很多至今难忘的知识，还与大师们建立了深厚的感情；不但目睹了1928年火烧少林寺后留下的残垣断壁，还真切的体验到当时寺僧生活的艰辛；不但看到了诸位师傅在行政大师带领下坚持劳作，坚持佛事活动的执着精神，还看到了少林寺众僧在保护少林寺文物方面做出的贡献。1965年8月，陪同我国著名古建筑专家杜仙洲先生及律鸿年先生勘察初祖庵大殿，编制大殿的保护维修方案，寺院提供诸多方便，使其顺利完成任务。1974年，虽然"文化大革命"尚未完全结束，但为了保护文物，政府拨付专款，抢修少林寺山门，我曾和登封文物干部官熙同志在寺院大力支持下，解决山门施工中遇到的一些疑难问题，保证了法式质量和工程质量。2002年，受释永信方丈的委托，为了编写《中国少林寺·塔林卷》，在此工作时间长达近一年，更与少林寺和大师们结下友谊和感情。在"天地之中"历史建筑群申报世界文化遗产的数年时间内经常到少林寺调研，商讨申遗工作中有关少林寺的事宜。我粗略统计，自从事文物工作50余年来，由于工作关系，在全省宗教活动场所（重要的历史建筑群）做古建筑勘察保护研究工作时间最长者要算是少林寺了。

我在讲塔林前，很简单地讲讲以上题外话，意在说明少林寺历史悠久和名寺地位，并说明我与少林寺及寺僧大师们的友谊、感情。

转入正题，向大家讲讲少林寺塔林的基本情况和历史、科学、艺术价值。

塔林位于少林寺常住院西南280余米的山坡上，南临少溪河，北依五乳峰，占地面积两万平方米。这里座座古塔昂然耸立，千姿百态，形如参天巨木，势如茂密森林，故有"塔林"之称，是少林寺历代僧人的祖茔墓地。绝大多数塔下瘗葬高僧大法师圆寂后的灵骨；少数塔下瘗藏圆寂高僧的袈裟、法器或经书等，称为衣钵塔。塔林内现存唐至清代的和尚墓塔228座，加上塔林周围属于少林寺的古代佛塔和墓塔15座，故塔林内外现存七朝（唐、五代、宋、金、元、明、清）砖、石塔243座。是我国现存塔数最多、规模最大、唐以降建塔时代最全、跨越时间最长、早期塔最多，文物价值最高的塔林，被誉为中国第一塔林。

少林寺塔林内现存古塔（包括塔身已毁，仅存塔基者）占地面积达19906.27平方米。塔林周边属于少林寺的佛塔和墓塔占地面积更大，它们分布在距塔林近者数百米，远者数公里的范围内。由于建塔的时代不同、形制多样、高低错落、雕刻精湛、文化内涵丰富等，构成研究古塔建筑的标本室，观赏古塔艺术的露天博物馆。

一处塔林个体塔数多少，是构成塔林要素的重要内容。全国现存多少处塔林，尚无准确数据。我经过数十年搜集资料，进行统计，估计现存塔林百余处，重要的塔林约60余处，其中河南现存塔林24处。其塔林中古塔数量最多者为少林寺塔林，塔林内现存古塔228座，周边古塔15座，共计243座，为我国现存古塔最多的塔林。我国第二大塔林——山东省长清县灵岩寺塔林，现存唐至清代和尚墓塔167座，常住院内还有一座辟支舍利塔，共有古塔168座。少林寺塔林228座墓塔比灵岩寺塔林167座墓塔多出61座，加上两处塔林周边之塔，少林寺塔林内外的243座古塔比灵岩寺塔林内外的168座古塔多出75座。仅多出的61座或75座古塔，就是一处大型塔林了。少林寺塔林个体塔数比我国第三大塔林——河南汝州市风穴寺塔林现存古塔数多出100多座。这里顺便给大家介绍一下少林寺塔林现存的243座古塔的数量在全国、全省和登封市是个什么样的概念。因为全国现存古塔到底有多少座，目前尚无准确的说法。自20世纪70年代至今，有说约3000多座，6000多座，也有1万座或1万多座之说，甚至有2万座之说。莫衷一是，故不便进行比较。而河南省对现存古塔数量有个较准确的统计，现存摩崖石塔（不含微型雕塔）219座（早者北魏，晚者北宋，多数为唐代雕塔）。现存独立凌空地面起建的砖石古塔606座（北朝时期砖石塔3座，唐代42座，五代2座，宋代39座，金代30座，元代95座，明清时期砖石塔395座），为全国现存古塔最多的省份。仅就全省地面起建的606座古塔中，少林寺塔林古塔就占其河南古塔总量的40%多。登封古塔之多，为全国县（市）之最，除"文化大革命"时期拆除的砖石塔外，现存各类古塔260座，其中少林古塔就占93.5%。通过上述比较，足以说明少林寺塔林古塔之多，为其非常重要的特点之一，在古塔建筑文化研究中占有独特地位。

少林寺塔林不但古塔数量多，而且自唐代以降建塔时代最全。我国现存塔林，由于种种原因，绝大多数的建塔时代都有缺环，甚至全为同一时代的佛塔或墓塔。而少林寺塔林自唐代至清代的建塔时代没有断代，一环不缺。这不但是其重要的特点之一，而且可以说是一部研究中国古塔的简史。塔林内外现存的243座砖石古塔中，有唐代塔6座（塔林内2座，塔林外4座），五代塔1座（塔林外），宋代塔5座（塔林内3座，塔林外2座），金代塔17座（塔林内16座，塔林外1座），元代塔52座（塔林内51座，塔林外1座），明代塔148座（塔林内146座，塔林外2座），清代塔14座（塔林内10座，塔林外4座）。按照243座古塔的时代顺序，依其在佛教史、建筑史、美术史，特别是少林寺发展史、圆寂高僧大师在塔林墓地瘗葬制度等方面具有重要的研究参考价值者，遴选出38座具有代表性的佛塔和墓塔，名列于后，供业界古塔研究者和旅游参观者参考。这38座古塔为唐代的法如禅师塔、武周塔、同光禅师塔、法玩禅师塔、萧光师塔、无名塔（塔林内最高的砖塔）；五代后唐行钧禅师塔；宋代弥勒佛塔、释迦塔、普通塔；金代西堂老师和尚塔、端禅师塔、崇公禅师塔、衍公长老窣堵波、铸公禅师塔、悟公禅师塔；元代乳峰和尚塔、光宗正法大禅师裕公塔、足庵长老塔、灵隐禅师塔、中林禅师塔、月岩长老寿塔、还元长老之塔、通济大师资公寿塔、弘法大师庆公之塔、古岩禅师寿塔、菊庵长老灵塔、息庵让公大禅师之塔、损庵和尚塔；明代竺东万公和尚灵塔、匾囤和尚灵塔、小山大章书公禅师灵塔、坦然和尚之塔、幻休和尚塔、雪居大师安乐处（塔）、无言道公寿寓（塔）；清代寒灰喜公大和尚舍利塔、彼岸宽禅师灵骨之塔。除以上38塔外，宋代智浩塔和童行普通之塔；金代无名塔（塔林北区180号塔）等，在塔之类型、塔之形制、营造手法、佛教文化内涵等方面尚有诸多特点。限于讲课时间和避免与本文其他内容重复，均不详述。

少林寺塔林在全国诸多塔林中建塔的跨越时间最长。少林寺塔林，在唐代和五代尚未形成塔多如林的规模。高僧大师圆寂后按照佛教传入我国后的规制，将其灵骨建塔瘗葬于常住院的周围，有的距寺院近一些，有的距寺院远一些。少林寺塔林现存的唐和五代时期的和尚墓塔共七座，仅有两座唐代墓塔建在塔林内，其他五座塔均散建在寺院周围的不同地方。少林寺塔林现存宋金时期的和尚墓塔20座均建在塔林内，方形成塔多如林的砖石墓塔建筑群，成为真正意义上的少林寺高僧墓地及和尚的祖茔的塔林。元明时期墓塔大量增加，成为全国最大的"塔林"。"塔林"之名是后人的称谓，古代无此名称。根据少林寺塔林现存古塔之塔额、塔铭、塔碑中的记载可知，古代不同时期对现塔林这处和尚墓地有不同的称呼。现塔林最北端的唐代法玩禅师塔，是塔林内最早之塔，可能此塔为这里的首葬塔，所以法玩禅师塔塔铭中仅记建塔的方位为"建塔于嵩丘少林寺西偏"。金代"海公禅师塔"塔铭记载："门人弟子焚收灵骨，来于寺西古坟之内建兹塔"。金代"崇公禅师之塔"塔铭记载："得舍利数百枚，起塔于少林寺祖坟。"元代"月岩长老寿塔"塔铭记载："立寿塔于寺之祖茔"。明代"嵩岩之塔"塔铭云："至正之末，天下大乱，兹寺失守，……事稍息，迁灵骨于祖茔，塔而葬之。"明代"观公大千之塔'塔铭言："葬于寺之塔院"。明代"忠公敬堂之塔"塔铭称："灵骨藏于少林塔院，高建浮屠，善始善终。"仅上述几例，似可说明：在这里明代称少林寺塔林为"塔院"；明初和元代称"祖茔"；金代称"古坟"和"祖坟"等。是少林寺历史悠久的实物见证。该塔林内外243座古塔，最早者为建于塔林之外的唐（武则天）永昌元年（689年）的"法如禅师塔"，最晚建塔时间者为清代嘉庆二十五年（1820年）的"善公和尚寿塔"，其间连续跨越七朝1131年。在全国现存塔林中，可谓绝无仅有，为其研究"塔林"非常重要的实例。

少林寺塔林现存早期塔最多。古建筑业界一般将元代以前的建筑称为早期建筑，明清时期的建筑称为晚期建筑。历史上由于战争动乱等人为原因和自然营力的破坏，全国现存塔林中元代及元代以前的塔较少，多为明清时期的砖、石塔，甚至整个塔林中全为清代墓塔，如河南宜阳灵山寺塔林16座和尚墓塔全为清代建筑。而少林寺塔林内外243座古塔中，元代及元代以前的砖石塔就达81座之多，其本身就可称其为一处大型塔林。81座塔占其总塔数243座古塔的33.33%，恰为三分之一。故少林寺塔林是全国现存塔林中元代及其以前砖石塔最多，为所占大型塔林中早期塔比例最大的塔林。这既是少林寺塔林的重要特点之一，也具有重要的研究价值和观赏价值。

少林寺塔林在全国现存塔林中的佛教史、建筑史、美术史等史学研究价值可谓非常重要。现分别予以介绍。

一

少林寺塔林在佛教史及少林寺兴衰、禅宗高僧佛学造诣、寺僧圆寂的葬制、唐代等时期寺院方位四至研究方面具有异常重要的实物资料价值。

（1）少林寺塔林中，不同时代和不同僧职所建的砖石墓塔，高低错落，形制各异。这是根据墓塔主人的佛学造诣、僧职高低、门徒多少、经济实力及当时建筑技艺等所决定的。即僧职高、门徒多、经济实力强者，所建墓塔则高大绚美，形制规范。反之，则建低矮简易之塔。如元代著名禅师、少林寺住持福裕，元廷授予他最高僧官都僧省都总统之职，还封赐"光宗正法大禅师"、"大司空开府仪同三司"、"晋国公"等。他为少林寺中兴做出了巨大贡献，被誉为可与达摩相比的"开山祖师"。圆寂后塔葬祖茔少林寺塔林。由于他在元代佛教界的崇高地位和对少林寺做出的巨大贡献。故他圆寂后在塔林中所建的墓塔，高达10.484米，塔形为七级六边形叠涩密檐式砖塔，通体磨砖对缝工艺非常精细，塔身一层檐下砌筑砖雕斗拱，整砌非常精美的砖雕四抹格扇门，塔身基部施叠涩束腰须弥座，束腰砖雕力士、牡丹、莲荷、化生童子、海石榴等绚丽图案。塔周砖筑"玉垣"，且为少林寺塔林内外243座古塔中唯一整筑"玉垣"之塔；释乳峰，为金末元初少林寺住持和著名禅师，在他住持少林寺的9年间，着力修复由于长期战乱遭到严重破坏的殿宇等，并恢复发展生产，使少林寺"数年间几还旧观"。至元三年圆寂，送葬者达万人。门人以灵骨分造四塔于燕京、少林、南宫和晖州山阳。建于少林寺塔林中的"乳峰和尚之塔"，高达9.462米，为平面六角形七级叠涩密檐式砖塔。通体用水磨砖精工砌筑，壁面平整光洁，砖石雕刻精湛，基座庄重秀美，塔身雄伟绚丽。承袭宋代建筑特征，开启元代建筑新风。不但是少林寺塔林中的代表性建筑之一，也是元代砖塔中的佼佼者；小山禅师是明代少林寺最具影响力的禅宗大师之一。他任住持的十年间，为少林寺的兴盛做出了巨大贡献，特别是数次派遣少林僧兵赴东南沿海抗击倭寇，屡建战功，名扬四方，被传为佳话。明隆庆元年圆寂，灵骨分葬于少林寺、宗镜庵和顺德府祖茔。少林寺塔林中"小山大章书公禅师灵塔"，保存完好，高达10.85米，为大型砖筑喇嘛塔，造型优美，雕刻精湛，是明代中晚期喇嘛塔的代表性建筑，具有重要的研究价值。在明代少林寺塔林中建塔的准入门槛降低后，低僧职和一般僧人圆寂后，也由其门徒建塔安葬灵骨，但塔体矮小，塔形简单，工艺粗糙，甚至顶无塔刹，如明代"秦公和尚灵塔"，高仅2.434米，单层基座，叠涩砖2~3层，塔身只有2层，顶无刹，为典型的小型砖塔。通过上述四例墓塔的简析，反映出僧职的不同所造墓塔的差异，为研究禅宗寺院瘗葬制度提供了实物资料。

（2）少林寺塔林中墓塔的平面布局，反映出少林寺寺僧圆寂后在祖茔择地建塔的葬制。以塔林内现存最早的唐代法玩禅师塔为上（尊北为上），像扇轴一样向下（南）扇面形展开，布塔安葬不同时代的寺僧灵骨，类似俗家长辈葬于北方（地势起伏者，则不完全拘泥北为上的常规，以后高前敞的后高为上尊），晚辈葬于长辈南下方的布局。不同之处在于，俗家是以血缘关系的宗族系列建造墓地，佛门则以寺僧师徒辈分关系建造墓地；俗家建墓冢，佛门建墓塔。少林寺塔林，由于地形和占地面积关系，又鉴于实行的是家族式的"子孙堂"制度，所以常以家族式的师徒关系在塔林（祖茔）中选择一片开阔地布塔安葬灵骨，这样难免有早期的祖塔分布在晚期"子孙"塔附近的情况；按辈分布塔的格局是师塔建在北上方，徒、孙塔依次建在师塔的南下方或南偏东下方、南偏西下方。如位于塔林西区的明代"少林寺提点富公寿安和尚灵塔"，墓塔主人富公法名周富，其塔为门徒洪知、洪整、法孙普雄、重孙广助等所建。在周富塔建成30年后，其徒洪整、孙普雄、重孙广助3座墓塔相继建成。师、徒、孙、重孙4塔的布局为周富塔位于北上方，徒洪整塔位于周富塔的左下方（南偏东）397厘米处，孙普雄塔位于洪整塔左下方（南偏东）960厘米处，重孙广助塔位于普雄塔左下方（南偏东）425厘米处。形成斜"一"字形的排列格局，不同辈分的徒塔均建在师塔的左下方。又如位于塔林西区的"少林寺首座晒公南洲之塔"，此塔建于明正德元年（1506年），晒公，法名圆晒，为少林寺首座。其塔为门徒可观等人所建。可观为少林寺初祖庵庵主，他的墓塔塔铭云"礼本寺南洲公为师"，"葬于寺之塔院，附本寺南洲塔左。"经实测徒可观塔位于师圆晒塔左下方（东偏南）88厘米处，与可观塔塔铭记载完全相符。以上为徒塔建于师塔左下方的实例；有的徒塔建在师塔右下方（西南），如建于明万历八年（1580年）的"周见和尚塔"，就建在其师"悟性和尚塔"的右下方（西南）115厘米处。还有的徒塔位于师塔的正南方。经实地勘测，少林寺塔林中徒塔建于师塔左下方者较多。上述可知佛教传入中国后，吸收中国传统的葬俗，结合佛教建塔的宗教制度，形成中国式的寺僧圆寂后墓塔方位布局的规制。

（3）少林寺塔林中的墓塔，经过实地勘察和查阅有关文献记载，可知多数为一僧圆寂后建造一座墓塔，也有一僧建二塔的，如位于塔林东区的元代延祐五年建的"和公山主之塔"，和公法名智和，先后任少林寺库司和登封永泰寺住持，塔铭记载"至元癸巳圆寂，灵骨分两处起塔，一少林寺，一永泰寺。"永泰寺为少林寺的下院，该寺的"智和塔"现已不存。又如位于塔林北区的"息庵让公大禅师之塔"，建于元代后至元六年（1340年），让公法名义让，号息庵，为元代著名禅师和少林寺住持。也曾在法王寺（河南登封市）、香严寺（河南淅川县）、空相寺（河南陕县）、灵岩寺（山东长清县）从事佛事活动，圆寂后的灵骨分别建塔安葬于少林寺和灵岩寺；有的一僧圆寂后建造三座墓塔的，如位于塔林东区的"宣授河南西路十州提领足庵长老塔"，建于元代至元二十六年（1289年），足庵，曾任少林寺和山东灵岩寺、北京万寿寺住持，圆寂后灵骨分送少林寺、灵岩寺、万寿寺三地建塔安葬；还有一僧建四塔之例，如元初著名大禅师乳峰，曾任少林寺和燕京万寿寺住持，圆寂后在少林寺（塔林）和燕京、南宫、晖州四处建塔安葬灵骨；少林寺塔林中还有多僧建一塔的情况，如位于塔林北区建于宋宣和三年（1121年）的"普通塔"，所谓"普通塔"，即一般和尚的公共墓塔，丛葬之塔，又名普同塔、海会塔。现存多数塔林无普通塔，只有大型寺院的塔林建有此类塔，有的著名寺院的大型塔林，还不只建一座普通塔，如少林寺塔林内不但建有上述北宋宣和三年的"普通塔"，而且在塔林北区还专门建有"童行普通之塔"。据佛教经典记载"禅宗寺院对于尚未得度之年少行者，称为童行。又称为童侍、僧童、行童。"且此塔林中其他墓塔皆坐北朝南，唯此"童行普通之塔"坐西朝东，即朝向少林寺常住院的方向，其受呵护之意昭然若揭；另外，少林寺塔林还建有衣钵塔。如明代著名禅宗大师和钦命少林寺住持正道，他的法名为正道，字无言，号雪居，称无言正道。他不但是主持少林寺时间最长的住持之一，而且是明末声誉显赫的名僧，为少林寺建设做出巨大贡献。他于天启三年（1623年）圆寂后，门徒在塔林东区为其建"雪居大师安乐处"（塔）安葬灵骨。并于天启四年，门徒圆会在少林寺常住院南山坡上为其建"上本师大和尚无言道公寿寓"衣钵塔。通过上述建塔情况的分析，可知少林寺寺僧圆寂后，既保留佛教传统的分舍利灵骨于多处建塔安葬的规制，又受中国汉族地区俗家葬制的影响，是研究佛教文化，特别是研究禅宗瘗葬制度弥足珍贵的实物资料。

（4）少林寺塔林中，多数墓塔即在寺僧圆寂的当年或其后不长的时间内建塔安葬灵骨。还有一部分因为战乱，或经济或其它佛事原因等，在寺僧圆寂数年或数十年才由门徒，或数代后徒孙等建造墓塔，称之为追建塔。如明末著名禅师和钦命少林寺住持慧喜，圆寂于明崇祯十二年（1639年），由于战乱，至13年后，于清顺治九年（1652年），才由其少林寺二十八代住持海宽等为其建塔安葬灵骨。又如塔林东区的"会公和尚塔"，建于清代嘉庆八年（1803年），会公法名圆会，字灵山，系明末高僧。塔额记载"庄严圆寂老祖灵山会公和尚之塔，大清嘉庆八年岁次癸亥八世孙清瑞建"。可知此塔为圆会和尚的八世孙为其建造的追建塔。少林寺塔林内有少部分墓塔的塔额或塔铭中涉及建塔时间或圆寂寺僧的世寿年龄、僧腊年数空缺，此应为寺僧生前的预建塔。塔林中还有少数塔，虽有建塔时间，但旁证材料证明墓塔主人仍在世，并未圆寂，这样的塔也应称之为预建塔。上述的追建塔和预建塔与中国汉族地区俗家陵墓葬制有相似之处，对研究佛教禅宗葬制具有重要的参考价值。

（5）少林寺塔林墓塔的塔额、塔铭、塔碑中大量记述有关佛教史，特别是有关少林寺的变迁和重大事件，著名禅师生平中其他文献或缺或欠详的内容，对佛教史，特别是对少林寺历史研究有着弥足珍贵的价值。如少林寺地区现存最早之塔"法如禅师塔"，位于寺东1公里许的台地上，建于唐武则天永昌元年（689年）。塔内现存的《唐中岳沙门释法如禅师行状》碑，碑文载："……如来泥曰未久，阿难传末田地，末田地传舍那婆斯……南天竺三藏法师菩提达摩绍隆此宗，武步东邻之国，传曰神化幽赜，入魏传可，可传粲，粲传信，信传忍，忍传如。"指出了中国禅宗历史上第一个传承系列表，清楚的记述禅宗在天竺（印度）的传承为如来—阿难—末田地—舍那婆斯……在中国的传承为菩提达摩—惠可—僧粲—道信—弘忍—法如。由此可见法如、慧能、神秀同为禅宗领袖，皆被尊为六祖。故此塔碑可谓研究禅宗史非常珍贵的第一手资料。

（6）少林寺塔林中的和尚墓塔在其塔额、塔铭或塔碑中皆记载有建塔、刻石者姓名，其含义与俗家刻立的墓碑相似。不同的是，俗家建墓冢，佛门建墓塔；俗家墓碑皆立于墓前，佛门塔碑有竖立于墓塔前的，有藏于塔心室内的，有嵌砌于塔身壁面的；俗家记述墓主人生平的墓志随葬于墓室内，而佛家墓塔的塔额嵌砌塔身正面的塔门之上（无塔门者嵌砌于塔身正面中央）。记述圆寂寺僧生平的塔铭多嵌砌于塔身背面的塔壁上；俗家刻碑建墓者是以血缘关系的家族系列刻记在墓碑和墓志中，佛门则是以师徒辈分关系将建塔者刻记在塔额或塔铭、塔碑中。塔林中还有以佛门徒孙为主，俗家亲属协助建造墓塔的。唯有位于塔林西区的"清公副寺之塔"，是俗家儿孙为他建造墓塔的。该塔建于元代至正十四年（1354年），塔身正面嵌砌石质塔额，楷书"至正十四年四月　日，清公副寺之塔，孝男周大……建"。说明清公出家前已婚生子，出家少林寺圆寂后由其俗子、俗孙为其建造墓塔。此虽为二百多座墓塔中的孤例，但对研究少林寺塔林也有参考价值。

（7）少林武术名扬中外，少林武僧在历史上也屡建奇功。特别是唐朝初期，少林寺主志操及惠玚、昙宗率领僧兵袭击王世充后路，生擒王世充侄子，送至唐营，助唐有功；明朝日本海盗经常骚扰我国东南沿海地区，少林寺僧兵应召抗击倭寇，立下战功。以上皆为大家熟知的历史故事。有些武僧圆寂后在塔林中建造墓塔安葬灵骨，并在塔额塔铭中记载他们参战的战绩，成为后人研究这段历史和抗倭立功武僧的直观实物载体。少林寺塔林东区现存的"友公三奇和尚之寿塔"，建于明代嘉靖二十七年（1548年），为平面方形的叠涩密檐式砖塔。友公，法名周友，为明代少林寺著名武僧和僧兵将领。"友公寿塔"塔身第一层南壁嵌砌石质塔额，楷书"敕赐大少林禅寺敕名天下对手教会武僧，正德年间蒙钦取宣调镇守山陕等布政边京，御封都提调总言统征云南烈兵扣官赏友公三奇和尚之寿塔……。大明嘉靖二十七年六月后旬李臣建立"。塔额文中明确记载周友于正德年间"蒙钦取宣调"镇守边关，并受皇封；奉命率僧兵前往云南平定叛乱，得到官赏；他的"僧俗徒众千外余名"，遍布省（河南）内外，且徒、孙中有武术大师和征战有功的武僧，可谓武僧世家；为他出资建塔者为河南府仪卫司千长李臣和洪仲、广顺等徒、孙，可谓官、僧共建墓塔。这些记录于当时的塔额铭文而非后世追记的时有不准确的文字资料，故对研究少林寺历史和武僧战绩，特别是研究武僧将领周友的生平史有非常重要实物资料价值。塔林东区现存明代"顺公万庵和尚之塔"，为平面方形叠涩密檐式五层实心砖塔。顺公法名广顺，为少林寺都提举，著名武僧，征战倭寇立有战功。在塔身第一层正面嵌砌石质塔额，楷书"敕赐少林禅寺都提举征战有功顺公万庵和尚享寿七十四之塔，孝徒宗武，孝孙道隆、道秋……时大明万历四十七年三月吉旦立"。塔林西区明代"大才便公之灵塔"，为平面方形叠涩密檐式砖塔。便公法名普便，号大才。为明代著名征战抗倭有功的少林寺武僧。在塔身第一层正面嵌砌石质塔额，楷书"敕赐祖庭大少林禅寺恩祖征战有功大才便公寿算八十三岁本大和尚之灵塔，孝孙宗卿、孝重孙道湖、孝垒孙庆志、庆望，天启岁次乙丑四月吉日孝孙宗卿立"。此"顺公和尚之塔"和"便公之灵塔"也为研究明代抗倭和少林武僧应召参战等提供了难得的实物资料。除上述武僧灵塔外，少林寺塔林还有多座武术大师和参战武僧的墓塔，限于篇幅，不一一列举。这些墓塔和塔之额、铭、碑文所记史料为研究少林武术和少林武僧抗倭守边等提供了非常珍贵的实物资料。

（8）在少林寺历史上，由于李唐王朝的大力支持，使其成为名扬四方，高僧云集，殿堂辉煌的著名寺院，所以唐代是少林寺的兴盛时期。现有史料和论著在讲到唐代少林寺时，仅是笼统的记述"规模宏大，声誉日隆"等等，但唐代少林寺规模究竟有多大，范围四至的界定等尚不清楚。我在2002年对塔林进行勘察时，结合塔铭对墓塔位置的记载及寺周地形地貌的分析，对唐代少林寺常住院四至的大体位置有个初步的界定。位于塔林内的"法玩禅师塔"，建于唐代贞元七年（791年），塔铭记载"禅师讳法玩，俗姓张氏，其先魏人也。……以贞元六年秋八月十三日寂灭于东都敬爱寺，越十九日，门弟子等奉全身建塔于嵩丘（山）少林寺之西偏，……。"法玩禅师系唐代名僧，他的一生时居洛阳，时居少林。"反邪归正，化昏作明，教被瀍洛，德高嵩少"。圆寂后建塔于"少林寺之西偏"，界定了唐代少林寺常住院西界的大致方位。加之常住院以西、塔林以东现存的"甘露台"，有关唐碑也有"台居寺西"的记载。故推测唐代少林寺常住院西至当在甘露台附近，或甘露台与现常住院之间。少林寺南界为寺前的少溪河，此为寺院的天然界限。唐代少林寺的北界应在现千佛殿的后墙以内，因千佛殿（又名毗卢阁、毗卢殿、千佛阁）是寺院最后一座殿堂，创建于明朝万历十六年（1588年），当时是"凿山为基"而建造的。经勘察该殿后墙确为开凿山石筑基礓墙，且墙后山坡上无建筑基址痕迹，故唐代少林寺北至位置当在现千佛殿附近。寺东虽地势较开阔，没有天然的寺院界限，但现存的两座唐、五代时期的和尚墓塔为我们觅得了寺院东界的答案。建于五代后唐同光四年（926年）的"行钧禅师塔"，塔身背后嵌砌的塔铭《大唐嵩山少林寺故寺主法华钧大德塔铭并序》记载"大德法讳行钧，俗姓阎氏，郑州阳武人也。……于同光三年七月二十日示灭，春秋七十八，僧腊五十九。本寺门人等依西国法茶毗之，薪尽火灭，收其骨灰，起塔于寺之东北隅。"明确指出了距唐仅晚19年的五代后唐同光四年所建的行钧禅师塔与少林寺的方位关系。特别是寺东现存的"同光禅师塔"，建于唐代大历六年（771年），塔身背面嵌砌石质塔铭，楷书"唐少林寺同光禅师塔铭并序……禅师法讳同光，晋人也。……大历五年六月二十七日于少林寺禅院结跏趺坐，怡然即暝暝。乃于寺东北六十余步，列茔松槚，建兹塔庙，苍苍烟云以永终。"塔铭明确指出同光塔位于寺东北60余步，为界定唐代少林寺东至提供了比较准确的依据。经换算一步五尺，60余步折合唐尺300余尺，约90米左右。现少林寺常住院东墙外沿至同光塔西墙外沿，垂直距离近60米。可知唐代少林寺东界位置当在现寺院之东院墙以内约10余米处。若以"六十余步"自然步计算，东界位置约在现今寺院东院墙处。通过上述分析，推测唐代少林寺常住院的四至位置不可能十分精确，但大致可以了解当时寺院的位置和规模，即与现少林寺常住院的位置和规模差不多，或稍大一点或稍小点。所以少林寺塔林内外和尚墓塔所在位置反映出与当时寺院方位和距离的关系，对研究唐代少林寺的历史，特别是研究唐代少林寺的四至范围和寺院规模具有重要的参考价值。

（9）少林寺塔林中有几座塔的塔铭或塔碑为日本来华求法僧人撰文、书丹，对研究中日佛教文化交流有一定意义。位于塔林东区的"菊庵长老灵塔"，建于元惠宗至元五年（1339年），为平面六角形叠涩密檐式五层实心砖塔，高7.72米。菊庵法名法照，号菊庵，少林寺住持。菊庵塔塔身第一层正面嵌砌石质塔额。塔身背面嵌砌石质塔铭，楷书"显教圆通大禅师照公和尚塔铭并序，当山首座日本国沙门邵元撰并书……"。位于塔林北区的"息庵让公大禅师寿塔"，建于元惠宗至元六年（1340年），为平面六角形叠涩密檐式五层实心砖塔，高8.78米。息庵法名义让，号息庵，元代著名禅师，少林寺住持。他圆寂后，门人分灵骨建塔于少林寺塔林和山东长清县灵岩寺塔林（我国现存第二大塔林），日本僧人邵元为其撰写《息庵禅师道行之碑》文，碑分别竖立于少林寺和灵岩寺（二碑尚存）。菊庵长老的塔铭由邵元和尚撰文并书丹，息庵禅师的"道行碑"为邵元和尚撰文。邵元，号古源，日本国福井县人。出家于日本东福寺，后任日本山阴道但州正法禅寺住持。他于元朝泰定四年（1327年）来到中国，遍访名刹，后至元时居少林寺住持息庵门下，曾任少林寺书记和首座（仅次于方丈的僧职）。他在中国长达20余年，精通禅学，汉语造诣颇深。1973年，郭沫若先生见到邵元撰书的塔铭和碑文的拓片时题诗曰"息庵碑是邵元文，求法来唐不让仁。愿作典型千万代，相师相学倍相亲。邵元撰写照公塔，仿佛唐僧留印年。花落花开沤起灭，何言哀痛着陈年。"少林寺塔林西区有一座"淳拙禅师之塔"，建于元朝至正十四年（1354年），为六角形叠涩密檐式七层实心砖塔，高达9.1米。淳拙，法名文才，号淳拙，系元代名僧，两度出任少林寺住持。明代洪武二十五年刻立的《嵩山祖庭少林禅寺住持淳拙禅师才公塔铭并序》碑，为日本僧人德始书丹。日僧邵元和德始所撰、书的塔铭、塔碑不仅文笔流畅，书法遒劲，具有重要的文物价值。而且是古代中日佛教文化交流和友好往来的实物例证，更是研究少林寺历史的珍贵实物资料。

（10）全国现存塔林，由于历史原因，遭到一定破坏，形成大型塔林较少，多数为塔数较少的小型塔林，造成塔林研究工作的缺憾，加之有些塔林中墓塔的塔额、塔铭的缺失等，使研究工作更为被动。而少林寺塔林不但个体塔数量多，而且多数墓塔保存状况较好，塔额、塔铭遗失者较少。经逐塔统计，在塔林内外的243座砖石古塔中，现存有塔额、塔铭（含少部分文字漫漶不清者）的古塔多达236座，许多塔既有塔额又有塔铭，故现存塔额、塔铭共297方，为研究工作带来诸多方便。但仍有一个问题长期存有争议，就是少林寺塔林中是否有女僧塔，即俗称的尼姑塔，甚至将塔林中的某男僧塔误认为是比丘尼塔。所以对此问题莫衷一是，说有说无者虽然也都讲了一些道理，但少林寺塔林中究竟哪座塔是女僧塔未能形成一致看法。直到2002年吕宏军先生在《嵩山少林寺》一书中提出位于塔林中的元代"惠圆塔"为尼姑塔。我在编写《中国少林寺·塔林卷》时，对塔林逐塔进行了长达数月的较详细的勘察。通过调查可知，"惠圆塔"位于元代和尚墓塔相对集中的塔林西区（西区元代塔占塔林内外元代墓塔的65%），建于元大德二年（1298年），为平面方形叠涩密檐式三层实心砖塔，通高仅为3.344米，塔身通体存留有淡黄色刷饰。塔顶用三层反叠涩砖甃砌，顶上无塔刹，是一座造型单简的小型砖塔。在塔身第一层正面嵌砌高33厘米、宽32厘米的砖质塔额，楷书"比丘尼惠圆塔，落发尼智聚、智云，建塔僧丑如、智兴，大德二年三月二十八日立"。通过塔形和塔额分析，可以肯定此塔无疑为一座女僧塔，其理由为①塔额中明确记载"比丘尼惠圆塔"，比丘尼也称"沙门尼"，俗称"尼姑"，梵文译为"苾刍尼"、"煏刍尼"、"比乎尼"，系佛教称谓，指女子出家后受过具足戒者。所以此塔是女僧塔，不可能是男僧塔。②塔额中记载"落发尼智聚、智云……丑奴、智兴"。据《宗教词典》释名，"比丘尼……俗称'尼姑'、'尼'。"所以落发尼明确其为落发之"尼"，即女僧。也旁证了惠圆的女僧身份。③距此塔不远处的"光宗正法大禅师裕公塔"前立的《少林开山住持裕公禅师之碑》记有惠圆为裕公的尼徒之一。查福裕在少林寺创立的七十字辈分谱系"福慧智子觉，了本圆可悟……"，自福裕始"福"为第一代，"慧"为第二代，"智"为第三代。惠圆的"惠"与"慧"同音，惠圆的尼徒为"智"字辈，均与七十字谱系相符。④塔额直称"惠圆"法讳，异于塔林中男僧塔多取法名后一字称"公"的称谓，如福裕称"裕公"。同为慧字辈，同拜福裕为师的男僧慧定称"定公"，慧庆称"庆公"。辞书云："公"，系对上了年纪的男子的尊称。此也可从一个侧面证其"惠圆塔"为尼塔。这座尼姑塔是少林寺已知现存的唯一的一座女僧之塔。对研究中国佛教历史，特别是研究佛寺和尚茔塔林有一定意义。所以也作为少林寺塔林研究中的一个问题予以记述，供业内研究者参考。

二

中国古建筑在世界上形成了独特的建筑体系，在世界古代建筑史研究中占有非常重要的地位。悠久的建筑历史，灿烂的建筑文化，造就了中国古代建筑的品类众多，成就辉煌。独立凌空，高耸入云的古塔，是我国古代建筑的重要组成部分。由于发展阶段、经济条件、社会环境、地域文化、建筑技术等等差异，形成不同时代，甚至不同时间段的古塔建筑都有其不同的建筑结构、建筑形式、材料质地、建筑手法和雕刻绘画、装饰风格等不同特征。保护研究古塔文化遗产，是我们义不容辞的责任。少林寺塔林由于古塔数量多，建筑历史长，建筑品类较全，建筑形式多样，为研究中国建筑史，特别是研究中国古塔建筑提供了弥足珍贵和无可替代的实物例证，成为其资料宝库的标本室。

（1）中国古塔虽然类型繁多，但自东汉建塔之始，直至清代晚期的近两千年以来，中国楼阁式塔与密檐式塔两种塔型，不但在中国最终完成了塔的民族化，而且各时代建塔数量和现存数量都是各类古塔中最多的，成为中国古塔的两种最基本的形制。少林寺塔林（含周围属于少林寺的古塔）中楼阁式塔和密檐式塔多达 206 座，占塔林古塔总数的 84%。特别是密檐式塔不但数量多，而且品类全，跨越时间长等，故密檐式塔的各种特征和不同形制，基本上都可以在这里找到实物例证。此为少林寺塔林在古建筑研究方面的重要特点之一，更是非常珍贵的实物资料。

（2）少林寺塔林中平面方形的砖石塔多达 172 座，占塔林总塔数的三分之二强，此可谓少林寺塔林的又一重要特点。我国东汉开始建塔，不但全是木塔，而且全是平面方形的塔。晋代虽建少量砖塔，但不论是木塔还是砖塔，其平面基本上仍为方形。南北朝时期虽出现了六边形和十二边形之塔，但绝大多数塔仍为方形。方形塔一直到隋、唐、五代时期仍系主流塔型。宋元及其以后方形塔急骤减少，特别是明清时期凡重要的大型塔很少采用平面方形的做法。而少林寺塔林内外现存唐代、五代、宋代时期的12座砖石塔中除萧光师塔外，均为平面方形之塔，甚至明清时期的塔大多数还采用平面方形的做法，这一重要现象，引起建筑史学者的关注。笔者通过调查分析，究其原因，可能有如下几点：①塔是由印度随着佛教的传入而传入中国的，中国早期塔仍保留诸多古印度佛塔的特征。古印度"窣堵波"原型的台基就是方形的。我国最早的塔就是印度佛教建筑窣堵波与中国传统楼阁建筑相结合的产物，形成中国新的建筑品类"塔"。②中国数千年的建筑历史，受传统理念的影响，民居建筑和宗教建筑等多采用方形的建筑平面，特别是楼阁建筑绝大多数都是方形的。汉代画像砖、石中的方形楼阁图像，汉墓壁画中的楼阁建筑图像，特别是汉墓出土的方形楼阁建筑明器及汉代遗址中的方形建筑基址等，均说明我国建塔之始的汉代楼阁建筑的平面多为方形，甚至有的汉代陶楼外形酷似方塔，被称为塔楼建筑。故修建方塔正体现了我国传统建筑的平面形制。③受中原地区古代"地方手法建筑"惯用袭古之制的影响。中原地区（河南和周边邻省一部分地区）古代木构和砖、石建筑除采用"官式建筑手法"外，多采用"地方建筑手法"，"地方建筑手法"的重要特点之一是因袭古制，保留较多的早期建筑做法，这也是建方形塔的原因之一。④建造方形砖石墓塔，建筑形制庄重，符合寺僧墓塔肃穆感的功能需求。⑤方形砖构建筑，设计简单，施工方便。建方形砖塔既无须建圆形塔时磨制弓背形砌砖的工序，又不需建六边形或八边形等砖塔时大于90°转角塔体的复杂砌筑工艺，而是利用长方形条砖直接砌筑壁体，设计、施工极为便利。⑥塔林中建成塔多为方形，使后建塔的匠师在建塔时，互相参照，互相影响，便于就近取样，就地建塔。

（3）斗拱是中国古代建筑所特有形制，也是古代建筑最具特色的部分。它既有结构的承载作用，又富于装饰功能。它既有抗御地震力等的破坏作用，又是封建社会等级制度的标志之一。故在相当程度上体现了我国古代建筑的建筑法式、建筑技艺、建筑等级、建筑功能、时代特征等方面的历史、科学和艺术价值。正是如此原因，少林寺塔林中早至唐代，晚迄清代的砖石塔，都非常重视斗拱的运用。位于塔林北区的唐代"无名塔"，高达12米许，是少林寺地区现存最高之塔。在塔身第一层檐下用朱红色绘出唐代斗拱形象。特别是塔身东、西、北三面均绘有朱红色的人字拱，更引起古建史研究者的关注。这种人字形补间铺作，曾见于南北朝时期的石窟雕刻和壁画中的建筑图像，到唐代以后已基本绝迹。此人字拱"影作"彩绘做法，在全国现存唐塔中尚属首例，具有非常重要的研究价值。塔林西区"通济大师资公寿塔"，建于元代延祐五年（1318年），塔身第一层檐下砖制仿木构的四铺作单抄计心造斗拱，制作规整，形象逼真。尤其是补间铺作与转角铺作的令拱两端皆为斜面，使其承托的散斗呈菱形状，具有重要的建筑史研究价值。我国已故著名古建筑专家、中国营造学社文献主任刘敦桢先生在1937年出版的《中国营造学社汇刊》第六卷第四期发表的《河南省北部古建筑调查记》，称："（少林寺塔林）元延祐五年（1318年）资公塔的令拱，两端具有斜面，与现存河北省南部和山东、河南、山西诸省木构建筑手法丝毫无异。以建筑常例来说，木构物的式样，反映到砖、石两种材料时，其式样必早已普及。故此种卷杀方法，产生在元代中叶以前，是无可疑问的。"数十年来，河南省文物考古工作者调查现存宋、元木构建筑和发掘宋、元砖石墓室，均未发现此种斗拱斜杀的做法。而河南现存的明清时期"地方建筑手法"木构建筑中，令拱拱端斜杀之制为数不少。故资公寿塔的令拱斜面做法，为探索河南乃至中原地区明清木构"地方建筑手法"袭古之制提供了实物资料和重要启示。另外，少林寺常住院现塔院内的"释迦塔"，建于宋元祐二年（1087年），塔身第一层檐下施四铺作单下昂斗拱。昂身制作规整，替木两端斜杀。替木两端斜杀竟出现在宋代砖塔上，实为罕见，似与令拱斜面有其渊源关系，对研究建筑史，特别是研究古建筑的时代特征具有非常重要的实物资料价值。塔林中其他施有斗拱的古塔，在研究僧塔等级、斗拱品类、斗拱形制、时代特征、斗拱与阑额和普拍枋等的比例关系诸方面，皆具有重要的参考价值。

（4）少林寺塔林内外243座古塔中，只有元初著名禅师、少林寺住持、晋国公福裕大师灵塔的左、右、后三面砌建有砖质围护墙。非常突出地表现出与众不同，引起种种猜测。经过对塔林勘察和查阅有关资料，对"福裕塔"建围护墙现象进行初步分析，可能与以下两方面原因有关：①福裕大师为元初著名禅师，少林寺住持，曾任元朝最高僧官都僧省都总统之职，统领全国佛教，被敕封为"光宗正法大禅师"之号，并被封为"晋国公"，是少林寺历史上唯一被封为国公的僧人。他任少林寺住持，大力经营，训徒说法，将少林寺恢复到金代的规模，达到空前的中兴，被誉为功德可与达摩相比的"开山祖师"。所以在瘗葬塔林的寺僧中他可谓至尊了。故建围栏，以示其尊崇和纪念。②在"福裕"塔周围建围栏，可能与古印度佛塔周围建的"玉垣"有关。据《中国建筑艺术史》记载，古印度人习惯在圣树（菩提树）或圣迹外建一周围栏，先是木制，后改为石筑。印度现存最著名的佛塔桑契大塔（创建于孔雀王朝阿育王时期，约为我国战国晚期。公元前二世纪将塔加高加大成现在的形制），不仅顶部筑有围栏，而且围绕塔之下部，修建有一周称为"玉垣"的围栏，围栏内可进行礼佛活动、以表尊崇。福裕塔围墙内，位于塔之东南约4米处立有《少林开山住持裕公禅师之碑》，塔前置石供案，以资祭礼之用，与桑契大塔"玉垣"建筑颇为相似。此对研究墓塔建筑历史有一定意义，但福裕塔周之围栏是否源于古印度佛塔的"玉垣"，尚可作进一步研究。

（5）我国古塔形制多种多样，大多数是以塔形分类命名，如楼阁式塔、亭阁式塔、密檐式塔等；或以功能分类命名，如和尚墓塔、舍利塔、文峰塔、过街塔；或以材质命名，如琉璃塔、木塔等。唯独喇嘛塔既不是以塔形命名，也不是以功能或材质分类命名，而是以佛教的分支喇嘛教（藏传佛教）命名的。学术界一般认为，喇嘛教从唐代传到我国内地，但到元代才得以广泛传播，所以中国内地从元代开始建造喇嘛塔。少林寺塔林现存喇嘛塔14座，其中7座石构小型喇嘛塔建于金代。在豫北也有金代建造的小型石构喇嘛塔（寺僧墓塔）。从而说明喇嘛教在中原地区广泛传播之前，已有喇嘛教活动，已经修建喇嘛塔，但多为小型石塔。元代开始建造大中型喇嘛塔，明清效之，大量修建此类砖石塔。所以少林寺塔林中的金代喇嘛塔是研究喇嘛教（藏传佛教）建筑的重要实物资料。

（6）塔林墓塔的建筑材料，是研究砖石古建筑，特别是研究古塔建筑的重要内容之一。张驭寰先生在《中国佛教寺院建筑讲座》一书中言"塔林里的塔一般以石塔为多，砖塔次之。盖因寺院大多在山区，石材易于取得，且寿命也较砖塔为长。"并以我国重要的大型塔林山东省长清县灵岩寺塔林和历城县神通寺塔林等为例，说明其有的塔林全为石塔，有的塔林多为石塔。而河南省境内现存的24处塔林中，林州市黄华塔林现存的15座古塔全为石塔，林州市碶峪寺塔林现存的21座整、残的和尚墓塔全为石构喇嘛塔，固始县妙高寺塔林11座墓塔全为石塔，商城县黄柏山塔林全为石构楼阁式塔。其它塔林，除摩崖石塔外，有的多为砖塔，有的全为砖塔。登封市现存的4处塔林，除少林寺塔林外其他3处现存塔林全为砖塔。少林寺塔林内外现存的243座古塔中，砖塔多达225座，石塔仅为18座。不同于国内某些大型塔林中石塔多、砖塔少的常例。少林寺塔林等河南多数塔林位于山区，不缺石材，但为何多建砖塔，究其原因，可能有以下四条：①中原地区佛教寺院中现存的大型佛塔绝大多数为砖塔，据以"早期佛教徒将塔作为对'佛'的崇拜，也就是说塔即是佛。"《无量寿经》中就提到这一点。所以河南寺院中礼佛的砖塔多，塔林中尊崇高僧的砖构墓塔就相应也较多。②在同类墓塔中，建砖构塔要比建石构塔经济成本低。③师徒墓塔的传承关系。④营造匠师在设计施工中，秉承传统理念，在塔林中相互参照，就地取样，就地建塔。少林寺塔林中多数塔砖制作规范、烧制火候高、抗压强度较大等，所以塔林中多数砖塔经历千百年后至今保存状况较好，此也为建砖塔多的原因之一。另外，顺便介绍一下与建筑材料有关的少林寺塔林中200多座砖塔的粘合剂，由于塔之建筑时代不同，其粘合剂的成分也不相同。塔林现存的唐代、五代时期砖塔之砖与砖之间的粘合剂全为黄泥浆（经化验含有糯米汁之类的有机物），这既是早期古建筑建筑材料的材质品类，也是鉴定古代建筑重要的时代特征之一。塔林内外现存的五座宋代砖塔的粘合剂与宋以前粘合剂成分有所不同。宋以前用黄泥浆粘合剂，宋代塔壁砌体砖与砖之间用白灰浆粘合，塔之壁体内粘合剂为黄泥浆或白灰浆，表现出粘合剂由黄泥浆向白灰浆过渡的嬗递关系。塔林中金、元、明、清砖塔的粘合剂全为白灰浆。塔林中的实心砖塔不是完全用砖砌筑的，而是在砖筑的壁体内采用填充碎砖瓦掺以黄土灰浆的结构。少林寺塔林中18座石塔均采用预制石雕构件，现场安装垒筑而成。由于少林寺塔林砖石塔数量多，经历的朝代多，跨越的时间长，便于进行比较研究，所以对其建筑材料及有关问题的探讨，就显得有较重要的意义。

（7）在调查古代砖构建筑时，发现不同时代的砖，其大小尺度不同，长、宽、厚的比例不同，形状也不相同。反映了不同时代的"砖"有其不同的时代的特征，这在古建筑研究中，特别是鉴定砖构建筑的建筑时代是一个不可回避的重要问题。鉴于目前鉴定古代砖构建筑时尚无此方面系统资料可循，故笔者在勘察少林寺塔林时，将205座砖塔的塔砖进行测量，按时代分类排队，进行比较研究，基本上摸索出从唐代至清代不同时代条砖在大小尺度、砖形等方面的时代特征。塔林内外唐代和五代砖塔的条砖多数长33～34厘米，宽16～17厘米，厚6～6.5厘米，其特点是大型砖是唐代、五代时期的主流砖型，部分塔砖背面印制有规范的绳纹；宋、金时期基本沿袭唐代旧制，砖之尺度未发现明显变化，但砖形等有明显区别，特别是金代条砖厚度较小，形成薄砖。宋代早期部分条砖仍带有绳纹等纹样，其后基本消失；元代条砖与唐、宋砖有明显区别，砖面无绳纹等压印纹样，出现了长仅31厘米的条砖，此为塔林中元代砖与其以前塔砖的不同特点之一，也是鉴定砖塔时代的依据之一。特别是元代晚期条砖明显变小，与明代砖的嬗递关系非常突出；明代制砖业得到了很大的发展，达到历史上的高峰。此在少林寺塔林中也得到了验证，一是明代砖塔多，二是条砖变化大。特别是条砖的变化，凸显了时代特征。这次在少林寺塔林中从100多座明代砖塔中选取160个样砖资料分为四大类二十五项排队分析，发现自明代起始有砖长在29.5厘米以下者，甚至有的砖长仅27.5厘米。这种长27.5～29.5厘米、宽13.5～14.5厘米、厚6～7.5厘米的塔砖占取样砖总数的二分之一，系塔林中明代塔砖的主流砖型，明显地表现出此时期的条砖长度减小、厚度增大的特点。此时期的砖塔也有采用大型条砖的，甚至有的砖长达36.5厘米，这可能与使用早期旧砖或因袭仿制早期条砖有关，但此类砖数量很少，为明代的非主流砖型。所以运用条砖特征鉴定明代砖构建筑是其有力的依据之一。少林寺塔林中清代砖塔的条砖多数长度为24～28厘米，其长度进一步减小。特别是清代中晚期塔砖的形制和尺寸与现代烧制的普通砖相近。此时期的条砖与其以前的条砖差异较大，很容易识别。

（8）少林寺塔林中砖塔的垒砌方法，有采用岔分的甃筑方法，有采用不岔分的砌筑方法。此不但涉及古代建筑技术史，而且也是鉴定古建筑时代特征的重要依据之一。业界一般认为元代及其以前砖石建筑砌体采用不岔分的建筑技术，明代开始采用灰缝岔分的砌筑方法。而少林寺塔林砖塔的砌筑技术有新的突破，为研究建筑史，特别是研究古代建筑技术史提供了新的实物资料。少林寺塔林内外19座唐至金代的砖塔全部为不岔分的砌筑方法；元代砖塔46座，其中不岔分的塔39座，岔分的塔4座（皆为元代晚期），岔分与不岔分相结合的塔3座；明代砖塔146座，其中岔分塔105座，不岔分塔25座，岔分与不岔分相结合的塔16座；清代砖塔14座，全部采用岔分的垒砌技术。通过上述排列比较，可知唐、五代、宋、金时期均为不岔分的垒砌方法，特别是唐、宋砖塔的砌体不但使用平卧顺砖和平卧丁头砖砌法，而且大量使用"补头砖"，说明当时营造匠师还没有灰缝岔分与否的意识。元代砌砖技术基本上承袭传统的不岔分手法。但从元代中期开始出现岔分与不岔分相结合的砌筑技术，这可能是此时期营造匠师萌发了岔分手法有利于砌体稳固的意识，故在同一座砖塔上运用两种砌筑方法，可视为不岔分向岔分过渡的阶段。塔林中4座建于元末的岔分砖塔，有力地说明元代晚期已经出现了体现营造业先进技术的灰缝岔分的垒砌方法，为研究元代建筑技术补充了新的实物资料，为鉴定元代砖构建筑提供了新的断代依据。塔林中146座明代砖塔，其中保留不岔分手法的25座，这25座塔除1座为明代晚期建筑外，其他24座为明代早期或中期建筑。采用岔分与不岔分相结合的16座塔中，2座建于明代早期，1座建于明末。其他13座，为明代中期建筑。完全采用灰缝岔分技术的105座明塔中，多数为明代中期和晚期建筑，少数为明代早期建筑。由此可知，明代早期绝大多数砖塔，仍采用传统的灰缝不岔分的砌筑手法，明代中期部分砖塔保留这种做法，明代晚期仅个别砖塔因袭不岔分的古制。岔分与不岔分相结合的砌筑方法，明代早、中、晚期均在应用，但以早期和中期较多，晚期仅有个别实例。岔分技术在明代广泛使用，可作为鉴定明代砖构建筑技术特征的重要断代依据。少林寺塔林14座清代砖塔，均采用灰缝岔分的砌筑技术，说明清代已完全淘汰了不利于建筑物砌体稳固的不岔分砌法。总之，岔分是中国营造技术进步的表现，不岔分则是早期古建筑的时代特征。通过不岔分与岔分的砌筑方法分析，对古建筑维修保护、建筑技术史研究、古建筑时代鉴定等均有其重要意义。

（9）少林寺塔林以明代塔为数最多，达146座，占其塔林总塔数的一半以上。明塔中又以万历年间建造的墓塔最多，达38座，洵为一处中型塔林。明代塔多，万历年间建塔最多，此二问题引起广泛关注。现就成因予以浅析：①明朝统治270多年，鼎盛时期经济发达，国富民强。建筑业在前代发展成熟的基础上，进一步得到了巩固和提高，形成中国古代建筑发展史上第四个高潮。特别是制砖业得到了很大的发展，达到历史上的高峰。故明代建塔多，而且还是建的砖塔多。②明王朝对佛教采取推崇、扶持、利用、控制的政策。加之比较安定的社会环境，也使元末遭到战乱破坏的佛寺得到恢复和拓展，寺院经济获得了较快的恢复和发展。自明代中叶以后，佛教势力渐盛，人才辈出。禅宗仍然是明代汉族地区佛教的主流，特别是明代末期，由于社会政治的腐败，士大夫纷纷逃禅，禅宗人才汇聚，出现一批声名显赫的人物。尤其是明万历年间，如一位佛教考古学者所云"明神宗万历年间，中国佛教界一度很活跃……皆名噪一时。而少林寺也以幻休常润和无言正道为住持，振兴了一阵子。"所以塔林中明代塔多，明塔中又以万历时期的塔最多。③少林寺武僧在明代的征战活动，特别是参加抗倭作战，屡建殊功受到皇帝褒奖。所以武僧圆寂后在塔林建塔安葬灵骨。④塔林中不少明代砖塔形体较小，垒砌粗糙，且有的系低僧职或一般僧人圆寂后，也由其门徒建塔，形成建塔的经济成本小，准入门槛低。以上四条可能是塔林中建造明代塔多的部分原因。塔林中百余座明代砖石塔，是研究明代砖石建筑，特别是研究明塔的资料宝库，具有重要的历史、科学和艺术价值。

（10）我国古代建筑的门窗装修是木构建筑小木作的主要部分，也是仿木构砖石建筑的建筑结构的重要组成部分。少林寺塔林砖石塔的门窗形式多样，造型逼真，雕刻精湛，具有重要的历史、科学、艺术价值：①少林寺塔林中的和尚墓塔皆为砖石塔，故塔之门窗皆为砖、石质材料制作而成，均为模仿木构建筑的结构式样，并发挥砖、石材料的特点，精雕细琢，使其更具建筑艺术的特色。塔门可分为实榻门和格扇门两种，实榻门除雕制门的形象外，还加入护法金刚力士的宗教内容。如唐代"法玩禅师塔"，在实榻板门两侧的立颊前各浮雕护法金刚力士一尊。这种形式，元明时期的墓塔仍在使用，如塔林西区的元代"乳峰和尚塔"，门两侧立颊通体高浮雕金刚力士各一尊。塔林东区明代"月舟禅师载公之寿塔"，门两侧高浮雕执剑金刚力士各一尊。塔林西区元代"灵隐禅师塔"，两扇实榻门的门扉上分别雕刻托塔、执剑的金刚，酷似俗家板门上张贴的门神。这种雕刻于门立颊和门扉上的金刚，其寓意护持的功能作用都是相同的。塔林中砖石塔所有的格扇门，皆采用四抹格扇门，格扇门的格眼、障水板、腰华板雕刻双交四椀毬纹格眼、三交六椀毬纹格眼、壶门如意头、方胜"卍"字纹、菱形花卉等精美图案。多数塔施两扇格扇门，仅金代"崇公禅师塔"施四扇格扇门。这里众多的砖、石雕实榻门和格扇门是研究古代塔门，特别是研究塔林墓塔塔门非常难得的实物资料，对研究木构建筑和砖石建筑门窗装修关系也具有重要的参考价值。②古建筑门钉的使用，既有实用价值，又有装饰作用，在封建社会还有等级制度的规定。少林寺塔林有二十多座古塔使用门钉，除一座塔的门钉为线刻外，其他皆用浮雕或高浮雕技法雕制门钉。每扇门的门扉上门钉数量多不相同，若门扉上置三路门钉，每路置三枚门钉，业界习称为三路三钉，皆以此类推。塔林中门钉配置的数量为三路三钉者1

例，三路四钉者2例，三路五钉者5例，三路八钉者1例；四路四钉者2例，四路五钉者5例；五路五钉者8例，五路六钉者1例。通过上述排比，说明这里砖石塔在使用门钉方面既没有明显的等级差别，也没有时代差异，且奇数和偶数兼用，极为自由。这正是少林寺塔林在运用门钉上的特点，具有重要的研究价值。③中国古代木构建筑，以及仿木构的砖石建筑，大约在汉代已经使用门簪，数量二至三枚，形状多为方形。唐至元代仍多为二至三枚，有菱形、方形、长方形数种，明清时期多为四枚。少林寺塔林有18座砖石古塔的实榻门和格扇门使用门簪。其中金塔多使用门簪两枚，保留早期建筑的传统做法，但已有少数金代砖塔使用四枚门簪。元代多数砖、石塔使用四枚门簪，明清时期的砖、石塔均使用四枚门簪。不同的是金元时期砖、石塔凡使用四枚门簪者，中间两枚与两边两枚的形状不同，有两枚圆形的两枚方形的，有两枚菱形的两枚瓜楞形的，有两枚菱形的两枚方形的等。明清时期四枚门簪多为同样形状，且簪面多有花卉雕饰。此为门簪研究和古塔鉴定提供了丰富的实物资料。④早在人类穴居时期，为采光和通风的需要，便在住穴顶端凿洞，谓之囱，也是最早的窗。后脱离穴居，建造房屋居住，便在墙上开窗洞，叫作牖。随着社会的发展，逐渐有了直棂窗、槛窗等。少林寺塔林砖、石塔的塔窗有两种形制：一为直棂窗，建于金代的"悟公禅师塔"，在东西外壁上各砌制一砖雕的直棂窗，高64厘米，宽89厘米，窗棂9根，形象逼真，与金元时期木构建筑的直棂窗形制相同。另一种形制为槛窗中的"格扇窗"，建于金代的"崇公禅师塔"和建于元代的"定公之塔"均在塔身第一层东、西壁面嵌砌格扇窗，其三交六椀毬纹格眼和米字纹花瓣格眼的形制及雕刻手法与塔林中同时期的格扇门一致。塔林中有的塔在其塔身第一层后壁镶嵌一块雕刻双交四椀毬纹格眼的方形雕砖，以示塔之后窗，此也为寓窗的一种做法。

以上就少林寺塔林有关建筑史研究方面的10个问题所提供的资料和初步研究，可知少林寺塔林不仅是少林寺古建筑的精华，而且是中国古建筑，特别是中国古代砖石建筑弥足珍贵的建筑文化遗产，具有非常重要的历史、科学和艺术价值。

三

少林寺塔林座座古塔，有的高大端庄，有的小巧玲珑；有的形如楼阁，有的檐如振飞的鸟翼；有的基座突兀，有的顶刹绚丽；有的通体砖筑，有的全身石雕；有的单层单檐，有的多层重檐；有的袭天竺浮图，有的仿中国木构；有的为塔体实心，有的中空至顶；有的塔身如柱，有的身形如碑；有的平面方形，有的六边、八边形等等，类型多样，形制各异。通过以上排比，依其塔之基台、基座、塔身、塔刹整体造型，可以说塔林二百多座砖、石塔没有完全一样的。真可谓每座塔就是一件艺术品，甚至有的塔精美的基座，绚丽的塔身，雕刻精湛的塔刹，就能构成独立的艺苑奇葩。故千姿百态的塔形，是研究古建筑造型艺术绝好的实物资料，是研究中国建筑艺术史的重要标本。

少林寺塔林古塔的砖、石雕刻，"多而精"是其重要特点，不但是研究古代雕刻艺术的宝库，也是颇受游人赏析的艺术珍品。所谓"多"，一是多数塔都有不同程度的砖、石雕刻；二是具体到一些重要的个体塔在其基座、塔身、塔刹、塔门、塔额、塔铭、塔碑、供案等不同部位或多或少，或简或繁的施有砖、石雕刻。所谓"精"，主要是雕刻技艺精湛，反映了当时雕刻艺术的高超水平。建于唐大历六年（771年）的"同光禅师塔"，在其石门楣上雕刻"净土变"舞乐图，画面呈半圆形，中部线刻两舞伎手执飘带翩翩起舞，地面铺着华丽的地毯。乐伎9人，分列两边，左边乐伎演奏鼗鼓、木琴等打击乐器，右边乐伎演奏笛、笙等吹奏乐器。构图甚为严谨，线条柔和流畅，人物栩栩如生，画面气氛热烈。此图上部雕刻手捧花盘、长裙赤足、飘舞云端的飞天，周边雕饰二方连续几何纹图案和凤鸟、花卉等动植物图案。这样的边饰图案或合抱式、或回旋式、或波浪式等，连绵相属，生动盎然。塔门两侧的石立颊正面自下而上线刻系铃蹲狮、护法金刚、升龙云气、化生童子等生动画面。立颊内侧雕刻缠枝花卉和瑞禽图案。塔门地栿雕刻狮兽和海石榴等精美图案。塔门之线刻以挺拔的铁笔线描勾勒，表现出唐代线刻画雄浑的气魄、华丽的风格及线条流畅、构图精巧的高超技艺，是唐代线刻艺术的上乘之作，具有很高的雕刻艺术价值。同光禅师塔不但塔门雕刻精湛，石雕塔刹也颇受称道，刹身和刹顶由覆钵、相轮、露盘、受花、宝珠等组成，通体浮雕飞天云气、鸟与旋纹、乳钉人面、宝装仰莲、花卉图案等雕饰。其造型优美，雕刻颇精，洵为石雕艺术之珍品，为研究唐代雕刻艺术提供了难得的实物资料。此塔的砖石雕刻系少林寺塔林砖石雕刻艺术的代表作。除同光禅师塔外，少林寺塔林中，唐代"法如禅师塔""萧光师塔""法玩禅师塔"，五代"行钧禅师塔"，宋代"下生弥勒佛塔""释迦塔""普通塔"，金代"西堂老师和尚塔""端禅师塔""海公禅师塔""崇公禅师塔""衍公长老窣堵波""铸公禅师塔""悟公禅师塔"，塔林北区的"无名塔"，元代"乳峰和尚塔""光宗正法大禅师裕公塔""定公之塔""足庵长老塔""灵隐禅师之塔""中林禅师之塔""月岩长老寿塔""还元长老之塔""通济大师资公寿塔""佛性大师寿塔""弘法大师庆公之塔""古岩禅师寿塔""菊庵长老灵塔""凤林禅师之塔"，明代"竺东万公和尚灵塔""小山大章书公禅师灵塔""坦然和尚之塔"等砖石古塔，在其塔的基座、塔身、塔刹部分的砖、石雕刻，不但雕刻的造型优美，雕刻的内容丰富，雕刻的构图严谨，特别是线刻、浅浮雕、高浮雕、平浮雕、素平雕刻、压地隐起雕、剔地起突雕等雕刻技艺高超，为同时代砖石雕刻的上乘之作。少林寺塔林可以说是一座砖、石雕刻艺术博物馆。

少林寺塔林300余品塔额、塔铭和有关碑刻的撰文、书丹者，既有知名大家，也有不知名的书家。其字体有楷、行、隶、草、篆，各具特色，不乏书法精品，是研究和欣赏书法艺术的重要参考资料。建于唐武则天永昌元年（689年）的"法如禅师塔"，塔心室内现存唐代刻立的《唐中岳沙门释法如禅师行状》碑，虽未留下撰书人姓名，但隶书碑文，书法苍劲有力，古朴典雅，方正精丽，洵为唐代早期书法艺术之佳作。金代塔额、塔铭其书法或遒劲古雅，或绚丽秀奇，具有一定的书法艺术价值。元代乳峰仁公禅师塔铭，铭文隶书，苍劲有力。元代《淳拙禅师道行之碑》，立于淳拙塔前，碑文行书，书法飘洒秀美。特别是少林寺首座日本国僧人邵元于元惠宗至元五年（1339年）撰文并书丹的《显教圆通大禅师照公和尚塔铭并序》，铭文楷书，不仅文笔流畅，而且书法端庄遒劲，具有相当的汉字功力，还是研究中日文化交流历史的实物资料，我国已故著名历史学家、考古学家郭沫若先生1973年见到塔铭拓片时曾题诗赞美。

少林寺塔林是世界文化遗产，是全国重点文物保护单位，是少林寺古建筑的精华，是嵩山旅游景区的重要景点，在国内外享有很高的知名度。不但具有重要的科学、历史和艺术价值，而且以它那挺秀优美的姿容，深邃的文化内涵，点缀着中岳嵩山的大好景色。我国已故著名建筑大师梁思成先生曾说："作为一种建筑上的遗迹，就反映和突出中国风景特征而言，没有任何建筑的外观比塔更为出色了。"所以，少林寺塔林以其诱人的巨大魅力，吸引着络绎不绝的国内外朋友，到此参观游览，考察访问。成为河南文物旅游的热点之一，成为到登封旅游必参观的项目，进而成为全国旅游的重要目的地之一。为登封乃至为河南旅游产业做出了重要贡献，为社会主义精神文明建设和物质文明建设添砖加瓦。少林寺塔林在建筑史、宗教史、美术史研究领域占有重要位置，在发展旅游业的进程中发挥着重要作用，是不可再生无可替代的全国重点文物保护单位、世界文化遗产。所以，我们要恪守《世界遗产公约》，遵守《中华人民共和国文物保护法》和《中华人民共和国文物保护法实施条例》，并依照《世界文化遗产保护管理办法》和《实施保护世界文化和自然遗产公约操作指南》的相关要求，进一步增强保护意识，采取强有力的保护措施，保护好、管理好、研究好、利用好这处弥足珍贵的文化遗产，使其延年益寿，代代相传，造福于广大人民群众。

（此文为笔者2012年10月22日在登封少林寺讲课稿）

赵国建筑文化遐想

韩、赵、魏三分晋国，赵成为战国时七雄之一。《史记》载，赵烈侯时倡"仁义"，行"王道"；"选练举贤，任官使能"；"节财俭用，察度功德"等。经过这些改革，使赵国的封建政权得以逐步稳固，促使其政治、经济、军事、文化的发展。极盛时期的疆域达到今山西省的中部和北部、河北省的南部和西部、陕西省的东北部、河南省北部、鲁西和内蒙古的一部分地区。

春秋战国时期，周天子力量渐衰，代表新兴力量的各诸侯国力量强大，并力图摆脱周王朝的控制，礼制等方面出现"僭越"现象。特别是营造规模和体量出现不合周制，各自为谋。其城市布局有规整的，也有不规整的，且不规整者较多。使之"礼崩乐坏"，形成多元发展的局面。秦汉以后，随着国家的统一，中央集权的加强，加之《考工记》的再现，出现了恢复规整都城的规划，类似西周洛邑王城规整布局，才终于重新确立并得到发展。

现就赵国及其同时代的建筑文化的有关问题，予以肤浅的探索。

赵都邯郸故城，系不规整的规划布局，由赵王城和大北城两部分组成。赵王城是赵国的宫城，平面呈曲尺状，由"品"字形布局东、西、北三城组成，总面积达512万平方米，周围残存高3～8米夯土城墙，四面各有2～3个城门遗址。城内有许多大型夯土基台，系宫殿遗址，呈左右对称形式，主次分明，有尊卑之分。位于中轴线上的龙台规模最大，长285米，宽265米，高19米，系主体宫殿基址。大北城位于赵王城的东北部，呈不规则的长方形，南北长6100米，东西宽4000米。城内有制骨、冶铁、制陶等手工业作坊，还有商业区和居民区。特别是城内东北部，还保留有"丛台"中的一座遗址。

综观赵邯郸城以及齐临淄城、郑韩新郑城、燕下都等同时期诸国都城遗址的考古发掘材料和文献记载，可知赵国等战国时代的建筑有下列几个方面的特点。

（1）城市大量兴起，除列国都城外，各国中小城邑明显增多。城市规模日益扩大。各城多建在依山傍水的平原地带，因地制宜，合理利用地形和水道。除个别城市外，墓葬区均在城外。

（2）诸侯国都城，僭越西周礼制，出现多元的局面，其规划布局多不规整。外城（郭）附在宫城的一侧或相邻两侧。城墙因势转折，不求方正。其规模不受"不得超过王城三分之一,五分之一,九分之一"的限制。也不遵"城角高七雉（雉高1丈）,城墙高五雉"的规制。

（3）都城遗址均有夯筑土城墙,除王室居住的宫城的"城"以外,还有与"城"并联或包在"城"外的"郭"。郭也有城墙,居住贵族或一般国人。体现"筑城以卫君,造郭以守民"。

（4）王室直接掌管的铸币、兵器等作坊,有的置于宫城内,但大多数手工业作坊分布在"郭"内。体现了"郭"对"城"的供养,"城"对"郭"的依赖。

（5）在高台上建宫殿是战国时代最普遍的做法,台皆由夯土或土坯筑成,即所谓"土阶"。赵邯郸城内高大土台就有15处,并有成排石柱础。推测其上的宫殿建筑物凌空相连,形成后来所谓的"阁道"。高台宫殿的具体做法是以土台顶部为中心,沿各级台边和台顶建造体量不等的屋、廊,上下相叠二、三层,形成一组雄伟的建筑群,采用内陛登台的方式（包括内部木梯）。这种结构方法,说明高层建筑的木结构尚不能独立,真正的楼阁类建筑还未出现。可能是在木架结构不发达的条件下,建造大体量建筑的原始办法,反映了"高台榭,美宫室"的以宫殿为中心的防卫和审美的要求。

（6）以宫室为中心的南北轴线布局的形成。邯郸的赵王城和燕下都均已经有了在轴线上以宫殿为中心的布局方法,与《考工记》所载大体相符,对以后都城规划和大型建筑群平面布局皆产生重要影响。

（7）集中的市场。据《考工记》"面朝后市"的有关记载,不难推测战国时代各国都城已有了集中的市场。有的建"重楼",有的"列楼为道"。它是随着手工业和商业的发展而产生的,是都城布局的重要组成部分。

（8）闾里的形成。根据《管子》和《墨子》的记载,春秋战国时各国都城已有闾里为单位的居住方式。可能此时期一部分闾里杂处宫阙和官署之间。至东汉以后才分区明确不相混淆。

（9）战国时代,建筑基本类型已较齐备,有台坛、殿堂、廊庑和以高台为依托的楼阁等。配置则有城垣、阁道、庭院及苑囿中的池沼、树木等。屋顶形式有四阿式（即以后所称的庑殿式）,是最尊贵的建筑形式,多用于宫殿等重要建筑。悬山、硬山、攒尖式建筑也同时使用。但尚未出现前后屋面均为一面坡的真正的歇山式建筑。

（10）斗拱的使用。西周初的青铜器"矢令簋"上,有我国已知最早的栌斗和散斗,但没有拱,所以屋檐不挑出。战国出土文物中已有形制较完备的斗和拱,是我国最早的斗拱组合形象。但这时的斗栱只是雏形,没有外挑的功能,还是依靠擎檐柱来支持出檐。

（11）建筑材料。中国建筑以木结构为主，柱、枋等建筑主体框架全用木材。战国时代的木材构架已脱离了原始的萌芽状态，但仍处于成长阶段。除茅茨屋顶外，筒瓦和板瓦在宫殿上较广泛的使用，装饰用的砖也出现了。尤其突出的是在地下所筑的墓室中，使用长一米许，宽三、四十厘米的大块空心砖，可见当时制砖技术已达到相当高的水平。战国晚期还出现造型优美的栏杆砖。

（12）涂料和彩饰的使用。源于对建筑材料的防护和建筑审美的双重需求。春秋战国时代已在抬梁式木构架建筑上施彩绘，而且在建筑彩绘方面有严格的等级制度，并有在瓦上涂朱色的做法。

战国时代手工业和商业发展。城市繁荣，且规模日益扩大，成为战国历史上城市建设的重要阶段。形成街道上车轴相击，人肩相擦，热闹非凡的情景。是中国建筑文化发展的重要时期。虽然使用"高台建筑"，尚不能建造独立的高层楼阁，但它对秦汉时期独立凌空的楼阁类建筑的出现，起到巨大的推动作用。对中国木构建筑体系的初步形成，起到了巨大的促进作用。为秦代、西汉出现中国历史上第一个建筑高潮奠定了坚实的基础。赵国建筑在春秋战国建筑史上占据重要地位，但实物资料不丰，研究对象主要是赵都邯郸故城。而鹤壁赵都中牟故城的城址尚未最终认定。今后考古工作的重点突破，依然是"城"、"郭"的墙体及其结构、城内布局、高台建筑、手工业作坊、陵墓、苑囿等建筑文化的探索。故草就此短文，向鹤壁赵都研究学术攻关课题组，提供以上不成熟的参考意见。相信通过考古专家的深入研究和这次学术研讨会的丰硕成果，定会觅得更确凿的实物资料，使鹤壁赵都中牟故城早日展现在世人面前。为赵国文化学术研究增添鲜为人知的重要物证。为地方经济、文化发展提供得天独厚的资源。

（此文为作者在"鹤壁赵都与赵文化研讨会"上的发言稿，
原载《黄河文化》2000 年第 4、5 期合刊）

（笔者注：为较多了解春秋战国时期建筑特点，请参阅杨焕成《中国古建筑时代特征举要·春秋战国时期建筑》，文物出版社，2016 年出版。）

甲骨文与房屋建筑浅析

我国是世界上历史悠久、四大文明古国之一。我们的祖先留下了丰富多彩的建筑遗产，使中国建筑成为世界上独具特色的木构建筑体系，在世界建筑史上占据非常重要的地位。有文字记载建筑的历史，当以甲骨文最早。我省安阳殷墟出土的有字甲骨达10万余片，其单字有近5千个，能辨认的只有两千个左右（其中500个考释分歧还较大）。与建筑有关的单字约有数十个，如 宫（宫）京（京）享（享）宾（宾）寝（寝）宅（宅）客（客）牢（牢）高（高）室（室）宗（宗）墉（墉）内（内）家（家）等字的形象来看，屋顶形式都是"坡"状的人字形。说明我国三千多年前的象形文字，真实地记录了当时房屋建筑的基本形制。通过浙江余姚河姆渡遗址、河南舞阳贾湖遗址、西安半坡村遗址和偃师尸乡沟商代城址、郑州商代城址、湖北盘龙城商代城址等房（殿）基的发掘考证，新石器时代和夏商时期房屋顶盖形式也都与人字形有关，如一面坡式（∧）、两面坡式（△）、圆锥体式（∩）、方锥体式（∧）、四面坡式（▱）。四面坡式不但有单层檐可能还有重檐。甲骨文中就有 字重屋形象。《考工记》载"殷人……四阿重屋。"，《礼记》称为"复霤重檐"。甲骨文的重屋象形字，文献中"重屋""重檐"记载，同样也得到了考古发掘的验证，偃师二里头遗址、安阳殷墟、黄陂盘龙城等发现"擎檐柱"。擎檐柱和檐柱的平面关系有的呈 形，有的呈 形（上为檐柱，下为擎檐柱）。擎檐柱的出现无疑解决了防雨、防晒，便于通风和日照，又能显示巍峨壮观效果的披檐"重屋"之高耸形象。四面坡"重屋"，即后代所称的重檐四阿式、重檐五脊式、重檐庑殿式。它在宫殿和庙宇中一直属于最高级别，只有最尊贵的建筑物才能使用此种建筑形式。通过甲骨文有关房屋建筑形式的考释，结合商以后的文献记载，并经过考古发掘验证，我国木构房屋建筑的几种主要形式除歇山式外，在夏商时期均已具雏形。其演绎轨迹可能为圆锥体发展成为圆形攒尖式；方锥体发展成为四角攒尖式，并由此而产生六角攒尖式和八角攒尖式；一面坡，即单坡式，是斜屋面最基本的单元，后代一切复杂的斜屋面，都是由它组合而成；两面坡式发展成为硬山式和挑山式（悬山式）；四面坡式发展成为单檐庑殿式和重檐庑殿式；歇山式建筑在当时虽未出现，但它是由四阿顶和挑山式组合而成，所以应是由两面坡和四面坡式演变而来的。

我国隋代及其以前的木构房屋建筑早已荡然无存。安阳殷墟出土的甲骨文中，一部分与建筑有关的象形文字下部为"台基"状，如"𠆢""𠇲"等，可知当时的重要房屋，下有阶基（台基），中有梁柱组成的屋身（有的使用干阑式结构），上有坡形大屋顶，已具备了房屋建筑由屋顶、屋身、台基三部分组成的结构方式。通过省内外几处商城遗址的考古发掘，发现宫殿建筑的基址部分均有夯土台，与甲骨文的有关字形相符。这种夯土台，既能起到"满堂基础"的作用，又可解决《墨子》所载"古之民，……穴而处，下润湿伤民……"的潮湿危害问题，洵为我国古代建筑技术的一大进步。

甲骨文中一部分与建筑有关的单字，抓住了古代木构房屋建筑，特别是宫殿建筑最基本最关键的部位，形成"𠆢"字形殿顶，"𠇲"形的柱承梁殿身，"□"形或"𠉢"形基台的象形文字。这种雏形木构架体系，得到先秦文献和考古发掘材料的印证，充分说明我们祖先造字的智慧，并且也是辨识此类文字的钥匙，更是研究我国古代建筑形成和发展的最早最宝贵的文字资料。

（原载《黄河文化》1999 年第 2、3 期合刊）

新 郑 石 塔

新郑县位于河南省会郑州南40公里的京广铁路线上。历史悠久，文物颇丰，是河南省文物重点县之一。在新郑众多的文物古迹中唐代清林寺石塔和唐宋时期温故寺石塔，以其自身重要的文物价值，受到业界的重视。1965年6月，笔者专程进行调查。现据调查资料予以简述。

清林寺石塔（图一）位于新郑县城北清林寺沟东1公里清林寺旧址。此塔通高2.61米，为石质单层亭阁式塔。塔的基部为单层须弥座，束腰之上为三级叠涩层，上枋素面无饰。其上浮雕单层覆莲一周。

须弥座承托方形塔身，塔身每面宽81厘米，系两块青石制成。南壁辟半圆拱形门，门高38厘米。雕尖拱形门楣，楣角为卷云形。门额上高浮雕形象生动的兽头，并雕有飘浮欲动的卷云纹。门两侧各雕刻一护法天王像，左边天王身着铠甲，头顶盔，足登靴，左手下垂，右手托塔，身躯微倾，神情严肃，矫健有力。右边天王像与左像基本相

图一 清林寺石塔

同，唯右手抱拳下垂，左手斜插腰间，身躯前倾，威武有力。充分表现出驱魔护法之寓意。门内雕一佛二菩萨，佛结跏趺坐于台座上，胁持菩萨伫立两边，塔门上方满刻铭文，由于长时间风化剥落，大部分字迹已不清。但"……天宝十年岁次辛卯四月癸□朔日庚申预建东塔一所，至大历十年岁次乙卯十月辛酉朔二十三日癸未子时……"等文字仍依稀可辨。据此铭文可知，清林寺可能原有两座石塔，合于唐代此类塔的建筑制度。塔身西壁亦刻有铭文，其它壁面素面无饰。

塔身之上为单层塔檐，出檐深达27厘米，此为唐代砖石塔的典型做法。檐下刻叠涩五层，叠涩层叠出部分较宽，符合唐代塔檐做法。檐上四面皆雕刻筒板瓦垅，当勾垅直，坡度平缓，还雕刻有博脊和垂脊。具有唐代殿顶做法的明显特点。

塔顶正中置塔刹，由两部分组成，下部为方墩状刹座，刻仰莲两层，莲瓣丰

满，刻工颇精。上部为露盘承托的宝珠。

河南现存唐塔30余座，其中石塔10余座，大多集中在黄河以北的豫北地区。清林寺塔是黄河以南三地（洛阳、登封、新郑）遗存唐代石塔之一。豫北唐代石塔全系方形密檐式，此为单层单檐亭阁式，且塔形与雕刻手法均为盛唐风格，为唐代石雕艺术的珍品。惜"文革""破四旧"时被拆毁（笔者注：部分残构件，现存郑州市商城遗址保护管理处）。

图二　温故寺石塔

温故寺石塔（图二）位于新郑县城北30公里荆王村东百米处的耕地内。寺内木构殿宇已早毁，唯塔独存。塔坐北面南，高3.25米，系七级叠涩密檐式方塔。其营造形式与密檐式砖塔相同。塔身第一层较高，正面辟门，塔门之上的塔额文字和塔身西壁镌刻的铭文题记字迹多已漫漶不清，仅依稀可识"敬造七级浮图"等字。七级塔檐的做法大致相同，檐下为叠涩层，檐上为反叠涩层。塔身之上为石雕塔刹，刹顶已残。从塔的造型和雕刻手法分析，可能为唐塔或唐宋时期建筑（笔者注：此塔现存新郑博物馆）。

根据文献记载，河南宋代砖石塔甚多。但由于战乱等原因，现仅存宋代砖塔31座、石塔2座。按照通例，宋塔多为八角形，次为六角形，方形较少，河南境内仅存5座。而温故寺塔为方形石塔，与河南浚县迎佛寺宋代方形石塔的出檐较短、叠涩层露明部分尺度较小等诸多做法相同或相似，又与河南现存唐代方形石塔的营造形式和雕刻手法较吻合。洵为研究唐宋塔嬗递过程的实物资料，亦是研究同时期石构建筑和石雕艺术的重要实例。

（原载《中州今古》1990年第5期）

注：此二石塔具有重要文物价值，特别是清林寺石塔已被拆毁，为不使其从我们记忆中消失，特将以上短文纳入《续集》，供当地文物保护和研究参考。

舞阳彩牌楼

舞阳县城北25公里北舞渡镇内，有一座建筑技艺精湛的木牌楼——山陕会馆彩牌楼。据《修钟鼓楼碑》载："南阳舞阳之北舞渡，为舞阳一大都会也。山陕之人，行商于南，云致而雨集。镇临汝水，西通汝洛，东下江淮，北转郑汴。江南商货由此吞吐中转"。所以，在清末兴建铁路之前，这里水陆交通发达，是豫西南重要的商品集散地之一。秦晋商人云集于此，为了接客迎仕，商贾联谊，合资兴建了山陕会馆。惜多数建筑早毁，现仅存大殿、卷棚和牌楼。其中彩牌楼建筑奇特，玲珑秀美，为河南清代牌楼建筑之冠。兹将其建筑结构简述于后。

彩牌楼位于山陕会馆卷棚前，南向，系三间六柱五楼柱不出头式牌楼建筑（图一、图二）。柱子排列成工字形，边柱斜出。边柱与中柱成三角形状，使两边的次楼成斜出的歇山顶。主次楼皆用灰色筒板瓦覆盖楼顶。主楼的正脊系用八节透雕花卉的脊筒组成，大吻吞脊前视。正脊中央仁立着造型优美、玲珑秀丽的重檐楼阁式脊饰，楼阁两边为造型逼真、栩栩如生的驼珠奔狮。这些华丽的脊饰，更

图一 舞阳彩牌楼正面　　　　　　　　图二 舞阳彩牌楼侧面

使楼貌增辉。主楼的垂脊与戗脊亦由透雕花卉的脊筒组成，脊端饰有造型生动的张口或闭口的垂兽与戗兽。戗脊外的岔脊由筒瓦扣合而成，并用一微微翘起的勾头瓦代替岔兽。次楼脊吻的构成情况基本与主楼相同。整个楼顶屋面当匀垄直、曲线缓和，楼檐层层叠叠，翼角高高翘起，婀娜多姿，翩翩欲飞。

主楼额枋下使用雕刻有花卉的变形花牙子骑马雀替。雀替之上为小额枋，正面精雕山水、奔兽，背面浮雕有缠枝花卉。其上为两层花板，透雕山水、林木、人物、建筑和花牙子，浮雕狮子、绣球和奔走状的麒麟。宽大的龙凤板中央悬挂一风字匾额，惜十年动乱时被毁。龙凤板之上复置额枋，枋正面透雕二龙戏珠，背面透雕两只展翅翱翔云间的凤凰。额枋上置斗拱，平身科五攒，皆十一踩出四翘，大斗为讹角斗。里外拽瓜拱，除用单材素面拱外，还有透雕缠枝花卉的花板形拱、驼峰形拱以及浮雕花卉、林木的标准形拱。用花板代替厢拱。要头雕成张口龇牙的龙头。柱头科斗拱正侧面皆为九踩三翘计心造，要头亦为张口龙头。主楼前后共有四根垂花柱，柱头雕刻四个瓣形花卉。垂花柱上置平板枋，平板枋上的柱头科为三踩单昂，象鼻形昂嘴上雕刻三幅云，要头雕刻成龙头状；平板枋上的平身科为三踩单翘，翘头两边出45°斜拱，斜拱上雕刻象首要头。

次楼的额枋下雕刻花牙子骑马雀替。小额枋正面浮雕宝瓶、花牙子等。小额枋之上为龙凤板，板上的刻字现已不存。其上复置额枋，枋面透雕滚龙和缠枝花卉。枋上置斗拱，平身科三攒，皆九踩三翘，大斗为讹角斗。柱头科的正侧两面各出九踩三翘计心造斗拱。柱头科、平身科及垂花柱形制皆同主楼。

楼身的中柱和边柱均为圆形，柱下垫置鼓形石础，每根柱均有制作规整的抱鼓石夹峙。中柱正面的抱鼓石上雕刻一昂首张口蹲卧的石狮，背面抱鼓石上雕刻一变形石狮。四根边柱的抱鼓石上无雕饰。牌楼下的工字形石基，把玲珑秀丽的彩牌楼高高托起，使得其巍峨壮观。

视其建筑结构和雕刻手法，推测该牌楼可能建于清代中晚期。这座木牌楼造型优美，雕刻颇精，反映了我国古代匠师的聪明才智，表现了我国古代建筑艺术的优良传统和独特的风格，具有一定的历史、艺术和科学价值，为河南省清代地方手法建筑的代表作之一。

（原载《中州今古》1983 年第 4 期）

注：此木牌楼虽为清代中晚期建筑，但在河南现存的木构牌楼建筑中具有典型的地方建筑手法的代表性，为给研究中原明清建筑地方手法建筑留下实录资料，故将此小文纳入本《续集》。

武陟陶楼是四阿顶不是歇山顶

——兼谈汉代的歇山屋顶

《中原文物》1983年第一期发表的《武陟出土的大型汉代陶楼》一文，在描述陶楼的形制时，称"（陶楼）三檐歇山式建筑……。"仔细观察发表的陶楼照片，发现楼顶不是歇山顶，而是四阿顶（明、清时称庑殿顶）。

房顶是中国木构建筑的最重要部分，它决定着房屋建筑的形制。在古代，按照封建统治者所规定的制度，屋顶的形式是有严格等级差别的，不允许随便乱用。通常以重檐庑殿为最高等级，如北京故宫的太和殿和明长陵棱恩殿等。重檐庑殿（四阿顶）以下的等级，依次为重檐歇山、单檐歇山、悬山等。汉代建筑屋顶的等级差别还不甚清楚，根据汉画和建筑明器所示，汉代由木构架结构而形成的屋顶，已有六种基本形式——四阿、悬山、硬山、囤顶、攒尖和歇山。但这个时期的歇山顶，与南北朝以后的歇山顶不尽相同，只能算是歇山顶的雏形。因为它是在四阿顶上加盖悬山顶，形成悬山顶下檐搭在四阿顶屋面上，二者之间为梯级状，成为悬山顶的滴水直接落在四阿顶前后屋面上的两叠（两段）式歇山建筑上。如四川牧马山崖墓出土的东汉陶屋（见刘敦桢主编《中国古代建筑史》），使用叠瓦屋脊。并明显的表现出悬山顶坐在四阿顶上，形成两叠式的歇山顶（图一）；美国纽约博物馆所藏的汉明器（见1934年出版的《中国营造学社汇刊》五卷二期），清楚的显示出叠瓦脊和两叠式歇山顶（图二）；日本飞鸟时代（相当于我国南北朝晚期至唐代早期）的法隆寺玉虫厨子屋顶亦是采用两叠式的歇山顶，清楚地表现出悬山顶坐在四阿顶上的形制（见1932年出版的《中国营造学社汇刊》三卷一期）（图三）。这种阶梯状两叠式歇山屋顶到后来仍然存在，如山西霍县东福昌寺大殿（见1934年出版的《中国营造学社汇刊》五卷二期），虽系元代建筑，但保留了汉代二叠式歇山顶的做法洵为罕见。河南明清时期地方建筑手法的大型殿式建筑也有变形的两叠式歇山屋顶的做法。

我国至今尚未发现汉代建筑（包括汉画像石刻中的建筑图像和汉代陶建筑明器）前后屋面均为一面坡的真正歇山顶。所以若发现汉建筑画像或汉代陶石建筑明器等为歇山顶，应详细描述建筑形式，说明是二叠式歇山顶还是一面坡歇山顶（图四），以免造成混乱，传递错误信息。

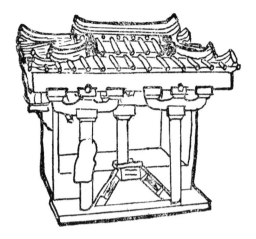

图一　四川牧马山崖墓东汉陶明器

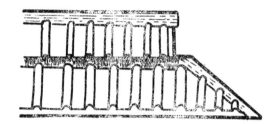

图二　纽约博物馆藏汉代陶明器

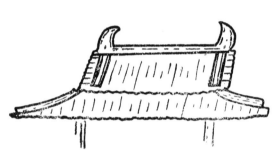

图三　日本法隆寺玉虫厨子

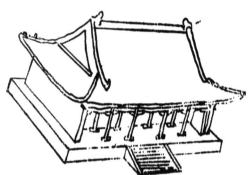

图四　南北朝以后的一面坡歇山式建筑

（原载《中原文物》1984 年第 4 期）

　　注：鉴于我省有的文物专业人员，在记述汉代建筑画像砖石和汉代陶、石建筑明器时，对四阿顶与二叠式及一面坡歇山顶建筑辨析不清问题，故特将此小文纳入本《续集》，供参考。

亭台楼榭竞奇秀　妙笔绘就汉时风

——评《河南出土汉代建筑明器》

汉代是我国经济文化发展的辉煌时代，此时期建筑群的布局和木结构、砖石结构建筑技术已趋成熟，独特的中国建筑体系已基本形成，出现了我国建筑发展史上第一个高潮。位于汉代政治、经济、文化中心区域的河南，营造业的成就尤为突出。但由于种种历史原因，汉代木构建筑早已荡然无存。河南仅存的四处东汉石阙建筑亦残缺不全。庆幸的是诸多汉代墓葬中出土了大量陶质、石质建筑明器。这些直观真实表现汉代建筑的实物资料，是研究同时期建筑文化无可替代的绝好标本。

由河南博物院建筑明器课题组编著、张勇主编的《河南出土汉代建筑明器》（以下简称《明器》）一书，已于2002年10月由大象出版社出版，填补了中原地区古代建筑明器系统研究方面的空白。

该书20万字，119幅彩色图版，99幅黑白图版，76幅墨线插图，涉及汉代建筑明器文物多达230余件（组）。内容丰富，资料翔实，见解独到，图文并茂，泱泱大观。特别是从"河南汉代建筑明器定名与分类概述"、"河南汉代建筑明器类型学与年代学研究"、"建筑明器起源及相关问题讨论"、"河南建筑明器所反映的建筑技术与装饰艺术成就"、"河南出土汉代建筑明器类型分期表"等五部分进行系统地、深入地研究，提出并较好地回答了相关学术领域正在探讨或尚未涉及的一些问题。

《明器》根据历史文献、建筑形式、建筑的功能用途及附属件等，将河南出土的建筑明器较妥当地定名为仓楼、台榭、望楼、作坊等十三大类。纠正了有关考古发掘报告和研究文章中部分器物定名不当的问题。并进行器型比较研究，将十三大项模型明器逐一细分为型、式、种。如"仓楼"分为七型十九式，有的"式"中还区分若干"种"。数百件形制各异、种类繁多的建筑明器得以规范定位，方法得当，条理明晰，一目了然，便于掌握和使用。在此基础上，根据考古发掘资料和已建立起来的汉代考古学标尺，将经过科学考古发掘出土的汉代建筑明器，以及散存各地的征集品、传世品等失去共存关系的建筑模型明器，加以梳理分析，从而探讨其时空分布特点，进行类型学和年代学方面的研究。将各型各式汉代建筑明器分豫北、豫中、豫东、豫西、豫南五个区域分别论述，并采用中国考古学分期方法，划分为西汉早、中、晚期，东汉早、中、晚期（西汉以高祖至景帝为早期，武帝、昭帝、宣帝为中期，元帝至更始帝为晚期；东汉以光武帝、明帝、章帝为早期，和帝至质帝为中期，桓帝至献帝为晚期）。考虑到一些过渡期文物跨越两个时段的特殊情况，为了更确切表述年代的相对早晚，又使用了西汉晚期至东汉早期、东汉早中期、东汉中晚期等分期方法。这种首次以大量篇幅，较为全面系统的分类分期研究汉代建筑明器的方法，不仅是一种治学态度严谨的科学精神，而且为汉代考古分期断代提供了新的参考，建立了建筑明器断代分期的标尺。此系《明器》作者走遍全省，大胆探索，数年潜心研究获得的丰硕成果，是对考古学研究的贡献。为田野考古发掘，为历史学、建筑史学研究，为博物馆文物保管、陈列展览，为教学、旅游等方面提供了便利条件。

中国木构架建筑，系世界上独具特色的建筑体系。经过原始社会萌芽，夏商周三代的发展，至两汉时期已渐趋成熟。历史文献记载了许多规模宏大、建筑技艺精湛的群体建筑与单体建筑。但因所有地面上汉代木构建筑均已不存，故现在只能通过考古发掘，验证其平面布局，而无法了解其整体形象和建筑结构。所以，运用数量较多、形象逼真、形体各异的汉代陶、石建筑明器研究当时的建筑制度、建筑结构、建筑特征、建筑功能、平立面关系及整体形象、建筑技术与艺术、建筑与社会生产生活关系等显得特别重要。河南出土的汉代建筑明器，属中原地区的建筑风格，为两汉时期的"官式手法"建筑，与江南等地的"地方手法"建筑的"曲尺式"、"三合式""高架栅寮式"等差异较大。《明器》作者通过对河南出土汉代建筑明器的平面布局、层数、结构、屋顶形式、梁柱、斗拱、平座、门窗、楼梯、踏步、脊饰、瓦件等的设计和制作进行深入研究，就其反映的建筑技术成就和装饰艺术成就两大方面几个子项展开论述。较为充分地揭示出我国自两汉以后虽然多次经受外来文化不同程度的冲击，但中国建筑体系始终以其成熟性和特有的泱泱大国之风独立于世界建筑之林的真谛。特别是这批建筑明器在建筑结构、建筑形式与建筑材料等方面有许多特点，为研究建筑史提供了非常重要的实物资料。其中斗拱的变化尤为突出。汉代虽有斗拱，但由于种种历史原因，诸多问题长期得不到解决。至今学术界还有人认为"（汉代）看不到直接由栌斗中出跳的华拱"。而本书收录的密县后士郭出土的仓楼，下层两朵斗拱的栌斗均开有槽口，伸出华拱。拱身有适度的上留和较长的下平出，上留和下平出之间明显地刻制出单卷瓣，形成完备的折线拱形的华拱，否定了汉代无华拱之说。此仓楼的栌斗下突出一块板状物，形似皿板，对探讨皿板的起源有重要的作用。灵宝张湾汉墓出土的两座陶楼，由角隅处向外伸出45°挑梁，其上置斗拱一朵承托正侧两面的屋檐，可谓汉代比较完备的转角铺作，也是汉以后典型转角铺作的雏形。以往出土的汉代建筑明器，尚未发现独立凌空的八角形柱，而密县出土的陶仓楼采用上下直径相同、无收分无卷杀的八角形立柱支撑仓梯，为研究汉柱的珍贵实物资料。此柱下带乳钉的覆盆状柱础异于已知的汉代柱础，可能是覆盆柱础的鼻祖。汉代瓦当正面通常用蕨纹图案，而淮阳县出土的陶楼却采用汉以后才盛行的莲花纹瓦当，实属少见，很可能是我国已知最早的莲花纹瓦当。还有诸多研究汉代建筑的惟一性问题，在河南出土的陶质、石质建筑明器中都能寻得答案。

《明器》采用上述考古研究与古建筑研究相结合的方法，为读者提供了极大便利。故它不但是一部很好的学术著作，也是汉代考古、建筑史、美术史研究者的工具书。

（原载《中原文物》2003 年第 3 期）

河南清代官式手法建筑——嘉应观

　　河南省地上地下文物古迹异常丰富，被誉为全国两个文物大省之一。在品类齐全数量众多的古代建筑中，有三处保留清代官式建筑特征的木构建筑群，特别引人注目。它们是武陟县嘉应观（建于雍正初年）、登封县中岳庙（多为乾隆年间大修后的建筑）、安阳市袁坟建筑（虽建于民国早期，但保留着较纯正的清末官式建筑特征）。

　　我国古代建筑经历数千年的发展历史，在一定的自然环境和社会历史条件下，通过不断地继承和发展，形成独特的传统建筑体系，成为世界建筑宝库中的一份珍贵遗产。明、清时期的建筑，在唐、宋、元时期发展成熟的基础上，进一步得到了巩固和提高，形成中国古代建筑发展史上最后一个高潮。特别是北京、承德等地的清代建筑，严格按照朝廷颁布的营造官书《工部工程做法则例》（以下简称《则例》）的技术规范进行建造，规模宏伟，技艺高超，被称为清代官式手法建筑。而河南广大地区营造业匠师多不遵《则例》规定，因袭传统手法，加上自身发展，形成与官式建筑手法差异很大的清代地方建筑手法。所以全省绝大多数清代建筑系河南地方手法建筑。如少林寺、风穴寺、白马寺内的清代木构建筑；社旗山陕会馆、开封山陕甘会馆、洛阳潞泽会馆、周口关帝庙等雕刻精美的群体建筑，均属于河南地方手法建筑。

　　嘉应观非民营建筑，而是雍正初年，为黄河安澜，奉敕建造的宫廷式庙宇（图一）。且是河南省现存最早的清代官式手法建筑群，具有非常突出的建筑特点。木构殿堂的面包状昂嘴、平齐的柱头、鼓镜形柱础、较严格的斗口模数、整齐的柱网、距离均等的攒当（斗拱间距）、无卷杀的飞椽、大额枋出头刻霸王拳、无颤度的斗形、斗之耳腰底高度之比多为4∶2∶4、明栿造的规整梁枋、规范的卷瓣拱头、短小的昂下平出、大额枋小额枋由额垫板平板枋的组合形式、殿式彩绘、足材实拍的正心枋、足材蚂蚱头状的耍头、檩垫枋的配置、大额枋与平板枋断面呈"凸"字形、柱高与斗拱高之比例、每攒斗拱的拱长比例、柱高与柱径之比例等等，都基本符合《则例》的规定，显示出建筑结构纯度高的清代官式建筑特点。已故著名古建筑专家祁英涛先生曾亲临嘉应观考察，对该建筑群的官式建筑手法，给予很高的评价。特别指出殿内的清代原始建筑彩画有很高的研究价值，一定要保护好，因为这样的建筑彩画在北京地区的清代官式建筑中已经不多了，尤为珍贵。

　　嘉应观内现存御碑亭的御碑，高4.3米，为内铁外铜的金属碑（图二），系雍正

图一 武陟嘉应观

图二 雍正御碑（摄影 付力）

皇帝撰文、书丹，记述为黄河安澜，筑堤修观祭祀河神，以靖国安民。此金属碑河南仅此一例，全国罕见。雍正帝下诏修建的敬奉龙王的嘉应观，为黄河流域最大的河神庙。该观东、西院分别为河台衙署和道台衙署，故此为一处少见的庙观、衙署一体的清代建筑群。

　　近年来，国家几次拨款维修，使其得以较为妥善的保护，并建立保护管理机构，对外开放，成为参观游览的场所。取得了保护与利用良性循环的效果。

　　　　　　　　（此文原标题为"古建精华　民族瑰宝"，载《武陟文史资料》，

　　　　　　武陟政协学习文史资料委员会编印，1994 年 10 月）

《中原文物》出版百期笔谈

　　全国创办最早的省级文博类学术刊物《中原文物》，伴随着祖国改革开放的春风走过了25个年头，迎来了出版发行100期的喜庆日子。我作为文博界一名老兵，目睹了它由幼年时期的内部刊物发展到今天享誉国内外的"中国人文社会科学核心期刊"，进入了朝气蓬勃全面发展的青年时期。它为繁荣文物考古学术研究做出了巨大贡献。特别是在及时报道考古新发现、反映新的学术研究成果、宣传中原文明、争鸣学术热点等方面尤为突出，深受大家喜爱，成为全省乃至国内外文博同行的良师益友。对此，我感到由衷的高兴，特表示热烈的祝贺。借此机会，对刊物的发展谈几点个人不成熟的意见。

　　（1）适当增大文物考古新发现的信息量，多发一些文物考古调查、发掘简报和报告（含重要古建筑的勘察简报与报告）。因为文物考古学术研究的基础是资料，资料包括两个方面，一是历史文献材料（包括有研究价值的传说），二是文物考古实物资料。前者是人人都可查阅的共知资料，后者则是更为可靠、可以纠正历史记载的谬误、补充历史空白的物证，更具研究价值，更受研究者欢迎。

　　（2）博物馆既是教育阵地，也是旅游参观的场所。近几年来，博物馆事业受到社会各界越来越多的关注，参观人数较过去有明显增多。但多数馆仍未能改变门庭冷落的局面，与现在重视文物、重视旅游的大趋势反差很大。究其原因是多方面的。遗憾的是至今仍是在文物系统内部研讨"良策"，未能更多的听到社会上有识之士的真知灼见。所以建议刊物开辟"走进博物馆"栏目，开展讨论，让大家出主意想办法，诊脉开方，共同解决博物馆"门可罗雀"问题。将短小精悍确有见地的文章予以刊载（文章不宜长不影响其他栏目），编辑时加上编者按予以引导。这样也体现博物院所办文博类学术刊物"博"的方面。好的意见和建议被文物管理部门和有关博物馆采用，可能有助于解决博物馆观众少的问题。

　　（3）《中原文物》办刊宗旨是"立足中原面向国内外"。为了体现"立足中原"，建议开辟"新论摘要"栏目，摘录或转载国内外著名报刊发表的有关河南文物考古方面的重要文章（摘其新资料、新论点）。这样更能吸引读者，扩大刊物的发行量，使《中原文物》成为研究河南文物考古、博物馆的"文法课本"，有利于研究的深入。特别是省内外基层文博单位的同行，由于种种原因难以接触到更多的文博刊物，如果开辟此栏目，可解决这部分读者"秀才不出门，能知天下事"的需求。每篇文章的摘录字数以200～300字为宜。每期若用一个页码，就能摘录五六篇文章。

（4）在保持刊物学术水平的前提下，适当考虑适应市场经济，满足当前文物收藏鉴赏热的需求。组织一批高质量实用性强的有关古字画、陶瓷器、青铜器、玉器、货币等鉴定真伪的文章，在刊物上已设置的"鉴赏家园地"栏目中连载。现在这个栏目时办时停，文章针对性也不太强。根据当前情况，可将此栏目作为常设栏目坚持一段时间。这样可以满足社会上收藏爱好者渴望了解鉴定知识的愿望。也就自然扩大了读者面，扩大了刊物的发行量。

（5）《中原文物》现有栏目十几个，发表了大量高质量文章，对于弘扬民族优秀文化、加强爱国主义教育、繁荣学术研究等方面发挥了重要作用。建议在这十几个栏目中选择1～2个栏目作为刊物的精品栏目推出，办出特色。让读者一看到这个栏目就喜欢，就愿意看本栏目的文章，还盼望着看下期的栏目文章，有一种品牌效应。让广大读者一接触此栏目就知道是《中原文物》。我知道办精品栏目难度不小，但不妨试试。

（6）我多年从事古代建筑保护和研究工作，既在《中原文物》上发表过这方面的文章，更通过该刊物发表的大量古建筑保护和研究文章中学到很多东西，受益匪浅。但近年来，可能由于稿源等方面的原因，发表这方面的文章明显减少了。河南是文物大省，古建筑等地上文物占居着重要位置，对研究中原文明有着重要意义。更何况我们的办刊宗旨是"立足中原，面向国内外"，所以可以像其他方面一样在全国约稿，丰富这方面内容，提高这方面的研究质量。故建议刊物开设"古建与园林"栏目，发表河南，乃至全国古建筑与古代园林方面的资料和研究文章，以便使古建筑领域的研究成果能够在《中原文物》上得到比较充分的展现。

以上的想法和建议，仅供编辑部参考。我坚信通过百期纪念活动，广泛征询意见，一定会百尺竿头更进一步，将文博同仁热爱的《中原文物》办得更好。

（原载《中原文物》2001年第4期）

《世界文化遗产登封"天地之中"
历史建筑群》总序

　　2010年8月1日，是一个应该永远铭记的美好日子，联合国教科文组织世界遗产委员会在巴西首都巴西利亚召开的第34届世界遗产大会上，登封"天地之中"历史建筑群被正式列入《世界遗产名录》。

　　郑州登封"天地之中"历史建筑群，包括太室阙和中岳庙、少室阙、启母阙、少林寺（含常住院、塔林和初祖庵）、嵩岳寺塔、会善寺、嵩阳书院、观星台等8处11项优秀历史建筑。历经汉、北魏、唐、五代、宋、金、元、明、清，绵延不绝，构成了一部中原地区上下两千年形象直观的建筑史，是中国时代跨度最长、建筑种类最多、文化内涵最丰富的古代建筑群之一，是中国先民独特宇宙观和审美观的真实体现。在中国传统的宇宙观中，中国是位居天地中央之国，而天地中心就在郑州境内的登封。诚如澳大利亚世界遗产保护专家茱丽叶·拉姆齐女士在评估验收"天地之中"历史建筑群时所说："三天考察，我认识了'中'字，观星台、少林寺、中岳庙、嵩阳书院的碑刻上总是出现这个字，这充分说明一个民族在人文方面对天地之中的崇拜和认可。"而周公测景台和观星台，中岳庙的天中阁、天中街，少林寺的天中福地门等都是"天地之中"最直接的实物见证。

　　"天地之中"这一核心理念对登封的建筑、宗教、艺术产生了无以复加的影响。基于"天地之中"这一中国先民独特的宇宙观，登封成为历代天文学家测天量地的中心，成为中国夏王朝建都之地和传统文化荟萃的中心，代表中国传统文化的儒家、佛教、道教也都争相在这里建立传播本流派文化的核心基地。周公测景台和登封观星台是"天地之中"宇宙观形成的最直接、最具说服力的证据，见证了当时世界上先进的历法——《授时历》的测量演算历史，是中国现存最古老的天文台，也是世界上现存最早的观测天象的建筑之一。中国现存最早的庙阙也是现存最早的地面建筑中岳汉三阙，代表着中国几千年以来的一种文化传统——祭祀礼制，证实了早期人类对"天地之中"的信仰。五岳中现存规模最大、保存最完整的建筑群中岳庙，依制于中国皇家规制的规划布局，是中国道教建筑最完整的代表作，见证了"天地之中"的文化信仰和道教文化发展史。中国现存最早的佛塔嵩岳寺塔，作为密檐式塔的鼻祖、世界上最早的筒体建筑，在佛塔的类型上有极大的开创性，代表了东亚地区同类建筑的初创与典范，是佛教通过在"天地之中"传播而确保并扩大其影响力的建筑实物见证。少林寺建筑群（常住院、塔林、初祖庵）见证了佛教通过在"天地之中"的传播，加强、巩固了其影响力。禅宗祖庭和少林武术的发源地少林寺，中国现存规模最大的塔林少林寺塔林，与中国古建筑文法课本——宋代《营造法式》地域关系和时间最接近的木结构建筑初祖庵大殿，作为中国古代建筑艺术的瑰宝，使少林寺建筑群散发着中华悠久历史建筑文化的璀璨之光。唐代三大传戒中心之一、天文学家一行和尚出家修行之所的会善寺，是研究佛教参与天文活动、参与中国古代宇宙观演化史的实物资料。中国四大书院之首的嵩阳书院是程朱理学的策源地，对研究我国古代书院建筑、教育制度以及儒家文化具有不可替代的重要意义。天地之中历史建筑群所在地登封市的地上地下文物举世闻名，有"文物之乡"的美称。特别是现存古代建筑数量之多，汉至清时代之全、延续时间之长、文物价值之高，可谓河南之最，全国少见，在建筑史研究方面占有独特地位。除已列入世界文化遗产名录的8处11项历史建筑群外，登封现存重要历史建筑还有法王寺及其塔林、永泰寺及唐至明3座古塔、清凉寺、城隍庙、南岳庙、龙泉寺、崇福宫、安阳宫、玉溪宫、老君洞等；登封王城岗大型古城遗址及史前以降的聚落遗址和古城址中不同类型、功能各异、工艺精湛、文化内涵深邃的建筑遗迹，是建筑考古的重要的实物资料，展示着中国古代建筑体系在中原大地上萌芽、成长，直至基本形成的脉络，为中华建筑文明的成熟高峰期奠定了坚实的基础，更是开"天地之中"历史建筑群发展辉煌的渊源和祖述。

我从事文物考古工作50余年，于1961年首次到登封调查少林寺、中岳庙等历史文化遗产，为推荐河南省公布第一批省级文物保护单位作准备。此后为文物保护、管理、研究工作，每年也不知道多少次到登封，每次少者数天，多者数月。并作为申遗专家组成员，参加了"天地之中"历史建筑群申报世界文化遗产的全过程，还荣幸地被授予"登封市荣誉市民"称号。可以说50多年来，与"文物之乡"登封结下了不解之缘。近日，登封市文物局邀我为即将付梓的《世界文化遗产——登封"天地之中"历史建筑群》丛书作序，鉴于对登封文物工作的深厚感情，我欣然应允，写此感言。

"天有心，地有胆，天心地胆在告县。"这首民谣在登封妇幼皆知，而天心地胆正是天地之中理念的核心和最有力的支撑。如今，"天地之中"已成为登封最重要和最有吸引力的文化符号。为了弘扬"天地之中"理念，深入挖掘"天地之中"历史建筑群的文化内涵，策划出版了这部《世界文化遗产——登封"天地之中"历史建筑群》丛书，此书内容全面、资料翔实、形式新颖，具有一定的学术性、资料性、知识性、趣味性。是一部雅俗共赏，老少皆宜之书；是一部研究宣传"天地之中"历史建筑文化之书；是一部宣传登封促进发展之书；也是一部文物档案之书。它的出版，将会受到广大读者的欢迎。

编著此书，实为顺应时代潮流之举，可喜可贺，望早日出版以飨读者。

是为序。

（原载《世界文化遗产登封"天地之中"历史建筑群》，
河南人民出版社，2017 年）

《汝州风穴寺塔林》序

河南是全国著名的文物大省，域内文物建筑数量多、类型全、价值高。为了加强文物建筑的保护研究工作，于1978年11月成立了河南省古代建筑保护研究所，随着事业的发展，2012年更名为河南省文物建筑保护研究院。四十年来，依托这一专业机构和学术平台，几代文物人筚路蓝缕、薪火相传，为保护、继承、研究、弘扬人类文化遗产做出了积极贡献。日前，该院的赵刚、张勇两位先生送来他们撰写的《风穴寺塔林》书稿，请我阅稿并作序。赵刚、张勇都是认真做事、踏实为学、诚朴待人的专业人士。

赵刚是河南省文物建筑保护研究院的副院长和业务骨干，张勇亦是术业有专攻的后起之秀，两人都主持或参与过多处全国重点文物保护单位的勘察、测绘，编制过多项保护规划和修缮方案，有论文、著作行世。自20世纪60年代以来，我多次到风穴寺调研考察，对这处珍贵的文化遗产有很深的感情，亦有一些话要说。风穴寺塔林，系河南现存第二大塔林，也是全国现存著名塔林之一、具有重要的历史、科学、艺术价值，我曾著文简介过该塔林，但始终未能现场详察，更谈不上深入研究，故知之甚少。我也曾多次呼吁有关部门和有识之士，将其调查研究清楚，著书行世，但因种种原因，未能如愿。现在机缘终于到了，赵刚、张勇先生经过现场详细勘察，深入研究，撰写的《风穴寺塔林》即将付梓，鉴于我对风穴寺及塔林的热爱，对河南省文物建筑保护研究院和作者的感情，我虽不善作序，也欣然应诺。

汝州风穴寺与洛阳白马寺、登封少林寺、开封相国寺并称"中原四大古刹"。风穴寺至今遗存有唐、金、元、明、清、民国等时代的建筑，其历史价值、艺术价值、科学价值在全国寺观建筑中具有重要地位。由于地处交通不便的山区，加之研究、宣传不够等原因，汝州风穴寺时下尚未被更多人了解。《风穴寺塔林》一书的出版，填补了该塔林建筑研究之空白。

我通读书稿后，深感此书确有值得称道之处，归纳起来主要有以下几点：

一、团队协作，厚积薄发。河南省古代建筑保护研究所成立后，对风穴寺及塔林的保护、研究多年不曾间断。赵刚先生大学毕业即参加古建筑保护研究工作，其较早参与的大型项目就是风穴寺及塔林的修缮保护设计，张勇先生也一直参与这项工作。不仅是他们二位，可以说，河南省文物建筑保护研究院的几代人都参与、推进了这处珍贵文化遗产的修缮保护、学术研究工作，并因此而得到文物学养、专业水平的提升，同时也积淀了丰厚的研究资源。这部书的写作，云集了不同专业方向的研究人员，大家通力协作。最终形成了这部专著。他们这种团队通力合作的工作作风值得肯定。

二、此书是在作者深入塔林现场，经过逐塔详细勘察测绘，占有大量第一手资料基础上撰写的，是风穴寺塔林古塔的现状实录，正如著名古建筑专家罗哲文先生所说的"以往凡修史修志者，除引述前人史料之外，皆重在当代。因为当代记录既非前人所能为，也非后人所可做"，所以此书中大量文字记述和实物图纸、数据等对于文物建筑当代的科学记录档案是非常重要的，也为文物保护工作提供了古建筑的现状依据。

三、书中应有尽有的古塔照片、实测图纸、拓片，不但表现了古塔真实的整体形象，还彰显了古塔建筑结构的营造特征及细部雕刻等精湛工艺，既满足了古建筑专著的功能需求，又为读者结合文字记述、图文对照阅读提供了便利条件。

四、此书不但提供了风穴寺塔林的翔实资料，而且从塔林的选址及平面布局、历史沿革、建筑年代、建筑手法、建筑材料、建筑形制、建筑特色、建筑功能、结构特点、文物价值与社会价值、佛寺与塔林等诸多方面进行分析论述，并结合文献记载进行比较研究，具有一定的研究深度与创新水平。

当今盛世，百业繁盛，编撰此书实为文物保护、研究、利用之急需，可喜可贺。

是为序。

（原载张勇、赵刚主编《风穴寺塔林》，河南文艺出版社，2018年）

《豫西古村落》序

　　河南历史悠久，文化灿烂，是华夏文明发源之地，遗留下非常丰富的可移动和不可移动的历史文化遗产。近年来进行的第三次全国文物普查，河南省被国家认定的不可移动的文物 65519 处，其中包括古民居的古代建筑类文物多达 23921 处，这其中宅第民居类建筑为 14526 处，占古建类文物的 61%。特别是发现一批传统村落，其民居建筑的格局基本保存完整。最典型的有郑州市上街区的方顶民居群，现村落内保存有清代和民国时期的房舍窑洞等 100 多处、并有较完整的传统街巷，其面积约 2 万平方米；巩义市的海上桥民居群，系三面环土岭的寨堡式村落，现存院落 20 处、窑洞 75 孔、楼房 42 幢 80 余间，其面积达 22400 多平方米；巩义市小相民居群，规模宏大，高墙深院，砖墙或砖柱土坯墙，配以青瓦屋顶，非常壮观，村内旧有四座桥以及胡同小巷。除此之外，还有新登录的古村落古民居等，被称为第三次全国文物普查的重要新发现。所以河南中西部现存古村落及传统民居建筑不但数量多，而且地形地貌、街巷布局、民居建筑等保存基本完好。在全省，乃至全国古村落古民居保护和研究工作中占有重要地位。

　　河南省文物建筑保护研究院是河南省文物建筑保护研究的专业机构。近年来，在文物建筑保护和研究领域取得丰硕成果。将古村落古民居调查研究列入专项课题，组织专业研究人员深入全省各地开展大规模专项勘察测绘，获得丰富的第一手资料，并分区域进行综合研究。拟编辑出版"河南古村落古民居"系列丛书。近日该院杨东昱副研究员送我该丛书第一本《豫西古村落》书稿，让我阅稿并嘱作序。我虽对古村落古民居研究较少，知之不多，但鉴于我对河南省文物建筑保护研究院的深厚感情，鉴于河南古村落古民居数量大，且多位于较偏远的乡村，基础设施和居住条件较差，外出打工的年轻人较多，形成老人村、空巢户，造成古村落中的部分古民居自然坍塌或被拆毁，成为非常痛心的不可挽回的损失。故我虽不善作序，也欣然应诺，并借此呼吁全社会共同努力，抢救保护好现存古村落古民居。我通读《豫西古村落》书稿，深感作者调查研究覆盖面之广，掌握第一手资料之全，反映了作者团队非常执着的专业研究精神。所以才能编写出这本有分量、有温度的好书，归纳起来，值得称道之处主要有以下几点：

　　一、调查保护古村落古民居，并为其著书宣传，是一项记住乡愁、保护传承乡土建筑文化遗产的抢救性工程。将部分正在消失和即将消失的古村落古民居用专业著作记录下来，传承后世，保存历史信息，不使其泯灭，正当其时。该书的出版，将为此项抢救工程起到重要的推动作用。

二、该书之《形态篇》《研究篇》既较详细记述古村落的历史、现状等，又分析研究古村落的选址、历史环境、街巷肌理、建筑类别、时代特征等文化内涵；既使用专业语言，又尽量使文字通俗易懂，且运用丰富的实测图纸和照片等，图文并茂。是集资料性、学术性、知识性、可读性于一体的雅俗共赏之书。

三、作者在其著作中运用了考古发掘的古代聚落遗址资料，方志文献记载，物质和非物质文化遗产的传承，原居民生产、生活的发展演变等材料，进行综合研究，故此书是浓缩的活生生的豫西乡村发展史。

四、该书既有大量的一般古村落的调查记述，又突出典型古村落的重点解析。特别是对极具特色的豫西生土建筑——窑洞，更是从诸多方面进行研究，使得此专著点、面结合，层次分明，重点突出。

五、书中大量第一手勘察资料，是豫西古村落的现状实录。正如著名古建筑专家罗哲文老师所说的，这种当代现状实录，是前代人和后代人都无法做到的，故对于文化遗产科学记录档案是非常重要、不可或缺的，同时也是保护和研究古村落古民居的科学依据之一。

六、"乡村振兴"是我国改革发展战略的重要组成部分，是消除城乡差别，实现两个一百年奋斗目标的重要举措。而保护古村落、研究古村落，助推活态古村落经济社会发展，将为"乡村振兴"发挥一定的作用。这也是该书编辑出版的初衷之一。

（原载河南省文物建筑保护研究院杨东昱主编《豫西古村落》，中州古籍出版社，2019 年）

《南阳文物建筑萃编》序

　　南阳市古代建筑保护研究所张朝霞所长和张卓远总工程师送来即将付梓的《南阳文物建筑萃编》书稿，并嘱我作序。我虽不善作序，但我是南阳人，对家乡的一草一木皆有深厚感情，对文物建筑保护研究工作情有独钟，故盛情难却，欣然应诺。

　　南阳历史悠久，人杰地灵，是河南省面积最大、人口最多、经济社会快速发展的重要城市。早在数万年前原始人类就劳动生息在这块广袤的土地上，至今留下南召小空山旧石器时代人类居住的洞穴遗址。在新石器时代，原始先民留下距今数千年的各类建筑遗址，遍布全市各县（市）区，特别是近年在淅川县配合南水北调中线工程的考古发掘中，发现龙山岗新石器时代仰韶文化晚期城址，不但遗存有城墙、壕沟、道路，还有建筑面积达一二百平方米的大型分间式的房屋建筑基址及祭祀区等，具有非常重要的科学、历史研究价值，是汉水中、上游发现的唯一一座新石器时代城址，也是河南乃至全国已发现的两座仰韶文化时期的城址之一。镇平赵湾、邓州八里岗等新石器时代仰韶文化建筑遗址，发现成排的房屋建筑基址和有套间的居住建筑遗址，为史前建筑考古的重要发现。南阳汉代画像砖、石中存留有大量建筑画像，并出土有陶建筑明器，还有仿木构建筑的砖石结构墓室等。

　　南阳不但有丰富、重要的通过考古发掘或采集出土的建筑遗物和遗迹，而且现存地面的数量颇多、类型较全、形制各异、文物价值重要的古建筑，在全省乃至全国同类城市中也占有突出地位。据历时5年、近年结束的全国第三次文物普查统计，经国家确认南阳市共普查登记各类不可移动文物 5772 处，其中古建筑类不可移动文物就多达2232 处，约占南阳普查登记文物总数的39%，足见南阳现存地面古建筑文物之丰富。建筑时代最早者为北宋时期营建的大型砖塔邓州市福胜寺塔、唐河县泗洲寺塔、南阳市区的鄂城寺塔，均系全国重点文物保护单位。特别是福胜寺塔，不仅是研究中国大型佛塔弥足珍贵的重要实物，而且考古发掘发现了未经后人扰动的保存完好的塔身下的地宫，出土金棺、银椁、净瓶、阿育王塔、象牙质"佛顶骨"、石质"佛牙"、沙石质"舍利子"等一批珍贵文物，其中保存如初的《地宫记》碑刻的落款时间为"大宋天圣十年二月二十五日记"，为确定建塔年代提供了准确的依据。镇平阳安寺大殿、内乡文庙大成殿等明代木构建筑，是研究南阳地区明代地方建筑手法的标本，尤其是阳安寺大殿，在大木作斗拱中同时使用带耳拱和沟槽昂的营造做法，更是河南仅见、全国罕有，具有非常重要的研究价值。南召县丹霞寺塔林中的和尚墓塔，为探讨佛教僧侣葬制和墓塔形制增添了实物资料。除明代阳安寺大殿外，镇平县城隍庙大殿和山门、文庙大成殿三座中原地方建筑手法的清代木构建筑，也使用沟槽昂斗拱，因河南乃至中原各省中存量甚少，故也具有重要的研究价值。方城县清代建筑文庙大成殿，面阔七间，为单檐歇山顶大型殿式建筑，在同一座的建筑中，既采用中原地方建筑手法，又运用一部分官式建筑手法，在已知极少的同时期同一座建筑既使用地方手法又使用官式手法的木构建筑中，以此建筑最为典型，对研究同类古建筑的结构特征和建筑手法具有指标性的重要意义。在此还需要指出的是南阳现存的古代衙署建筑，不但有府衙、县衙、察院，还有城驿、协镇都督府、厘金局等，其数量之多、品类之全、文物价值之高、保护与利用之好，在全国现存衙署建筑中占有非常重要的位置，可谓名列前茅。特别是"内乡县衙"，是我国成立最早的县衙博物馆。是"有效保护、合理利用"的样板，享有"一座内乡衙，半部官文化"的美称，受到海内外人士的高度肯定和赞扬。南阳古建筑还有诸多特点和优长之处，不一一赘述。

我拜读《南阳文物建筑萃编》书稿后，深感此书确有值得称道之处。归纳起来，主要有以下几点：

一、此书以大量实地勘查的第一手资料，详细记述了南阳文物建筑的基本情况，从历史沿革、文化内涵、空间布局、建筑时代、建筑手法、建筑材料、结构特点、建筑形制、建筑特色、建筑功能、单体建筑与群体建筑、文物价值与社会价值等方面进行了分析论述，结合文献记载进行比较研究，具有一定的权威性。

二、书中配以大量实物图片和实测线图，不但表现了文物建筑的整体形象，还彰显了建筑结构的营造特征及细部雕刻、彩画等之精湛工艺，既满足了古代建筑专著的功能要求，又为读者图文对照阅读提供了便利条件。

三、此书的另一个重要价值在于它是当代南阳古代建筑的现状实录。正如著名古建筑专家罗哲文老师所说的，"以往凡修史修志者，除引述前人史料之外，皆重在当代。因为当代记录既非前人所能为，也非后人所可做"，所以此书中大量文字论述和大量的实测数据，对于文物建筑当代的科学记录档案是非常重要的，也为文物保护工作提供了现状依据。

综上所述，《南阳文物建筑萃编》既是古建筑研究的专业著作，又尽量做到通俗易懂，适合广大读者阅读，可谓是集学术性、知识性、资料性、可读性于一体的雅俗共赏的好书，是落实习近平总书记关于加强文物保护指示并"使陈列在广阔大地上的文化遗产都活起来"的具体行动，是读者学习南阳悠久历史和解读深邃古建筑文化内涵的良师益友，是宣传教育的乡土教材，是发展南阳旅游业的重要资源，为南阳经济社会发展作出贡献。

　　书中稍感不足的是对工业遗产、乡土建筑和传统村落记述的内容较少，对古建筑地方建筑特征（地方建筑手法）的研究还有深化提升的空间，建议再版时予以补充完善。

　　是为序。

　　　　　　　　　（原载张朝霞主编《南阳文物建筑萃编》，中州古籍出版社，2016 年）

附录一　罗哲文、陈爱兰、刘曙光、田凯先生为杨焕成著作作序

《塔林》序

"嵩高维岳，峻极于天"，被称作"天地之中，五岳之主"的中岳嵩山，这个华夏文明的摇篮、中州大地的巍巍峻标，对我来说，已经不是很生疏的印象了。记得在60多年前（1940年），我刚一踏进中国营造学社的大门开始学习古建筑的时候，就被《中国营造学社汇刊》中刘敦桢老师所写的《河南省北部古建筑调查记》一文所吸引。文中叙述的新乡、修武、博爱、沁阳、济源、洛阳、孟津、偃师、登封诸县的古建筑文物，堪称河南省乃至全国文物古迹精华荟萃之地。其中尤以嵩山为依托的登封境内的古建筑最为丰富。自汉代嵩山三阙以降的北魏、隋、唐、五代、宋、金、元、明、清历代古建筑之砖石木构品类俱全。敦桢先师在谈到此次调查成果时，喜形于面，乐在于心。其现场勘察和文章发表时正值抗日战争爆发之前夕，仅隔几年，他记忆犹新，侃侃而谈，并谈起考察中的一些趣闻，使我听得非常起兴，至今念念不忘。新中国成立后，我来到文化部文物局，因为工作的关系，不知有多少次来到登封，使我与这里许许多多的古建筑文物精华结下了深厚的感情和不解之缘。其中尤以与登封的古塔缘分最深。几十年来我一直从事古塔的考察研究工作，从未停止，成了一个"凡塔必拜"的信徒，原因是我认为古塔这一类型建筑，不仅在工程技术与建筑艺术上是佼佼者，而且是我国汲取外来文化，在中国传统建筑基础上创造出有中国特色建筑的范例，意义十分重大。登封的塔，堪称全国之最者，为数不少。少林寺塔林即是全国之最的一项。我曾经也写文、摄影介绍过少林寺塔林，但知之甚少，皮毛而已。我还曾经许过愿，要找机会把这一全国之最的塔林的情况弄清楚，可惜未能如愿。也曾呼吁过有关部门、有志之士把这一塔林彻底调查一下，但由于种种原因，多年未能实现。

事有凑巧，拿佛家的话来说，就是一个"缘"字。因缘相成，也就是辩证论

的必然与偶然相结合。少林寺塔林是全国之最的塔林，在古建筑文物和佛教历史文化上有着重大的价值，必然会有人来把它调查研究清楚，但是也要有机遇。几百年来、几十年来为什么没有完成呢，原因种种，就是尚未有有缘之事、有缘之人。现在机会来了，有缘之事到了，有缘之人来了。当今政通人和，国泰民安，党和国家对文物保护和宗教政策的重视与贯彻，少林寺释永信方丈非常重视少林文化的传承和建设，要求少林书局出版研究、宣传、介绍少林寺佛教文化的《少林文化丛书》，其中就有少林寺塔林的专著。说也奇异，正好碰见了从事文物保护管理领导工作、当了河南省文物局局长十余年的古建筑专家杨焕成同志，他在任的时候就从未放弃过所学专业古建筑的钻研，退下来之后，正好有更多的时间来"重操旧业"，这可以说是一个很大的缘分。在他接受编写这本《塔林》之前，便广泛收集历史文献资料，旁征博引，并深入现场，实地勘查、摄影、测绘，获取了第一手的资料，实物考察结合历史文献，科学分析，排列对比，求实考证，终于把少林寺塔林的历史与现状初步弄清了。我看完了初稿后，觉得此书确有其值得称道之处。归纳起来，主要有以下几点：

一、此书以大量实地勘查的第一手资料，详细记录了塔林的基本情况。从空间布局、建筑时代、建筑材料、塔的平面、塔体形制、塔身高度、塔檐层数、塔刹状况、塔额塔铭、砌筑手法、基台基座、塔心室与实心塔以及寺僧葬制等十多个方面进行了分析研究，使塔林内228座古代僧人墓塔和塔林附近15座属少林寺的佛塔、墓塔长期未能弄清的问题，首次得到了解决。

在这次彻底的实地勘查中，还澄清了近几十年来对少林寺塔林中古塔数量增减讹传混淆视听的误会。如有的书刊资料和口头讹传说：近几十年来塔林中毁掉了许多座塔。而又有一些书刊资料甚至新刻立的少林寺重修碑也说：少林寺塔林中新挖出了8座古塔等等。此书的作者杨焕成同志，以他四十余年前的现场勘查情况进行对照，证实了少林寺塔林现存古塔不但与当时数量相同，而塔名、塔形等基本情况也无两样。既未减少一座，也未增加一座，也不存在新挖出8座古塔的问题。此事虽然不是什么高深的学问，但澄清了事实，也非常重要，否则就要成"千古之谜"了。

二、此书的另一个重要价值在于它是当代的文物现状实录。以往凡修史修志者，除引述前人史料之外，皆重在当代。因为当代记录既非前人所能为，也非后人所可做。在此书中，用了大量文字描写和大量的具体测绘尺寸。有些人看起来，可能难免乏味，但对于科学记录资料来说，却十分重要。万一塔林或其中某一塔受到不可抗拒的自然或人为的损害，这将是一个十分重要的修葺或复原依据，同时也可作为科学研究的重要资料。就是一般宣传介绍也可以从中选取所需的资料和数据。

也将是文物保护单位所要求的"四有"工作中科学记录档案的内容，传之后世。

三、少林寺塔林，集中了1000多年来各个不同时期、各种不同艺术造型、雕刻艺术的塔例，堪称半部古塔史的实物历史。它不仅对于研究古塔的历史、艺术和工程技术有着重要的意义，而且也是研究中国古代建筑史的重要参考实例。此书的详细记录、测绘资料和照片，提供了建筑史和建筑艺术研究的参考。少林寺塔林，是我国现存塔数最多、规模最大的塔林，是一座露天的古塔建筑博物馆，是研究古塔、古建筑以及建筑史、美术史、宗教文化史的标本室，也是国内外游人向往参观的旅游胜地。此书的出版，我相信对文物事业的发展和宗教政策的贯彻都会产生积极的作用。

由于我与少林寺塔林的因缘及与作者杨焕成同志的数十年深交，写了以上的感想和认识充作序言，不当之处，敬请读者方家高明指正。

《杨焕成古建筑文集》序一

　　杨焕成同志，自1959年8月大学历史专业毕业，分配到河南省文化局文物工作队，参加文物博物馆工作以来，至今已整整50年过去了。他把青春年华和毕生精力都奉献给了祖国的文博事业。在他担任河南省古代建筑保护研究所所长、省文物局副局长、文物局局长、河南博物院院长兼党委书记的近20年中，把河南这一中华文化遗产最为丰富的省份之一的文博工作推向了一个又一个发展高峰，取得了保护与合理利用的丰硕成果。他所参与筹建的一座高度现代化，展陈先进的河南博物院，至今还是全国最为重要的博物馆之一。

　　我和焕成同志是50年共同从事文博工作的亲密战友，特别是他在45年前参加文化部文物局举办的古建筑（测绘为主）的培训班之后，交往更为密切。我曾经是培训班的副主任（主任是王书庄副局长）并讲授中国古代建筑史的课程。我当时就深感他对学习的刻苦钻研和勤奋努力。特别是他对古建非常热爱，为他在担任行政管理领导以后，继续在工作中不断对古建筑进行考察研究，不忘所学专业起到影响。我记得我还向他介绍过上世纪50年代初我刚从清华大学调到中央文化部文物局的时候，当时的文坛巨匠郑振铎局长和我谈话时就说过："你是古建专业的，国家需要你来做行政管理工作，义不容辞。但不要忘记专业，因为专业对行政管理工作也非常重要，非常有用"。焕成同志正是牢记了郑振铎局长的这一教导。

　　在数十年的交往中，了解到他不少情况。上世纪80年代初，在他如饥似渴的钻研古建筑正值兴趣至高之时，在他按部就班进行古建筑研究计划实施之时，省文物局调他到省局文物处任秘书。这位服从型干部，这次有些不服从了，他一再找局领导反映愿意做专业工作不愿做行政管理工作的种种"理由"，最后局领导提出若不到局里报到就要动用纪律时，他提出到局里工作不丢专业，继续完成他古建研究计划，局领导同意了他的请求，就这样他于1981年9月由河南省文物研究所调到行政管理单位工作。从1983年至1998年曾担任文物局副局长（兼省古建研究所所长）、局长、河南博物院院长兼党委书记。但他一直没有丢下钟爱古建筑保护研究工作，利用节假日等业余时间钻研业务，发表专业文章二十多篇，基本上做到了行政管理和专业研究两不误。他在任局长期间，正值"文化大革命"结束不久，很多文物遭到严重和比较严重的破坏，急需进行抢救保护，但文物保护经费又比较少，不可能满足保护工作的需要，有关领导和同志主张要集中使用经费，每年只保证几处重点项目的维修经费，修一处是一处。杨焕成根据他长期从事古建筑保护研究工作的经验，认为"文革"后古建筑等文物普遍遭到不同程度破坏，不少单体古建筑濒临倒塌危险，拨少量维修经费，支支顶顶就能保住一处文物，甚至有的项目仅拨几百元，就能挽救一座古建筑，否则一旦倒塌将造成无法挽回的损失。他耐心地向领导汇报，向有关同志做工作，使大家由反对他"撒胡椒面"的做法转而认同他的意见。使"文革"后河南大批受损文物得到抢救性的维修保护。上世纪80年代末90年代初，根据文物保护形势的发展，急需抢救的古建筑得到及时维修，达到了不塌不漏的基本要求。他及时调整思路，提出除抢救性的项目外，相对集中保护维修资金，保证重点项目的维修经费，不但要保护好文物，还要利用好文物。这样使河南诸多古建筑等文物项目维修后对外开放，收到良好的社会效益和经济效益。他和主管文物保护管理工作的副局长张文军同志等在省领导和国家文物局的支持下，克服种种困鞋，与当地政府联手，整治洛阳龙门石窟周围环境，拆除违章建筑。将洛阳龙门石窟、安阳殷墟列入国家申报世界文化遗产预备名录，启动了河南申遗工作。他和同志们一起组织文物普查，开展大型文物宣传活动，打击盗窃、盗掘文物犯罪，初步完成河南文物保护单位的"四有"工作，开展大遗址保护工作，筹建河南博物院等，使河南省文物保护管理工作走在全国的前列。这些成果的取得与后来修订的文物法"保护为主，抢救第一，合理利用，加强管理"的总方针是完全一致的。也是他高度的专业水平与行政管理工作相结合的体现。

杨焕成同志50年来，在文物古建筑研究方面，取得了丰硕成果。编著《中国少林寺·塔林卷》、《塔林》、《河南地震历史资料》等专著，主编《中国古建筑文化之旅——河南》、《中原文化大典·历史文化名城》、《河南文物名胜史迹》等，参与编写的专著多部。发表文物考古、古建筑专业文章110多篇。特别是研究中原地区古代建筑的地方建筑手法成果尤为显著。中国幅员辽阔，民族众多，仅以古代政治中心畿辅之地的"官式建筑手法"研究全国古建是远远不够的。因为"官式建筑手法"与各地区各民族的"地方建筑手法"差异是相当大的。杨焕成在北京学习古建筑时，学习的是"官式手法建筑"，所以他提出河南现存的明清建筑与同期官式建筑对照时有诸多困难，我和其他授课老师鼓励他调查研究这个尚未被破解的课题。他回河南后陆续调查了300多座明清时期的木构建筑，积累了上万个数据，掌握了大量第一手材料，潜心研究数十年，发表了《试论河南明清建筑斗拱的地方特征》、《河南明清地方建筑与官式建筑异同考》等文章，除发现河南境内现存明清木构建筑中岳庙、嘉应观等3处为官式手法建筑群，方城文庙大成殿等5座古建筑为受官式建筑手法影响较大的单体建筑外，其他皆为河南地方手法建筑。并首次基本厘清了河南地方建筑明代早、中、晚期和清代早、中、晚期的基本特征以及这些地方建筑特征与同期官式建筑手法的异同。他还通过调查发现河南周边邻省部分或大部分地区明清时期地方建筑的建筑手法，与河南同期地方建筑的建筑手法相同或相近，所以这些地方建筑的"建筑手法"，可归结为广义的中原地区明清时期地方木构建筑的"地方建筑手法"（简称"中原地方建筑手法"）。在河南境内运用这一研究总结出来的地方建筑特征鉴定大量明清时期的文物建筑基本上是准确的。

他对河南全省古建筑的家底及其时代、价值掌握得也比较全面，撰写的《河南古建筑概况与研究》，较全面论述了河南省古建筑的概况，研究、评价现存各时期、各类型古建筑的历史、科学、艺术价值，揭示其中国古建筑体系在中原大地上萌芽、成长、成熟的发展脉络及河南古代建筑文化在全国的重要地位。特别是他50年来，对河南现存古塔逐一登记，搜集大量资料，进行较系统的研究，撰写的《河南古塔研究》等文章，不但揭示了河南古塔各个时期的时代特点、文物价值等，还提出河南现存古塔数量、塔林数量、总体文物价值基本上可以说位居全国之首。洛阳白马寺东汉建造的木塔、洛阳太康寺西晋太康六年建造的三层砖塔为历史上中国最早的木塔和砖塔，现存北魏正光年间建造的登封嵩岳寺塔和北齐河清二年建造的安阳灵泉寺道凭法师双石塔为全国现存最早的砖塔和石塔……，从而说明河南古塔弥足珍贵的历史、科学、艺术价值及在我国同类建筑中的重要地位。他发表的有关地震考古的文章及出版的专著，说明他在地震考古研究方面也进行了有益的探索并取得了一定的收获。

焕成同志在担任行政管理工作的同时，在专业工作上取得的丰硕成果与他敬业精神"尊师重道"的中华传统美德分不开的，我经常听他说一个原文化部文物局副局长自然科学家王书庄与他的故事，王书庄是上级领导，又是教过他的老师，叫他王局长他不高兴地说"行政职务是安排的，短暂的。我早就离休不是局长了。师生关系和感情是永存的"，以后改叫王局长为王老师他就很高兴了。要敬业、要重道、要尊师，这种中华民族的传统美德，在焕成同志身上得到了充分体现。在今天也是值得大力提倡的。

今年是杨焕成同志从事文物工作50年，喜逢新中国成立60年周年，河南省文物局决定编辑出版《杨焕成古建筑文集》，且由文物出版社出版。河南省文物局领导和杨焕成本人请我为《文集》作序，我欣然应允，既是对《文集》出版的祝贺，也是感谢河南省文物局和文物出版社对曾经为祖国文博事业做出过贡献的同志的关心和尊重。同时也是为文博事业积累了一笔历史文献档案资料，功莫大焉，于是写了以上几句短语感言，权以充之。不当之处还请读者高明不吝指正。

罗哲文

二〇〇九年六月六日

《杨焕成古建筑文集》序二

杨焕成先生是上世纪50年代投身文物战线的老一代文物工作者。他既是文物专家，又做过行政领导，不仅在古建筑研究保护方面有很深的学术造诣，而且具有很强的行政管理能力。我们已相识二十多年，在长期共事中，我深感他为人正直厚道，颇具刚毅朴讷的古君子风。

杨焕成先生在任河南省文物局局长期间，尊重老同志，爱护青年人。初任局长时的两位副局长都曾是他的领导，一位是他任秘书时的主管副处长尤翰青先生，一位是他任文物局副局长时的局长刘海清先生。两位工作经验丰富的老领导全力以赴配合支持他，他更是生活上关心、工作上充分信任，让他们发挥主观能动性做好分管工作，领导班子非常和谐，并在省领导和国家文物局领导关心支持下，基本解决了因历史原因在文物系统出现的不团结问题，使大家齐心协力做好文物工作。当时河南省文物研究所所长安金槐先生、省博物馆馆长许顺湛先生和省古代石刻艺术馆馆长丁伯泉先生，同为他在省文化局文物工作队工作时的队领导。他不但尊重文物系统这些德高望重的老领导，而且依靠他们做工作。他经常到这些单位或老领导家中拜访求教，帮助指导自己做好全省文物工作。所以，不但各省直文博单位的工作都得到较好发展，而且单位之间的关系也很协调。他经常说，若工作中取得一些成绩，除上级正确领导和关心支持外，得益于这些老领导真诚的帮助和全力无私的配合支持。

杨焕成先生同代的省直文博干部与他的感情和友谊也是很深的。大家在工作上不讲条件、不计代价支持他，有了意见和建议就直爽地提出来，对省局安排的工作都认真落实。甚至一同出差时，大家在车上尽情谈心、说笑，还戏言："在车下你是局长，在车上你不是局长。"同志关系非常融洽，所以他的工作环境非常好。他对青年文物干部的进步成长很关心，除举办全省性的学习班、培训班外，还送他们到省内外大专院校深造，使其尽快在政治上、专业上得到提高。他还经常亲自为培训班讲课，受到学员们的好评。靠这支团结奋进的队伍，河南文物宣传保护、文物普查、文物"四有"基础工作、博物馆讲解工作、文物安全工作、大遗址保护等都走在全国前列，多次受到省政府和国家文物局的表扬。

杨焕成先生主持河南省文物局工作十余年，他最大的管理特点是能够放手发挥副职和全局同志的主观能动性。在局领导班子分工时，他提出业务管理工作全部由副职分管。有人担心地提醒："你不怕被架空？"他自信地说："这样不但驾空不了，还会加强。若某项工作由一把手分管，副职不便直接干预；若由副职分管，一把手则可直接过问协助工作。可以说，若一把手分管一项业务工作是一个人抓的话，这样做则是一项工作一个半人抓，所以是加强，不是削弱，更不是架空。"工作实践证明，这样分工的运作效果是好的，既能够使一把手有较多时间考虑全局的整体工作和一些重点工作，也能使副职放开手脚积极主动地做好分管工作。

杨焕成先生善于将掌握的文物专业知识运用到管理工作中。他是河南古建筑研究方面的专家，但从来不以专家自居，而且将其专业知识用作指导管理工作。有一次，某地市一位分管文物工作的领导干部因为申报的某项文物维修项目未争取到经费想不通，找到他提意见，说该项文物在全省乃至全国如何如何重要，把价值说过头了。他耐心地听完后，详细介绍了该项文物的真实价值和拨款修葺原则，使这位领导同志口服心服地说："你今天给我上了一次古建筑专业知识课和文物法规课，我是生气而来，服气而走。"在管理工作中，诸如此类例子，还能列举一些。

1998年10月，62岁的杨焕成先生退休了。他迅速调整心态，转换角色，重操旧业，全身心投入文物保护研究工作，继续为文物事业发挥余热。他早上班，晚下班，节假日也不休息，可以说比退休前还忙。按他的话说是"争分夺秒抢时间，尽量争取有生之年多干点"。凡是省文物局派他做的有关文物古建筑等专业方面的工作，他随请随到，从不推辞。他还应邀参加长江三峡库区和淹没区地面文物保护工程经费测算专家组工作（任田野考察专家组组长），连续三年参加河南省文明委组织的创文明城市、文明景区专家指导组工作（任副组长、组长），参加河南省旅游资源普查专家组工作，参加省内外有关专业学术活动百余次。他还担任中国文物学会副会长、专家委员会专家，中华炎黄文化研究会顾问，河南省文物考古学会会长，省文物局古建专家组组长，河南大学建筑历史专业硕士研究生导师，《中国文物科学研究》和《古建园林技术》等杂志编委。他还给高校建筑历史专业和省文物局、省旅游局等部门举办的学习班、培训班讲课，为培养青年专业人员做工作。

近年来，杨焕成先生焕发出蓬勃的学术青春，在文物古建筑专业研究方面不断取得成果，先后编著了《中国少林寺·塔林卷》（中华书局出版）、《塔林》（少林书局出版），主编《中原文化大典·文物典·历史文化名城》（中州古籍出版社出版）、《中国古建筑文化之旅·河南》（知识产权出版社出版），参与《河南省文物志》的编辑工作等。发表《宋辽金建筑简述》《河南古建筑概况与研究》《河南古塔研究》《河南历史文化名城概述》《甘肃明清建筑地方特征举例》《古迹遗址背景环境的脆弱性及其保护对策初探》《河南文物　世纪回眸》等专业文章28篇，编写了古建筑教学讲义等。

　　今年是杨焕成先生从事文物工作五十年，省文物局决定委托文物出版社出版《杨焕成古建筑文集》，他请我为《文集》作序。鉴于和先生的长期工作关系和深厚的个人友谊，我欣然应允，写了以上我了解的情况，作为对《文集》出版的祝贺，并望我省青年文物工作者，能从《文集》中得到有益的启迪，让河南老一辈文物工作者的优良作风得到发扬光大，为河南文物保护和研究工作奉献青春年华。是为序。

　　　　　　　　　　　　　　　　　　　河南省文物局局长　陈爱兰
　　　　　　　　　　　　　　　　　　　二〇〇九年六月二十六日

《中国古建筑时代特征举要》序

在世界建筑研究方面，针对中国古建筑的研究历史并不长。如果从18世纪中期英国皇家建筑师威廉·钱伯斯（1723～1796）在中国旅行后完成《中国建筑、家具、服饰、机械和器皿设计》和《东方造园论》算起，也不过200多年。19世纪末20世纪初，欧洲和日本的一些建筑、美术方面的学者加入研究中国建筑的行列，并成为一时之盛，推动了中国建筑的研究进程。不过，他们对中国古代建筑的兴趣多少还带有一点猎奇的色彩，更多的是对建筑外在形象、建筑形式的关注，对中国建筑的了解还属于文化学和美术学层面的认知。

到了20世纪20年代，一批留学海外的中国年轻人回国，推开了中国人研究本国建筑和建筑历史的大门，其中的标志性人物，是今天广为人知的梁思成、刘敦桢先生。梁、刘二公不仅掌握了当时西方建筑史研究的先进理论和方法，同时也认识到东、西方学人在中国建筑研究方面的欠缺。他们以解读天书一般的宋《营造法式》为契机，开始了对中国古代建筑的系统调查和研究。一方面运用西方的建筑研究方法，深入解读中国建筑在总体格局、建筑构成、装饰等方面的特点；另一方面深入现场，拜老匠人为师，认识古建筑上的每一个构件，认识建筑的建造技艺，并在此基础上创造了一种针对性很强的、涵盖群体建筑格局到建筑构件细节的、全方位的研究方法。

为了能在短时间内比较全面深入地掌握中国古建筑素材，尽快编写出中国人自己的《中国建筑史》，从蓟县独乐寺调查开始，他们在20世纪30年代有计划地对山西、河北、河南、山东、浙江等地的重要古建筑进行了频繁的现场考察，运用一种以记录古建筑平面、立面和梁架、斗拱、柱础等典型构件的方式，获取了大量的基础资料。这种被后人称为"法式测量"的做法，不仅适应了当时时间紧迫、工作条件恶劣的状况，满足了当时的研究工作需求，而且还流传后世，影响了几代中国学人，至今依然被广泛采用。

获取资料后的研究，是深入认识中国建筑特质的必要过程。国内外的学者很早就借鉴了在文化学、美术学、考古学等学科中普遍采用的类型学方法，开始对中国古建筑的认知过程。梁、刘二公带领的团队，把这种方法运用到极致，并凭借深厚的中国历史与文化素养，系统、准确地汇集、提炼出中国建筑在格局、外形、结构、装饰色彩，以及设计意向和建造技术等方面的主要特征。1937年，梁思成先生完成《中国建筑史》，标志着属于中国人自己的建筑文化体系已经完全搭建起来，中国古代建筑在世界建筑史中不可忽视也不可替代的独特地位，由此奠定。

新中国诞生以后，全国范围内大量古建筑的维修骤然成为繁重的工作任务，而专业人员的极度匮乏，直接影响了保护工作的进展，古建保护人才的培养刻不容缓。1953年，在文化部副部长、文物局局长郑振铎先生的支持下，由北京文物整理委员会（现中国文化遗产研究院前身）承办了第一届古建实习班，梁思成、祁英涛、余鸣谦、杜仙洲、罗哲文等古建筑保护前辈和一些老匠人亲自授课，一些古建筑数量较多的地区选派精干人员参加。次年，举办第二届实习班。1964年，根据形势需要，又举办第三期训练班。这三期古建筑培训班，不仅极大地提高了全国古建筑保护的普遍水平，也为各地文物保护特别是古代建筑保护工作培养了骨干力量。

我之所以不惮其烦书写上面的文字，不是为了掉书袋，而是为了以一种专业的态度和自然的姿势引出本书的作者杨焕成先生。

杨先生从1959年进入文物行业，长期在河南省从事文物保护的技术和管理工作。20世纪80年代以后，先后担任过河南省古代建筑保护研究所所长、河南省文物局局长、河南博物院院长兼党委书记等职，是我国古建筑保护方面实践经验丰富的著名专家，也是当时全国为数不多的专业出身的省文物局领导。因为酷爱文物保护，不论是从事专业技术工作，还是身处领导岗位，杨先生都不忘初衷、不改初心，长期坚持调查研究河南地区的古建筑，注意对地方建筑特征的发掘和总结，重视河南地方建筑与官式建筑，注重对其他地区古代建筑的比较研究。数十年间，不仅积累起丰富的保护实践经验，也积累起大量的直接或间接资料和比较研究的成果。退休之后，杨先生又在河南大学执教古代建筑课程，在教学相长的过程中不断整理、分析、修正、提高、丰富他对中国古代建筑相关特征的认识，完成了这部厚厚的《中国古建筑时代特征举要》。

通读杨焕成先生的著作，我首先感叹的是其资料来源的丰富与多样。除了杨先生掌握的第一手调查测绘资料外，还有从《中国古代建筑史》《中国建筑艺术史》等专著和《文物》《考古》等专业刊物获取的素材，其中不乏近十年的新素材。其次，由于杨先生本人是从工地和现场走出来的实干家，所以他的著述也特别具有实践的启发和对实际工作的针对性、指导性。例如，本书"调查古建筑的简要方法"一节，几乎就是古建筑现场调查的操作指南。又如，明清时期建筑属古建筑中的晚期建筑，但其存量是最多的。由于此时期的官式建筑手法、地方建筑手法、袭古建筑手法差异非常之大，给鉴定古建筑时代造成很大困难，稍不留神，就容易误判建筑时代、错估文物价值。杨先生运用数十年调查、研究的经验，熟练地将同时代不同建筑手法的建筑进行比较研究，准确指出不同的建筑特征，为读者鉴定明、清时期建筑提供了重要的参考。再如，我国古代建筑不但名词繁多，而且诸多术语艰涩"怪异"难懂，给认识建筑特征带来困惑。杨先生则尽量精简文字部分，大量增加线图和照片，更便于文图对照，加深理解，克服艰涩词语带来的困惑。书中附图片近400幅，与文字量基本相等，不仅图文并茂，而且大大增强了直观感和本书的实用性。所以，从某种意义上可以说，这是大专家写给专业人士和古建爱好者们的一本工具书，其在专业上的深入浅出以及工作上的实用便利，是可以和祁英涛先生的《怎样鉴定古建筑》相提并论的。

　　我的这些读后感。很可能是门外汉的隔靴搔痒，说不出杨先生著述的真正高明之处。其实，我也不认为自己有资格来写这篇序言。然而，我和杨先生之间，有着深厚的公私之谊。论公，杨先生是1964年由我院前辈主办的第三期古建筑实习班的学员。杨先生总是谦虚地说，是祁英涛、余鸣谦、杜仙洲、罗哲文等老师引导他走上古建保护研究之路，而且他把对老师们的感恩之情化作了对中国文物研究所、中国文化遗产研究院工作的积极支持。几十年来，他一直是我们院最热心、最给力的支持者之一，不曾有变。论私，杨先生不仅是我大学时代传道授业解惑的老师，他还是我的岳父杨宝顺先生数十年如一日的好友和同事。所以，无论是作为文研院院长，还是作为学生和晚辈，我都不能拒绝杨先生的要求。

　　感谢杨先生给我这次学习的机会。读完书稿，如同又一次回到杨老师的课堂。收获不仅是专业知识上的，更是做人、治学和敬业精神方面的。请杨先生接受我通过这些文字表达的敬意！

　　是为序。

中国文化遗产研究院院长　刘曙光

2015年12月28日

《河南古塔建筑文化研究》序

　　杨焕成先生嘱我为他的新作《河南古塔建筑文化研究》作序，我有些惶恐。论年龄，杨先生是我的长辈；论学识，是我的老师；论行政，曾经是我的领导。同时，我在古建研究方面又是门外汉，怕言语有失，有负先生。但杨先生的做人、做事、做学问、做领导让人由衷感佩，借着这个机会说一些心里话，也是很有意义的，思来想去决定还是遵奉杨先生的安排，边学习，边写作，不以为序，仅作为杨先生安排的作业，交个答卷。

　　我是1985年分配到河南博物馆工作，当时杨焕成先生是河南省文物局的副局长，工作的头10年里与杨先生接触并不多。对杨先生最初的印象来源是一些会议杨先生的出现和讲话，另外是文物界的老职工平常对河南文物系统的老人、老事的闲聊。耿正直爽有威仪，和蔼可亲文物人，是我对杨先生的最初直观感觉。上世纪90年代初，河南博物院开始立项建设，慢慢的与杨先生的接触多起来，使我对先生有了进一步的了解。杨焕成先生做事执着，善于开拓，在河南省文物局担任领导期间开创了河南文物的新局面。1982年《中华人民共和国文物保护法》公布，1983年11月河南省在全国率先出台《河南省〈文物保护法〉实施办法（试行）》，为保护文物提供了法律保障和遵循。自1990年开始评选全国十大考古新发现至1998年杨先生退休时，短短的9年时间河南有18项考古成果入选，在全国高居榜首。郑州西山仰韶城、郑州小双桥、三门峡虢国墓地、新郑郑韩故城郑国祭祀遗址等一批重大发现重建了人们对历史的新认知。河南虽然文物众多，但长期以来世界文化遗产还是空白，杨焕成先生亲自推动文化遗产的申报工作，2000年龙门石窟作为河南第一个世界文化遗产申报成功，凝结了杨先生大量心血。作为古建专家，杨焕成先生经常到嵩山开展古建调查，进行古建保护，为"天地之中"历史建筑群成功申报世界文化遗产打下了坚实的基础。"文革"期间由于长期的破坏和失于管理，河南许多古建筑毁坏严重，保存状态堪忧，为及时保护这些古建筑免遭彻底损毁的命运，杨焕成先生提出了先进行普遍性的抢救再进行重点修缮的思路，将有限的资金发挥了最大效用，使大批古建得到保护和利用。河南现代化的博物馆建设也是从杨焕成先生任上起步的。继陕西省历史博物馆建成开放后，1994年河南省博物馆新馆开始建设，并于1998年建成开放更名为河南博物院，成为我国改革开放后建设的首批现代化博物馆之一。杨焕成先生不仅全身心投入新馆建设，而且成为河南博物院第一任院长，在杨院长主持下河南博物院文物保护、研究、管理、服务、信息等各方面发生质的飞跃，也带动了河南省博物馆事业的发展。1992年开始举办河南省讲解员大赛，河南成为国内率先开展讲解员大赛制度的省。通过讲解员大赛有效的锻炼了讲解员队伍，提升了博物馆讲解服务水平。

杨焕成先生是在1998年9月退休的。退休以后的他更忙了，全身心投入到了他喜爱的古建研究工作。2009年的一天杨焕成先生到我办公室亲自将他刚出版的《杨焕成古建筑文集》送我，让我十分感动，翻开书页更让我大吃一惊，肃然起敬。书中收录的40多篇文章从上世纪70年代直到2009年，几乎每年都有文章发表。许多文章是在局长的任上撰写发表的，足见杨焕成先生在繁忙的工作中没有忘记自己的科研，也正是有了深入的研究和对基层工作的了解，才更进一步提高了作为局长的杨先生对整体工作的把握。

古建调查工作是杨焕成先生研究的基础。1964年杨焕成先生受委派到由文化部文物局举办的"全国第三届古代建筑测绘训练班"参加培训，从此走上了古建研究保护之路。50多年来杨焕成先生跑遍了河南的100多个县进行古建筑调查。他经常谈起饿着肚子调查古建筑的故事，有时甚至吃野果、树叶充饥。他的古建筑调查文章中最引起我注意的是1984年撰写的《济源古建筑调查记》一文，在引言中谈道："20余年来，笔者对该县古建筑陆续作了勘察。"可见这篇文章是建立在20年调查基础之上的。另外，1991年7月杨焕成先生在日本出席足利市华雨藏珍之馆落成典礼。在不足九天的时间内考察了足利、日光、东京、京都、奈良、大阪等名城，浏览了二十五处名胜古迹，回来后撰写了《日本古建筑见闻》，文中对日本建筑考察量之大，细节观察描述之详尽，与中国建筑对比之贴切，让人钦佩。

常年不间断年调查，杨先生并亲自勘察了350多座明清建筑，大量的调查和一手资料的掌握是杨焕成先生学术成就的基础。上世纪60年代杨先生开始研究明清建筑的河南特色，陆续发表了《试论河南明清建筑斗拱的地方特征》《河南明清地方建筑与官式建筑异同考》《甘肃明清木构建筑地方特征举例——兼谈与中原"地方建筑手法"的异同》，之后又发表多篇中原地方古建筑特征的文章，从梁架结构、斗拱、彩画等局部探讨地方特征和建筑手法，为河南明清古建研究和分期断代奠定了学术基础。

在进行古建调查研究的过程中，杨焕成先生将目光投向河南众多的古塔。1983年发表《豫北石塔记略》对新乡、安阳两地的23座石塔进行描述研究，梳理了时代特征和演变过程。之后连续发表10多篇文章对河南古塔进行系统研究。尤其是2003年发表的《河南古塔研究》、2004年发表的《中国古塔　河南最多》、2007年发表的《少林寺塔林概述》值得关注。大量的一手资料和详尽的统计保障了杨先生对古塔研究的全面、系统、细致而深入。从参加工作开始，60年来杨先生不曾间断对古塔的调查研究，出差每到一地都要调查统计当地古塔，并且详细记录，保存的古塔和古建筑笔记本就有数十册。目前全国其他省研究古塔的文章和书籍中，还没有对古塔的详尽统计，谈到古塔数量也只是大概数。杨先生首次统计出了较准确的河南古塔数量，并且对各类型和各时代的古塔也都有详尽统计，统计是十分重要的基础研究，有了数据才能分析发展、传承、兴衰。仰赖杨先生的不懈努力，我们清楚的知道河南现存地面起建独立凌空砖石古塔606座，其中北朝3座、唐代41座、五代2座、宋代37座、金代30座、元代95座、明清398座，加上摩崖石塔219座，总数825座，这个数据在全国首屈一指。

杨先生在古代建筑研究方面的卓越成就，得到了业界的广泛认可，2017年第十九届中国民族建筑研究会学术年会上授予杨先生"中国民族建筑事业终身成就奖"。

杨先生虽然退休了，但是仍然承担许多河南和国家文物局的有关古建的工作，为方便工作，河南文物局的原领导安排杨先生在文物局一楼与别人共用一个办公室。我2017年到河南省文物局工作，有时会到杨先生的办公室请教问题，他不大的办公室堆满了书籍资料，当时他正在编写《河南古塔建筑文化研究》一书，为保障内容的准确性，他经常到古塔遗存现场进行核对补充资料。有一次随行的同事在现场将他的照片发给我，看到80多岁的他在现场攀爬、跨越的危险动作让人非常担心，我马上通知工作人员一定要保障先生的安全。杨先生一丝不苟、忘我求实的精神深深的感染了我，也是促使我写这篇感想的重要原因。

《河南古塔建筑文化研究》既是杨先生60年古塔研究的系统梳理和总结，更是对古塔研究的提炼和升华。书中不仅完整记录了现存古塔，还对文献记载历史上存在过的古塔进行了记述。佛教传入中原后，最早在洛阳建立官办寺院白马寺，中国最早的木塔白马寺塔随之出现，之后西晋太康六年在洛阳建造的太康寺三层浮图成为中国最早的砖塔。书中以文献为线索，以现存古塔为基础，形成了完整的河南古塔的发展史，对研究中国塔的起源和发展传播历史有着极其重要的意义。更为可贵的是，由于"文化大革命"前杨先生广泛的调查和详尽的记录，加之"文化大革命"后杨先生被委派在省内调查文物被毁情况，实录了被毁古塔，所以"文化大革命"期间虽然一些古塔被毁，但是杨先生的记录和资料完整的保留了被毁古塔面貌。书中辟出专门章节记述百余年来被毁50余处古塔，对被毁塔的尺寸、形状、纹饰、题记等进行描述，还配以被毁前的照片，这些资料难能可贵，不啻是本书独具特色之处，更是杨先生对古塔历史资料保存的特殊贡献。

书中对河南古塔的特色和价值进行了专门论述。河南由于长期处于中国历史和文化的核心地区，所以河南古塔建塔历史早、时代连续性强、跨越时代长、保留的古塔数量多，特别是元代及其以前的早期塔全国最多，并且塔林多而价值高。书中展现了杨先生学识和研究的广度与宽带，对河南古塔之类型、功能、建筑材料、抗震性能以及古塔的历史、艺术、社会价值等进行了综合研究，总百科之学术，成一家之言，可谓中国古塔研究的典范之作。

此书另一值得肯定之处是，考古报告式的写作风格和志书式的详尽资料，使本书堪为当代古塔的现状实录。罗哲文先生曾经谈到"以往凡修史修志者，除引述前人史料之外，皆重在当代。因为当代记录既非前人所能为，也非后人所可做。"杨先生书中所述古塔材料尽可能详备，每座塔除描述塔之历史、结构、形制、装饰、题记等，各项尺寸尽量精准，对许多塔之建筑方法、细部做法、建筑粘合剂等都详细交代。除此之外，大量的实测线图、照片和图表将河南古塔真实的形象保留了下来。杨先生尽一切可能希望达到凭借这些资料我们可以复原古塔的目的。这为今后进一步完善古塔的"四有"档案，修葺古塔提供了材料和依据。体现了杨先生作为一名资深的老文物专家，保护传承文化遗产的强烈使命感和可贵的担当精神。

梁思成先生对古塔对于中国风景和审美有过精辟见解："作为一种建筑上的遗迹，就反映和突出中国风景特征而言，没有任何建筑的外观比塔更为出色了。"在文旅融合的当下，《河南古塔建筑文化研究》的出版，无疑为整合旅游资源，丰富旅游文化内涵提供了新的素材和思路。古塔作为华夏文明的璀璨明珠，屹立于华夏大地，构成了独具中国特色的文化景观。河南古塔自东汉随佛教传入，很快结合中原之固有建筑、固有文化、固有艺术，形成中原特色，历朝历代随文化之演进，塔之形态、装饰、功能也不断丰富和发展。塔文化附着了中国文化、中原文化的基因，塔文化的发展更是历史发展的缩影。我们读杨先生的《河南古塔建筑文化研究》，实则是通过古塔品读华夏文明的根脉，品读勤劳智慧的祖先创造的伟大营造成果，品读数千年华夏文明的文化自信。

杨焕成先生《河南古塔建筑文化研究》不仅是他深厚研究功力的体现，透书见人，书的风格和撰写历程无不体现杨先生数十年如一日刻苦钻研精神、默默无闻甘于奉献精神、一丝不苟求实创新精神、为历史存志为后人拓荒的担当精神。杨先生身上体现的文物老同志这些精神和品质正是习近平总书记最近在敦煌所提出的文物人的"莫高精神"。我相信大家，特别是青年文物工作者，会从书中得到更多的有益启迪和新的激励，继续发扬文物人的优良传统，发扬"莫高精神"，在中原这片古老的大地上精耕细作，深度耕耘，结出更多的硕果。

河南省文物局局长 田凯

二〇一九年十月一日

附录二　访　谈　录

古建情缘一甲子——杨焕成访谈录

访谈人　程　曦

访谈人： 您是怎样对文物事业产生浓厚兴趣的？

杨焕成： 我对文物的兴趣和热爱从孩提时期就开始了。我的家乡在南阳镇平，我们那个村周围有不少文物古迹，小时候老人们讲了很多生动的故事。例如，我们村附近有个大土冢汉墓，老年人讲这个冢可神奇了，谁家要是需要办宴席，就到那里烧一炷香，磕个头，顺着大冢转一圈，就会出现盘子碗筷等餐具，一应俱全，餐具使用后还需要按上述程序归还。后来有一个贪婪之人借而不还，从此就再不出餐具了。我从小就想，这个土冢是怎么弄出来这些盘子碗筷呢？保持着这样的好奇心，从小学、中学到大学，我一直对历史课特别喜欢，在学校里《考古》杂志、《文物》杂志，我几乎每期都看。所以我对文物应该是从小有缘。

访谈人： 您还记得第一天参加工作的情形吗？

杨焕成： 1959年8月，我毕业分到河南省文化局文物工作队，就是现在省文物考古研究院的前身。报到的当天下午，队领导就安排我到南阳淅川县参加下集新石器时代遗址发掘工作，第二天上午我就带着行李卷儿出发了。

当时去淅川必须先到内乡转车，因天下大雨，去淅川已经不通车了，两天后才有可能通车，为了赶时间，当天夜里我就带着雨伞徒步从内乡往淅川赶。当时刚毕业，正年轻，热情也高，可只身一人走在崎岖的山路上，还是有点害怕，走到夜里12点左右遇到一位回淅川的木工，两人结伴同行，这时因夜里走山路害怕野兽而悬着的心稍微平复些，但见那人带着锛和斧头等工具，又怕他锛我一下，我就想我是穷学生也没啥钱，就这样走到天明的时候，木工到家了，我继续往前走，第二天上午大约9点多赶到考古发掘工地。没想到工地考古队员们对我都非常热情，特别是考古队队长汤文兴对我特别关心，就是后来《中原文物》的编辑部主任汤文兴先生，他帮我安排住处，介绍考古工地的情况，我到现在还记忆犹新，在此特别感谢，当时感到考古队就是一个温馨的大家庭。

访谈人： 听说当时文物考古队员长年在野外工作，非常艰苦，请您谈谈有关情况。

杨焕成： 是啊，当时是国家三年困难时期，生活很艰苦，但大伙工作热情很高，相处得非常融洽。

1960年2月，在配合信阳出山店水库工程建设，发掘孙寨西周遗址时，我们住的是一家老百姓的草房，旁边是水塘，信阳地区雨水多，地面潮湿，又没有床，我们就在潮湿的地面上铺一层稻草睡觉，生了虱子，彻夜难眠，就在被子上洒六六六粉杀虱子解痒，谁知道又刺激皮肤，疼痛难忍。

1962年5月，我和孙传贤、刘建洲同志被派往南阳地区的山区县西峡、淅川进行碑刻文物调查。传贤和建洲登青龙山调查，我和县里的一位年轻同志登老君山调查。当时不通汽车，只能全程步行，山路难走，每天步行五六十里就得寻找住宿点，否则行至深夜很难找到住的地方。

老君山，海拔2192米，为伏牛山第二高峰。据说山顶有座铁瓦老君庙，庙内有不少碑刻，但多年无人攀登，道路艰险，人迹罕至。五十多年后的今天，我仍清楚地记得由县城出发，第一天夜宿蛇尾（地名），第二天早早登程，调查了两处文物点，中午吃些山菜，晚上赶到二郎坪公社，公社党委书记说你们不要去老君山，那里不安全，最近民兵搜山时发现山脚下有一片地被耕种，怀疑是敌特所为。我们坚持登山调查，他就给纸坊生产大队写封信让我们带着，请他们派民兵协助工作。第三天山道更险，不时地爬坡，傍晚赶到太平镇（实为深山村），调查了明清石刻，当晚住在太平镇。第四天早晨起床，觉得腰酸背疼，浑身乏力。在老乡的帮助下用树枝砍制成四个拐杖，我俩各挂双拐，又开始了山道之行。夜幕降临时总算赶到纸坊，生产队同志介绍，纸坊到老君山还有40多华里，一上一下来回近百华里，中间无住户，所以必须当天去当天回，他们派了两名持枪民兵陪我们一起登山。第五天我们6点出发，踏着厚厚的树叶，行进在几乎无人走过的丛林中，摸索着向前攀登，还惊动了长虫（蛇），特别是在俗称南天门的一个山口处，一条蟒蛇匆匆爬过，大家着实吓了一跳。12点登上山顶，这里确实有一座铁片（板瓦）小殿，殿内原有一铜牛已不存在（据说被一农民将其砸成数块盗走，还听说他被判刑）。我们抓紧时间抄录碑文，填写碑刻文物登记表，两位民兵帮忙测量和清理碑刻周围碎石杂草，调查结束已是下午两点多了，大家急忙下山，早上每人带了三个玉米面窝窝头在山上已经吃完，下山时体力不支，肚子饿腿脚发软，只好在沿路采摘一些不成熟的山果和嫩树叶胡乱充饥。来回十天山野生活，确实够苦够累，但圆满完成了工作任务，无比欣慰。

我和传贤、建洲同志在县城会合后，整理好调查资料又出发了。这次我们要步行翻山去淅川县，粮票不多了，就高价买了红薯片，带在路上吃。西峡、淅川两县距离较远，山路难走，身体虚弱，红薯片根本不够吃，我们就捡些地衣，在山村的小饭店高价加工来充饥。在这个时候，建洲同志非常幸运捡到了一把碎红薯片，他没有舍得一个人吃，而是分成三份，给传贤和我各一份，在那种情况下，吃起来特别有味。

我们住进淅川县招待所，招待所一日三餐不变的食谱是玉米面窝窝头、咸菜和白开水。当时我们都是二十多岁的年轻人，饭量特别大，肚里没油水，还要在田野徒步调查，每天9两粮票，面对"三不变"的食谱，根本吃不饱，饥饿劳累可想而知。晚饭后我们都早早睡觉，以保存热量，可体力还是明显下降。传贤同志肝炎病发作，他用拳头顶住肝部，坚持步行在山路上；建洲同志脚被扭伤，拄着拐杖，一拐一瘸地走着，说啥也不肯休息。他两个在那样的环境中，带病拼搏，使人非常心疼，非常感动。经过月余辛劳奔波，我们较圆满地完成了工作任务。

当时仍处在困难时期，一月的粮票，若放开量食用，仅能维持半月多，不争气的肚子总是饿得咕噜噜地叫。所以现在，不管粗粮细粮我吃起来都很香甜，非常满足。

访谈人：您第一次参加维修的古建项目是哪个？测绘时遇到过什么危险没？

杨焕成：应该是济源县王屋山阳台宫玉皇阁。这座古建筑的三层阁檐均受到不同程度的破坏，特别是第二层后檐几乎全毁，阁顶塌漏非常严重。经过详细的勘测设计，组织精干的施工队伍，经过近一年的紧张施工，圆满完成了修缮任务，恢复了玉皇阁的原貌。这是我第一次主持修缮大型古建，时间是1963年到1964年间。

说到危险，现场测绘古建是需要攀梁、攀檐、攀屋顶，爬上爬下的难免受点小伤，都习惯了。最严重的一次是1978年，在林县调查文庙大成殿。当时文庙大成殿占用单位是招待所，招待所把大殿周围地面都用水泥硬化了。测绘时向招待所借个铁梯子，梯子的高度不够又借了个铁桌子，铁梯子搁在铁桌子上不牢固，县文化馆文物干部郭有范同志在下面扶着铁梯，我在上面测量。一上去后，发现这个文庙大成殿建筑很重要，它不仅在建筑史上有研究价值，在地震考古研究上也有重大意义。于是，我就在上面测量的细一点，记录的多一点，郭有范在下面问着，他问为啥说这斗拱是嘉庆年间的地方建筑手法，我说"你看这些特征就在这个时期……"。他为了看清我介绍的斗拱特征，下意识的向后退，结果手一松，梯子一滑，我从房架上摔到水泥地上，当时就休克昏迷了。被送到林县人民医院，医生诊断是脑震荡，腰脊椎压缩性骨折，后来回到郑州经过近一年的治疗才恢复，好在没有留下大的后遗症，真是万幸。

访谈人： 为了文物建筑事业冒这么大的风险，付出这么大的代价，您后悔不后悔？有没有什么愧疚？

杨焕成： 不后悔。我觉得做什么工作都不会是一帆风顺的，没有逆境没有挫折，是不可能的，都是要付出代价。你看我小摔也好，大摔也好，换来的是对文物事业做出的一点贡献，自己在科研上也算取得一点点成果，我现在回想起来也觉得值得，无怨无悔。

如果说愧疚，我觉得是对家里照顾得少了点。我们那个时候常年出差在外地，我家有老娘，身患半身不遂，瘫在床上四年了，爱人有心脏病，经常住医院，还有三个年幼孩子，实在是难。我退休后就抽空多做点家务活，对老伴也算是进行一点微不足道的补偿。

访谈人： 那您做什么家务活来补偿的？

杨焕成： 每天早晨做早饭呀。为啥要做早饭？做早饭的好处多，一是让老伴多休息会儿，二是我可以按时吃饭按时上班，三是做点家务在家里也算有作为。

访谈人： 听说您退休后每天还坚持8点前到单位？

杨焕成： 是啊，退休后文物局领导特意给我和其他同志保留一间共用办公室，我还可以专心从事古建研究。并去学习班讲讲课，参加省内外一些学术活动，按照分配给我的工作，参与编辑了一些专著，并担任着中国文物学会副会长、中国文物学会专家委员会古建筑专家、河南省文物考古学会会长、河南省文物局古建专家组组长等职务，还曾担任河南大学建筑历史专业硕士研究生导师。总之，做一些和专业工作相关的事情是十分开心的。

虽然退休了，从行政管理这一块工作卸任下来，但专业方面的事儿更多了，总感到时间不够用，所以除正常上班外，周六周日只有没有急事儿，都到办公室干活，甚至春节假期，正月初一上午在家过年，下午也到办公室忙乎。我要说的是没人给我施压，更没人逼着我干，是我心甘情愿自己给自己施加压力。我想有压力才有动力，否则不但干不成事儿，还有可能一懒散身体也垮了。

访谈人： 笔耕不辍，才取得这么多丰硕的成果，从事文物建筑研究50多年，您觉得最大的收获是什么？

杨焕成： 从事河南文物建筑的调查保护研究和管理工作这么多年，在专业工作上，我收获主要有三个方面：一是明清建筑的地方手法掌握了；二是河南的古代建筑家底基本摸清了；三是河南古塔的准确数据我调查统计出来了。

说起地方建筑手法的研究，我要先说说我参加全国古建筑测绘训练班时的老师们。那时梁思成老师讲授古建筑概论；罗哲文老师讲授古代建筑史；祁英涛老师讲授古建筑时代特征概述和古建筑维修工程；杜仙洲老师讲授古代木结构建筑构造；卢绳老师讲授大建筑群测绘方法和经验；单士元老师讲授宫殿建筑；陈明达老师讲授古建筑艺术；闫文儒老师讲授造像壁画题材和鉴别；俞明谦老师讲授石窟寺建筑；李竹君老师讲授古建筑绘图；于卓云老师讲授古建筑防雷装置等，介绍上述授课老师意在感谢恩师，老师传授的知识使我终身受益。

在培训班上课时，我向老师们提出，河南明清建筑遗存在建筑结构与时代特征等方面与老师讲的有诸多不一致的地方。梁老师和罗老师、祁老师耐心解释："课堂上所讲内容为官式建筑手法，河南的明清时期建筑多为地方建筑手法，二者差别是相当大的，因为河南地方建筑手法还未被认识，到底差别在什么地方，还需要做大量调查研究工作。"老师们希望我结业回河南后，能够从事地方建筑手法的调查研究工作，以便早日厘清河南明清地方建筑特征与北京等地官式建筑手法的异同，解决好这个学术问题。

学习归来，我利用去登封出差的机会，试着从中岳庙现存木构建筑斗拱的结构特征着手，对拱、昂、斗逐件进行考察分析，再细化对斗中的大斗、三才升、槽升子、十八斗测量记录，对梁架等其他大木作，门窗装修等小木作，平面柱网、屋面及脊瓦饰等均以此法进行比较，发现中岳庙现存建筑为清代官方建筑手法建造的。随之到少林寺，用同样的方法测量研究，发现与中岳庙官式手法建筑差别很大，说明少林寺现存建筑多系明清时期河南地方手法建筑。摸索到了进行调查研究的钥匙后，我就详细拟定了调研提纲，自此以后，利用出差的机会，遇到明清古建筑时就按提纲设置的项目予以勘测。

通过20余年的现场调查工作，经我手勘测的明清建筑达350多座，记录了数十本调查笔记和一万多个测量数据，积累了一大批一手资料。运用考古学分类排队的研究方法，将350多座明清建筑按照田野调查资料，结合文献、碑刻与题记记载，通过细致的整理和研究，初步划分为明代早、中、晚期和清代早、中、晚期，再将其斗拱、梁架等大木作，门窗、天花藻井等小木作，砖雕、石雕、木雕等雕作，瓦件、脊饰等瓦作的特征和数据归入相应的各期中，并与北京等地同期官式建筑进行比较研究。在上世纪80年代发表了两篇文章，一篇是1983年发表在《中原文物》上的《试论河南明清建筑斗拱的地方特征》；一篇是1987年发表在《华夏考古》的《河南明清地方手法建筑与官式建筑的异同考》。这两篇文章获得河南省社会科学成果二等奖。

这两篇文章发表以后，老师们给予了我充分的肯定。特别是祁英涛老师，祁老师写了很长外审意见，说这个地方手法研究填补了这方面研究的空白。

所以我这一生能在研究古建筑的地方手法上下一点功夫，也是梁先生、罗老师、祁老师那个时候的鼓励，早早树立了目标，取得了一点成绩，当然也和工作单位领导的支持分不开。

说到把河南的古代建筑家底基本摸清了，因为全省18个地市108个县我都跑到了，有些县到了好多次。2001年罗哲文老师在河南大学做学术报告时，罗老叫我讲讲河南的古代建筑概况，我揣着那几十个调查本子和当时写的讲稿讲了一遍，罗老听了说，你能把河南全省的古建筑掌握到这个程度真不错。

河南古代的早期木构建筑虽然不算太多，但古塔在全国算第一。中国历史上第一座木塔在洛阳，现存年代最早的砖塔在登封，建于北魏正光年间；现存最早的石塔在安阳，建于北齐河清二年。

从上世纪60年代初开始，我对河南的古塔数量进行调查统计，现在河南保存较好的摩崖雕塔有219座，地面起建独立凌空古塔606座，河南现存古塔的数量和总体文物价值在全国名列首位。我曾向罗哲文老师详细汇报过河南古塔的统计和文物价值的研究情况。罗老师予以肯定，并说可以公开我的"河南现存古塔是全国最多的，文物价值也是非常重要的看法。"

说到这古塔，有个很有意思的小故事，你听不听？

访谈人：当然要听，我们年轻人不仅仅看到老专家现在取得的成就，更想知道这些成就后面的小故事。

杨焕成：2001年少林寺要出《中国少林寺》一书，由中华书局出版，分三卷，常住院一卷，碑刻一卷，塔林一卷，其中《塔林卷》由我撰写。少林寺塔林共有243座古塔，塔林内有228座，塔林外有15座，是全国最大的塔林。

写塔林首先要对这243座塔进行详细调查。我记得当时是春节，正月初六我到塔林，那一年特别冷，穿着棉鞋戴着手套，站在塔林里，一座塔一座塔绘草图，一座塔一座塔做记录。243啊，可不是23，这个数量很大，冷不冷呢，可真冷啊。为了保证进度，下着雪戴个草帽也要去测绘，那测稿我现在还保存着，有好多雪水打到纸上遗留下来的痕迹。有一次我正在那儿测量数据，省里某厅的厅长，冒着小雪带着客人到塔林参观，我们因工作关系认识，他看我爬在塔上，问这么冷的天，你在这儿干啥呢？我说我在这儿测绘这个塔，他说没想到搞古建的这么苦。为了赶进度，那时一天工作可不止8小时，早早吃过饭就蹲在那儿，一直到晚上很晚才回住处，那个时候也没人逼你，就是自己逼自己。当时住在少林寺西边的林场招待所，就一间屋子，没暖气没厕所，恁冷的天晚上也得到外面去上厕所；晚上放盆洗脸水，早晨水冻的实实的；被子还短，我个子高，脚一蹬就从被子那头伸出来了，没法了，我找个绳把被子那头捆起来，省得把那个被子蹬透了。

访谈人：虽然冷，虽然苦，您一直有个精神支撑，一定要写好这本书，您那时已经60多了吧？以后又有哪些著作和文章？

杨焕成： 60多了，60多比着我现在80多还是年轻啊。2003年这三本书由中华书局出版了，定价8600元。8600元在当时的定价也不低，俄罗斯总统普京访问少林寺时，作为礼品书赠送普京，听说此书在香港评个大奖，后来又带着这些书到美国加利福尼亚州，产生了较大的影响。

除了《中国少林寺·塔林卷》，后又陆续出版了《塔林》《杨焕成古建筑文集》《河南地震历史资料》《中国古建筑时代特征举要》等，还主编《中国古建筑文化之旅——河南》《河南文物名胜史迹》《中原文化大典·历史文化名城卷》，发表《河南古建筑概况与研究》《河南古塔研究》《试论河南明清建筑斗拱的地方特征》等古建筑、文物考古文章130余篇。但比着一些老领导、老专家，比着我的同龄人，比着年轻人来说，我的研究成果还远远不如人家。

访谈人： 您这么喜欢古建事业，怎么去搞行政了呢？

杨焕成： 到1981年以后，我正在按部就班的调查我这个地方建筑手法，正汇集材料准备要出书，突然省文物局要调我到文物处。我不愿意去，我们这个年龄段的人都是受传统教育的人，是服从型干部，但是这一次我是真不愿意去。当时的领导，找我谈几次话，最后我说去可以，我不能全丢业务，领导答应了我的请求。

我这是受罗哲文老师的影响，上世纪50年代初，罗哲文先生从清华大学调到文物局以后，郑振铎局长给他说"小罗啊（就是现在我们说的罗老，当时年轻，叫小罗），你是搞古建的，现在给你调来搞行政，但是你不要丢掉你的古建专业"。罗老将这些思想灌输到我这儿，我也受其影响，所以除了行政工作，业余时间加班加点也要用到专业研究上。

访谈人： 专业干部做行政管理优势的地方在哪里？

杨焕成： 专业干部做行政管理工作有时候也有方便的地方。有一年全国文物工作会议以后，国家要增加文物经费。我趁着这个东风，向省财政要经费，当时财政不宽裕，有困难，就是不同意。有次我又去找财政厅党组书记、厅长要求增加经费。厅长随口问我你说说驻马店、漯河有啥文物？我就把这两个地方的文物统统讲了一遍，正讲得起劲儿，厅长说好了好了，这个经费我们上党组会议研究，到时候我一定投你一票。结果使省拨文物经费得到了较大幅度的增加。这个小故事说明了啥问题，说明了专业知识对行政管理有帮助。

访谈人： 当行政干部时，您印象最深的一件事情是什么？

杨焕成： 我1985年开始主持工作，那时"文化大革命"刚结束不久，文化大革命"革"的是文化的命，文物是冲击的重点，文物被破坏得非常严重，这个时候拨乱反正，需要的是赶紧抢救文物。当时文物维修经费很少，80年代初的时候全省还不到100万元。有人提出，钱少的话咱是不是能集中经费修一处是一处。这个讲法有道理，钱这样少，你能修好一处是一处，否则你洒些胡椒面，都不疼不痒，这样成效也体现不出来。当时我有个想法，我说在破坏这么严重的情况下，现在需要的是抢救，需要的是支支顶顶，尽量保持不塌。后来跟有些同志们沟通后，大家还是支持我的这个想法。

当时有个南召县的文化局长给我提出来要500元维修费，现在的500元不够吃顿好饭的。我说500元你县里都解决不了？他说在我们县里如果要500元的话，得县长或常务副县长批，丹霞寺那些建筑都濒临倒塌的危险，有这500元我支支顶顶都不能叫它塌了，没这500元塌了我可是不管了。在这样的情况下，省局就拨了500元救了丹霞寺，现为全国重点文物保护单位。那个时候，我的想法是钱少的情况下先进行抢救，不让它塌毁，先把文物保存下来。皮之不存、毛将焉附，只要有这些文物在，以后有钱了再慢慢大修。

访谈人：其实很多人羡慕您的状态，认为您在政界有担当，在学术界有地位，告诉我们一下您的秘诀是什么。

杨焕成：有地位，不敢当。我就是在管理上、在专业研究做了些工作。这两个方面我有点体会，一、在管理工作上，一定要尊重别人。尊重别人，别人才能尊重你。尊重别人就是尊重你自己。所以我当局长的时候我认为是一种责任，不是什么官，我从没认为我是局长，别人也没当我是局长，结果工作关系相处得非常和谐。二、用人不疑，疑人不用，要放手让同志们工作。尤其那些拥有长期实践工作经验、德高望重的老领导能全力支持我的工作，我到现在都非常感谢。所以工作起来还顺手，并且也取得了一定成绩。三、要勇于承担责任。同志们在工作中，既有成绩，也难免有这样或那样的缺点和错误。既要严格要求，适当批评，又要承担你当局长的责任，这样才能让同志们心悦诚服的接受批评，改进工作。

访谈人：您谈谈原来在文物系统一直促进人才培养及队伍建设的问题。

杨焕成：人才培养，对各行各业都很重要，因为任何工作人是第一位的。我当局长的时候，正值80年代"文化大革命"刚结束，文物工作受到严重冲击，文物干部青黄不接，队伍构成人员素质参差不齐，当时的形势就是如此。我当时坚信一条，必须把队伍建设、把培养人才放到突出位置，不这样做，文物工作将来要受到更大的损失。现在培养虽不能马上受益，长远一定受益更大，现在是奠定一个基础。因此当时就定下一条，经费再紧，也要安排这些文物干部出去学习，进行培养。

因此，当时和郑州大学、河南大学结合，办文博班，还派文物干部到东南大学、复旦大学、武汉大学去学习。另外，省局、古建所那个时候也办了班。并且还在安先生（安金槐）的努力下，争取国家文物局的同意，在河南还办一个文物专科学校，安先生任校长。在省领导的支持下，我们局里跟文博单位多方面达成共识，抓紧人才培养。这样做的结果，现在看来是有收效了，经过学习的这些人员，现在有些是咱各地的文物单位的领导，有些是专业上的骨干，这个效益现在还受益着。因此我觉得抓队伍建设、人才培养，在当时那个情况下特别急迫。

访谈人：最后您趁着文建院四十周年庆的机会再给年轻人提几点建议吧。

杨焕成：我觉得现在咱全省的文物队伍是朝气蓬勃的，在专业研究上收获颇丰，在管理工作上井井有条，成绩卓越，我作为一个老的文物工作者，我是满面红光，非常高兴。

如果说要给这些专业人员提建议的话，现在有的行业有些年轻人有点浮躁，可能受大环境的影响，希望我们年轻的文物工作者力戒浮躁，能够专心致志，沉下心来，学会坐冷板凳，刻苦钻研才能取得理想的成果。

第二个建议，坚持。我认为在事业上要有一定建树的话，坚持是非常重要的，坚持有可能成功，不坚持就没成功可能。只要认准自己选定的研究方向，持之以恒，坚持下去，一定能够取得一些好的研究成果。

说到这一点我有个感受，1964年在北京学习，结业的时候，梁思成老师在会上语重心长的给大家讲"坚持不改行"这五个字。当时的国家文物局局长王治秋两次讲到"希望同志们用学到的知识继续从事文物工作，坚持不改行。"

"坚持不改行"。假若你朝三暮四，这山望着那山高，很难取得理想的成就，如果说我现在算取得一点点成绩，就是因为没有改行，至今我坚持了59年多。

访谈人：谢谢！

（原载《河南省文物建筑保护研究院建院四十周年文集》，
中州古籍出版社，2018年11月）